U0325343

建筑工程施工
与给排水技术应用

陈鹏飞　陈　岩　王金波　著

吉林科学技术出版社

图书在版编目（CIP）数据

建筑工程施工与给排水技术应用 / 陈鹏飞 , 陈岩 ,
王金波著 . -- 长春 : 吉林科学技术出版社 , 2023.8
　　ISBN 978-7-5744-0769-5

　　Ⅰ . ①建… Ⅱ . ①陈… ②陈… ③王… Ⅲ . ①建筑工
程—给水工程—工程施工—研究②建筑工程—排水工程—
工程施工—研究 Ⅳ . ① TU82

中国国家版本馆 CIP 数据核字 (2023) 第 157218 号

建筑工程施工与给排水技术应用

著　　陈鹏飞　陈　岩　王金波
出 版 人　宛　霞
责任编辑　李玉铃
封面设计　古　利
制　　版　古　利
幅面尺寸　185mm×260mm
开　　本　16
字　　数　300 千字
印　　张　22.25
印　　数　1–1500 册
版　　次　2023年8月第1版
印　　次　2024年2月第1次印刷

出　　版　吉林科学技术出版社
发　　行　吉林科学技术出版社
地　　址　长春市福祉大路5788号
邮　　编　130118
发行部电话/传真　0431-81629529 81629530 81629531
　　　　　　　　　81629532 81629533 81629534
储运部电话　0431-86059116
编辑部电话　0431-81629518
印　　刷　三河市嵩川印刷有限公司

书　　号　ISBN 978-7-5744-0769-5
定　　价　132.00元

前　言

现阶段，人们对建筑工程的要求，不再局限于外观方面，对于建筑的要求不断增多，其中就包含了质量、性能、舒适度等。因此，相关部门在建筑工程设计过程中，需要加强给排水工程设计，有效解决存在的问题，这样才能既保证工程质量，又能提升建筑工程的质量。

建筑给排水工程质量的好坏直接影响到人们日常生活的方方面面，加强对建筑给排水工程质量的控制，消除工程质量缺陷，对确保人民切身利益具有重要意义。为了提高建筑给排水工程的质量，必须对建筑给排水工程从设计、施工至竣工验收等各个环节进行全方位系统控制，必须在建筑给排水的设计、施工、监理等管理工作中严把质量控制关，最大限度地消除质量安全隐患，保证建筑工程的质量安全。

本书是一本关于建筑工程施工与给排水方面研究的著作。全书首先对地基与基础工程施工进行简要概述，然后对混凝土结构工程施工的相关问题进行梳理和分析，包括建筑防水、装饰及结构安装工程、建筑给水系统、建筑消防给水以及建筑及屋面雨水排水系统，最后在建筑给水排水设计及绿色建筑设计的应用方面进行探讨。本书论述严谨，结构合理，条理清晰，内容丰富新颖，具有前瞻性，希望本书能够给从事相关行业的读者带来一些有益的参考和借鉴。

本书由陈鹏飞、陈岩、王金波所著，具体分工如下：陈鹏飞（河南盛鼎建设集团有限公司）负责第一章、第二章、第三章内容撰写，计10万字；陈岩（菏泽市规划建筑设计研究院有限公司）负责第四章、第五章、第六章、第七章内容撰写，计10万字；王金波（中铁第四勘察设计院集团有限公司）负责第八章、第九章、第十章内容撰写，计10万字。

在本书的写作过程中，我们虽然努力做到精雕细琢、精益求精，但是由于知识和经验的局限，书中不足之处在所难免，恳请读者批评、指正，以使我们的学术水平不断提高，我们将不胜感激。本书参考借鉴了很多专家、学者的书，并借鉴了他们的一些观点，在此，对这些学术界前辈深表感谢！

目 录

第一章 地基与基础工程施工

第一节 土方工程

一、概述

(一) 土方工程的内容及施工要求

1. 内容

(1) 场地平整

将天然地面改造成所要求的设计平面时所进行的土石方施工全过程。

特点：工作量大，劳动繁重，施工条件复杂。

施工准备：详细分析、核对各种技术资料——实测地形图、工程地质及水文勘察资料；原有地下管道、电缆和地下构筑物资料；土石方施工图。

(2) 地下工程的开挖

指开挖宽度在 3 m 以内且长度大于 (或等于) 宽度 3 倍，或开挖底面积在 20 m² 且长为宽 3 倍以内的土石方工程，是为浅基础、桩承台及沟等施工而进行的土石方开挖。

特点：开挖的标高、断面、轴线要准确；土石方量少；受气候影响较大。

(3) 大型地下工程的开挖

指人防工程、大型建筑物的地下室、深基础等施工时进行的地下大型土石方开挖。(宽度大于 3 m；开挖底面积大于 20 m²；场地平整土厚大于 3 m)。

特点：涉及降低地下水位、边坡稳定与支护、地面沉降与位移、邻近建筑物的安全与防护等一系列问题。

(4) 土石方填筑

将低洼处用土石方分层填平。回填分为夯填和松填两种。

特点：要求严格选择土质，分层回填压实。

2. 施工要求

标高、断面准确；土体有足够的强度和稳定性；工程量小；工期短；费用省。

3. 资料准备

建设单位应向施工单位提供场地实测地形图，原有地下管线、构筑物竣工图，土石方施工图，工程地质、水文、气象等技术资料，以便编制施工组织设计（或施工方案），并应提供平面控制桩和水准点，作为工程测量和验收的依据。

4. 施工方案

① 根据工程条件，选择适宜的施工方案和效率高、费用低的机械。

② 合理调配土石方，使工程量最小。

③ 合理组织机械施工，保证机械发挥最大的使用效率。

④ 安排好道路、排水、降水、土壁支撑等一切准备工作和辅助工作。

⑤ 合理安排施工计划，尽量避免雨季施工。

⑥ 保证工程质量，对施工中可能遇到的问题如流砂、边坡失稳等进行技术分析，并提出解决措施。

⑦ 有确保施工安全的措施。

（二）土的工程分类

土的分类方法较多，如根据土的颗粒级配或塑性指数、沉积年代和工程特点等分类。根据土的坚硬程度和开挖方法将土分为8类，依次为松软土、普通土、坚土、砂砾坚土、软石、次坚石、坚石、特坚石。前4类属一般土，后4类属岩石。

（三）土的基本性质

1. 土的组成

土由土颗粒（固相）、水（液相）和空气（气相）三部分组成，可用三相图表示。

2. 土的物理性质

（1）土的可松性与可松性系数

天然土经开挖后，其体积因松散而增加，虽经振动夯实，仍不能完全恢复原状，这种现象称为土的可松性。土的可松性用可松性系数表示：

$$K_S = \frac{V_2}{V_1}$$

$$K_s' = \frac{V_3}{V_1}$$

式中：K_s——土的最初可松性系数；

K_s'——土的最终可松性系数；

V_1——土在天然状态下的体积；

V_2——土被挖出后松散状态下的体积；

V_3——土经压（夯）实后的体积。

（2）土的天然含水量

在天然状态下，土中水的含水量（ω）指土中水的质量与固体颗粒的质量之比，用百分率表示。

$$\omega = \frac{m_w}{m_s} \times 100\%$$

式中：ω——土中水的含水量；

m_w——土中水的质量；

m_s——土中固体颗粒经烘干后（105℃）的质量。

土的含水量测定方法：将土样称量后放入烘箱内进行烘干（100～105℃），直至重量不再减少时称量。第一次称量结果为含水状态下土的质量 m_w，第二次称量结果为烘干后土的质量 m_s，利用公式可计算出土的含水量。

一般土的干湿程度用含水量表示：含水量 < 5% 为干土；含水量在 5%～30% 之间为潮湿土；含水量 > 30% 为湿土。

在一定含水量的条件下，用同样的机具，可使回填土达到最大的干密度，此含水量称为最佳含水量。一般砂土为 8%～12%，粉土为 9%～15%，粉质黏土为 12%～15%，黏土为 19%～23%。

（3）土的天然密度（ρ）和干密度（ρ_d）

土的天然密度指土在天然状态下单位体积的质量，用 $\rho = \frac{m}{v}$ 表示。

土的干密度是指土的固体颗粒质量与总体积的比值，用 $\rho_d = \frac{m_s}{v}$ 表示。

土的干密度愈大，表示土愈密实。工程上常把干密度作为评定土体密实程度的标准，以控制填土工程的质量。同类土在不同状态下（如不同的含水量、不同的压实程度等），其紧密程度也不同。工程上用土的干密度来反映相对紧密程度：

$$\lambda_c = \frac{\rho_d}{\rho_{d\,max}}$$

式中：λ_c——土的密实度（压实系数）；

ρ_d——土的实际干密度；

$\rho_{d\,max}$——土的最大干密度。

土的实际干密度可用环刀法测定。先用环刀取样，测出土的天然密度（ρ），后烘干测出含水量（ω），用下式计算土的实际干密度。

$$\rho_d = \frac{\rho}{1 + 0.01\omega}$$

土的最大干密度用击实试验测定。

(4) 土的孔隙比和孔隙率

土的孔隙比和孔隙率反映了土的密实程度。孔隙比和孔隙率越小，土越密实。

孔隙比 e 是土的孔隙体积 V_v 与固体体积 V_s 的比值，用 $e = V_v / V_s$ 表示。

孔隙率 n 是土的孔隙体积 V_v 与总体积 V 的比值，用 $n = V_v / V \times 100\%$ 表示。

(5) 土的渗透系数

土的渗透系数表示单位时间内水穿透土层的能力。

$$v + k \cdot i$$

式中：k——渗透系数（m/d）；

$\quad\quad v$——渗流速度（m/d）；

$\quad\quad i$——水力梯度。

当 $i=1$ 时，$v=k$。

土的渗透系数见表 1-1。

表 1-1　土的渗透系数

土的种类	渗透系数	土的种类	渗透系数
黏土、亚黏土	< 0.1	含黏土的中砂及纯细砂	20 ~ 50
亚黏土	0.1 ~ 0.5	含黏土的细砂及纯中砂	35 ~ 50
含黏土的粉砂	0.5 ~ 1	纯细砂	50 ~ 75
纯粉砂	1.5 ~ 5	细砂夹卵石	50 ~ 100
含黏土的细砂	10 ~ 15	卵石	100 ~ 200

二、土方工程量计算

(一) 基槽与基坑土方量计算

1. 基槽

沿长度方向分段计算 V_i，再 $V = \sum V_i$。

(1) 断面尺寸不变的槽段

$V_i = A（断面面积）\times L_i$

(2) 断面尺寸变化的槽段

$V = H / 6 \left(A_1 + 4A_0 + A_2 \right)$

2. 基坑

如图 1-1 所示，计算其工程量。

外墙基槽长度以外墙中心线计算，内墙基槽长度以内墙净长计算。

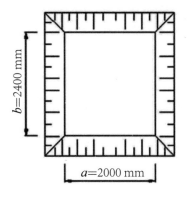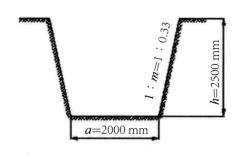

图 1-1 基坑示意图

解：

$$V = \frac{H}{6}\left(A_1 + 4A_0 + A_2\right)$$

上口面积：

$$A_1 = \left(a + 2mh\right)\left(b + 2mh\right) = \left(2 + 2 \times 0.33 \times 2.5\right) \times \left(2.4 + 2 \times 0.33 \times 2.5\right)$$
$$\approx 14.78\left(\mathrm{m}^2\right)$$

代入上式得：

$$V = \frac{H}{6}\left(A_1 + 4A_0 + A_2\right) = \frac{2.5}{6} \times \left(14.78 + 4 \times 9.11 + 4.80\right) \approx 23.34\left(\mathrm{m}^3\right)$$

(二) 场地平整土方量计算

1. 确定场地设计标高

（1）确定原则

① 充分利用地形（分区或分台阶布置），尽量使挖填方平衡，以减少土方量。

② 要有一定的泄水坡度（$\geqslant 2‰$），使之能满足排水要求。

③ 应满足生产工艺和运输的要求。

④ 要考虑最高洪水位的影响。

（2）确定步骤

① 初步确定场地设计标高 H_0。

$$H_0 = \frac{1}{4n}\left(\sum H_1 + 2\sum H_2 + 3\sum H_3 + 4\sum H_4\right)$$

n 表示方格个数。H_2、H_3、H_4 分别为 2、3、4 个方格所共用的角点标高。

② 调整场地设计标高。

根据土的性质，考虑三个因素，即土的可松性、借土或弃土、泄水坡度对设计标高的影响。

2. 计算施工高度

施工高度 = 设计地面标高 − 自然地面标高

3. 计算零点、绘制零线

方格网一边相邻施工高度一正一负就有零点存在；相邻零点连接起来就是零线。

4. 用平均高度法计算场地的挖、填土方量

一点（三点）挖填；二点挖填；四点全挖全填。

5. 计算场地边坡土方量

① 标出场地 4 个角点 A、B、C、D 的挖、填高度和零线位置。

② 确定挖、填边坡坡率。

③ 算出 4 个角点的放坡宽度。

④ 绘出边坡图。

⑤ 计算边坡土方量。

6. 土方调配

确定挖、填方区土方的调配方向和数量，使土方运输量或土方施工成本（元）最小。

土方调配原则：（经济）近期远期结合，场内挖填平衡，运距短，费用省，避免重复挖填和运输。

（1）调配区的划分

① 调配区的划分应该与房屋和构筑物的平面位置相协调，并考虑其开工顺序、工程的分期施工顺序。

② 调配区的大小应该满足土方施工主导机械的技术要求。

③ 调配区的范围应该与土方工程量计算用的方格网协调，通常可由若干个方格组成。

④ 当土方运距较大或场内土方不平衡时，可就近借土或弃土，借土区或弃土区可作为一个独立的调配区。

（2）调配区之间的平均运距

调配区的划分尽可能与大型地下建筑物的施工相结合，避免土方重复开挖。

平均运距：挖方区土方重心至填方区土方重心的距离。

重心位置：
$$X_0 = \sum V \cdot X / \sum V$$
$$Y_0 = \sum V \cdot Y / \sum V$$

为简化计算，可用作图法近似求出形心位置以代替重心位置。

重心位置求出后，标于相应的调配区图上，求出每对调配区的平均运距。

$$C_{ij} = \sum E_s / P + E_0 / V$$

式中：G_{ij}——由挖方区 i 到填方区 j 的土方施工单价（元 /m³）；

　　　E_s——参加综合施工过程的各土方施工机械的台班费用（元 / 台班）；

　　　P——由挖方区 i 到填方区 j 的综合施工过程的生产率（m³/ 台班）；

　　　E_0——参加综合施工过程的所有机械的一次性费用（元）；

　　　V——该套机械在施工期内应完成的土方量（m³）。

（3）最优调配方案的确定

对于土方运输问题，可以求出土方运输量最小值，此为最优调配方案。将最优方案绘成土方调配图，图上标明填方区、挖方区、调配区、调配方向、土方量及平均运距。

三、土方工程的机械化施工

土（石）方工程有人工开挖、机械开挖和爆破三种开挖方法。人工开挖只适用于小型基坑（槽）、管沟及土方量少的场所，土方量大时一般选择机械开挖。当开挖难度很大时，如冻土、岩石土的开挖，也可采用爆破技术进行爆破。土方工程的施工过程主要包括土方开挖、运输、填筑与压实等。常用的施工机械有推土机、铲运机、单斗挖掘机、装载机等，施工时应正确选用施工机械，加快施工进度。

（一）推土机施工

1. 特点

推土机操纵灵活，运转方便，所需工作面较小，行驶速度快，易于转移，能爬30° 左右的缓坡，因此应用较广。推土机多用于场地清理和平整，开挖深度1.5 m以内的基坑，填平沟坑，配合铲运机、挖掘机工作等。此外，在推土机后面可安装松土装置，也可拖挂羊足碾进行土方压料工作。推土机可以推挖一类至三类土，运距在 100 m 以内的平土或移挖作填宜采用推土机，尤其是当运距在 30 ~ 60 m 时效率最高。

2. 作业方法

推土机可以完成铲土、运土和卸土三个工作行程和空载回驶行程。铲土时应根据土质情况，尽量采用最大切土深度并在最短距离（6 ~ 10 m）内完成，以便缩短低速运行时间，然后直接推运到预定地点。回填土和填沟渠时，铲刀不得超出土坡边沿。上下坡坡度不得超过35°，横坡不得超过10°。几台推土机同时作业时，前后距离应大于8 m。

3. 生产率计算

（1）推土机的小时生产率（m³/h）

$$P_h = \frac{3600q}{T_V K_S}$$

式中：T_V——从推土到将土送到填土地点的循环延续时间（s）；

q——推土机每次的推土量（m³）；

K_S——土的可松性系数。

（2）推土机的台班生产率（m³/台班）

$$P_d = 8P_h K_B$$

式中，K_B一般在0.72~0.75之间。

（二）铲运机施工

1. 特点

铲运机能综合完成铲土、运土、平土或填土等全部土方施工工序，对行驶道路要求较低，操纵灵活，运转方便，生产率高。铲运机常应用于大面积场地平整，开挖大基坑、沟槽以及填筑路基、堤坝等工程。铲运机适合铲运含水率不大于27%的松土和普通土，不适合在砾石层、冻土地带及沼泽区工作，当铲运三、四类较坚硬的土时，宜用推土机助铲或用松土机配合将土翻松0.2~0.4 m，以减少机械磨损，提高生产率。

2. 开行路线

铲运机的基本作业是铲土、运土、卸土三个工作行程和一个空载回驶行程。在施工中，由于挖、填区的分布情况不同，为了提高生产效率，应根据不同的施工条件（工程大小、运距长短、土的性质和地形条件等），选择合理的开行路线和施工方法。铲运机的开行路线有环形路线、大环形路线、8字形路线等。

3. 生产率计算

（1）铲运机的小时生产率（m³/h）

$$P_h = \frac{3600q K_C}{T_V K_S}$$

式中：q——铲斗容量（m³）；

K_c——铲斗装土的充盈系数（一般砂土为0.75，其他土为0.85~1，最高可达1.5）；

K_S——土的可松性系数；

T_V——从挖土开始到卸土完毕的循环延续时间（s），可按下式计算：

$$T_V = t_1 + \frac{2L}{V_C} + t_2 + t_3$$

式中：t_1——装土时间，一般取 60~90 s；

L——均运距（m），由开行路线决定；

V_c——运土与回程的平均速度，一般取 1~2 m/s；

t_2——卸土时间，一般取 15~30 s；

t_3——换挡和调头时间，一般取 30 s。

(2) 铲运机的台班生产率（m^3 / 台班）

$$P_d = 8P_h K_B$$

式中：K_B 一般在 0.7~0.9 之间。

(三) 单斗挖掘机施工

1. 正铲挖掘机

挖掘能力强，生产率高，适用于开挖停机面以上的一类至四类土，它与运输汽车配合能完成整个挖运任务，可用于开挖大型干燥基坑以及土丘等。

(1) 适用范围

① 含水率不大于 27% 的一类至四类土和经爆破后的岩石与冻土碎块。

② 大型场地整平土方。

③ 工作面狭小且较深的大型管沟和基槽、路堑。

④ 独立基坑。

⑤ 边坡开挖。

(2) 开挖方式

正铲挖掘机的挖土特点是"前进向上，强制切土"。根据开挖路线与运输汽车相对位置的不同，一般有以下两种开挖方式。

① 正向开挖，侧向卸土：正铲向前进方向挖土，汽车位于正铲的侧向装土。本法铲臂卸土回转角度小于 90°，装车方便，循环时间短，生产效率高，用于开挖工作面较大、深度不大的边坡、基坑（槽）、沟渠和路堑等，为最常用的开挖方法。

② 正向开挖，后方卸土：正铲向前进方向挖土，汽车停在正铲的后面。本法开挖工作面较大，但铲臂卸土回转角度较大，约 180°，且汽车要侧向行车，增加循环时间，降低生产效率（回转角度 180°，效率降低约 23%；回转角度 130°，效率降低约 13%），用于开挖工作面较大且较深的基坑（槽）、管沟和路堑等。

2. 反铲挖掘机

特点: 操作灵活,挖土、卸土均在地面作业,不用开运输道。

适用范围:

① 含水率大的一类至三类砂土或黏土。

② 管沟和基槽。

③ 独立基坑。

④ 边坡开挖。

3. 拉铲挖掘机

拉铲挖掘机的挖土特点是"后退向下,自重切土"。其挖土半径和挖土深度较大,能开挖停机面以下的一、二类土。工作时,利用惯性将铲斗甩出去,挖得比较远,但不如反铲灵活准确,宜用于开挖大而深的基坑或水下挖土。

4. 抓铲挖掘机

抓铲挖掘机的挖土特点是直上直下,自重切土,挖掘力较小,适用于开挖停机面以下的一、二类土,如挖窄而深的基坑、疏通旧有渠道以及挖淤泥等,或用于装卸碎石、矿渣等松散材料。在软土地基的地区,常用于开挖基坑等。

5. 生产率计算

(1) 单斗挖掘机的小时生产率 (m³/h)

$$Q_h = \frac{3\,600qk}{t}$$

式中: t—— 挖掘机每一工作循环延续时间 (s),根据经验数字确定,W_1-100 正铲挖掘机为 25 ~ 40 s,W_1-100 拉铲挖掘机为 45 ~ 60 s;

q—— 铲斗容量 (m³);

k—— 铲斗利用系数,与土的可松性系数和铲斗装土的充盈系数有关,砂土为 0.8 ~ 0.9,黏土为 0.85 ~ 0.95。

(2) 单斗挖掘机的台班生产率 (m³/台班)

$$Q_d = 8Q_h K_B$$

式中: K_B 指工作时间利用系数,向汽车装土时为 0.68 ~ 0.72,侧向推土时为 0.78 ~ 0.88,挖爆破后的岩石时为 0.60。

(3) 单斗挖掘机需用数量

单斗挖掘机需用数量根据土方工程量和工期要求并考虑合理的经济效果,按下式计算:

$$N = \frac{Q}{Q_d TCK_t}$$

式中：Q——土方工程量（m³）；

Q_d——单斗挖掘机的台班生产率（m³/ 台班）；

T——工期（d）；

C——每天作业班数（台班）；

K_t——时间利用系数，一般为 0.8 ~ 0.85，或查机械定额。

6. 选择机械原则

① 土的含水率较小，可结合运距长短、挖掘深浅，分别采用推土机、铲运机或正铲挖掘机配合自卸汽车进行施工。当基坑深度在 1 ~ 2 m、基坑不太长时可采用推土机；深度在 2 m 以内、长度较大的线状基坑，宜由铲运机开挖；当基坑较大、工程量集中时，可选用正铲挖掘机挖土。

② 如地下水位较高，又不采用降水措施，或土质松软，可能造成正铲挖掘机和铲运机陷车时，则采用反铲、拉铲或抓铲挖掘机配合自卸汽车较为合适，挖掘深度见有关机械的性能表。

总之，土方工程综合机械化施工就是根据土方工程工期要求，适量选取完成该施工过程的土方机械，并以此为依据，合理配备完成其他辅助施工过程的机械，做到土方工程各施工过程均实现机械化施工。主导机械与所配备的辅助机械的数量及生产率应尽可能协调一致，以充分发挥施工机械的效能。

四、土方填筑与压实

（一）土料的选择及填筑要求

一般设计要求素土夯实，当设计无要求时，应满足规范和施工工艺的要求：碎石类土、砂土和爆破石渣可用作表层以下的填料，当填方土料为黏土时，填筑前应检查其含水量是否在控制范围内。含水量大的黏土不宜作为填土。含有大量有机杂质的土，吸水后容易变形，承载能力降低；含水溶性硫酸盐大于 5% 的土，在地下水的作用下，硫酸盐会逐渐溶解消失，形成孔洞，影响土的密实度。这两种土以及淤泥、冻土、膨胀土等均不应作为填土。填土应分层进行，并尽量采用同类土填筑。如采用不同类土填筑时，应将透水性同较大的土层置于透水性较小的土层之下，不能将各种土混杂在一起使用，以免填方内形成水囊。

碎石类土或爆破石渣用作填料时，其最大粒径不得超过每层铺土厚度的 2/3，使用振动碾时，不得超过每层铺土厚度的 3/4；铺填时，大块料不应集中，且不得填在分段接头处或填方与山坡连接处。

填方基底处理应符合设计要求。当设计无要求时，应符合规范和施工工艺要求。

填方前，应根据工程特点、填料种类、设计压实系数、施工条件等合理选择压实机具，并确定填料含水量控制范围、铺土厚度和压实遍数等参数。对于重要的填方工程或采用新型压实机具时，上述参数应通过填土压实试验确定。

填土施工应接近水平状态，并分层填土、压实和测定压实后土的干密度，检验其压实系数和压实范围符合设计要求后，才能填筑上层。

在施工现场，土方一般分层回填，机械为蛙式打夯机，铺土厚度控制在 250 mm 以内。分段填筑时，每层接缝处应做成斜坡形，碾迹重叠 0.5 ~ 1 m。上下层错缝距离不应小于 1 m。

（二）填土压实方法

填土压实方法有碾压、夯实和振动三种，此外还可利用运土工具压实。

1. 碾压法

碾压法是由沿着表面滚动的鼓筒或轮子的压力压实土壤。一切拖动和自动的碾压机具，如平碾、羊足碾和气胎碾等都属于同一工作原理。

适用范围：主要用于大面积填土。

（1）平碾

适用于碾压黏性土和非黏性土。平碾机又叫压路机，是一种以内燃机为动力的自行式压路机。

平碾的运行速度决定其生产率，在压实填方时，碾压速度不宜过快，一般不超过 2 km/h。

（2）羊足碾

羊足碾和平碾不同，其碾轮表面装有许多羊蹄形的碾压凸脚，一般用拖拉机牵引作业。

羊足碾有单筒和双筒之分，筒内根据要求可分为空筒、装水筒、装砂筒，以提高单位面积的压力，增强压实效果。由于羊足碾单位面积压力较大，压实效果、压实深度均较同重量的光面压路机高，但工作时羊足碾的羊蹄压入土中，又从土中拔出，致使上部土翻松，不宜用于非黏性土、砂及面层的压实。一般羊足碾适用于压实中等深度的粉质黏土、粉土、黄土等。

2. 夯实法

夯实法是利用夯锤自由下落的冲击力来夯实土壤，主要用于压实小面积的回填土。夯实机具类型较多，有木夯、石夯、蛙式打夯机以及利用挖土机或起重机装上夯板后的夯土机等。其中蛙式打夯机轻巧灵活，构造简单，在小型土方工程中应用最广。

夯实法的优点是可以夯实较厚的土层。采用重型夯土机（如 1 t 以上的重锤）时，其夯实厚度可达 1~1.5 m。但木夯、石夯或蛙式打夯机等夯土工具，夯实厚度较小，一般均在 200 mm 以内。

人力打夯前应将填土初步整平，打夯要按一定方向进行，一夯压半夯，夯夯相接，行行相连，两遍纵横交叉，分层夯打。夯实基槽及地坪时，行夯路线应由四边开始，然后再夯向中间。

用蛙式打夯机等小型机具夯实时，一般填土厚度不宜大于 25 cm，打夯之前应将填土初步整平，打夯机应依次夯打，均匀分布，不留间隙。

基槽(坑)应在两侧或四周同时回填与夯实。

3. 振动法

振动法是将重锤放在土层表面或内部，借助振动设备使重锤振动，土壤颗粒即发生相对位移从而达到紧密状态。此法用于振实非黏性土效果较好。

近年来，又将碾压和振动结合而设计和制造出振动平碾、振动凸块碾等新型压实机械，振动平碾适用于填料为爆破碎石渣、碎石类土、杂填土或粉土的大型填方，振动凸块碾则适用于粉质黏土或黏土的大型填方。当压实爆破石渣或碎石类土时，可选用 8~15 t 重的振动平碾，铺土厚度为 0.6~1.5 m，宜先静压、后振压，碾压遍数应由现场试验确定，一般为 6~8 遍。

填土压实的质量检查：填土压实后要达到一定的密实度要求。填土的密实度要求和质量指标通常以压实系数 λ_c 表示。压实系数 λ_c 是土的施工控制干密度 ρ_d 和土的最大干密度 ρ_{dmax} 的比值。压实系数一般根据工程结构性质、使用要求以及土的性质确定。

填土必须具有一定的密实度，以避免建筑物的不均匀沉陷。填土密实度以设计规定的控制干密度 ρ_d 或规定压实系数 λ_c 作为检查标准。利用填土作为地基时，设计规范规定了各种结构类型、填土部位的压实系数值。各种填土的最大干密度乘以设计的压实系数即得到施工控制干密度，即 $\rho_d = \lambda_c \rho_{dmax}$。

填土压实后的实际干密度应有 90% 以上符合设计要求，其余 10% 的最低值与设计值的差不得大于 0.08 g/cm³，且差值应较为分散。

(三) 影响填土压实质量的因素

1. 压实功

填土压实后的密度与压实机械在其上所施加的功有一定的关系。土的密度与所消耗的功的关系见图 1-2。当土的含水量一定，在开始压实时，土的密度急剧增加，待接近土的最大密度时，压实功虽然增加许多，但土的密度变化甚小。在实际施工中，砂土只需碾压 2~3 遍，亚砂土只需 3~4 遍，亚黏土或黏土只需 5~6 遍。

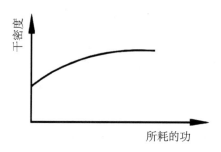

图1-2 土的干密度与压实功的关系

2. 土的含水量

当土具有适当含水量时，水起润滑作用，土颗粒之间的摩阻力减少，易压实。

压实过程中土应处于最佳含水量状态，当土过湿时，应预先翻松晾干，也可掺入同类干土或吸水性材料；当土过干时，则应预先洒水润湿。

3. 铺土厚度

土在压实功的作用下，其应力随深度增加而逐渐减小，其影响深度与压实机械、土的性质和含水量等有关。

五、基坑（槽）施工

（一）放线

分基槽放线和柱基放线。主要控制开挖边界线，定轴线，设龙门板，用石灰撒开挖边界线。

（二）基坑（槽）开挖

建筑物基坑面积较大及较深时，如地下室、人防防空洞等，在施工中会涉及边坡稳定、基坑稳定、基坑支护、防止流砂、降低地下水位、土方开挖方案等一系列问题。

1. 基坑边坡及其稳定

$$基坑（土方）边坡坡度 = \frac{H}{B} = \frac{1}{B/H} = 1:m$$

式中：m 指坡度系数。

边坡可做成直线形、折线形、阶梯形。当地质条件良好、土质均匀且地下水位低于基坑底面标高时，挖方边坡可做成直立壁而不加支撑，但深度不超过下列规定：

密实、中密的砂土和碎石类土1 m；硬塑、可塑的粉土及粉质黏土1.25 m；硬塑、可塑的黏土及碎石类土（填充物为黏性土）1.5 m；坚硬的黏土2 m。

挖土深度超过上述规定时，应考虑放坡或做成直立壁加支撑。

当地质条件良好、土质均匀且地下水位低于基坑（槽）或管沟底面标高时，挖方深度在5 m以内不加支撑的边坡的最陡坡度应符合表1-2规定。

表1-2　深度在5 m内的基坑（槽）、管沟边坡的最陡坡度（不加支撑）

土的类别	边坡坡度（高：宽）		
	坡顶无荷载	坡顶有静载	坡顶有动载
中密的砂土	1：1.00	1：1.25	1：1.50
中密的碎石类土（填充物为砂土）	1：0.75	1：1.00	1：1.25
硬塑的粉土	1：0.67	1：0.75	1：1.00
中密的碎石类土（填充物为黏性土）	1：0.50	1：0.67	1：0.75
硬塑的粉质黏土、黏土	1：0.33	1：0.50	1：0.67
老黄土	1：0.10	1：0.25	1：0.33
软土（经井点降水后）	1：1.00	—	—

注：静载指堆土或堆放材料等，动载指机械挖土或汽车运输作业等。静载或动载距挖方边缘的距离应保证边坡和直立壁的稳定，应距挖方边缘0.8 m以外，且高度不超过15 m。

2. 边坡稳定分析

边坡的滑动一般是指土方边坡在一定范围内整体沿某一滑动面向下或向外移动而丧失稳定性，主要原因是土体剪应力增加或抗剪强度降低。

引起土体剪应力增加的主要因素有：坡顶堆物、行车；基坑边坡太陡；开挖深度过大；雨水或地面水渗入土中，使土的含水量增加而造成土的自重增加；地下水的渗流产生一定的动水压力；土体竖向裂缝中的积水产生侧向静水压力等。

引起土体抗剪强度降低的主要因素有：土质本身较差或因气候影响使土质变软；土体内含水量增加而产生润滑作用；饱和细砂、粉砂受振动而液化等。

边坡稳定安全系数：

$K > 1.0$，边坡稳定；

$K = 1.0$，边坡处于极限平衡状态；

$K < 1.0$，边坡不稳定。

一级基坑（$K > 15$ m），$K = 1.43$；二级基坑（8 m $< H < 15$ m），$K = 1.30$；三级基坑（$H < 8$ m），$K = 1.25$。

3. 深基坑支护结构

（1）重力式支护结构

通过加固基坑周边土形成一定厚度的重力式墙，以达到挡土目的。宜用于场地开阔、挖深不大于7 m、土质承载力标准值小于140 kPa的软土或较软土中。

（2）桩墙式支护结构

由围护墙和支撑系统组成。

采用支护结构的基坑开挖的原则：开槽支撑，先撑后挖，分层开挖，严禁超挖，并作好监测，对出现的异常情况，要采取针对性措施。

第二节　施工排水

为了保持基坑干燥，防止由于水浸泡发生边坡塌方和地基承载力下降问题，必须做好基坑的排水、降水工作，常采用的方法是明沟排水法和井点降水法。

一、施工排水方法

在基坑开挖过程中，当基底低于地下水位时，由于土的含水层被切断，地下水会不断渗入坑内。雨期施工时，地面水也会不断流入坑内。如果不采取降水措施，把流入基坑内的水及时排出或降低地下水位，不仅施工条件会恶化，而且地基土被水泡软后，容易造成边坡塌方并使地基的承载力下降。另外，当基坑下遇有承压含水层时，若不降水减压，则基底可能被冲溃破坏。因此，为了保证工程质量和施工安全，在基坑开挖前或开挖过程中，必须采取措施，控制地下水位，使地基土在开挖及基础施工时保持干燥。

影响：地下水渗入基坑，挖土困难；边坡塌方；地基浸水，影响承载力。

方法：集水井降水，轻型井点降水。

（一）集水井降水

1. 水坑设置

平面：设在基础范围外，地下水上游。

排水沟：宽 0.2 ~ 0.3 m，深 0.3 ~ 0.6 m，沟底设纵坡 0.2% ~ 0.5%，始终比挖土面低 0.4 ~ 0.5 m。

集水井：宽径 0.6 ~ 0.8 m，低于挖土面 0.7 ~ 1 m，每隔 20 ~ 40 m 设置一个；当基坑挖至设计标高后，集水井底应低于基坑底面 1 ~ 2 m，并铺设碎石滤水层（0.2 ~ 0.3 m 厚），或下部砾石（0.05 ~ 0.1 m 厚）、上部粗砂（0.05 ~ 0.1 m 厚）的双层滤水层，以免由于抽水时间过长而将泥沙抽出，并防止坑底土被扰动。

2. 泵的选用

（1）离心泵

离心泵依靠叶轮在高速旋转时产生的离心力将叶轮内的水甩出，形成真空状态，河水或井水在大气压力下被压入叶轮，如此循环往复，水源源不断地被甩出去。离心泵的叶轮分为封闭式、半封闭式和敞开式三种。封闭式叶轮的相邻叶片和前后轮盖的内壁构成一系列弯曲的叶槽，其抽水效率高，多用于抽送清水。半封闭式叶轮没有前盖板，目前较少使用。敞开式叶轮没有轮盘，叶片数目亦少，多用于抽送浆类液体或污水。

（2）潜水泵

潜水泵是一种将立式电动机和水泵直接装在一起的配套水泵，具有防水密封装置，可以在水下工作，故称为潜水泵。按所采用的防水技术措施，潜水泵分为干式、充油式和湿式三种。潜水泵由于体积小、质量轻、移动方便和安装简便，在农村井水灌溉、牧场和渔场输送液体饲料、建筑施工等方面得到广泛应用。

（二）井点降水

1. 原理

基坑开挖前，在基坑四周预先埋设一定数量的滤水管（井），在基坑开挖前和开挖过程中，利用抽水设备不断抽出地下水，使地下水位降到坑底以下，直至土方和基础工程施工结束。

2. 作用

① 防止地下水涌入坑内；

② 防止边坡由于地下水的渗流而引起塌方；

③ 使坑底的土层消除地下水位差引起的压力，因而可防止坑底管涌现象；

④ 降水后，使板桩减少横向荷载；

⑤ 消除地下水的渗流，防止流砂现象；

⑥ 降低地下水位后，还能使土壤固结，增加地基土的承载能力。

3. 分类

降水井点有两大类：轻型井点和管井类。一般根据土的渗透系数、降水深度、设备条件及经济条件等因素确定。

（1）轻型井点

轻型井点就是沿基坑周围或一侧以一定间距将井点管（下端为滤管）埋入蓄水层内，将井点管上部与总管连接，利用抽水设备使地下水经滤管进入井管，经总管不断抽出，从而将地下水位降至坑底以下。

轻型井点适用于土壤渗透系数为 0.1 ~ 50 m/d 的土层中。降低水位深度：一级轻型井点 3 ~ 6 m，二级轻型井点可达 6 ~ 9 m。

① 轻型井点设备：轻型井点设备由管路系统和抽水设备组成。管路系统包括滤管、井点管、弯联管及总管。

管路系统：滤管为进水设备，通常采用长 1 ~ 1.5 m、直径 38 mm 或 51 mm 的无缝钢管，管壁钻有直径为 12 ~ 19 mm 的滤孔。骨架管外面包以两层孔径不同的生丝布或塑料布滤网。为使流水畅通，在骨架管与滤网之间用塑料管或梯形铅丝隔开，塑料管沿骨架绕成螺旋形。滤网外面再绕一层粗铁丝保护网，滤管下端为一铸铁塞头，滤管上端与井点管连接。

井点管为直径 38 mm 和 51 mm、长 5 ~ 7 m 的钢管每井点管的上端用弯联管与总管相连。

总管为直径 100 ~ 127 mm 的无缝钢管，每段长 4 m，其上端有与井点管连接的短接头，间距 0.8 m 或 1.2 m。

抽水设备：常用的抽水设备有干式真空泵、射流泵等。

干式真空泵由真空泵、离心泵和水气分离器（又叫集水箱）等组成。抽水时先开动真空泵，将水气分离器内部抽成一定程度的真空，使土中的水分和空气受真空吸力作用而被吸出，进入水气分离器。当进入水气分离器内的水达一定高度后，即可开动离心泵。水气分离器内水和空气向两个方向流去：水经离心泵排出；空气集中在上部由真空泵排出，少量由空气中带来的水从放水口排出。

一套抽水设备的负荷长度（即集水总管长度）为 100 m 左右。常用的 W5、W6 型干式真空泵，最大负荷长度分别为 80 m 和 100 m，有效负荷长度为 60 m 和 80 m。

② 轻型井点设计。

平面布置：根据基坑（槽）形状，轻型井点可采用单排布置、双排布置、环形布置，当土方施工机械需进出基坑时，也可采用 U 形布置。

单排布置适用于基坑（槽）宽度小于 6 m，且降水深度不超过 5 m 的情况，井点管应布置在地下水的上游一侧，两端的延伸长度不宜小于基坑（槽）的宽度。

双排布置适用于基坑宽度大于 6 m 或土质不良的情况。

环形布置适用于大面积基坑，如采用 U 形布置，则井点管不封闭的一段应在地下水的下游方向。

高程布置：高程布置要确定井点管埋深，即滤管上口至总管埋设面的距离，主要考虑降低后的水位应控制在基坑底面标高以下，保证坑底干燥。

井点高程可按下式计算：

$$h \geqslant h_1 + \Delta h + iL$$

式中：h——井点管埋深，m；

　　　h_1——总管埋设面至基底的距离，m；

　　　Δh——基底至降低后的地下水位线的距离，m；

　　　i——水力坡度。对单排布置的井点，i 取 1/4 ~ 1/5；对双排布置的井点，i 取 1/7；对 U 形或环形布置的井点，i 取 1/10。

　　　L——井点管至水井中心的水平距离，当井点管为单排布置时，L 为井点管至对边坡角的水平距离，m。

井点管的埋深应满足水泵的抽吸能力，当水泵的最大抽吸深度不能达到井点管的埋设深度时，应考虑降低总管埋设位置或采用二级井点降水。如采用降低总管埋设深度的方法，可以在总管埋设的位置处设置集水井降水。但总管不宜埋在地下水位以下过深的位置，否则，总管以上的土方开挖往往会发生涌水现象而影响土方施工。

涌水量计算：确定井点管数量时，需要知道井点管系统的涌水量。根据地下水有无压力，水井分为无压井和承压井。当水井布置在具有潜水自由面的含水层中时（即地下水面为自由面），称为无压井；当水井布置在承压含水层中时（含水层中的水在两层不透水层间，含水层中的地下水面具有一定水压），称为承压井。根据水井底部是否达到不透水层，水井分为完整井和非完整井。当水井底部达到不透水层时称为完整井，否则称为非完整井。因此，井分为无压完整井、无压非完整井、承压完整井、承压非完整井四大类。各类井的涌水量计算方法不同，实际工程中应分清水井类型，采用相应的计算方法。

第一，无压完整井涌水量计算。

$$Q = 1.366K \frac{(2H - S)S}{\lg R - \lg X_0}$$

式中：Q——井点系统涌水量；

　　　K——土壤渗透系数（m/d）；

　　　H——含水层厚度；

　　　S——降水深度；

　　　X_0——环状井点系统的假想半径，$X_0 = F \div \pi$（F 表示井点管所围成的面积）；

　　　R——抽水影响半径（m），$R = 1.95 \times S \times H \times K$。

第二，无压非完整井涌水量计算。在实际工程中往往会遇到无压非完整井的井点系统，这时地下水不仅从井面流入，还从井底渗入，因此涌水量要比无压完整井大。为了简化计算，仍可采用无压完整井涌水量的计算公式，此时，式中 H 换成有

效含水深度 H_0，其意义是，假定水在 H_0 范围内受到抽水影响，而在 H_0 以下的水不受抽水影响，因而也可将 H_0 视为抽水影响深度。

于是，无压非完整井（单井）的涌水量计算公式为：

$$Q = \pi K \frac{(2H_0 - S)S}{\ln R - \ln r} \text{或} Q = 1.364K \frac{(2H_0 - S)S}{\lg R - \lg r}$$

由于基坑大多不是圆形，因而不能直接得到 X_0。当矩形基坑长宽比不大于 5 时，环形布置的井点可作为近似圆形井来处理，并用面积相等原则确定，此时将近似圆的半径作为矩形水井的假想半径：

$$X_0 = \sqrt{\frac{F}{\pi}}$$

式中：X_0——环形井点系统的假想半径，m；

F——环形井点所包围的面积，㎡。

抽水影响半径与土的渗透系数、含水层厚度、水位降低值及抽水时间等因素有关。在抽水 2～5 d 后，水位降落漏斗基本稳定，此时抽水影响半径可近似地按下式计算：

$$R = 1.95S\sqrt{HK}$$

式中：S、H 的单位为 m；K 的单位为 m/d。

渗透系数 K 值对计算结果影响较大。K 值可经现场抽水试验或实验室测定。对重大工程，宜采用现场抽水试验以获得较准确的值。

承压井的涌水量计算较为复杂，在此不一一分析。

井点管数量计算：

井点管最少数量（根）由下式确定：

$$n' = \frac{Q}{q}$$

式中：q 为单根井点管的最大出水量（m³/d），由下式确定：

$$q = 65\pi dl\sqrt[3]{K}$$

式中：d、l 分别为滤管的直径及长度，m；其他符号同前。

根据布置的井点总管长度及井点管数量，便可得出井点管间距。

实际采用的井点管间距 D 应当与总管上接头尺寸相适应，即尽可能采用 0.8 m、1.2 m、1.6 m、2.0 m，实际采用的井点管数量一般应当增加 10% 左右，以防井点管堵塞等影响抽水效果。

（2）喷射井点

当基坑较深而地下水位又较高时，采用轻型井点要用多级井点，这样会增加基坑挖土量、延长工期并增加设备数量，显然不经济。因此，当降水深度超过 8 m 时，宜采用喷射井点，降水深度可达 8 ~ 20 m。喷射井点的设备主要由喷射井管、高压水泵和管路系统组成。

（3）电渗井点

电渗井点是将井点管作为阴极，在其内侧相应地插入钢筋或钢管作为阳极，通入直流电后，在电场的作用下，土中的水流加速向阴极渗透，流向井点管。这种方法适用于渗透系数很小的土（$K < 0.1$ m/d），但耗电多，只在特殊情况下使用。

（4）管井井点

原理：基坑每隔 20 ~ 50 m 设一个管井，每个管井单独用一台水泵不断抽水，从而降低地下水位。

适用于 $K = 20 ~ 200$ m/d、地下水量大的土层。当降水深度较大，在管井井点内采用一般离心泵或潜水泵不能满足要求时，可采用特制的深井泵，其降水深度大于 15 m，故又称深井泵法。

二、流砂的防止

（一）流砂现象及其危害

1. 流砂现象

指粒径很小、无塑性的土壤，在动水压力推动下，极易失去稳定，而随地下水流动的现象。

2. 流砂的危害

土完全丧失承载能力，土边挖边冒，且施工条件恶劣，难以达到设计深度，严重时会造成边坡塌方及附近建筑物下沉、倾斜、倒塌。

（二）产生流砂的原因

流砂是水在土中渗流所产生的动水压力对土体作用的结果。动水压力 G_D 的大小与水力坡度成正比，即水位差愈大，渗透路径愈短，G_D 愈大。当动水压力大于土的浮重度时，土颗粒处于悬浮状态，往往会随渗流的水一起流动，涌入基坑内，形成流砂。细颗粒、松散、饱和的非黏性土特别容易发生流砂现象。

$$G_D = \gamma_w \times I$$

式中：γ_w——水的容重；

I——水力坡度，$I=H \div L$。

1.管涌冒砂现象

基坑底位于不透水层，不透水层下为承压蓄水层，基坑底不透水层的重量小于承压水的顶托力时，基坑底部会发生管涌冒砂现象。

2.防止流砂的方法

（1）途径

减小、平衡动水压力；截住地下水流（消除动水压力）；改变动水压力的方向。

（2）具体措施

① 枯水期施工法：枯水期地下水位较低，基坑内外水位差小，动水压力小，不易产生流砂。

② 抢挖土方并抛大石块法：分段抢挖土方，使挖土速度超过冒砂速度，在挖至标高后立即铺竹席、芦席，并抛大石块，以平衡动水压力，将流砂压住。此法适用于治理局部的或轻微的流砂。

③ 设止水帷幕法：将连续的止水支护结构（如连续板桩、深层搅拌桩、密排灌筑桩等）打入基坑底面以下一定深度，形成封闭的止水帷幕，从而使地下水只能从支护结构下端向基坑渗流，增加地下水从坑外流入基坑内的渗流路径，减小水力坡度，从而减小动水压力，防止流砂产生。

④ 冻结法：将出现流砂区域的土进行冻结，阻止地下水渗流，从而防止流砂产生。

⑤ 人工降低地下水位法：采用井点降水法（如轻型井点、管井井点、喷射井点等），使地下水位降低至基坑底面以下，地下水的渗流向下，则动水压力的方向也向下，水不渗入基坑内，可有效防止流砂产生。

第三节　土壁支护

一、深层搅拌水泥土桩挡墙

深层搅拌法是利用特制的深层搅拌机在边坡土体需要加固的范围内，将软土与固化剂强制拌和，使软土硬结成具有整体性、水稳性和足够强度的水泥加固土。

深层搅拌法利用的固化剂为水泥浆或水泥砂浆，水泥的掺量为加固土重的7%～15%，水泥砂浆的配合比为1∶1或1∶2。

（一）深层搅拌水泥土桩挡墙的施工工艺流程

1. 定位

用起重机悬吊搅拌机到达指定桩位，对中。

2. 预拌下沉

待深层搅拌机的冷却水循环正常后，启动搅拌机，放松起重机钢丝绳，使搅拌机沿导向架搅拌切土下沉。

3. 制备水泥浆

待深层搅拌机下沉到一定深度时，按设计确定的配合比拌制水泥浆，压浆前将水泥浆倒入集料斗中。

4. 提升、喷浆、搅拌

待深层搅拌机下沉到设计深度后，开启灰浆泵将水泥浆压入地基，且边喷浆、边搅拌，同时按设计确定的提升速度提升深层搅拌机。

5. 重复上下搅拌

为使土和水泥浆搅拌均匀，可再次将搅拌机边旋转边沉入土中，至设计深度后再提升出地面。桩体要互相搭接 200 mm，以形成整体。

6. 清洗、移位

向集料斗中注入适量清水，开启灰浆泵，清除全部管路中残存的水泥浆，并将黏附在搅拌头的软土清洗干净。移位后进行下一根桩的施工。

（二）提高深层搅拌水泥土桩挡墙支护能力的措施

深层搅拌水泥土桩挡墙属重力式支护结构，主要由抗倾覆、抗滑移和抗剪强度控制截面和入土深度。目前这种支护的体积都较大，可采取以下措施提高其支护能力。

1. 卸荷

如条件允许可将顶部的土挖去一部分，以减少主动土压力。

2. 加筋

可在新搅拌的水泥土桩内压入竹筋等，有助于提高其稳定性。但加筋与水泥土的共同作用问题有待研究。

3. 起拱

将水泥土桩挡墙做成拱形，在拱脚处设钻孔灌注桩，可大大提高支护能力，减小挡墙的截面。或对于边长大的基坑，于边长中部适当起拱以减少变形。目前这种形式的水泥土桩挡墙已在工程中应用。

4. 挡墙变厚度

对于矩形基坑，由于边角效应，角部的主动土压力有所减小，可将角部水泥土桩挡墙的厚度适当减薄，以节约投资。

二、非重力式支护墙

(一) H 型钢支柱挡板支护挡墙

这种支护挡墙支柱按一定间距打入土中，支柱之间设木挡板或其他挡土设施（随开挖逐步加设），支护和挡板可回收使用，较为经济。它适用于土质较好、地下水位较低的地区。

(二) 钢板桩

1. 槽形钢板桩

这是一种简易的钢板桩支护挡墙，由槽钢正反扣搭接组成。槽钢长 6 ~ 8 m，型号由计算确定。由于抗弯能力较弱，一般用于深度不超过 4 m 的基坑，顶部设一道支撑或拉锚。

2. 热轧锁口钢板桩

形式有 U 型、Z 型（又叫"波浪型"或"拉森型"）、一字型（又叫"平板桩"）、组合型。

常用者为 U 型和 Z 型两种，基坑深度很大时才用组合型。一字型在建筑施工中基本上不用，在水工等结构施工中有时用来围成圆形墩隔墙。U 型钢板桩可用于开挖深度 5 ~ 10 m 的基坑。在软土地基地区钢板桩打设方便，有一定的挡水能力，施工迅速，且打设后可立即开挖，当基坑深度不太大时往往是考虑的方案之一。

3. 单锚钢板桩常见的工程事故及其原因

(1) 钢板桩的入土深度不够

当钢板桩长度不足或挖土超深或基底土过于软弱，在土压力作用下，钢板桩入土部分可能向外移动，使钢板桩绕拉锚点转动失效，坑壁滑坡。

(2) 钢板桩本身刚度不足

钢板桩截面太小，刚度不足，在土压力作用下失稳而弯曲破坏。

(3) 拉锚的承载力不够或长度不足

拉锚承载力过低被拉断，或锚碇位于土体滑动面内而失去作用，使钢板桩在土压力作用下向前倾倒。

因此，入土深度、锚杆拉力和截面弯矩被称为单锚钢板桩设计的三要素。

4. 钢板桩的施工

（1）钢板桩打设前的准备工作

① 钢板桩的检验与矫正。

第一，表面缺陷矫正。先清洗缺陷附近表面的锈蚀和油污，然后用焊接修补的方法补平，再用砂轮磨平。

第二，端部矩形矫正。一般用氧乙炔切割桩端，使其与轴线保持垂直，然后用砂轮对切割面进行磨平修整。当修整量不大时，也可直接用砂轮进行修整。

第三，桩体挠曲矫正。腹向弯曲矫正是将钢板桩弯曲段的两端固定在支承点上，用设置在龙门式顶梁架上的千斤顶顶压钢板桩凸处进行冷弯矫正。侧向弯曲矫正通常在专门的矫正平台上进行，将钢板桩弯曲段的两端固定在矫正平台的支座上，在钢板桩弯曲段侧面的矫正平台上间隔一定距离设置千斤顶，用千斤顶顶压钢板桩凸处进行冷弯矫正。

第四，桩体扭曲矫正。这种矫正较复杂，可视扭曲情况，采用桩体挠曲矫正的方法矫正。

第五，桩体截面局部变形矫正。对局部变形处用千斤顶顶压、大锤敲击与氧乙炔焰热烘相结合的方法进行矫正。

第六，锁口变形矫正。用标准钢板桩作为锁口整形胎具，采用慢速卷扬机牵拉的方法进行调整处理，或采用氧乙炔焰热烘和大锤敲击胎具推进的方法进行调直处理。

② 导架安装。为保证沉桩轴线位置的正确和桩的竖直，控制桩的打入精度，防止板桩屈曲变形和提高桩的灌入能力，一般都需要设置一定刚度的、坚固的导架，亦称"施工围檩"。

导架通常由导梁和围檩桩等组成。导架在平面上有单面和双面之分，在高度上有单层和双层之分，一般常用的是单层双面导架。围檩桩的间距一般为 2.5～3.5 m，双面围檩之间的间距一般比板桩墙厚度大 8～15 mm。

导架的位置不能与钢板桩相碰。围檩桩不能随着钢板桩的打设而下沉或变形。导梁的高度要适宜，要有利于控制钢板桩的施工高度和提高工效，要用经纬仪和水平仪控制导梁的位置和标高。

（2）沉桩机械的选择

① 钢板桩打设方式的选择。

第一，单独打入法。这种方法是从板桩墙的一角开始，逐块（或两块为一组）打设，直至工程结束。这种打入方法简便、迅速，不需要其他辅助支架，但是易使板桩向一侧倾斜，且误差积累后不易纠正。为此，这种方法只适用于板桩墙要求不高且板桩长度较小（如小于 10 m）的情况。

第二，屏风式打入法。这种方法是将 10 ~ 20 根钢板桩成排插入导架内，呈屏风状，然后分批施打。施打时先将屏风墙两端的钢板桩打至设计标高或一定深度，成为定位板桩，然后在中间按顺序分 1/3、1/2 板桩高度呈阶梯状打入。

这种打桩方法的优点是可以减少倾斜误差积累，防止过度倾斜，而且易于实现封闭合拢，能保证板桩墙的施工质量；缺点是插桩的自立高度较大，要注意插桩的稳定和施工安全。一般情况下多用这种方法打设板桩墙，它耗费的辅助材料不多，但能保证质量。

钢板桩打设允许误差：桩顶标高 ±100 mm，板桩轴线偏差 ±100 mm，板桩垂直度 ±1%。

② 钢板桩的打设。先用吊车将钢板桩吊至插桩点进行插桩，插桩时锁口要对准，每插入一块即套上桩帽轻轻锤击。在打桩过程中，为保证钢板桩的垂直度，用两台经纬仪在两个方向加以控制。为防止锁口中心线平面位移，可在打桩方向的钢板桩锁口处设卡板，阻止板桩位移。同时在围檩上预先算出每块钢板桩的位置，以便随时检查矫正。

钢板桩分几次打入，如第一次由 20 m 高打至 15 m，第二次打至 10 m，第三次打至导梁高度，待导架拆除后第四次才打至设计标高。

打桩时，开始打设的第一、第二块钢板桩的打入位置和方向要确保精度，它可以起样板导向作用，一般每打入 1 m 应测量一次。

③ 钢板桩的拔除。基坑回填后，要拔除钢板桩，以便重复使用。拔除钢板桩前，应仔细研究拔桩顺序、拔桩时间及土孔处理。否则，拔桩的振动影响以及拔桩带土过多引起的地面沉降和位移，会给已施工的地下结构带来危害，并影响邻近原有建筑物、构筑物或底下管线的安全。设法减少拔桩带土十分重要，目前主要采用灌水、灌砂措施。

拔桩起点和顺序：对封闭式钢板桩墙，拔桩起点应离开角桩 5 根以上。可根据沉桩时的情况确定拔桩起点，必要时也可用跳拔的方法。拔桩的顺序最好与打桩时相反。

振打与振拔：拔桩时，可先用振动锤将板桩锁口振松以减少土的黏附，然后边振边拔。对较难拔除的板桩可先用柴油锤将桩振下 100 ~ 300 mm，再与振动锤交替振打、振拔。有时，为及时回填拔桩后的土孔，当把板桩拔至比基础底板略高时暂停引拔，用振动锤振动几分钟，尽量让土孔填实一部分。

（三）钢筋水泥桩排桩挡墙

双排式灌注桩支护结构一般采用直径较小的灌注桩作双排布置，桩顶用圈梁连接，形成门式结构以增强挡土能力。当场地条件许可，单排桩悬臂结构刚度不足时，可采用双排桩支护结构。这种结构的特点是水平刚度大，位移小，施工方便。

双排桩在平面上可按三角形布置，也可按矩形布置。前后排桩距 $\delta=1.5\sim3.0$ m（中心距），桩项连梁宽度为 $(6+d+20)$ m，即比双排桩稍宽一点。

(四) 地下连续墙

地下连续墙施工工艺，即在土方开挖前，用特制的挖槽机械在泥浆护壁的情况下每次开挖一定长度（一个单元槽段）的沟槽，待开挖至设计深度并清除沉淀下来的泥渣后，将在地面上加工好的钢筋骨架（一般称为钢筋笼）用起重机械吊放入充满泥浆的沟槽内，用导管向沟槽内浇筑混凝土，由于混凝土是由沟槽底部开始逐渐向上浇筑，所以泥浆随着混凝土的浇筑被置换出来，待混凝土浇至设计标高后，一个单元槽即施工完毕。各个单元槽之间由特制的接头连接，形成连续的地下钢筋混凝土墙。

三、支护结构的破坏形式

(一) 非重力式支护结构的破坏

1.非重力式支护结构的强度破坏
① 拉锚破坏或支撑压曲。
② 支护墙底部走动。
③ 支护墙的平面变形过大或弯曲破坏。
2.非重力式支护结构的稳定性破坏
① 墙后土体整体滑动失稳。
② 坑底隆起。
③ 管涌。

(二) 重力式支护结构的破坏

重力式支护结构的破坏亦包括强度破坏和稳定性破坏两方面。其强度破坏只有水泥土抗剪强度不足，产生剪切破坏，为此需验算最大剪应力处的墙身应力。其稳定性破坏包括倾覆、滑移、土体整体滑动失稳、坑底隆起、管涌。

(三) 拉锚

拉锚是将钢筋或钢丝绳一端固定在支护板的腰梁上，另一端固定在锚碇上，中间设置花篮螺丝以调整拉杆长度。

锚碇的做法：当土质较好时，可埋设混凝土梁或横木做锚碇；当土质不好时，则在锚碇前打短桩。拉锚的间距及拉杆直径要经过计算确定。

拉锚式支撑在坑壁上只能设置一层，锚碇应设置在坑壁主动滑移面之外。当需要设多层拉杆时，可采用土层锚杆。

（四）土层锚杆

1. 土层锚杆的构造

土层锚杆通常由锚头、锚头垫座、支护结构、钻孔、防护套管、拉杆（拉索）、锚固体、锚底板（有时无）等组成。

2. 土层锚杆的类型

（1）一般灌浆锚杆

钻孔后放入受拉杆件，然后用砂浆泵将水泥浆或水泥砂浆注入孔内，经养护后，即可承受拉力。

（2）高压灌浆锚杆（又称预压锚杆）

其与一般灌浆锚杆的不同点是在灌浆阶段对水泥砂浆施加一定的压力，使水泥砂浆在压力下压入孔壁四周的裂缝并在压力下固结，从而使锚杆具有较大的抗拔力。

（3）预应力锚杆

先对锚固段进行一次压力灌浆，然后对锚杆施加预应力后锚固，并在非锚固段进行不加压二次灌浆，也可一次灌浆（加压或不加压）后施加预应力。这种锚杆可穿过松软地层而锚固在稳定土层中，使结构物变形减小。我国目前大都采用预应力锚杆。

（4）扩孔锚杆

用特制的扩孔钻头扩大锚固段的钻孔直径，或用爆扩法扩大钻孔端头，从而形成扩大的锚固段或端头，可有效提高锚杆的抗拔力。扩孔锚杆主要用在松软地层中。

在灌浆材料上，可使用水泥浆、水泥砂浆、树脂材料、化学浆液等作为锚固材料。

3. 土层锚杆施工

土层锚杆施工包括钻孔、安放拉杆、灌浆和张拉锚固。在正式开工之前还需进行必要的准备工作。

（1）选择钻孔机械

土层锚杆钻孔用的钻孔机械，按工作原理分为旋转式钻孔机、冲击式钻孔机和旋转冲击式钻孔机三类，主要根据土质、钻孔深度和地下水情况进行选择。

（2）土层锚杆钻孔应达到的要求

孔壁要平直，以便安放钢拉杆和灌注水泥浆。

孔壁不得坍陷和松动，否则影响钢拉杆安放和土层锚杆的承载能力。

钻孔时不得使用膨润土循环泥浆护壁，以免在孔壁上形成泥皮，减少锚固体与土壁间的摩阻力。

土层锚杆的钻孔多数有一定的倾角，因此孔壁的稳定性较差。

（3）安放拉杆

土层锚杆常用的拉杆有钢管、粗钢筋、钢丝束和钢绞线，主要根据土层锚杆的承载能力和现有材料来选择。承载能力较小时，多用粗钢筋；承载能力较大时，我国多用钢绞线。

① 钢筋拉杆。钢筋拉杆由一根或数根粗钢筋组合而成，如为数根粗钢筋，则需绑扎或用电焊连接成一个整体。其长度等于锚杆设计长度加张拉长度（等于支撑围檩高度加锚座厚度和螺母高度）。

对有自由段的土层锚杆，钢筋拉杆的自由段要进行防腐和隔离处理。防腐层施工时，宜先清除拉杆上的铁锈，再涂一度环氧防腐漆冷底子油，待其干燥后，再涂二度环氧玻璃钢（或聚氨酯预聚体等），待其固化后，再缠绕两层聚乙烯塑料薄膜。

对于钢筋拉杆，国外常用的几种防腐蚀方法是：

第一，将经润滑油浸渍过的防腐带用粘胶带缠绕在涂有润滑油的钢筋上。

第二，将半刚性聚氯乙烯管或厚 2～3 mm 的聚乙烯管套在涂有润滑油（厚度大于 2 mm）的钢筋拉杆上。

第三，将聚丙烯管套在涂有润滑油的钢筋拉杆上，制造时这种聚丙烯管的直径为钢筋拉杆直径的 2 倍左右，装好后加以热处理则收缩紧贴在钢筋拉杆上。

钢筋拉杆的防腐，一般采用将防腐系统和隔离系统结合起来的办法。

土层锚杆的长度一般在 10 m 以上，有的达 30 m，甚至更长。为了将拉杆安置在钻孔的中心，防止自由段产生过大的挠度和插入钻孔时不搅动土壁，同时增加拉杆与锚固体的握裹力，须在拉杆表面设置定位器（或撑筋环）。钢筋拉杆的定位器用细钢筋制作，在钢筋拉杆轴心按 120° 夹角布置，间距一般 2～2.5 m。定位器的外径宜小于钻孔直径 10 mm。

② 钢丝束拉杆。钢丝束拉杆可以制成通长一根，它的柔性较好，向钻孔中沉放较方便。但施工时应将灌浆管与钢丝束绑扎在一起同时沉放，否则放置灌浆管有困难。

钢丝束拉杆的自由段须理顺扎紧，然后进行防腐处理。防腐方法：用玻璃纤维布缠绕两层，外面再用粘胶带缠绕，亦可将钢丝束拉杆的自由段插入特制护管内，护管与孔壁间的空隙可与锚固段同时进行灌浆。

钢丝束拉杆的锚固段亦需用定位器，该定位器为撑筋环。钢丝束的钢丝分为内外两层，外层钢丝绑扎在撑筋环上，撑筋环的间距为 0.5~1 m，这样锚固段就形成一连串的菱形，使钢丝束与锚固体砂浆的接触面积增大，增强黏结力；内层钢丝则从撑筋环的中间穿过。

钢丝束拉杆的锚头要能保证各根钢丝受力均匀，常用镦头锚具等，可按预应力结构锚具选用。

沉放钢丝束时要对准钻孔中心，如有偏斜易将钢丝束端部插入孔壁内，既破坏孔壁，造成坍孔，又可能堵塞灌浆管。为此，可用长 25 cm 的小竹筒将钢丝束下端套起来。

③钢绞线拉杆。钢绞线拉杆的柔性更好，向钻孔中沉放更容易，因此在国内外应用得比较多，用于承载能力大的土层锚杆。

锚固段的钢绞线要仔细清除其表面的油脂，以保证与锚固体砂浆有良好的黏结。自由段的钢绞线要用聚丙烯防护套等进行防腐处理。

钢绞线拉杆需用特制的定位架。

（4）压力灌浆

压力灌浆是土层锚杆施工中的一道重要工序。施工时，应将有关数据记录下来，以备将来查用。

灌浆的作用：形成锚固段，将锚杆锚固在土层中；防止钢拉杆腐蚀；充填土层中的孔隙和裂缝。

灌浆的浆液为水泥砂浆（细砂）或水泥浆，水泥一般不宜用高铝水泥。由于氯化物会引起钢拉杆腐蚀，因此其含量不应超过水泥重的0.1%。由于水泥水化时会生成 SO_3，所以硫酸盐的含量不应超过水泥重量的4%。我国多用普通硅酸盐水泥。

拌和水泥浆或水泥砂浆所用的水，一般应避免采用含高浓度氯化物的水，因为它会加速钢拉杆的腐蚀。若对水质有疑问，应事先进行化验。

选定最佳水灰比亦很重要，要使水泥浆有足够的流动性，以便用压力泵将其顺利注入钻孔和钢拉杆周围，同时还应使灌浆材料收缩小和耐久性好，所以一般常用的水灰比为 0.4~0.45。

灌浆方法有一次灌浆法和二次灌浆法两种。一次灌浆法只用一根灌浆管，利用泥浆泵进行灌浆，灌浆管管端距孔底20 cm左右，待浆液流出孔口时，用水泥袋等捣塞入孔口，并用湿黏土封堵孔口，严密捣实，再以2~4 MPa的压力进行补灌，要稳压数分钟灌浆才告结束。

二次灌浆法要用两根灌浆管，第一次灌浆用灌浆管的管端距离锚杆末端50 mm

左右，管底出口处用黑胶布等封住，以防沉放时土进入管口。第二次灌浆用灌浆管的管端距离锚杆末端 1000 mm 左右，管底出口处亦用黑胶布封住，且从管端 500 m 处开始向上每隔 2 m 左右做出 1 m 长的花管，花管的孔眼为 $\varphi 8$ mm，花管做几段视锚固段长度而定。

第一次灌浆是灌注水泥砂浆，利用普通的单缸活塞式压浆机，其压力为 0.3 ~ 0.5 MPa，流量为 100 L/min。水泥砂浆在上述压力作用下冲破封口的黑胶布流向钻孔。钻孔后曾用清水洗孔，孔内可能残留有部分水和泥浆，但由于灌入的水泥砂浆相对密度较大，因此能够将残留在孔内的泥浆等置换出来。第一次灌浆量根据孔径和锚固段的长度而定。第一次灌浆后把灌浆管拔出，可以重复使用。

待第一次灌注的浆液初凝后进行第二次灌浆，利用泥浆泵，控制压力为 2 MPa 左右，稳压 2 min，浆液冲破第一次灌浆体，向锚固体与土的接触面之间扩散，使锚固体直径扩大，增加径向压应力。由于挤压作用，锚固体周围的土压缩，孔隙比减小，含水量减少，土的内摩擦角增大。因此，二次灌浆法可以显著提高土层锚杆的承载能力。

如果钻孔时利用了外套管，还可利用外套管进行高压灌浆。其顺序是：向外拔几节外套管 (一般每节长 1.5 m)，加上帽盖，加压灌浆一次，压力约 2 MPa；再向外拔几个外套管，再加压灌浆，如此反复进行，直至全部外套管拔出。

(5) 张拉和锚固

土层锚杆灌浆后，待锚固体强度达到 80% 设计强度以上，便可对锚杆进行张拉和锚固。张拉前先在支护结构上安装围檩。张拉用设备与预应力结构张拉所用设备相同。

从我国目前情况看，钢拉杆为变形钢筋者，其端部加焊一螺丝端杆，用螺母锚固。钢拉杆为光圆钢筋者，可直接在其端部攻丝，用螺母锚固。如用精轧钢纹钢筋，可直接用螺母锚固。张拉粗钢筋用一般千斤顶。

钢拉杆和钢丝束者，锚具多为镦头锚，亦用一般千斤顶张拉。

预加应力的锚杆，要正确估算预应力损失，导致预应力损失的因素主要有：

① 张拉时由摩擦造成的预应力损失；

② 锚固时由锚具滑移造成的预应力损失；

③ 钢材松弛产生的预应力损失；

④ 相邻锚杆施工引起的预应力损失；

⑤ 支护结构 (板桩墙等) 变形引起的预应力损失；

⑥ 土体蠕变引起的预应力损失；

⑦ 温度变化造成的预应力损失。

上述七种预应力损失，应结合工程具体情况进行计算。

第四节　桩基础施工

桩基础是一种高层建筑物和重要建筑物工程中广泛采用的基础形式。桩基础的作用是将上部结构较大的荷载通过桩穿过软弱土层传递到较深的坚硬土层上，以解决浅基础承载力不足和变形较大的问题。

桩基础具有承载力高、沉降量小而均匀、沉降速率缓慢等特点。它能承受垂直荷载、水平荷载、上拔力，以及机器的振动或动力作用，被广泛应用于房屋地基、桥梁、水利等工程中。

一、桩基础的作用和分类

1. 作用

可以将上部荷载直接传递到下部较好持力层上。

2. 分类

（1）按承台位置高低分类

① 高承台桩基础。承台底面高于地面，一般用在桥梁、码头工程中。

② 低承台桩基础。承台底面低于地面，一般用于房屋建筑工程中。

（2）按承载性质分类

① 端承桩。指穿过软弱土层并将建筑物的荷载通过桩传递到桩端坚硬土层或岩层上。桩侧较软弱土对桩身的摩擦作用很小，其摩擦力可忽略不计。

② 摩擦桩。指沉入软弱土层一定深度后通过桩侧土的摩擦作用，将上部荷载传递扩散于桩周围土中，桩端土也起一定的支承作用，桩尖支承的土不甚密实，桩相对于土有一定的相对位移时，即具有摩擦桩的作用。

（3）按桩身材料分类

① 钢筋混凝土桩。可以预制，也可以现浇。根据设计，桩的长度和截面尺寸可任意选择。

② 钢桩。常用的有直径 250～1200 mm 的钢管桩和宽翼工字形钢桩。钢桩的承载力较大，起吊、运输、沉桩、接桩都较方便，但消耗钢材多，造价高。我国目前只在少数重点工程中使用。

③ 木桩。目前已很少使用，只在某些加固工程或能就地取材的临时工程中使用。在地下水位以下时，木材有很好的耐久性，而在干湿交替的环境下，极易腐蚀。

④ 砂石桩。主要用于地基加固，挤密土壤。

⑤ 灰土桩。主要用于地基加固。

（4）按桩的使用功能分类

① 竖向抗压桩。

② 竖向抗拔桩。

③ 水平荷载桩。

④ 复合受力桩。

（5）按桩直径大小分类

① 小直径桩，$d \leqslant 250\ mm$。

② 中等直径桩，$250\ mm < d < 800\ mm$。

③ 大直径桩，$d \geqslant 800\ mm$。

（6）按成孔方法分类

① 非挤土桩：泥浆护壁灌注桩、人工挖孔灌注桩，应用较广。

② 部分挤土桩：先钻孔后打入。

③ 挤土桩：打入桩。

（7）按制作工艺分类

① 预制桩。钢筋混凝土预制桩是在工厂或施工现场预制，用锤击打入、振动沉入等方法，使桩沉入地下。

② 灌注桩。又叫现浇桩，直接在设计桩位的地基上成孔，在孔内放置钢筋笼或不放钢筋，后在孔内灌注混凝土而成桩。

与预制桩相比，灌注桩可节省钢材，在持力层起伏不平时，桩长可根据实际情况设计。

（8）按截面形式分类

① 方形截面桩。制作、运输和堆放比较方便，截面边长一般为 $250 \sim 550\ mm$。

② 圆形空心桩。用离心旋转法在工厂中预制，具有用料省、自重轻、表面积大等特点。国内铁道部门已有定型产品，直径有 300、450 和 550 mm，管壁厚 80 mm，每节长度 $2 \sim 12\ m$ 不等。

二、静力压桩施工工艺

（一）特点及原理

静力压桩法是在软土地基上，利用静力压桩机以无振动的静压力（自重和配重）将预制桩压入土中的一种沉桩工艺。

(二) 机械设备

主要有机械压桩机、液压静力压桩机两种。

(三) 施工工艺

静力压桩施工，采取分段压入、逐段接长的方法。施工程序为：施工准备→测量定位→压桩机就位→吊桩、插桩→桩身对中调直→静压沉桩→接桩→再静压沉桩→送桩→终止压桩→切割桩头。

整平场地，清除作业范围内的高空、地面、地下障碍物；架空高压线距离压桩机不得小于 10 m；修设桩机进出行走道路，做好排水设施。

按照图纸布置测量放线，定出桩基轴线 (先定出中心，再引出两侧)，并将桩的准确位置测设到地面上，每个桩位打一个小木桩；测出每个桩位的实际标高，场地外设 2～3 个水准点，以便随时检查用。

检查桩的质量，将需要的桩按平面布置图堆放在压桩机附近，不合格的桩不能运至压桩现场。

检查压桩机设备及起重机械；铺设水电管网，进行设备架立组装并试压桩。

准备好桩基工程沉降记录和隐蔽工程验收记录表格，作好记录。

(四) 施工要点

压桩时，应始终保持桩轴心受压，若有偏移应立即纠正。接桩应保证上下节桩轴线一致，并应尽量减少每根桩的接头个数，一般不宜超过 4 个接头。施工中，若压阻力超过压桩能力，使桩架上抬倾斜时，应立即停压，查明原因。

当桩压至接近设计标高时，不可过早停压，应使压桩一次成功，以免发生压不下或超压现象。工程中有少数桩不能压至设计标高，此时可将桩顶截去。

三、现浇混凝土灌注桩施工工艺

灌注桩按成孔方法分为泥浆护壁成孔灌注桩、沉管灌注桩、干作业成孔灌注桩、爆破成孔灌注桩和人工挖孔灌注桩。

灌注桩施工准备工作一般包括以下几点。

① 确定成孔施工顺序。一般结合现场条件，采用下列方法确定成孔顺序：间隔 1 个或 2 个桩位成孔；在相邻混凝土初凝前或终凝后成孔；一个承台下桩数在 5 根以上时，中间的桩先成孔，外围的桩后成孔。

② 成孔深度的控制。摩擦桩：桩管入土深度以标高控制为主，以贯入度控制为辅。

端承桩：沉管深度以贯入度控制为主，以设计持力层标高对照为辅。

③钢筋笼的制作。主筋和箍筋直径及间距、主筋保护层、加筋箍的间距等应符合设计要求和规范要求。分段制作接头采用焊接法并使接头错开50%，放置时不得碰撞孔壁。

④混凝土的配制。粗骨料可选用卵石或碎石，其最大粒径不得大于钢筋净距的1/3，其他类型的灌注桩或素混凝土见相关规定。混凝土强度等级不小于C15。

（一）钻孔灌注桩

钻孔灌注桩是先成孔，然后吊放钢筋笼，再浇灌混凝土。依据地质条件不同，分为干作业成孔和泥浆护壁（湿作业）成孔两类。

1. 干作业成孔灌注桩施工

成孔时若无地下水或地下水很少，基本上不影响工程施工，称为干作业成孔。主要适用于北方地区和地下水位低的土层。

（1）施工工艺流程

场地清理→测量放线，定桩位→桩机就位→钻孔，取土成孔→清除孔底沉渣→成孔质量检查验收→吊放钢筋笼→浇筑孔内混凝土。

（2）施工注意事项

干作业成孔一般采用螺旋钻成孔，还可采用机扩法扩底。为了确保成桩后的质量，施工中应注意以下几点：

①开始钻孔时，应保持钻杆垂直、位置正确，防止因钻杆晃动导致孔径扩大及孔底虚土增多。

②发现钻杆摇晃、移动、偏斜或难以钻进时，应提钻检查，排除地下障碍物，避免桩孔偏斜和钻具损坏。

③钻进过程中应随时清理孔口黏土，遇到地下水、塌孔、缩孔等异常情况，应停止钻孔，同有关单位研究处理。

④钻头进入硬土层时易造成钻孔偏斜，可提起钻头上下反复扫钻几次，以便削去硬土。若纠正无效，可在孔中局部回填黏土至偏孔处0.5 m以上，再重新钻进。

⑤成孔达到设计深度后，应保护好孔口，按规定验收，并作好施工记录。

⑥孔底虚土尽可能清除干净，可用夯锤夯击孔底虚土或进行压注水泥浆处理，然后吊放钢筋笼，并浇筑混凝土。混凝土应分层浇筑，每层高度不大于1.5 m。

2. 泥浆护壁成孔灌注桩施工

泥浆护壁成孔灌注桩是利用泥浆护壁，钻孔时通过循环泥浆将钻头切削下的土渣排出孔外而成孔，后吊放钢筋笼，水下灌注混凝土而成桩。成孔方式有正（反）循环回转钻成孔、正(反)循环潜水钻成孔、冲击钻成孔、冲抓锥成孔、钻斗钻成孔等。

泥浆护壁成孔灌注桩施工工艺流程如下：

(1) 测定桩位

平整清理好施工场地后，设置桩基轴线定位点和水准点，根据桩位平面布置施工图，确定每根桩的位置，并作好标记。施工前，桩位要检查复核，以防被外界因素影响而造成偏移。

(2) 埋设护筒

护筒的作用是：固定桩孔位置，防止地面水流入，保护孔口，提高桩孔内水压力，防止塌孔，成孔时引导钻头方向。护筒用 4 ~ 8 mm 厚的钢板制成，内径比钻头直径大 100 ~ 200 mm，顶面高出地面 0.4 ~ 0.6 m，上部开 1 ~ 2 个溢浆孔。埋设护筒时，先挖去桩孔处表土，将护筒埋入土中，其埋设深度在黏土中不宜小于 1 m，在砂土中不宜小于 1.5 m。其高度要满足孔内泥浆面高度的要求，孔内泥浆面应保持高出地下水位 1 m 以上。挖坑埋设时，坑的直径应比护筒外径大 0.8 ~ 1 m. 护筒中心与桩位中心线偏差不应大于 50 mm，对位后应在护筒外侧填入黏土并分层夯实。

(3) 泥浆制备

泥浆的作用是护壁、携砂排土、切土润滑、冷却钻头等，其中以护壁为主。泥浆制备方法应根据土质条件确定：在黏土和粉质黏土中成孔时，可注入清水，以原土造浆，排渣泥浆的密度应控制在 1.1 ~ 1.3 g/cm³；在其他土层中成孔时，泥浆可选用高塑性 (Ip ≥ 17) 的黏土或膨润土；在砂土和较厚夹砂层中成孔时，泥浆密度应控制在 1.1 ~ 1.3 g/cm³；在穿过砂夹卵石层或容易塌孔的土层中成孔时，泥浆密度应控制在 1.3 ~ 1.5 g/cm³。施工中应经常测定泥浆密度，并定期测定黏度、含砂率和胶体率。泥浆的控制指标为黏度 18 ~ 22 s、含砂率不大于 8%、胶体率不小于 90%。为了提高泥浆质量，可加入外掺料，如增重剂、增黏剂、分散剂等。施工中废弃的泥浆、泥渣应按环保有关规定处理。

(4) 成孔方法

① 回转钻成孔。回转钻成孔是国内灌注桩施工中最常用的方法之一。按排渣方式不同分为正循环回转钻成孔和反循环回转钻成孔两种。

正循环回转钻成孔由钻机回转装置带动钻杆和钻头回转切削破碎岩土，由泥浆泵往钻杆输送泥浆，泥浆沿孔壁上升，从溢浆孔溢出流入泥浆池，经沉淀处理返回循环池。正循环成孔泥浆的上返速度低，携带土粒直径小，排渣能力差，岩土重复破碎现象严重，适用于填土、淤泥、黏土、粉土、砂土等地层，卵砾石含量不大于15%、粒径小于 10 mm 的部分砂卵砾石层、软质基岩及较硬基岩也可使用。桩孔直径不宜大于 1000 mm，钻孔深度不宜超过 40 m。正循环钻进主要参数有冲洗液量、转速和钻压，保持足够的冲洗液量是提高正循环钻进效率的关键。一般砂土层用硬质合金钻头钻进时，转速取 40～80 r/min，较硬或非均质地层中转速可适当调慢；用钢粒钻头钻进时，转速取 50～120 r/min，大桩取小值，小桩取大值；用牙轮钻头钻进时，转速一般取 60～180 r/min。在松散地层中钻进时，应以冲洗液畅通和钻渣清除及时为前提，灵活确定钻压；在基岩中钻进时，可以通过配置加重铤或重块来提高钻压；对于硬质合金钻钻进成孔，钻压应根据地质条件、钻杆与桩孔的直径差、钻头形式、切削具数目、设备能力和钻具强度等因素综合确定。

反循环回转钻成孔是指由钻机回转装置带动钻杆和钻头回转切削破碎岩土，利用泵吸、气举、喷射等措施抽吸循环护壁泥浆，挟带钻渣从钻杆内腔抽吸出孔外。根据抽吸原理可分为泵吸反循环、喷射（射流）反循环和气举反循环三种施工工艺：泵吸反循环是直接利用砂石泵的抽吸作用使钻杆的水流上升而形成反循环；喷射反循环是利用射流泵射出的高速水流产生的负压使钻杆内的水流上升而形成反循环；气举反循环是利用送入压缩空气使水循环。钻杆内水流上升速度与钻杆内外液柱高度差有关，随孔深增大，效率提高。当孔深小于 50 m 时，宜选用泵吸或射流反循环；当孔深大于 50 m 时，宜选用气举反循环。

②潜水钻成孔。潜水电钻同样使用泥浆护壁成孔。其排渣方式也分为正循环和反循环两种。

潜水钻正循环是利用泥浆泵将泥浆压入空心钻杆并通过中空的电动机和钻头等射入孔底，然后携带钻头切削下的钻渣在钻孔中上浮，由溢浆孔溢出进入泥浆沉淀池，经沉淀处理后返回循环池。

潜水钻反循环有泵吸法、泵举法和气举法三种。若为气举法出渣，则只能用正循环或泵吸式开孔，钻孔有 6～7 m 深时，才可改用反循环气举法出渣。反循环泵吸法出渣时，吸浆泵可潜入泥浆下工作，因而出渣效率高。

③冲击钻成孔。冲孔是用冲击钻机把带钻刃的重钻头（又称冲击锤）提高，靠自由下落的冲击力来削切岩层，排出碎渣成孔。冲击钻机有钻杆式和钢丝绳式两种。前者钻孔直径较小，效率低，应用较少。后者钻孔直径大，有 800 mm、1000 mm、1200 mm 几种。钻头可锻制或用铸钢制造，钻刃用 T18 号钢制造，与钻头焊接。钻头有十字钻头及三翼钻头等。锤重 500～3000 kg。冲孔施工时，首先准备好护壁料，若表层为软土，则在护筒内加片石、砂砾和黏土（比例为 3∶1∶1）；若表层为砂砾卵石，则在护筒内加小石子和黏土（比例为 1∶1）。冲孔时，开始低锤密击，落距为 0.4～0.6 m，直至开孔深度达护筒底以下 3～4 m 时，将落距提高至 1.5～2 m。掏渣采用抽筒，用以掏取孔内岩屑和石渣，也可进入稀软土、流砂、松散土层排土和修平孔壁。掏渣每台班 1 次，每次 4～5 桶。用冲击钻冲孔，冲程为 0.5～1 m，冲击次

数为 40～50 次 / min，孔深可达 300 m。冲击钻成孔适用于风化岩及各种软土层成孔。但由于冲击锤自由下落时导向不严格，扩孔率大，实际成孔直径比设计桩径要增大 10%～20%。若扩孔率增大，应查明原因后再成孔。

④ 抓孔。抓孔即用冲抓锥成孔机将冲抓锥斗提升到一定高度，锥斗内有压重铁块和活动抓片，松开卷扬机刹车时，抓片张开，钻头便以自由落体冲入土中，然后开动卷扬机提升钻头，这时抓片闭合抓土，冲抓锥整体被提升到地面上将土渣卸去，如此循环抓孔。该法成孔直径为 450～600 mm，成孔深度为 10 m 左右，适用于有坚硬夹杂物的黏土、砂卵石土和碎石类土。

（5）清孔

当钻孔达到设计要求深度并经检查合格后，应立即清孔，目的是清除孔底沉渣以减少桩基的沉降量，提高桩基承载能力，确保桩基质量。清孔方法有真空吸泥渣法、射水法、换浆法和掏渣法。

空气吸泥机或抓斗用于土质较好、不易塌孔的碎石类、风化岩等硬土中清孔。因孔底沉渣颗粒大，采用空气吸泥机或抓斗可将颗粒较大的沉渣吸出或抓出。

射水法是在孔口接清孔导管，分段连接后吊入孔内。清孔靠抽水机和空气压缩机进行。空气压缩机使导管内压力达 0.6～0.7 MPa，在导管内形成强大中气流，同时向孔内注入清水，使孔底的泥渣、杂物被喷翻、搅动，随高压气流上涌，从喷嘴喷出。这样可将孔底沉渣清出，直到孔口喷出清水为止。清孔后，泥浆容重为 1∶1 左右为清孔合格。该法适用于在原土造浆的黏土以及制浆的碎石类土和风化岩土层中清孔。

换浆法又叫置换法，是用新搅拌的泥浆置换孔底泥浆，即用泥浆循环方法清孔。清孔后泥浆容重应控制在 1.15～1.25 之间，泥浆取样均应选在距孔底 0.2～0.5 m 处。置换法适用于在孔壁土质较差的软土、砂土以及黏土中清孔。

清孔应达到如下标准才算合格：一是孔内排出或抽出的泥浆，用手捻应无粗粒感，孔底 500 mm 以内的泥浆密度小于 1.25 g/cm³（原土造浆的孔则应小于 1.1 g/cm³）；二是在浇筑混凝土前，孔底沉渣允许厚度符合标准规定，即端承桩 ≤ 50 mm，摩擦端承桩、端承摩擦桩 ≤ 100 mm，摩擦桩 ≤ 300 mm。

（6）吊放钢筋笼

清孔后应立即安放钢筋笼，浇混凝土。钢筋笼一般都在工地制作，制作时要求主筋环向均匀布置，箍筋直径及间距、主筋保护层、加筋箍的间距等均符合设计要求。分段制作的钢筋笼，其接头采用焊接法且应符合施工及验收规范的规定。钢筋笼主筋净距必须大于 3 倍的骨料粒径，加筋箍宜设在主筋外侧，钢筋保护层厚度不应小于 35 mm（水下混凝土不得小于 50 mm）。可在主筋外侧安设钢筋定位器，以确保钢筋保护层厚度。为了防止钢筋笼变形，可在钢筋笼上每隔 2 m 设置一道加强箍，并在钢筋笼内每隔 3~4 m 装一个可拆卸的十字形临时加筋架，在吊放入孔后拆除。吊放钢筋笼时应垂直，缓缓放入，防止碰撞孔壁。

若造成塌孔或安放钢筋笼时间太长，应进行二次清孔后再浇筑混凝土。

(7) 水下浇筑混凝土

泥浆护壁成孔灌注桩的水下混凝土浇筑常用导管法，混凝土强度等级不低于 C20，坍落度为 18~22 cm，所用设备有金属导管、承料漏斗和提升机具等。

导管一般用无缝钢管制作，直径为 200~300 mm，每节长度为 2~3 m，最下一节为脚管，长度不小于 4 m，各节管用法兰盘和螺栓连接。承料漏斗利用法兰盘安装在导管顶端，其容积应大于保证管内混凝土必须保持的高度和开始浇筑时导管埋置深度所要求的混凝土的体积。

隔水栓 (球塞) 用来隔开混凝土与泥浆 (或水)，可用木球或混凝土圆柱塞等，其直径宜比导管内径小 20~25 mm。用 3~5 mm 厚的橡胶圈密封，其直径宜比导管内径大 5~6 mm。

导管使用前应试拼装、过球和进行封闭水压试验，试验压力为 0.6~1 MPa，不漏水者方可使用。浇筑时，用提升机具将承料漏斗和导管悬吊起来后，沉至孔底，往导管中放隔水栓，隔水栓用绳子或铁丝吊挂，然后向导管内灌一定数量的混凝土，并使其下口距地基面约 300 mm，迅速剪断吊绳 (水深在 10 m 以内可用此法)，或让球塞下滑至管的中部或接近底部再剪断吊绳，使混凝土靠自重推动球塞下落，冲向基底，并向四周扩散。球塞被推出导管后，混凝土则在导管下部包围住导管，形成混凝土堆，这时可将导管再下降至基底 100~200 mm 处，使导管下部能有更多的部分埋入首批浇筑的混凝土中。然后将混凝土通过承料漏斗浇入导管内，管外混凝土面不断被挤压上升。随着管外混凝土面的上升，相应地逐渐提升导管。导管应缓缓提升，每次 200 mm 左右，严防提升过度，务必保证导管下端埋入混凝土中的深度不小于规定的最小埋置深度。一般情况下，在泥浆中浇混凝土时，导管最小埋置深度不能小于 1 m，适宜的埋置深度为 2~4 m，但也不宜过深，以免混凝土的流动阻力太大，造成堵管。混凝土浇筑过程应连续进行，不得中断。混凝土浇筑的最终标局应比设计标局高出 0.5 m。

(8) 常见工程质量事故及处理方法

泥浆护壁成孔灌注时常易发生孔壁坍塌、偏孔、孔底隔层、夹泥、流砂等问题。水下混凝土浇筑属隐蔽工程，一旦发生质量事故难以观察和补救，所以应严格遵守操作规程，在有经验的工程技术人员指导下认真施工，并作好隐蔽工程记录，以确保工程质量。

① 孔壁坍塌。指成孔过程中孔壁土层不同程度坍落。塌孔的主要原因是提升下落冲击锤、掏渣筒或钢筋骨架时碰撞护筒及孔壁；护筒周围未用黏土紧密填实，孔内泥浆液面下降，孔内水压降低等。处理方法：一是在孔壁坍塌段投入石子、黏土，重新开钻，并调整泥浆容重和液面高度；二是使用冲孔机时，填入混合料后低锤密击，使孔壁坚固后再正常冲击。

② 偏孔。指在成孔过程中出现孔位偏移或孔身倾斜。偏孔的主要原因是桩架不稳固、导杆不垂直或土层软硬不均。对于冲孔成孔，则可能是导向不严格或遇到探头石及基岩倾斜。处理方法：将桩架重新安装牢固，使其平稳垂直。如孔的偏移过大，应填入石子、黏土，重新成孔；如有探头石，可用取岩钻将其除去或低锤密击将石击碎；如遇基岩倾斜，可以投毛石于低处，再开钻或密打。

③ 孔底隔层。指孔底残留石渣过厚、孔脚涌进泥砂或塌壁泥土落底。造成孔底隔层的主要原因是清孔不彻底，清孔后泥浆浓度降低或浇筑混凝土、安放钢筋骨架时碰撞孔壁造成塌孔落土。主要防治方法为：做好清孔工作，注意泥浆浓度及孔内水位变化，施工时注意保护孔壁。

④ 夹泥或软弱夹层。指桩身混凝土混进泥土或形成浮浆泡沫软弱夹层。其形成的主要原因是浇筑混凝土时孔壁坍塌或导管下口埋入混凝土深度太小，泥浆被喷翻，掺入混凝土中。防治方法为：经常观察混凝土表面标高变化，保持导管下口埋入混凝土的深度，并在钢筋笼下放孔内 4 h 内浇筑混凝土。

⑤ 流砂。指成孔时发现大量流砂涌塞孔底。流砂产生的原因是孔外水压力比孔内水压力大，孔壁土松散。流砂严重时可抛入碎砖石、黏土，用锤冲入流砂层，防止流砂涌入。

(二) 沉管灌注桩

施工方法：锤击沉管灌注桩、振动沉管灌注桩、静压沉管灌注桩、沉管夯扩灌注桩和振动冲击沉管灌注桩等。

施工工艺：使用锤击式桩锤或振动式桩锤将一定直径的钢管沉入土中，形成桩孔，然后放入钢筋笼，浇筑混凝土，最后拔出钢管，形成所需要的灌注桩。

1. 锤击沉管灌注桩

锤击沉管灌注桩适用于一般黏性土、淤泥质土、砂土和人工填土地基。

(1) 施工设备

桩架、桩锤及动力设备等。

(2) 施工方法

有单打法和复打法两种。

① 桩管上端扣上桩帽，检查桩管与桩锤是否在同一垂直线上，桩管偏斜 ≤ 0.5% 时，可锤击桩管。

② 拔管要均匀，第一次拔管不宜过高，应保持桩管内有不少于 2 m 高的混凝土，然后灌注混凝土。

③ 拔管时应保持连续密锤低击不停，并控制拔出速度，对一般土层，以不大于 1 m/min 为宜，在软弱土层及软硬土层交界处，应控制在 0.8 m/min。

（3）质量要求

成孔、下钢筋笼和灌注混凝土是灌注桩质量的关键工序，每一道工序完成时，均应进行质量检查，上道工序不合格，严禁下道工序施工。

2. 振动沉管灌注桩

（1）施工设备

桩架、激振器、动力设备等。

（2）施工方法

有单振法和复振法两种。

① 单振法施工：在沉入土中的桩管内灌满混凝土，开动激振器，振动 5 ~ 10 s，开始拔管，边振边拔。

② 复振法施工：施工方法与单振法相同，施工时要注意前后两次沉管的轴线应重合，复振施工必须在第一次灌注的混凝土初凝之前进行，钢筋笼应在第二次沉管后放入；混凝土强度不低于 C20，坍落度、钢筋保护层厚度、桩位允许偏差等见混凝土结构规范。

振动沉管灌注桩适用于砂土、稍密及中密的碎石土地基，边振边拔是其主要特征。

3. 施工中常见问题及处理

（1）断桩

桩距小，受施工时的挤压影响，软硬土层间传递水平力大小不同。

处理：将断桩拔去，增大桩截面积或加筋后重新浇筑。

（2）瓶颈桩

在含水量较大的软弱土层中沉管时，土受挤压产生很高的孔隙水压，拔管后挤向新灌的混凝土，产生缩颈。

处理：施工时应保持管内混凝土略高于地面，拔管时采用复打法或反插法。

（3）吊脚桩

桩身刚度不够，沉管被破坏变形，造成水或泥砂进入桩管。

处理：拔出桩管，填砂后重打，或密振慢拔。

（4）桩尖进水进泥

处理：可将桩管拔出，修复改正桩靴缝隙或将桩管与预制桩尖接合处用草绳、麻袋垫紧后，用砂回填桩孔后重打；如果只受地下水的影响，则当桩管沉至接近地下水位时，将水泥砂浆灌入管内约 0.5 m 做封底，并再灌 1 m 高的混凝土，然后继续沉桩。若管内进水不多（小于 200 mm），可不作处理，只在灌第一槽混凝土时酌情减少用水量即可。

（三）人工挖孔灌注桩

人工挖孔灌注桩是指采用人工挖掘方法进行成孔，然后安放钢筋笼，浇筑混凝土而成的桩。人工挖孔灌注桩结构上的特点是单桩的承载能力高，受力性能好，既能承受垂直荷载，又能承受水平荷载。人工挖孔灌注桩具有设备简单、施工操作方便、占用施工场地小、无噪声、无振动、不污染环境、对周围建筑物影响小、施工质量可靠、可全面施工、工期短、造价低等优点，因此得到广泛应用。

适用范围：人工挖孔灌注桩适用于土质较好、地下水位较低的黏土、亚黏土及含少量砂卵石的黏土层等地质条件。可用于高层建筑、公用建筑、水工结构（如泵站、桥墩）做桩基，起支承、抗滑、挡土作用。软土、流砂及地下水位较高、涌水量大的土层不宜采用。

1. 施工机具

① 电动葫芦或手动卷扬机，提土桶及三脚支架。

② 潜水泵：用于抽出孔中积水。

③ 鼓风机和输风管：用于向桩孔中强制送入新鲜空气。

④ 镐、锹等挖土工具，若遇坚硬土层或岩石还应配风镐等。

⑤ 照明灯、对讲机、电铃等。

2. 一般构造要求

桩直径一般为 800 ~ 2000 mm，最大直径可达 3500 mm。桩埋置深度一般在 20 m 左右，最大可达 40 m。底部采取不扩底和扩底两种方式，扩底直径 1.3 ~ 3 d，最大扩底直径可达 4500 mm。一般采用一柱一桩，如采用一柱两桩，两桩中心距不应小于 3 d，两桩扩大头净距不小于 1 m，上下设置不小于 0.5 m，桩底宜挖成锅底形，锅底中心比四周低 200 mm，根据试验，它比平底桩可提高承载力 20% 以上。桩底应支承在可靠的持力层上。支承桩大多采用构造配筋，配筋率 0.4% 为宜，配筋长度一般为 1/2 桩长，且不小于 10 m；用作抗滑、锚固、挡土桩的配筋，按全长或 2/3 桩长配置，由计算确定。箍筋采用螺旋箍筋或封闭箍筋，不小于 φ8 ~ 200 mm，在桩顶 1 m 范围内间距加密一倍，以提高桩的抗剪强度。当钢筋笼长度超过 4 m 时，为加强其刚度和整体性，可每隔 2 m 设一道 $\varphi 16 \sim 20$ mm 焊接加强筋。钢筋笼长度超过 10 m 时需分段焊接。

3. 施工工艺

人工挖孔灌注桩的护壁常采用现浇混凝土护壁，也可采用钢护筒或沉井护壁等。采用现浇混凝土护壁时的施工工艺如下。

① 测定桩位，放线。

② 开挖土方。分段开挖，每段高度取决于土壁保持直立状态的能力，一般为 $0.5 \sim 1$ m，开挖直径为设计桩径加两倍护壁厚度。挖土顺序是自上而下，先中间，后孔边。

③ 支撑护壁模板。模板高度取决于开挖土方每段的高度，一般为 1 m，由 $4 \sim 8$ 块活动模板组合而成。护壁厚度不宜小于 100 mm，一般取 $D / (10+5)$ cm（D 为桩径），且第一段井圈的护壁厚度应比以下各段增加 $100 \sim 150$ mm，上下节护壁可用长 1 m 左右 $6 \sim 8$ mm 的钢筋进行拉结。

④ 在模板顶放置操作平台。平台可用角钢和钢板制成半圆形，两个合起来即为一个整圆，用来临时放置混凝土和浇筑混凝土。

⑤ 浇筑护壁混凝土。护壁混凝土的强度等级不得低于桩身混凝土强度等级，应注意浇捣密实。根据土层渗水情况，可考虑使用速凝剂。不得在桩孔水淹没模板的情况下浇筑护壁混凝土。每节护壁均应在当日连续施工完毕。上下节护壁搭接长度不小于 50 mm。

⑥ 拆除模板，继续下一段的施工。一般在浇筑混凝土 24 h 之后便可拆模。若发现护壁有蜂窝、孔洞、漏水现象时，应及时补强、堵塞，防止孔外水通过护壁流入桩孔内。当护壁符合质量要求后，便可开挖下一段土方，再支模浇筑护壁混凝土，如此循环，直至挖到设计要求的深度并按设计进行扩底。

⑦ 安放钢筋笼、浇筑混凝土。孔底有积水时应先排除积水再浇混凝土，当混凝土浇至钢筋的底面设计标高时再安放钢筋笼，后继续浇筑桩身混凝土。

4. 施工注意事项

① 桩孔开挖，当桩净距小于 2 倍桩径且小于 2.5 m 时，应间隔开挖。排桩跳挖的最小施工净距不得小于 4.5 m，孔深不宜大于 40 m。

② 每段挖土后必须吊线检查中心线位置是否正确，桩孔中心线平面位置偏差不宜超过 50 mm，桩的垂直度偏差不得超过 1%，桩径不得小于设计直径。

③ 防止土壁坍塌及流砂。挖土如遇到松散或流砂土层，可减少每段开挖深度（取 $0.3 \sim 0.5$ m），或采用钢护筒、预制混凝土沉井等做护壁，待穿过此土层后再按一般方法施工。流砂现象严重时，应采用井点降水处理。

④ 浇筑桩身混凝土时，应注意清孔及防止积水，桩身混凝土应一次连续浇筑完毕，不留施工缝。为防止混凝土离析，宜采用串筒来浇筑混凝土。如果地下水穿过护壁流入量较大且无法抽干时，则应采用导管法浇筑水下混凝土。

⑤ 必须制定好安全措施。

第一，施工人员进入孔内必须戴安全帽，孔内有人作业时，孔上必须有人监督防护。

第二，孔内必须设置应急软爬梯供人员上下井；使用的电动葫芦、吊笼等应安全可靠并配有自动卡紧保险装置；不得用麻绳和尼龙绳吊挂或脚踏井壁凸缘上下；电动葫芦使用前必须检验其安全起吊能力。

第三，每日开工前必须检测井下的有毒有害气体，并有足够的安全防护措施。桩孔开挖深度超过 10 m 时，应有专门向井下送风的设备，风量不宜少于 25 L/s。

第四，护壁应高出地面 200 ~ 300 mm，以防杂物滚入孔内；孔周围要设 0.8 m 高的护栏。

第五，孔内照明要用 12 V 以下的安全灯或安全矿灯。使用的电器必须有严格的接地、接零和漏电保护器 (如潜水泵等)。

(四) 爆破灌注桩

爆破灌注桩是以爆破方法成孔后再浇筑混凝土的桩基。

1. 施工方法

(1) 成孔

先用洛阳铲或钢钎打出一个直径为 40 ~ 70 mm 的直孔，然后在孔内吊入玻璃管装的炸药条，管内放置雷管，爆破形成桩孔。

(2) 扩大头

宜采用硝铵炸药和电雷管进行，在孔底放入炸药包，上面填盖 150 ~ 200 mm 厚的砂子，再灌入一定量的混凝土，进行扩大头引爆。

2. 质量要求

① 桩孔偏差：人工钻机成孔不大于 50 mm，爆扩成孔不大于 100 mm。

② 垂直度偏差：长度 3 m 以内桩 2%，长度 3 m 以上桩 1%。

③ 桩身直径允许偏差 ± 20 mm，桩孔底标高允许低于设计标高 150 mm，扩大头直径允许偏差 ± 50 mm。

3. 施工中常见质量问题

主要有拒爆、拒落、回落土、偏头等。

四、桩基础的检测与验收

成桩质量检查包括成孔与清孔、钢筋笼的制作与安放、混凝土搅拌及灌注三道工序的质量检查。

成孔与清孔时，主要检查已成桩孔的中心位置、孔深、孔径、垂直度、孔底虚土厚度。

制作、安放钢筋笼时，主要检查钢筋规格和数量、焊条规格和品种、焊口规格、焊缝长度、焊缝外观质量、主筋和箍筋的制作偏差及安放的实际位置等。

搅拌和灌注混凝土时，主要检查原材料质量和计量、混凝土配合比、坍落度、混凝土强度等。

(一) 桩基的检测

1.静力试验法

① 试验目的：通过静力试验确定单桩极限承载力，为设计提供依据。

② 试验方法：通过静力加压确定桩的极限承载力。

③ 试验要求：当桩混凝土达到一定强度后进行，按试验规程的方法、数量试验。

2.动测法（又称无损检测）

① 特点：设备少，轻便，简洁，成本低。

② 试验方法：动力参数法、锤击贯入法、水电效应法、共振法等。

③ 桩身质量检验：确定桩身的完整性。

(二) 桩基的验收

1.桩基验收规定

依桩顶标高与施工场地标高是否在同一标高而定，分为一次验收和分阶段验收。

2.桩基验收资料

图纸、变更单、施工方案、测量放线记录及单桩承载力试验报告等。

(三) 桩基工程的安全技术措施

施工现场是一个固定"产品"，人员流动较大，作业环境多变，多工种立体交叉作业，机械设备流动性大，因此存在许多不安全因素，是事故易发场所。人、机、料、法、环五个方面是施工安全管理的重点。

1.人

人是安全生产的核心。通过对施工现场的实际勘察，结合工程特点，根据国家法律、法规、标准、规范合理编制施工组织设计(安全方案),坚持以人为本,按照工程部位识别出重大危险源,制定出针对每个危险源的各种安全防护措施和安全注意事项。选择有资质的作业队伍,对他们进行安全技术交底和培训教育,为他们提供防护用品,让他们自觉遵章守纪。

2. 机

机是安全生产的关键。随着建筑业的发展,建筑施工机械化程度逐步提高。由于建筑施工条件差,环境多变,机械容易磨损,维修不便,不安全因素增多,再加上操作和使用人员变化频繁,如果不按照要求正确使用,不仅会缩短设备使用寿命,降低效率,而且容易发生设备事故和人身伤亡事故,所以在使用各类机械之前,必须正确、全面地了解其性能和安全操作规程,按照原设计和制造要求使用。当在施工现场消除危险、危害、事故隐患因素确有困难时,可以采取预防措施,应经常检查并及时维修更换,做到安全第一、预防为主。

3. 料

料是质量安全的保证。料是施工现场必备和必用的建筑材料,材料质量直接影响工程质量和施工人员安全。为此,建设工程所采购的各种材料必须符合国家出厂使用的材质技术标准要求,有出厂合格证、材质测试报告、使用说明书、危险化学品的安全技术说明;设备装置及危险化学用品的包装物的材质符合要求;材料采取了防腐措施;检测检验数据完整,满足施工现场使用的安全要求;入库、出库、运输、保管、领取都符合要求;施工现场的材料必须按照施工总平面布置图规定的位置放置。

4. 法

法是安全生产的保障。严格认真地贯彻执行法律、法规、标准、规范、操作规程、工艺要求、施工方法,能有效预防管理失误和操作失误,是预防事故的重要手段。要求每个施工管理人员和施工操作人员在施工过程中不违章指挥,不违章操作,熟悉操作规程,从而减少失误,预防事故发生。

5. 环

环是安全生产的重要组成部分。环指的是施工现场作业环境、生产条件。施工现场作业环境不卫生,废气、扬尘、噪声控制不当,采光照明不良,通风不良,作业场地道路狭窄,道路设置不合理、不安全,地面不平坦和打滑,环境温度、湿度不当,储存方法不安全,建筑物或构筑物处于危险状态,都是施工生产的不安全因素。如果不及时检查整改,就不能给施工人员创造一个安全的工作环境。

第五节　地基及 CFG 桩地基处理

一、地基处理及加固

地基是指建筑物荷载作用下的土体或岩体。常用人工地基的处理方法有换土、重锤夯实、强夯、振冲、砂桩挤密、深层搅拌、堆载预压、化学加固等。

(一) 换土地基

当建筑物基础下的地基比较软弱，不能满足上部荷载对地基的要求时，常用换土地基来处理。具体方法是挖去弱土，分层回填好土夯实。按回填材料不同分砂地基、碎 (砂) 石地基、灰土地基等。

1. 砂地基和碎 (砂) 石地基

这种地基承载力强，可减少沉降，加速软弱土排水固结，防止冻胀，消除膨胀土的胀缩等。常用于处理透水性强的软弱黏性土，但不适用于湿陷性黄土地基和不透水的黏性土地基。

(1) 构造要求

其尺寸按计算确定，厚度 0.5 ~ 3 m，比基础宽 200 ~ 300 mm。

(2) 材料要求

土料宜用级配良好、质地坚硬的中砂、粗砂、砂砾、碎石等。

(3) 施工要点

① 验槽处理。

② 分层回填，应先深后浅，保证质量。

③ 降水及冬期施工。

(4) 质量检查

方法有环刀取样法、贯入测定法。

2. 灰土地基

灰土地基是将软土挖去，用一定体积比的石灰和黏性土拌和均匀，在最佳含水量情况下分层回填夯实或压实而成的处理地基。灰土最小干密度一般为：黏土 1.45 t/m³，粉质黏土 1.50 t/m³，粉土 1.55 t/m³。

(1) 构造要求

其尺寸按计算确定。

(2) 材料要求

配合比一般为 2∶8 或 3∶7，土质良好，级配均匀，颗粒直径符合要求等。

（3）施工要点

① 验槽处理。

② 材料准备，控制好含水量。

③ 控制每层铺土厚度。

④ 采用防冻措施。

（4）质量检查

用环刀法检查土的干密度。质量标准用压实系数鉴定。

（二）重锤夯实地基

重锤夯实地基是用起重机械将重锤提升到一定高度后，利用自由下落时的冲击力来夯实地基，适用于地下水位以上稍湿的黏性土、砂土、湿陷性黄土、杂填土等地基的加固处理。

1. 机具设备

起重机械和夯锤。

2. 施工要点

① 试夯确定夯锤重量、底面积、最后下沉量、遍数、总下沉量、落距等。

② 每层铺土厚度以锤底直径为宜，一般铺设不少于两层。

③ 土以最佳含水量为准，且夯扩面积比基础底面均大 300 mm² 以上。

④ 夯扩方法：基坑或条形基础应一夯接一夯进行；独基应先周边后中间进行；当底面不同高时应先深后浅；最后进行表面处理。

3. 质量检查

检查施工记录应符合最后下沉量、总下沉量（以不小于试夯总下沉量 90% 为合格）。

（三）强夯地基

强夯地基是用起重机械将重锤（8～30 t）吊起使其从局处（6～30 m）自由落下，给地基以冲击和振动，从而提高地基土的强度并降低其压缩性，适用于碎石土、砂土、黏性土、湿陷性黄土及填土地基的加固处理。

1. 机具设备

主要有起重机械、夯锤、脱钩装置。

2. 施工要点

① 试夯确定技术参数。

② 场地平整、排水，布置夯点、测量定位。

③ 按试夯确定的技术参数进行。

④ 注意排水与防冻，作好施工记录等。

3. 质量检查

采用标准贯入、静力触探等方法。

(四) 振冲地基

振冲地基可采用振冲置换法和振冲密实法两类。

1. 机具设备

主要有振冲器、起重机械、水泵及供水管道、加料设备、控制设备等。

2. 施工要点

① 振冲试验确定水压、水量、成孔速度、填料方法、密实电流、填料量和留振时间。

② 确定冲孔位置并编号。

③ 振冲、排渣、留振、填料等。

3. 质量检查

① 位置准确，允许偏差符合有关规定。

② 在规定的时间内进行试验检验。

(五) 地基局部处理及其他加固方法

1. 地基局部处理

(1) 松土坑的处理

① 当松土坑的范围在基槽范围内时，挖除坑中松软土，使坑底及坑壁均见天然土为止，然后用与天然土压缩性相近的材料回填。

当天然土为砂土时，用砂或级配砂石分层回填夯实；当天然土为较密实的黏性土时，用3∶7灰土分层回填夯实；如为中密可塑的黏性土或新近沉积的黏性土时，可用1∶9或2∶8灰土分层回填夯实。每层回填厚度不大于200 mm。

② 当松土坑的范围超过基槽边沿时，将该范围内的基槽适当加宽，采用与天然土压缩性相近的材料回填；用砂土或砂石回填时，基槽每边均应按1∶1坡度放宽；用1∶9或2∶8灰土回填时，基槽每边均应按0.5∶1坡度放宽。

③ 较深的松土坑 (如深度大于槽宽或大于1.5 m时)，槽底处理后，还应适当考虑加强上部结构的强度和刚度。

处理方法：在灰土基础上1～2皮砖处 (或混凝土基础内)、防潮层下1～2皮砖处及首层顶板处各配置3～4根直径为8～12 mm的钢筋，跨过该松土坑两端各1 m；

或改变基础形式,如采用梁板式跨越松土坑、桩基础穿透松土坑等方法。

(2)砖井或土井的处理

当井在基槽范围内时,应将井的井圈拆至地槽下 1 m 以上,井内用中砂、砂卵石分层夯填处理,在拆除范围内用 2∶8 或 3∶7 灰土分层回填夯实至槽底。

(3)局部软硬土的处理

尽可能挖除,采用与其他部分压缩性相近的材料分层回填夯实,或将坚硬物凿去 300～500 mm,再回填土砂混合物并夯实。

将基础以下基岩或硬土层挖去 300～500 mm,填以中砂、粗砂或土砂混合物做垫层,或加强基础和上部结构的刚度来克服地基的不均匀变形。

2. 地基其他加固方法

(1)砂桩法

砂桩法是利用振动或冲击荷载,在软弱地基中成孔后,填入砂并将其挤压入土中,形成较大直径的密实砂桩的地基处理方法,主要包括砂桩置换法、挤密砂桩法等。

(2)水泥土搅拌法

水泥土搅拌法是一种用于加固饱和黏土地基的常用软基处理技术。该法将水泥作为固化剂与软土在地基深处强制搅拌,固化剂和软土产生一系列物理化学反应,使软土硬结成一定强度的水泥加固体,从而提高地基土承载力并增大变形模量。水泥土搅拌法从施工工艺上可分为湿法和干法两种。

(3)预压法

预压法指的是为提高软土地基的承载力和减少构造物建成后的沉降量,预先在拟建构造物的地基上施加一定静荷载,使地基土压密后再将荷载卸除的压实方法。该法对软土地基预先加压,使大部分沉降在预压过程中完成,相应地提高了地基强度。预压法适用于淤泥质黏土、淤泥与人工冲填土等软弱地基。预压的方法有堆载预压和真空预压两种。

(4)注浆法

注浆法指用气压、液压或电化学原理把某些能固化的浆液通过压浆泵、灌浆管均匀地注入各种裂缝或孔隙中,以填充、渗进和挤密等方式驱除裂缝、孔隙中的水分和气体,并填充其位置,硬化后将土体胶结成一个整体,形成一个强度大、压缩性低、抗渗性高和稳定性良好的新的整体,从而改善地基的物理化学性质,主要用于截水、堵漏和加固地基。

二、CFG 桩复合地基处理

CFG 桩指由碎石、石屑、砂、粉煤灰掺水泥加水拌和,用各种成桩机械制成的具有一定强度的可变强度桩。CFG 桩是一种低强度混凝土桩，通过调整水泥掺量及配比，其强度等级在 C15～C25 之间变化，是介于刚性桩与柔性桩之间的一种桩型。CFG 桩一般不用计算配筋，可利用工业废料粉煤灰和石屑作为掺和料，进一步降低工程造价。

(一) 基本原理

黏结强度桩是复合地基的代表，多用于高层和超高层建筑中。CFG 桩是由水泥、粉煤灰、碎石、石屑或砂加水拌和形成的高黏结强度桩，和桩间土、褥垫层一起形成复合地基。CFG 桩复合地基通过褥垫层与基础连接，无论桩端落在一般土层还是坚硬土层，均可保证桩间土始终参与工作。由于桩体的强度和模量比桩间土大，在荷载作用下，桩顶应力比桩间土表面应力大。桩可将承受的荷载向较深的土层中传递，相应减少了桩间土承担的荷载。这样，由于桩的作用，复合地基承载力提高、变形减小。

基础与桩和桩间土之间设置一定厚度散体粒状材料组成的褥垫层，是复合地基设计中的一个核心技术。基础下是否设置褥垫层，对复合地基受力影响很大。若不设置褥垫层，复合地基承载特性与桩基础相似，桩间土承载能力难以发挥，不能成为复合地基。基础下设置褥垫层，桩间土承载能力的发挥就不单纯依赖桩的沉降，即使桩端落在好土层上，也能保证荷载通过褥垫层作用到桩间土上，使桩间土共同承担荷载。

(二) 适用范围

CFG 桩适用于黏性土、粉土、砂土和桩端具有相对硬土层、承载力标准值不低于 70 kPa 的淤泥质土、非欠固结人工填土等地基。

(三) 施工要求

① 水泥粉煤灰碎石的施工，应按设计要求和现场条件选用相应的施工工艺，并应按照国家现行有关规范执行。

第一，长螺旋钻孔灌注成桩，适用于地下水位以上的黏性土、粉土、人工填土地基。

第二，泥浆护壁钻孔灌注成桩，适用于黏性土、粉土、砂土、人工填土、碎石 (砾) 土及风化岩层分布的地基。

第三，长螺旋钻孔管内泵压混合料成桩，适用于黏性土、粉土、砂土等地基，以及对噪声及泥浆污染要求严格的场地。

第四，沉管灌注成桩，适用于黏性土、粉土、淤泥质土、人工填土及无密实厚砂层的地基。

② 长螺旋钻孔管内泵压混合料灌注成桩施工和沉管灌注成桩施工除应执行国家现行有关规范外，尚应符合下列要求：

第一，施工时应按设计配比配置混合料，加水量由混合料坍落度控制。长螺旋钻孔管内泵压混合料灌注成桩施工的坍落度宜为 180 ~ 200 mm，沉管灌注成桩施工的坍落度宜为 30 ~ 50 mm，成桩后桩顶浮浆厚度不宜超过 200 mm。

第二，长螺旋钻孔管内泵压混合料灌注成桩施工在钻至设计深度后，应准确掌握提拔钻杆的时间，混合料泵送量应同拔管速度相配合，以保证管内有一定高度的混合料，遇到饱和砂土层或饱和粉土层，不得停泵待料；沉管灌注成桩施工拔管速度应按均匀线速度控制，拔管线速度应控制在 1.2 ~ 1.5 m/min，如遇淤泥或淤泥质土，拔管速度可适当放慢。

第三，施工时，桩顶标高应高出设计桩顶标高，高出长度应根据桩距、布桩形式、现场地质条件和成桩顺序等综合确定，一般不应小于 0.5 m。

第四，成桩过程中，抽样做混合料试块，每台机械一天应做一组（3 块）试块（边长为 150 mm 的立方体），标准养护 28 d，测定其抗压强度。

第五，沉管灌注成桩施工过程中应观测新施工桩对已施工桩的影响，当发现桩断裂并脱开时，必须对工程桩逐桩静压，静压时间一般为 3 min，静压荷载以保证使断桩接起来为宜。

③ 复合地基的基坑可采用人工或机械、人工联合机械开挖。机械、人工联合开挖时，预留人工开挖深度应由现场开挖条件确定，以保障机械开挖造成桩的断裂部位不低于基础底面标高，且桩间土不受扰动。

④ 褥垫层铺设宜采用静力压实法，当基础底面下桩间土的含水量较小时，也可采用动力夯实法。

⑤ 施工中桩长允许偏差为 100 mm，桩径允许偏差为 20 mm，垂直度允许偏差为 1%。对满堂布桩基础，桩位允许偏差为 0.5 倍桩径；对条形基础，垂直于轴线方向的桩位允许偏差为 0.25 倍桩径，顺轴线方向的桩位允许偏差为 0.3 倍桩径；对单排桩基础，桩位允许偏差不得大于 60 mm。

⑥ 冬期施工时混合料入孔温度不得低于 5℃，对桩头和桩间土应采取保温措施。

(四) 技术指标

根据工程实际情况，CFG 桩常用的施工工艺包括管内泵压混合料灌注成桩、振动沉管灌注成桩和长螺旋钻孔灌注成桩，主要技术指标为：

① 地基承载力：满足设计要求。

② 桩径：宜取 350 ~ 600 mm。

③ 桩长：满足设计要求，桩端持力层应选择承载力相对较高的土层。

④ 桩身强度：混凝土强度满足设计要求，通常 ≥ C15。

⑤ 桩间距：宜取 3 ~ 5 倍桩径。

⑥ 桩垂直度：≤ 1.5%。

⑦ 褥垫层：宜用中砂、粗砂、碎石或级配砂石等，不宜选用卵石，最大粒径不宜大于 30 mm。厚度 150 ~ 300 mm，夯填度 ≤ 0.9。

实际工程中，以上参数根据地质条件、基础类型、结构类型、地基承载力和变形要求等条件或现场每台班或每日留取试块 1 ~ 2 组确定。

(五) 质量检验

① 复合地基检测应在桩体强度满足试验荷载条件时进行，一般宜在施工结束 2 ~ 4 周后检测。

② 复合地基承载力宜由单桩或多桩复合地基载荷试验确定，复合地基载荷试验方法应符合国家相关试验检测规定，试验数量不应少于 3 个试验点。

③ 对高层建筑或重要建筑，可抽取总桩数的 10% 进行低应变动力检测，检验桩身结构完整性。

第二章　混凝土结构工程施工

第一节　钢筋工程施工

一、钢筋的验收与配料

(一)钢筋的验收与储存

1. 钢筋的验收

钢筋进场应有出厂证明书或试验报告单，每捆(盘)钢筋应有标牌。钢筋应无有害的表面缺陷，按盘卷交货的钢筋应将头尾有害缺陷部分切除。钢筋进场时，应按国家现行相关标准的规定抽取试件做屈服强度、抗拉强度、伸长率、弯曲性能和重量偏差检验，检验结果应符合相应标准的规定。

2. 钢筋的储存

钢筋进场后，必须严格按批分等级、牌号、直径、长度挂牌存放，不得混淆。钢筋应尽量堆入仓库或料棚内。条件不具备时，应选择地势较高、土质坚硬的场地存放。堆放时，钢筋下部应垫高，离地至少 20 cm，以防钢筋锈蚀。在堆场周围应挖排水沟，以利泄水。

(二)钢筋的下料计算

钢筋的下料是指识读工程图纸，计算钢筋下料长度和编制配筋表。

1. 钢筋下料长度

① 钢筋长度：施工图(钢筋图)中所指的钢筋长度是钢筋外缘至外缘之间的长度，即外包尺寸。

② 混凝土保护层厚度：是指最外层钢筋外边缘至混凝土表面的距离，其作用是保护钢筋在混凝土中不被锈蚀。混凝土的保护层厚度一般用水泥砂浆垫块或塑料卡垫在钢筋与模板之间来控制。塑料卡的形状有塑料垫块和塑料环圈两种。塑料垫块用于水平构件，塑料环圈用于垂直构件。

③ 钢筋接头增加值：由于钢筋直条的供货长度一般为 6~10 m，而有的钢筋混凝土结构的尺寸很大，需要对钢筋进行接长。

④ 钢筋弯曲调整值：钢筋有弯曲时，在弯曲处的内侧发生收缩，外皮却出现延伸，而中心线则保持原有尺寸。钢筋长度的度量方法系指外包尺寸，因此钢筋弯曲以后存在一个调整值，在计算下料长度时必须加以扣除。

⑤ 钢筋弯钩增加值：弯钩形式最常用的有半圆弯钩、直弯钩和斜弯钩。受力钢筋的弯钩和弯折应符合下列规定：

第一，HPB300 级钢筋末端应做 180° 弯钩，其弯弧内直径不应小于钢筋直径的 2.5 倍，弯钩的平直段长度不应小于钢筋直径的 3 倍。

第二，当设计要求钢筋末端需做 135° 弯钩时，HRB400 级带肋钢筋的弯弧内直径不应小于钢筋直径的 4 倍，弯钩的平直段长度应符合设计要求。

第三，钢筋做不大于 90° 的弯折时，弯折处的弯弧内直径不应小于钢筋直径的 5 倍。

第四，除焊接封闭式箍筋外，箍筋的末端应做弯钩，弯钩形式应符合设计要求；当无具体要求时，应符合下列规定：

其一，箍筋弯钩的弯弧内直径除应满足上述要求外，尚应不小于纵向受力钢筋的直径。

其二，箍筋弯钩的弯折角度：对一般结构构件，不应小于 90°；对有抗震设防要求或设计有专门要求的结构构件，不应小于 135°；

其三，箍筋弯折后平直段长度：对一般结构构件，不应小于箍筋直径的 5 倍；对有抗震设防要求或设计有专门要求的结构构件，不应小于箍筋直径的 10 倍和 75 mm 的较大值。

为了箍筋计算方便，一般将箍筋的弯钩增加长度、弯折减少长度两项合并成一箍筋调整值。计算时将箍筋外包尺寸或内皮尺寸加上箍筋调整值即为箍筋下料长度。

2. 钢筋下料长度的计算

直筋下料长度 = 构件长度 + 搭接长度 - 保护层厚度 + 弯钩增加长度

弯起筋下料长度 = 直段长度 + 斜段长度 + 搭接长度 - 弯折减少长度 + 弯钩增加长度

箍筋下料长度 = 直段长度 + 弯钩增加长度 - 弯折减少长度
= 箍筋周长 + 箍筋调整值

（三）钢筋配料

钢筋配料是钢筋加工中的一项重要工作，合理的配料能使钢筋得到最大限度的利用，并使钢筋的安装和绑扎工作简单化。钢筋配料是依据钢筋表合理安排同规格、同品种的下料，使钢筋的出厂规格长度能够得以充分利用，或库存的各种规格和长度的钢筋得以充分利用。

① 归整相同规格和材质的钢筋。下料长度计算完毕后，把相同规格和材质的钢筋进行归整和组合，同时根据现有钢筋的长度和能够及时采购到的钢筋的长度进行合理组合加工。

② 合理利用钢筋的接头位置。对有接头的配料，在满足构件中接头的对焊或搭接长度、接头错开的前提下，必须根据钢筋原材料的长度来考虑接头的布置。要充分考虑原材料被截下的一段长度的合理使用，如果能够使一根钢筋正好分成几段钢筋的下料长度，则是最佳方案。但往往难以做到，因此在配料时，要尽量地使被截下的一段能够长一些，这样才不致使余料成为废料，从而使钢筋得到充分利用。

③ 钢筋配料应注意的事项。配料计算时，要考虑钢筋的形状和尺寸在满足设计要求的前提下，有利于加工安装；配料时，要考虑施工需要的附加钢筋，如板双层钢筋中保证上层钢筋位置的撑脚、墩墙双层钢筋中固定钢筋间距的撑铁、柱钢筋骨架增加四面斜撑等。

根据钢筋下料长度计算结果和配料选择后，汇总编制钢筋配料单。在钢筋配料单中必须反映出工程部位、构件名称、钢筋编号、钢筋简图及尺寸、钢筋直径、钢号、数量、下料长度、钢筋质量等。列入加工计划的配料单，将每一编号的钢筋制作一块料牌作为钢筋加工的依据，并在安装中作为区别各工程部位、构件和各种编号钢筋的标志。钢筋配料单和料牌应严格校核，必须准确无误，以免返工浪费。

(四) 钢筋代换

钢筋的级别、钢号和直径应按设计要求采用，若施工中缺乏设计图中所要求的钢筋，在征得设计单位的同意并办理设计变更文件后，可按下述原则进行代换：

① 当构件按强度控制时，可按强度相等的原则代换，称为"等强代换"。如设计中所用钢筋强度为 f_{y1}，钢筋总面积为 A_{s1}；代换后钢筋强度为 f_{y2}，钢筋总面积为 A_{s2}，应使代换前后钢筋的总强度相等，即

$$A_{s2}f_{y2} \geqslant f_{y1}A_{s1}$$

$$A_{s2} \geqslant (f_{y1}/f_{y2}) \cdot A_{s1}$$

② 当构件按最小配筋率配筋时，可按钢筋面积相等的原则进行代换，称为"等面积代换"。

二、钢筋内场加工

(一) 钢筋除锈

钢筋由于保管不善或存放时间过久，就会受潮生锈。在生锈初期，钢筋表面呈黄褐色，称水锈或色锈，这种水锈除在焊点附近必须清除外，一般可不处理。但是当钢筋锈蚀进一步发展，钢筋表面已形成一层锈皮，受锤击或碰撞可见其剥落，这种铁锈不能很好地与混凝土黏结，影响钢筋和混凝土的握裹力，并且在混凝土中继续发展，需要清除。

钢筋除锈方式有三种：一是手工除锈，如用钢丝刷、砂堆、麻袋砂包、砂盘等擦锈；二是机械除锈；三是在钢筋的其他加工工序的同时除锈，如在冷拉、调直过程中除锈。

(二) 钢筋调直

钢筋在使用前必须经过调直，否则会影响钢筋受力，甚至会使混凝土提前产生裂缝，如未调直而直接下料，会影响钢筋的下料长度，并影响后续工序的质量。

钢筋调直一般采用机械调直，常用的调直机械有钢筋调直机、弯筋机、卷扬机等。钢筋调直机用于圆钢筋的调直和切断，并可清除其表面的氧化皮和污迹。

(三) 钢筋切断

钢筋切断有手工剪断、机械切断、氧气切割三种方法。

手工切断的工具有断线钳 (用于切断 5 mm 以下的钢丝)、手动液压钢筋切断机 (用于切断直径 16 mm 以下的钢筋和直径 25 mm 以下的钢绞线)。

机械切断一般采用钢筋切断机，它将钢筋原材料或已调直的钢筋切断，主要类型有机械式、液压式和手持式。机械式钢筋切断机有偏心轴立式、凸轮式和曲柄连杆式等。

直径大于 40 mm 的钢筋一般用氧气切割。

(四) 钢筋弯曲成型

钢筋弯曲成型有手工和机械弯曲成型两种方法。钢筋弯曲机有机械钢筋弯曲机、液压钢筋弯曲机和钢筋弯箍机等。

目前数控钢筋弯曲机成型应用较多。数控钢筋弯曲机是由工业计算机精确控制弯曲以替代人工弯曲的机械，最大能加工 $\varphi 32$ mm 螺纹钢。它采用专用控制系统，结合触摸屏控制界面，操作方便，电控程序内可储存上百种图形数据库。弯曲主轴由伺服控制，弯曲精度高，一次性可弯曲多根钢筋，是传统加工设备生产能力的10倍以上。

三、钢筋接头的连接

钢筋的接头连接有焊接和机械连接两类。常用的钢筋焊接机械有电阻焊接机、电弧焊接机、气压焊接机及电渣压力焊机等。钢筋机械连接方法主要有钢筋套筒挤压连接、锥螺纹套筒连接等。

(一) 钢筋焊接

钢筋焊接方式有电阻点焊、闪光对焊、电弧焊、电渣压力焊、埋弧压力焊、气压焊等，其中对焊用于接长钢筋，点焊用于焊接钢筋网，埋弧压力焊用于钢筋与钢板的焊接，电渣压力焊用于现场焊接竖向钢筋。

1. 电阻点焊

电阻点焊是利用电流通过焊件时产生的电阻热作为热源，并施加一定的压力，使交叉连接的钢筋接触处形成一个牢固的焊点，将钢筋焊合起来。点焊时，将表面清理好的钢筋叠合在一起，放在两个电极之间预压夹紧，使两根钢筋交接点紧密接触。当踏下脚踏板时，带动压紧机构使上电极压紧钢筋，同时断路器也接通电路，电流经变压器次级线圈引到电极，接触点处在极短的时间内产生大量的电阻热，使钢筋加热到熔化状态，在压力作用下两根钢筋交叉焊接在一起。当放松脚踏板时，电极松开，断路器随着杠杆下降，断开电路，点焊结束。

2. 闪光对焊

闪光对焊是利用电流通过对接的钢筋时产生的电阻热作为热源使金属熔化，产生强烈飞溅，并施加一定压力而使之焊合在一起的焊接方式。对焊不仅能提高工效，节约钢材，还能充分保证焊接质量。

闪光对焊机由机架、导向机构、移动夹具和固定夹具、送料机构、夹紧机构、电气设备、冷却系统及控制开关等组成。闪光对焊机适用于水平钢筋非施工现场连接，以及适用于直径10~40 mm的各种热轧钢筋的焊接。

3. 电弧焊

钢筋电弧焊是以焊条作为一极，钢筋为另一极，利用焊接电流通过产生的电弧热进行焊接的一种熔焊方法。电弧焊又分手弧焊、埋弧压力焊等。

4. 气压焊

气压焊是利用氧气和乙炔气，按一定比例混合燃烧的火焰，将被焊钢筋两端加热，使其达到热塑状态，经施加适当压力，使其接合的固相焊接法。钢筋气压焊适用于 14 ~ 40 mm 各种热轧钢筋，也能进行不同直径钢筋间的焊接，还可用于钢轨焊接。被焊材料有碳素钢、低合金钢、不锈钢和耐热合金等。钢筋气压焊设备轻便，可进行水平、垂直、倾斜等全方位焊接，具有节省钢材、施工费用低等优点。

钢筋气压焊接机由供气装置（氧气瓶、溶解乙炔瓶等）、多嘴环管加热器、加压器（油泵、顶压油缸等）、焊接夹具及压接器等组成。

钢筋气压焊采用氧—乙炔火焰对着钢筋对接处连续加热，淡白色羽状火焰前端要触及钢筋或伸到接缝内，火焰始终不离开接缝，待接缝处钢筋红热时，加足顶锻压力使钢筋端面闭合。钢筋端面闭合后，把加热焰调成乙炔稍多的中性焰，以接合面为中心，多嘴加热器沿钢筋轴向在 2 倍钢筋直径范围内均匀摆动加热。摆幅由小变大，摆速逐渐加快。当钢筋表面变成炽白色，氧化物变成芝麻粒大小的灰白色球状物继而聚集成泡沫，开始随多嘴加热器摆动方向移动时，再加足顶锻压力，并保持压力直到使接合处对称均匀变粗，其直径为钢筋直径的 1.4 ~ 1.6 倍，变形长度为钢筋直径的 1.2 ~ 1.5 倍，即可中断火焰，焊接完成。

5. 电渣压力焊

钢筋电渣压力焊是将两根钢筋安放成竖向对接形式，利用焊接电流通过两钢筋端面间隙，在焊剂层下形成电弧过程和电渣过程，产生电弧热和电阻热，熔化钢筋，加压完成的一种焊接方法。钢筋电渣压力焊机操作方便、效率高，适用于竖向或斜向受力钢筋的连接，如直径为 12 ~ 40 mm 的 HPB300 光圆钢筋、HRB400 月牙肋带肋钢筋连接。

电渣压力焊机分为自动电渣压力焊机和手工电渣压力焊机两种。主要由焊接电源、焊接夹具、操作控制系统、辅件等组成。将上、下两钢筋端部埋于焊剂之中，两端面之间留有一定间隙。电源接通后，采用接触引燃电弧，焊接电弧在两钢筋之间燃烧，电弧热将两钢筋端部熔化，熔化的金属形成熔池，熔融的焊剂形成熔渣，覆盖于熔池之上。熔池受到熔渣和焊剂蒸汽的保护，不与空气接触而发生氧化反应。随着电弧的燃烧，两根钢筋端部熔化量增加，熔池和渣池加深，此时应不断将上钢筋下送，至其端部直接与渣池接触时，电弧熄灭。焊接电流通过液体渣池产生的电阻热，继续对两钢筋端部加热，渣池温度可达 1 600 ~ 2 000℃。待上下钢筋端部达到全断面均匀加热时，迅速将上钢筋向下顶压，液态金属和熔渣全部挤出，随即切断焊接电源。冷却后，打掉渣壳，露出带金属光泽的焊包。

（二）钢筋机械连接

钢筋机械连接有挤压连接和螺纹套管连接两种形式。螺纹套管连接又分为锥螺纹套管连接和直螺纹套管连接,现在工程中一般采用直螺纹套管连接。

直螺纹套管连接是通过滚轮将钢筋端头部分压圆并一次性滚出螺纹,利用螺纹的机械咬合力传递拉力或压力。直螺纹套管连接适用于连接 HRB400 级、HR BF400 级钢筋,优点是工序简单、速度快、不受气候因素影响。

1. 连接套筒

连接套筒有标准型、扩口型、变径型、正反丝型。标准型是右旋内螺纹的连接套筒接套。扩口型是在标准型连接套的一端增加 45° ~ 60° 扩口段,用于钢筋较难对中的场合。变径型是右旋内螺纹的变直径连接套,用于连接不同直径的钢筋。正反丝型是左、右旋内螺纹的等直径连接套,用于钢筋不能转动而要求对接的场合。

2. 施工机具

直螺纹套管连接施工中所用的主要机具包括钢筋套丝机、镦粗机、扳手。

钢筋直螺纹滚丝机由机架、夹紧机构、进给拖板、减速机及滚丝头、冷却系统、电器系统组成。使用时,把钢筋端头部位一次快速直接滚制,使纹丝机头部位产生冷性硬化,从而使强度得到提高,使钢筋丝头达到与母材相同。

3. 螺纹加工

① 按钢筋规格调整钢筋螺纹加工长度并调整好滚丝头内孔最小尺寸。

② 按钢筋规格更换涨刀环,并按规定的丝头加工尺寸调整好剥肋直径尺寸。

③ 调整剥肋挡块及滚压行程开关位置,保证剥肋及滚压螺纹的长度符合丝头加工尺寸的规定。

④ 钢筋丝头长度的确定。确定原则:以钢筋连接套筒长度的一半为钢筋丝扣长度,由于钢筋的开始端和结束端存在不完整丝扣,允许偏差为 $0 \sim 2P$(P 为螺距),施工中一般按 $0 \sim 1P$ 控制。

4. 直螺纹钢筋连接

① 连接钢筋时,钢筋规格和套筒的规格必须一致,钢筋螺纹的形式、螺距、螺纹外径和套筒匹配,并确保钢筋和套筒的丝扣应干净、完好无损。

② 滚压直螺纹接头的连接应用管钳或扳手进行施工。

③ 连接钢筋时,应对准轴线将钢筋拧入套筒。

④ 接头拼接完成后,应使两个丝头在套筒中央位置互相顶紧,套筒每端不得有一扣以上的完整丝扣外露,加长型丝扣的外露丝扣数不受限制,但应有明显标记,以检查进入套筒的丝头长度是否满足要求。

四、钢筋的现场安装

(一) 隐蔽工程验收

浇筑混凝土之前，应进行钢筋隐蔽工程验收。隐蔽工程验收应包括下列主要内容：

① 纵向受力钢筋的牌号、规格、数量、位置。

② 钢筋的连接方式、接头位置、接头质量、接头面积百分率、搭接长度、锚固方式及锚固长度。

③ 箍筋、横向钢筋的牌号、规格、数量、间距、位置，箍筋弯钩的弯折角度及平直段长度。

④ 预埋件的规格、数量和位置。

(二) 现场安装要求

钢筋采用机械连接或焊接连接时，钢筋机械连接接头、焊接接头的力学性能、弯曲性能应符合国家现行有关标准的规定。钢筋采用机械连接时，螺纹接头应检验拧紧扭矩值，挤压接头应测量压痕直径，检验结果应符合规定。

钢筋接头的位置应符合设计和施工方案要求。有抗震设防要求的结构中，梁端、柱端箍筋加密区范围内不应进行钢筋搭接。接头末端至钢筋弯起点的距离不应小于钢筋直径的 10 倍。

① 当纵向受力钢筋采用机械连接接头或焊接接头时，同一连接区段内纵向受力钢筋的接头面积百分率应符合设计要求；当设计无具体要求时，应符合下列规定：

第一，受拉接头，不宜大于 50%；受压接头，可不受限制。

第二，直接承受动力荷载的结构构件中，不宜采用焊接；当采用机械连接时，不应超过 50%。

② 当纵向受力钢筋采用绑扎搭接接头时，接头的设置应符合下列规定：

第一，接头的横向净间距不应小于钢筋直径，且不应小于 25 mm。

第二，同一连接区段内，纵向受拉钢筋的接头面积百分率应符合设计要求；当设计无具体要求时，应符合下列规定：

其一，梁类、板类及墙类构件不宜超过 25%，基础筏板不宜超过 50%；

其二，柱类构件不宜超过 50%；

其三，当工程中确有必要增大接头面积百分率时，对梁类构件不应大于 50%。

③ 梁、柱类构件的纵向受力钢筋搭接长度范围内箍筋的设置应符合设计要求；当设计无具体要求时，应符合下列规定：

第一，箍筋直径不应小于搭接钢筋较大直径的 1/4。

第二，受拉搭接区段的箍筋间距不应大于搭接钢筋较小直径的 5 倍，且不应大于 100 mm。

第三，受压搭接区段的箍筋间距不应大于搭接钢筋较小直径的 10 倍，且不应大于 200 mm。

第四，当柱中纵向受力钢筋直径大于 25 mm 时，应在搭接接头两个端面外 100 mm 范围内各设置二道箍筋，其间距宜为 50 mm。

(三) 钢筋安装

钢筋加工后运至现场进行安装。钢筋绑扎、安装前，应先熟悉图样，核对钢筋配料单和钢筋加工牌，研究与有关工种的配合，确定施工方法。

钢筋的接长、钢筋骨架或钢筋网的成型应优先采用焊接或机械连接，如果不能采用焊接或骨架过大过重不便于运输安装时，可采用绑扎的方法。钢筋绑扎一般采用 20 ~ 22 号铁丝，铁丝过硬时可经退火处理。绑扎时应注意钢筋位置是否准确，绑扎是否牢固，搭接长度及绑扎点位置是否符合规范要求。钢筋绑扎的细部构造应符合下列规定：

① 钢筋的绑扎搭接接头应在接头中心和两端用铁丝扎牢。

② 墙、柱、梁钢筋骨架中各垂直面钢筋网交叉点应全部扎牢；板上部钢筋网的交叉点应全部扎牢，底部钢筋网除边缘部分外可间隔交错扎牢。

③ 梁、柱的箍筋弯钩及焊接封闭箍筋的对焊点应沿纵向受力钢筋方向错开设置。构件同一表面，焊接封闭箍筋的对焊接头面积百分率不宜超过 50%。

④ 填充墙构造柱纵向钢筋宜与框架梁钢筋共同绑扎。

⑤ 梁及柱中箍筋、墙中水平分布钢筋及暗柱箍筋、板中钢筋距构件边缘的距离宜为 50 mm。

钢筋安装应与模板安装相配合。柱钢筋现场绑扎时，一般在模板安装前进行；柱钢筋采用预制安装时，可先安装钢筋骨架，然后安装柱模板，或先安装三面模板，待钢筋骨架安装后再钉第四面模板。梁的钢筋一般在梁模板安装后，再安装或绑扎；断面高度较大（大于 600 mm）或跨度较大、钢筋较密的大梁，可留一面侧模，待钢筋安装或绑扎完后再钉。楼板钢筋绑扎应在楼板模板安装后进行，并应按设计先画线，然后摆料、绑扎。

钢筋保护层应按设计或规范的要求正确确定。工地常用预制水泥垫块垫在钢筋与模板之间，以控制保护层厚度。垫块应布置成梅花形，其相互间距不大于 1 m。上下双层钢筋之间的尺寸，可绑扎短钢筋或设置撑脚来控制。

第二节 模板工程施工

一、模板构造

模板与其支撑体系组成模板系统。模板系统是一个临时架设的结构体系，其中模板是新浇混凝土成型的模具，它与混凝土直接接触，使混凝土构件具有要求的形状、尺寸和表面质量；支撑体系是指支撑模板，承受模板、构件及施工中各种荷载的作用，并使模板保持要求的空间位置的临时结构。

模板应保证混凝土浇筑后的各部分形状和尺寸以及相互位置的准确性；具有足够的稳定性、刚度及强度；装拆方便，能够多次周转使用，形式要尽量做到标准化、系列化；接缝应不易漏浆，表面应光洁平整。

(一) 模板的分类

① 按模板形状分为平面模板和曲面模板。平面模板又称为侧面模板，主要用于结构物垂直面；曲面模板用于某些形状特殊的部位。

② 按模板材料分为木模板、竹模板、钢模板、混凝土预制模板、塑料模板、橡胶模板等。

③ 按模板受力条件分为承重模板和侧面模板。承重模板主要承受混凝土重量和施工中的垂直荷载；侧面模板主要承受新浇混凝土的侧压力，侧面模板按其支承受力方式又分为简支模板、悬臂模板和半悬臂模板。

④ 按模板使用特点分为固定式、拆移式、移动式和滑动式。固定式用于形状特殊的部位，不能重复使用。后三种模板都能重复使用，或连续使用在形状一致的部位。但其使用方式有所不同：拆移式模板需要拆散移动；移动式模板的车架装有行走轮，可沿专用轨道使模板整体移动；滑动式模板是以千斤顶或卷扬机为动力，可在混凝土连续浇筑的过程中，使模板面紧贴混凝土面滑动。

(二) 定型组合钢模板

定型组合钢模板系列包括钢模板、连接件、支承件三个部分。其中，钢模板包括平面钢模板和拐角模板；连接件有 U 形卡、L 形插销、钩头螺栓、紧固螺栓、蝶形扣件等；支承件有圆钢管、薄壁矩形钢管、内卷边槽钢、单管伸缩支撑等。

1. 钢模板的规格和型号

钢模板包括平面模板、阳角模板、阴角模板和连接角模。单块钢模板由面板、边框和加劲肋焊接而成。面板厚 2.3 mm 或 2.5 mm，边框和加劲肋上面按一定距离钻孔，可利用 U 形卡和 L 形插销等拼装成大块模板。

钢模板的宽度以 50 mm 进级，长度以 150 mm 进级，其规格和型号已做到标准化、系列化。如型号为 P3015 的钢模板，P 表示平面模板，3015 表示宽 × 长为 300 mm × 1500 mm；又如型号为 Y1015 的钢模板，Y 表示阳角模板，1015 表示宽 × 长为 100 mm × 1500 mm。如拼装时出现不足模数的空隙时，可镶嵌木条补缺，用钉子或螺栓将木条与板块边框上的孔洞连接。

2. 连接件

（1）U 形卡

用于钢模板之间的连接与锁定，使钢模板拼装密合。U 形卡安装间距一般不大于 300 mm，即每隔一孔卡插一个，安装方向一顺一倒相互交错。

（2）L 形插销

插入模板两端边框的插销孔内，用于增强钢模板纵向拼接的刚度和保证接头处板面平整。

（3）钩头螺栓

用于钢模板与内、外钢楞之间的连接固定，使之成为整体。安装间距一般不大于 600 mm，长度应与采用的钢楞尺寸相适应。

（4）对拉螺栓

用来保持模板与模板之间的设计厚度并承受混凝土侧压力及水平荷载，使模板不致变形。

（5）紧固螺栓

用于紧固钢模板内外钢楞，增强组合模板的整体刚度，长度与采用的钢楞尺寸相适应。

（6）扣件

用于将钢模板与钢楞紧固，与其他配件一起将钢模板拼装成整体。按钢楞的不同形状尺寸，分别采用蝶形扣件和"3"形扣件，其规格分为大小两种。

3. 支承件

配件的支承件包括钢楞、柱箍、梁卡具、圈梁卡具、钢桁架、斜撑、组合支柱、钢管脚手支架、平面可调桁架和曲面可变桁架等。

（三）木模板

木模板的木材主要采用松木和杉木，其含水率不宜过高，以免干裂，材质不宜低于三等材。

木模板的基本元件是拼板，它由板条和拼条（木档）组成。板条厚 25 ~ 50 mm，宽度不宜超过 200 mm,以保证在干缩时缝隙均匀,浇水后缝隙要严密且板条不翘曲,但梁底板的板条宽度不受限制,以免漏浆。拼条截面尺寸为 25 mm × 35 mm ~ 50 mm × 50 mm,拼条间距根据施工荷载大小及板条的厚度而定,一般取 400 ~ 500 mm。

(四) 钢框胶合板模板

钢框胶合板模板是指钢框与木胶合板或竹胶合板结合使用的一种模板。钢框胶合板模板由钢框和防水木、竹胶合板平铺在钢框上,用沉头螺栓与钢框连牢。用于面板的竹胶合板是用竹片或竹帘涂胶黏剂,纵横向铺放,组坯后热压成型。为使钢框竹胶合板板面光滑平整,便于脱模和增加周转次数,一般板面采用涂料覆面处理或浸胶纸覆面处理。

(五) 滑动模板

滑动模板简称滑模,是在混凝土连续浇筑过程中,可使模板面紧贴混凝土面滑动的模板。采用滑模施工要比常规施工节约木材 70% 左右,节约劳动力 30% ~ 50%,缩短施工周期 30% ~ 50%。滑模施工的结构整体性好、抗震效果明显,适用于高层或超高层抗震建筑物和高耸构筑物施工。滑模施工的设备便于加工、安装、运输。

1. 滑模系统的组成

① 模板系统包括提升架、围圈、模板及加固、连接配件。

② 施工平台系统包括工作平台、外圈走道、内外吊脚手架。

③ 提升系统包括千斤顶、油管、分油器、针形阀、控制台、支承杆及测量控制装置。

2. 主要部件的构造及作用

(1) 提升架

其是整个滑模系统的主要受力部分。各项荷载集中传至提升架,最后通过装设在提升架上的千斤顶传至支承杆上。提升架由横梁、立柱、牛腿及外挑架组成。各部分尺寸及杆件断面应通盘考虑并经计算确定。

(2) 围圈

其是模板系统的横向连接部分,将模板按工程平面形状组合为整体。围圈也是受力部件,它既承受混凝土侧压力产生的水平推力,又承受模板的重量,以及滑动时产生的摩阻力等竖向力。在有些滑模系统设计中,也将施工平台支承在围圈上。围圈架设在提升架的牛腿上,各种荷载将最终传至提升架上。围圈一般用型钢制作。

(3) 模板

其是混凝土成型的模具,要求板面平整、尺寸准确、刚度适中。模板高度一般为 90 ~ 120 cm、宽度为 50 cm，但根据需要也可加工成小于 50 cm 的异形模板。模板通常用钢材制作，也有用其他材料制作的，如钢木组合模板，是用硬质塑料板或玻璃钢等材料作面板的有机材料复合模板。

（4）施工平台

施工平台是滑模施工中各工种的作业面及材料、工具的存放场所。施工平台应视建筑物的平面形状、开门大小、操作要求及荷载情况设计。施工平台必须有可靠的强度及必要的刚度，确保施工安全，防止平台变形导致模板倾斜。如果跨度较大时，在平台下应设置承托桁架。

（5）吊脚手架

用于对已滑出的混凝土结构进行处理或修补，要求沿结构内外两侧周围布置。吊脚手架的高度一般为 1.8 m，可以设双层或 3 层。吊脚手架要有可靠的安全设备及防护设施。

（6）提升设备

由液压千斤顶、液压控制台、油路及支承杆组成。支承杆可用直径 25 mm 的光圆钢筋作支承杆，每根支承杆长度以 3.5 ~ 5 m 为宜。支承杆的接头可用螺栓连接（支承杆两头加工成阴阳螺纹）或现场用小坡口焊接连接。若回收重复使用，则需要在提升架横梁下附设支承杆套管。如有条件并经设计部门同意，则该支承杆钢筋可以直接浇灌在混凝土中以代替部分结构配筋，可利用 50% ~ 60%。

（六）爬升模板

爬升模板是在混凝土墙体浇筑完毕后，利用提升装置将模板自行提升到上一个楼层，浇筑上一层墙体的垂直移动式模板。爬升模板采用整片式大平模，模板由面板及肋组成，而不需要支撑系统；提升设备采用电动螺杆提升机、液压千斤顶或导链。爬升模板是将大模板工艺和滑升模板工艺相结合，既保持了大模板施工墙面平整的优点，又保持了滑模利用自身设备使模板向上提升的优点，墙体模板能自行爬升而不依赖塔吊。爬升模板适用于高层建筑墙体、电梯井壁、管道间混凝土施工。

爬升模板由钢模板、提升架和提升装置三部分组成。

（七）台模

台模是浇筑钢筋混凝土楼板的一种大型工具式模板。在施工中可以整体脱模和转运，利用起重机从浇筑完的楼板下吊出，转移至上一楼层，中途不再落地，因此亦称"飞模"。台模按其支架结构类型分为立柱式台模、桁架式台模、悬架式台模等。

台模适用于各种结构的现浇混凝土，适用于小开间、小进深的现浇楼板施工。

单座台模面板的面积从 2～6 m² 到 60 m² 以上。台模整体性好，混凝土表面容易平整，施工进度快。

台模由台面、支架（支柱）、支腿、调节装置、行走轮等组成。台面是直接接触混凝土的部件，表面应平整光滑，具有较高的强度和刚度。目前常用的面板有钢板、胶合板、铝合金板、工程塑料板及木板等。

二、模板设计

常用定型模板在其适用范围内一般无须进行设计或验算。而对一些特殊结构、新型体系模板或超出适用范围的一般模板，则应进行设计或验算。由于模板为一临时性系统，因此对钢模板及其支架的设计，其设计荷载值可乘以系数 0.85 予以折减；对木模板及其支架系统设计，其设计荷载值可乘以系数 0.9 予以折减；对冷弯薄壁型钢不予折减。

作用在模板系统上的荷载分为永久荷载和可变荷载。永久荷载包括模板与支架的自重、新浇混凝土自重及对模板侧面的压力、钢筋自重等。可变荷载包括施工人员及施工设备荷载、振捣混凝土时产生的荷载、倾倒混凝土时产生的荷载。计算模板及其支架时，应根据构件的特点及模板的用途进行荷载组合，各项荷载标准值按下列规定确定：

（一）模板及其支架自重标准值

可根据模板设计图纸或类似工程的实际支模情况予以计算荷载，对肋形楼板或无梁楼板的荷载可参考表 2-1。

表 2-1 楼板模板自重标准值

单位：N/mm²

模板构件名称	木模板	定型组合钢模板	钢框胶合板模板
平面模板及小楞的自重	300	500	400
楼板模板的自重（其中包括梁模板）	500	750	600
楼板模板及其支架的自重（楼层高度为 4 m 以下）	750	1100	950

（二）新浇混凝土自重标准值

普通混凝土可采用 24 kN/m³，其他混凝土根据其实际密度确定。

(三)钢筋自重标准值

钢筋自重标准值根据工程图纸确定。一般梁板结构每立方钢筋混凝土的钢筋重量为楼板 1.1 kN，梁 1.5 kN。

(四)施工人员及施工设备荷载标准值

① 计算模板及直接支承模板的小楞时，均布荷载为 2.5 kN/m²，并应另以集中荷载 2.5 kN 再进行验算，比较两者所得弯矩值取大者。

② 计算直接支承小楞结构构件时，其均布荷载可取 1.5 kN/m²。

③ 计算支架立柱及其他支承结构构件时，均布荷载取 1.0 kN/m²。

对大型浇筑设备(上料平台、混凝土泵等)按实际情况计算；混凝土堆集料高度超过 100 mm 时，按实际高度计算；模板单块宽度小于 150 mm 时，集中荷载可分布在相邻的两块板上。

(五)振捣混凝土时产生的荷载标准值

对水平面模板为 2.0 kN/m²，对垂直面模板为 4.0 kN/m²。

(六)新浇混凝土对模板的侧压力标准值

影响新浇混凝土对模板侧压力的因素主要有混凝土材料种类、温度、浇筑速度、振捣方式、凝结速度等。此外，还与混凝土坍落度大小、构件厚度等有关。

当采用内部振捣器振捣，新浇筑的普通混凝土作用于模板的最大侧压力，可按下式计算，并取较小值。

$$F = 0.22\gamma_c t_0 \beta_1 \beta_2 V^{\frac{1}{2}}$$
$$F = \gamma_c H$$

式中：F —— 新浇混凝土的最大侧压力，kN/m²；

γ_c —— 混凝土的重力密度，kN/m³；

t_0 —— 新浇混凝土的初凝时间，h，可按实测确定，当缺乏资料时，可采用 $t_0 = 200/(T+15)$ 计算 (T 为混凝土的温度)；

V —— 混凝土的浇筑速度，m/h；

H —— 混凝土侧压力计算位置处至新浇混凝土顶面的总高度，m；

β_1 —— 外加剂影响修正系数，不掺外加剂取 1.0，掺具有缓凝作用的外加剂时取 1.2；

β_2——混凝土坍落度影响修正系数，坍落度小于 3 cm 时取 0.85，5 ~ 9 cm 时取 1.0，坍落度为 11 ~ 15 cm 时取 1.15。

（七）倾倒混凝土时产生的荷载标准值

倾倒混凝土时，对垂直面模板产生的水平荷载标准值见表 2-2。

表 2-2　倾倒混凝土时产生的水平荷载标准值

单位：kN·m^{-2}

向模板中供料的方法	水平荷载
用溜槽、串筒或导管输出	2
用容量小于 0.2 m³ 的运输器具倾倒	2
用容量为 0.2 ~ 0.8 m³ 的运输器具倾倒	4
用容量大于 0.8 m³ 的运输器具倾倒	6

（八）风荷载标准值

对风压较大地区及受风荷载作用易倾倒的模板，须考虑风荷载作用下的抗倾倒稳定性。其标准值按下式计算：

$$W_k = 0.8 \beta_z \mu_s \mu_z w_0$$

式中：W_k——风荷载标准值，kN/m²；

β_z——高度 z 处的风振系数；

μ_s——风荷载体型系数；

μ_z——风压高度变化系数；

w_0——基本风压，kN/m²。

β_z、μ_s、μ_z、w_0 的取值均按《建筑结构荷载规范》的规定采用。

计算模板及其支架的荷载设计值时，应采用上述各项荷载标准值乘以相应的分项系数求得，荷载分项系数见表 2-3。

表 2-3　荷载分项系数 γ_i

项次	荷载类别	γ_i
1	模板及支架自重	
2	新浇混凝土自重	1.2
3	钢筋自重	
4	施工人员及施工设备荷载	1.4
5	振捣混凝土时产生的荷载	

项次	荷载类别	γ
6	新浇混凝土对模板侧面的压力	1.2
7	倾倒混凝土时产生的荷载	1.4
8	风荷载	1.4

计算模板及支架的荷载效应组合见表2-4。

为了便于计算，模板结构设计计算时可作适当简化，即所有荷载可假定为均匀荷载。单元宽度面板、内楞和外楞、小楞和大楞或桁架均可视为梁，支撑跨度等于或多于两跨的可视为连续梁，并视实际情况可分别简化为简支梁、悬臂梁、两跨或三跨连续梁。

当验算模板及其支架的刚度时，其变形值不得超过下列数值：

表2-4　计算模板及支架的荷载效应组合

构件模板组成	参与组合的荷载项	
	计算承载能力	验算刚度
平板和薄壳的模板及其支架	1，2，3，4	1，2，3
梁和拱模板的底板及支架	1，2，3，5	1，2，3
梁、拱、柱（边长≤300 mm）、墙（厚≤100 mm）的侧面模板	5，6	6
厚大结构、柱（边长＞300 mm）、墙（厚＞100 mm）的侧面模板	6，7	6

① 结构表面外露的模板，为模板构件跨度的1/400。

② 结构表面隐蔽的模板，为模板构件跨度的1/250。

③ 支架压缩变形值或弹性挠度为相应结构自由跨度的1/1000。当验算模板及其支架在风荷载作用下的抗倾倒稳定性时，抗倾倒系数不应小于1.15。

模板系统的设计包括选型、选材、荷载计算、拟订制作安装和拆除方案、绘制模板图等。

三、模板制作安装与拆除

（一）模板制作安装

模板应按图加工、制作。通用性强的模板宜制作成定型模板。

模板面板背侧的木方高度应一致。制作胶合板模板时，其板面拼缝处应密封。地下室外墙和人防工程墙体的模板对拉螺栓中部应设止水片，止水片应与对拉螺栓环焊。

与通用钢管支架匹配的专用支架，应按图加工、制作。搁置于支架顶端可调托座上的主梁，可采用木方、木工字梁或截面对称的型钢制作。

支架立柱和竖向模板安装在基土上时，应符合下列规定：

① 应设置具有足够强度和支承面积的垫板，且应中心承载。

② 基土应坚实，并应有排水措施；对湿陷性黄土，应有防水措施；对冻胀性土，应有防冻融措施。

③ 对软土地基，当需要时可采用堆载预压的方法调整模板面的安装高度。

竖向模板安装时，应在安装基层面上测量放线，并应采取保证模板位置准确的定位措施。对竖向模板及支架，安装时应有临时稳定措施。安装位于高空的模板时，应有可靠的防倾覆措施。应根据混凝土一次浇筑高度和浇筑速度，采取合理的竖向模板抗侧移、抗浮和抗倾覆措施。

对跨度不小于 4 m 的梁、板，其模板起拱高度宜为梁、板跨度的 1/1 000 ~ 3/1 000。

支架的垂直斜撑和水平斜撑应与支架同步搭设，架体应与成形的混凝土结构拉结。钢管支架的垂直斜撑和水平斜撑的搭设应符合国家现行有关钢管脚手架标准的规定。

对现浇多层、高层混凝土结构，上、下楼层模板支架的立杆应对准，模板及支架钢管等应分散堆放。

模板安装应保证混凝土结构构件各部分形状、尺寸和相对位置准确，并应防止漏浆。

模板安装应与钢筋安装配合进行，梁柱节点的模板宜在钢筋安装后安装。

模板与混凝土接触面应清理干净并涂刷脱模剂，脱模剂不得污染钢筋和混凝土接槎处。

模板安装完成后，应将模板内杂物清除干净。

后浇带的模板及支架应独立设置。

固定在模板上的预埋件、预留孔和预留洞均不得遗漏，且应安装牢固、位置准确。

(二) 模板拆除

模板拆除时，可采取先支的后拆、后支的先拆，先拆非承重模板、后拆承重模板的顺序，并应从上而下进行拆除。

当混凝土强度达到设计要求时，方可拆除底模及支架；当设计无具体要求，同条件养护试件的混凝土抗压强度应符合表 2-5 的规定。

表2-5　底模拆除时的混凝土强度要求

构件类型	构件跨度 /m	按达到设计混凝土强度等级值的百分率计 /%
板	≤ 2	≥ 50
	> 2，≤ 8	≥ 75
	> 8	≥ 100
梁、拱、壳	≤ 8	≥ 75
	>8	≥ 100
悬臂结构		≥ 100

当混凝土强度能保证其表面及棱角不受损伤时，方可拆除侧模。

多个楼层间连续支模的底层支架拆除时间，应根据连续支模的楼层间荷载分配和混凝土强度的增长情况确定。

快拆支架体系的支架立杆间距不应大于 2 m。拆模时应保留立杆并顶托支承楼板，拆模时的混凝土强度可取构件跨度为 2 m，并按表2-5 的规定确定。

对于后张预应力混凝土结构构件，侧模宜在预应力张拉前拆除；底模支架不应在结构构件建立预应力前拆除。

拆下的模板及支架杆件不得抛扔，应分散堆放在指定地点，并应及时清运。

模板拆除后应将其表面清理干净，应对变形和损伤部位进行修复。

第三节　混凝土工程施工

一、施工准备

混凝土施工准备工作包括施工缝处理、设置卸料入仓的辅助设备、模板安装、钢筋架设、预埋件埋设、施工人员的组织、浇筑设备及其辅助设施的布置、浇筑前的检查验收等。

(一) 施工缝处理

如果由于技术或施工组织上的原因，不能对混凝土结构一次连续浇筑完毕，而必须停歇较长的时间，其停歇时间已超过混凝土的初凝时间，致使混凝土已初凝，当继续浇筑混凝土时，形成了接缝，即为施工缝。

1.施工缝的留设位置

施工缝的设置原则是一般宜留在结构受力 (剪力) 较小且便于施工的部位。柱子的施工缝宜留在基础与柱子交接处的水平面上，或梁的下面，或吊车梁牛腿的下面、吊车梁的上面、无梁楼盖柱帽的下面。高度大于 1 m 的钢筋混凝土梁的水平施工缝，应留在楼板底面下 20 ~ 30 mm 处，当板下有梁托时，留在梁托下部。单向平板的施工缝，可留在平行于短边的任何位置处。对于有主次梁的楼板结构，宜顺着次梁方向浇筑，施工缝应留在次梁跨度的中间 1/3 范围内。

2. 施工缝的处理

施工缝处继续浇筑混凝土时，应待混凝土的抗压强度不小于 1.2 MPa 方可进行；施工缝浇筑混凝土之前，应除去施工缝表面的水泥薄膜、松动石子和软弱的混凝土层，处理方法有风砂枪喷毛、高压水冲毛、风镐凿毛或人工凿毛，并加以充分湿润和冲洗干净，不得有积水；浇筑时，施工缝处宜先铺水泥浆（水泥：水 =1：0.4），或与混凝土成分相同的水泥砂浆一层，厚度为 30 ~ 50 mm，以保证接缝的质量；浇筑过程中，施工缝应细致捣实，使其紧密结合。

（二）仓面准备

① 机具设备、劳动组合、照明、水电供应、所需混凝土原材料的准备等。

② 应检查仓面施工的脚手架、工作平台、安全网等是否牢固，检查电源开关、动力线路是否符合安全规定。

③ 仓位的浇筑高程、上升速度、特殊部位的浇筑方法和质量要求等技术问题，须事先进行技术交底。

④ 地基或施工缝处理完毕并养护一定时间，已浇好的混凝土强度达到 2.5 MPa 后方可在仓面进行放线，安装模板、钢筋和预埋件，架设脚手架等作业。

（三）模板、钢筋及预埋件检查

开仓浇筑前，必须按照设计图纸和施工规范的要求，对仓面安设的模板、钢筋及预埋件进行全面检查验收，签发合格证。

二、混凝土的拌制

混凝土拌制是按照混凝土配合比设计要求，将其各组成材料拌和成均匀的混凝土料，以满足浇筑需要。混凝土制备的过程包括储料、供料、配料和拌和。其中，配料和拌和是主要生产环节，也是质量控制的关键，要求品种无误、配料准确、拌和充分。

(一) 混凝土配料

1. 配料

配料是按设计要求，称量每次拌和混凝土的材料用量。配料的精度直接影响混凝土的质量。混凝土配料要求采用质量配料法，即将砂、石、水泥、矿物掺合料按质量计量，水和外加剂溶液按质量折算成体积计量，称量的允许偏差见表2-6。设计配合比中的加水量根据水灰比计算确定，并以饱和面干状态的砂子为标准。由于水灰比对混凝土强度和耐久性影响极为重大，绝不能任意变更；施工采用的砂子，其含水量又往往较高，在配料时采用的加水量应扣除砂子表面含水量及外加剂中的水量。

表2-6 混凝土原材料计量的允许偏差

材料名称	每盘计量允许偏差	累计计量允许偏差
水泥、矿物掺合料	±2%	±1%
粗、细骨料	±3%	±2%
水、外加剂	±2%	±1%

2. 给料

给料是将混凝土各组分从料仓按要求送进称料斗。给料设备的工作机构常与称量设备相连，当需要给料时，控制电路开通，进行给料。当计量达到要求时，即断电停止给料。常用的给料设备有皮带给料机、给料闸门、电磁振动给料机、叶轮给料机、螺旋给料机等。

3. 称量

混凝土配料称量的设备有简易秤 (地磅)、电动磅秤、自动配料杠杆秤、电子秤、配水箱及定量水表。

(二) 混凝土拌和方法

混凝土拌和的方法有人工拌和与机械拌和两种。用拌和机拌和混凝土较广泛，能提高拌和质量和生产率。

1. 拌和机械

拌和机械有自落式和强制式两种。

自落式搅拌机是通过筒身旋转，带动搅拌叶片将物料提高，在重力作用下物料自由坠下，反复进行，互相穿插、翻拌、混合，使混凝土各组分搅拌均匀。锥形反转出料搅拌机主要由上料装置、搅拌筒、传动机构、配水系统和电气控制系统等组成。

强制式混凝土搅拌机一般筒身固定，搅拌机片旋转，对物料施加剪切、挤压、翻滚、滑动、混合，使混凝土各组分搅拌均匀。

搅拌机使用前应按照"十字作业法"的要求检查离合器、制动器、钢丝绳等各个系统和部位，是否机件齐全、机构灵活、运转正常，并按规定位置加注润滑油脂；进行空转检查，检查搅拌机旋转方向是否与机身箭头一致，空车运转是否达到要求值。在确认以上情况正常后，搅拌筒内加清水搅拌 3 min 后将水放出，方可投料搅拌。

2. 混凝土拌和

（1）开盘操作

在完成上述检查工作后，即可开盘搅拌，为不改变混凝土设计配合比，补偿黏附在筒壁、叶片上的砂浆，第一盘应减少石子约 30%，或多加水泥、砂各 15%。

（2）正常运转

确定原材料投入搅拌筒内的先后顺序，应综合考虑能否保证混凝土的搅拌质量，提高混凝土的强度，减少机械的磨损与混凝土的黏罐现象，减少水泥飞扬，降低电耗以及提高生产率等多种因素。按原材料加入搅拌筒内的投料顺序的不同，普通混凝土的搅拌方法可分为一次投料法、二次投料法和水泥裹砂法等。

一次投料法是目前最普遍采用的方法。它是将砂、石、水泥和水一起同时加入搅拌筒中进行搅拌。为了减少水泥的飞扬和水泥的黏罐现象，向搅拌机上料斗中投料时，投料顺序宜先倒砂再倒水泥，然后倒入石子，将水泥加在砂、石之间，最后由上料斗将干物料送入搅拌筒内，加水搅拌。

二次投料法又分为预拌水泥砂浆法和预拌水泥净浆法。预拌水泥砂浆法是先将水泥、砂和水加入搅拌筒内进行充分搅拌，成为均匀的水泥砂浆后，再加入石子搅拌成均匀的混凝土。一般是用强制式搅拌机拌制水泥砂浆 1~1.5 min，然后再加入石子搅拌 1~1.5 min。预拌水泥净浆法是先将水泥和水充分搅拌成均匀的水泥净浆后，再加入砂和石搅拌成混凝土。二次投料法搅拌的混凝土与一次投料法相比较，混凝土强度可提高 15%，在强度相同的情况下可节约水泥 15%~20%。

水泥裹砂法又称为 SEC 法，采用这种方法拌制的混凝土称为 SEC 混凝土或造壳混凝土。该法的搅拌程序是先加一定量的水使砂表面的含水量调到某一规定的数值后，再加入石子并与湿砂拌匀，然后将全部水泥投入与砂石共同拌和，使水泥在砂石表面形成一层低水灰比的水泥浆壳，最后将剩余的水和外加剂加入搅拌成混凝土。采用 SEC 法制备的混凝土与一次投料法相比，强度可提高 20%~30%，混凝土不易产生离析和泌水现象，工作性好。

从原材料全部投入搅拌筒中时起到开始卸料时止所经历的时间称为搅拌时间，为获得混合均匀、强度和工作性都能满足要求的混凝土所需的最低限度的搅拌时间称为最短搅拌时间，这个时间随搅拌机的类型与容量，骨料的品种、粒径及对混凝土的工作性要求等因素的不同而异。

混凝土拌合物的搅拌质量应经常检查，混凝土拌合物颜色均匀一致，无明显的砂粒、砂团及水泥团，石子完全被砂浆所包裹，说明其搅拌质量较好。

每班作业后应对搅拌机进行全面清洗，并在搅拌筒内放入清水及石子运转10～15 min后放出，再用竹扫帚洗刷外壁。搅拌筒内不得有积水，以免筒壁及叶片生锈，如遇冰冻季节应放尽水箱及水泵中的存水，以防冻裂。每天工作完毕后，搅拌机料斗应放至最低位置，不准悬于半空。电源必须切断，锁好电闸箱，保证各机构处于空位。

(三) 混凝土搅拌站

在混凝土施工工地，通常把骨料堆场、水泥仓库、配料装置、拌和机及运输设备等比较集中地布置，组成混凝土拌和站，或采用成套的混凝土工厂（拌和楼）来制备混凝土。

搅拌站根据其组成部分在竖向布置方式的不同，分为单阶式和双阶式。在单阶式混凝土搅拌站中，原材料一次提升后经过集料斗，然后靠自重下落进入称量和搅拌工序。这种工艺流程，原材料从一道工序到下一道工序的时间短、效率高、自动化程度高、搅拌站占地面积小，适用于产量大的固定式大型混凝土搅拌站。

在双阶式混凝土搅拌站中，原材料经第一次提升后经过集料斗，下落经称量配料后，再经过第二次提升进入搅拌机。

三、混凝土运输

混凝土运输是整个混凝土施工中的一个重要环节，对工程质量和施工进度影响较大。由于混凝土拌和后不能久存，而且在运输过程中对外界的影响敏感，运输方法不当或疏忽大意都会降低混凝土质量，甚至造成废品。

混凝土在运输过程中应满足：运输设备应不吸水、不漏浆，运输过程中不发生混凝土拌合物分离、严重泌水及过多降低坍落度；同时运输两种以上强度等级的混凝土时，应在运输设备上设置标志，以免混淆；尽量缩短运输时间，减少转运次数，运输时间不得超过规定。因故停歇过久，混凝土产生初凝时，应作废料处理。在任何情况下，严禁中途加水；运输道路基本平坦，避免拌合物振动、离析、分层；混凝土运输工具及浇筑地点，必要时应有遮盖或保温设施，以避免因日晒、雨淋、受冻而影响混凝土的质量；混凝土拌合物自由下落高度以不大于2 m为宜，超过此界限时应采用缓降措施。

混凝土运输分地面水平运输、垂直运输和楼面水平运输三种。地面运输时，短距离多用双轮手推车、机动翻斗车；长距离宜用自卸汽车、混凝土搅拌运输车。垂直运输可采用各种井架、龙门架和塔式起重机作为垂直运输工具。对于浇筑量大、浇筑速度比较稳定的大型设备基础和高层建筑，宜采用混凝土泵，也可采用自升式塔式起重机或爬升式塔式起重机来运输。

(一) 人工运输

人工运输混凝土常用手推车、架子车和斗车等。用手推车和架子车时，要求运输道路路面平整，随时清扫干净，防止混凝土在运输过程中受到强烈振动。道路纵坡一般要求平缓，局部不宜大于15%，一次爬高不宜超过 2 ~ 3 m，运输距离不宜超过 200 m。

(二) 机动翻斗车

机动翻斗车是混凝土工程中使用较多的水平运输机械。它轻便灵活、转弯半径小、速度快且能自动卸料。车前装有容量为 476 L 的翻斗，载重量约 1 t，最高时速 20 km/h，适用于短途运输混凝土或砂石料。

(三) 混凝土搅拌运输车

混凝土搅拌运输车是运送混凝土的专用设备。它的特点是在运量大、运距远的情况下，能保证混凝土的质量均匀。一般当混凝土制备点（商品混凝土站）与浇筑点距离较远时使用混凝土搅拌运输车，其运送方式有两种：一是在 10 km 范围内作短距离运送时，只作运输工具使用，即将拌和好的混凝土接送至浇筑点，在运输途中为防止混凝土分离，让搅拌筒只作低速搅动，使混凝土拌合物不致分离、凝结；二是在运距较长时，搅拌运输两者兼用，即先在混凝土拌和站将干料——砂、石、水泥按配比装入搅拌筒内，并将水注入配水箱，开始只作干料运送，然后在距使用点 10 ~ 15 min 路程时，启动搅拌筒回转，并向搅拌筒注入定量的水，这样在运输途中边运输边搅拌成混凝土拌合物，送至浇筑点卸出。

(四) 混凝土辅助运输设备

运输混凝土的辅助设备有吊罐、骨料斗、溜槽、溜管等。其用于混凝土装料、卸料和转运入仓，对保证混凝土质量和运输工作顺利进行起着相当大的作用。

(五) 混凝土泵

泵送混凝土是将混凝土拌合物从搅拌机出口通过管道连续不断地泵送到浇筑仓面的一种施工方法。工程上使用较多的是液压活塞式混凝土泵，它是通过液压缸的压力油推动活塞，再通过活塞杆推动混凝土缸中的工作活塞来压送混凝土。混凝土泵可同时完成水平运输和垂直运输工作。

泵送混凝土的设备主要由混凝土泵、输送管道和布料装置构成。混凝土泵有活塞泵、气压泵和挤压泵等几种类型，而以活塞泵应用较多。活塞泵又根据其构造原理不同分为机械式和液压式两种，常用液压式。混凝土泵分拖式（地泵）和泵车两种形式。HBT60 拖式混凝土泵主要由混凝土泵送系统、液压操作系统、混凝土搅拌系统、油脂润滑系统、冷却和水泵清洗系统，以及用来安装和支承上述系统的金属结构车架、车桥、支脚和导向轮等组成。

四、混凝土浇筑

混凝土成型就是将混凝土拌合料浇筑在符合设计尺寸要求的模板内，加以捣实，使其具有良好的密实性，达到设计强度的要求。混凝土成型过程包括浇筑与捣实，是混凝土工程施工的关键，将直接影响构件的质量和结构的整体性。因此，混凝土经浇筑捣实后应内实外光、尺寸准确、表面平整、钢筋及预埋件位置符合设计要求、新旧混凝土结合良好。

(一) 浇筑前的准备工作

① 对模板及其支架进行检查，应确保标高、位置尺寸正确，强度、刚度、稳定性及严密性满足要求；模板中的垃圾、泥土和钢筋上的油污应加以清除；木模板应浇水润湿，但不允许留有积水。

② 对钢筋及预埋件应请工程监理人员共同检查钢筋的级别、直径、排放位置及保护层厚度是否符合设计和规范要求，并认真作好隐蔽工程记录。

③ 准备和检查材料、机具等；注意天气预报，不宜在雨雪天气浇筑混凝土。

④ 做好施工组织和技术、安全交底工作。

(二) 浇筑工作的一般要求

① 混凝土应在初凝前浇筑，如混凝土在浇筑前有离析现象，须重新拌和后才能浇筑。

② 浇筑时，混凝土的自由倾落高度：对于素混凝土或少筋混凝土，由料斗进行浇筑时，不应超过 2 m；对于竖向结构（如柱、墙），浇筑混凝土的高度不超过 3 m；对于配筋较密或不便捣实的结构，不宜超过 60 cm，否则应采用串筒、溜槽和振动串筒下料，以防产生离析。

③ 浇筑竖向结构混凝土前，底部应先浇入 50～100 mm 厚与混凝土成分相同的

水泥砂浆，以避免产生蜂窝麻面现象。

④ 混凝土浇筑时的坍落度应符合设计要求。

⑤ 为了使混凝土振捣密实，混凝土必须分层浇筑。

⑥ 为保证混凝土的整体性，浇筑工作应连续进行。当由于技术或施工组织上的原因必须间歇时，其间歇时间应尽可能缩短，并应在前层混凝土凝结之前，将次层混凝土浇筑完毕。间歇的最长时间应按所用水泥品种及混凝土条件确定。

⑦ 正确留置施工缝。施工缝位置应在混凝土浇筑之前确定，并宜留置在结构受剪力较小且便于施工的部位。柱应留水平缝，梁、板、墙应留垂直缝。

⑧ 在混凝土浇筑过程中，应随时注意模板及其支架、钢筋、预埋件及预留孔洞的情况，当出现不正常的变形、位移时，应及时采取措施进行处理，以保证混凝土的施工质量。

⑨ 在混凝土浇筑过程中应及时认真填写施工记录。

(三) 整体结构浇筑

为保证结构的整体性和混凝土浇筑工作的连续性，应在下一层混凝土初凝之前将上层混凝土浇筑完毕。因此，在编制浇筑施工方案时，首先应计算每小时需要浇筑的混凝土的数量 Q，即：

$$Q = \frac{V}{t_1 - t_2}$$

式中：V——每个浇筑层中混凝土的体积，m³;

　　　t_1——混凝土初凝时间，h;

　　　t_2——运输时间，h。

根据上式即可计算所需搅拌机、运输工具和振捣器的数量，并据此拟订混凝土浇筑方案和组织施工。

(四) 混凝土浇筑工艺

1. 铺料

开始浇筑前，要在老混凝土面上先铺一层 2～3 cm 厚的水泥砂浆 (接缝砂浆)，以保证新混凝土与基岩或老混凝土结合良好。砂浆的水灰比应较混凝土水灰比减少 0.03～0.05。混凝土的浇筑应按一定厚度、次序、方向分层推进。

铺料厚度应根据拌和能力、运输距离、浇筑速度、气温及振捣器的性能等因素确定。一般情况下，浇筑层的允许最大厚度不应超过表 2-7 规定的数值，如采用低流态混凝土及大型强力振捣设备时，其浇筑层厚度应根据试验确定。

表 2-7　混凝土浇筑层厚度

单位: mm

项次	捣实混凝土的方法		浇筑层厚度
1	插入式振捣		振捣器作用部分长度的 1.25 倍
2	表面振动		200
3	人工捣固	在基础、无筋混凝土或配筋稀疏的结构中	250
		在梁、墙、板、柱结构中	200
		在配筋密列的结构中	150
4	轻骨料混凝土	插入式振捣器	300
		表面振动（振动时须加荷）	200

2. 平仓

平仓是把卸入仓内成堆的混凝土摊平到要求的均匀厚度。平仓不好会造成离析，使骨料架空，严重影响混凝土质量。

① 人工平仓：人工平仓用铁锹，平仓距离不超过 3 m。人工平仓只适用于在靠近模板和钢筋较密的地方，以及设备预埋件等空间狭小的二期混凝土。

② 振捣器平仓：振捣器平仓时应将振捣器倾斜插入混凝土料堆下部，使混凝土向操作者位置移动，然后一次一次地插向料堆上部，直至混凝土摊平到规定厚度为止。如将振捣器垂直插入料堆顶部，平仓工效固然较高，但易造成粗骨料沿锥体四周下滑，砂浆则集中在中间形成砂浆窝，影响混凝土匀质性。经过振动摊平的混凝土表面可能已经泛出砂浆，但内部并未完全捣实，切不可将平仓和振捣合而为一，影响浇筑质量。

3. 振捣

振捣是振动捣实的简称，它是保证混凝土浇筑质量的关键工序。振捣的目的是尽可能减少混凝土中的空隙，以消除混凝土内部的孔洞，并使混凝土与模板、钢筋及预埋件紧密结合，从而保证混凝土的最大密实度，提高混凝土质量。

当结构钢筋较密，振捣器难于施工，或混凝土内有预埋件、观测设备，周围混凝土振捣力不宜过大时可采用人工振捣。人工振捣要求混凝土拌合物坍落度大于 5 cm，铺料层厚度小于 20 cm。人工振捣工具有捣固锤、捣固杆和捣固铲。捣固锤主要用来捣固混凝土的表面；捣固铲用于插边，使砂浆与模板靠紧，防止表面出现麻面；捣固杆用于钢筋稠密的混凝土中，以使钢筋被水泥砂浆包裹，增加混凝土与钢筋之间的握裹力。人工振捣工效低，混凝土质量不易保证。

混凝土振捣主要采用振捣器。振捣器产生小振幅、高频率的振动，使混凝土在其振动作用下，内摩擦力和黏结力大大降低，使干稠的混凝土获得流动性，在重力作用下骨料互相滑动而紧密排列，空隙被砂浆填满，空气被排出，从而使混凝土密实，并填满模板内部空间，且与钢筋紧密结合。

一般工程均采用电动式振捣器。电动插入式振捣器又分为串激式振捣器、软轴振捣器和硬轴振捣器三种。插入式振捣器使用较多。

混凝土振捣在平仓之后立即进行，此时混凝土流动性好，振捣容易，捣实质量好。振捣器的选用，对于素混凝土或钢筋稀疏的部位，宜用大直径的振捣棒；坍落度小的干硬性混凝土，宜选用高频和振幅较大的振捣器。振捣作业路线保持一致，并按顺序依次进行，以防漏振。振捣棒尽可能垂直地插入混凝土中，如振捣棒较长或把手位置较高，垂直插入感到操作不便时，也可略带倾斜，但与水平面夹角不宜小于45°，且每次倾斜方向应保持一致，否则下部混凝土将会发生漏振。

振捣棒应快插、慢拔。插入过慢，上部混凝土先捣实，就会阻止下部混凝土中的空气和多余的水分向上逸出；拔得过快，周围混凝土来不及填铺振捣棒留下的孔洞，将在每一层混凝土的上半部留下只有砂浆而无骨料的砂浆柱，影响混凝土的强度。为使上下层混凝土振捣密实均匀，可将振捣棒上下抽动，抽动幅度为5~10 cm。振捣棒的插入深度，在振捣第一层混凝土时，以振捣器头部不碰到基岩或老混凝土面但相距不超过5 cm为宜；振捣上层混凝土时，则应插入下层混凝土5 cm左右，使上下两层结合良好。在斜坡上浇筑混凝土时，振捣棒仍应垂直插入，并且应先振低处，再振高处，否则在振捣低处的混凝土时，已捣实的高处混凝土会自行向下流动，致使密实性受到破坏。软轴振捣棒插入深度为棒长的3/4，过深则软轴和振捣棒结合处容易损坏。

振捣棒在每一孔位的振捣时间，以混凝土不再显著下沉、水分和气泡不再逸出并开始泛浆为准。振捣时间和混凝土坍落度、石子类型及最大粒径、振捣器的性能等因素有关，一般为20~30 s。振捣时间过长，不但降低工效，且使砂浆上浮过多，石子集中下部，混凝土产生离析，严重时，整个浇筑层呈"千层饼"状态。

振捣器的插入间距控制在振捣器有效作用半径的1.5倍以内，实际操作时也可根据振捣后在混凝土表面留下的圆形泛浆区域能否在正方形排列（直线行列移动）的4个振捣孔径的中点，或三角形排列（交错行列移动）的3个振捣孔位的中点相互衔接来判断。在模板边、预埋件周围、布置有钢筋的部位以及两罐（或两车）混凝土卸料的交界处，宜适当减少插入间距以加强振捣，但不宜小于振捣棒有效作用半径的1/2，并注意不能触及钢筋、模板及预埋件。为提高工效，振捣棒插入孔位尽可能呈三角形分布。

使用外部式振捣器时，操作人员应穿绝缘胶鞋，戴绝缘手套，以防触电。平板式振捣器要保持拉绳干燥和绝缘，移动和转向时应蹬踏平板两端，不得蹬踏电机。

操作时可通过倒顺开关控制电机的旋转方向，使振捣器的电机旋转方向正转或反转，从而使振捣器自动地向前或向后移动。沿铺料路线逐行进行振捣，两行之间要搭接5 cm左右，以防漏振。当混凝土拌合物停止下沉、表面平整、往上返浆且已达到均匀状态并充满模壳时，表明已振实，可转移作业面。在转移作业面时，要注意电缆线勿被模板、钢筋露头等挂住，防止拉断或造成触电事故。振捣混凝土时，一般横向和竖向各振捣一遍即可，第一遍主要是密实，第二遍是使表面平整，其中第二遍是在已振捣密实的混凝土面上快速拖行。

附着式振捣器安装时应保证转轴水平或垂直。在一个模板上安装多台附着式振捣器同时进行作业时，各振捣器频率必须保持一致，相对安装的振捣器的位置应错开。振捣器所装置的构件模板要坚固牢靠，构件的面积应与振捣器的额定振动板面积相适应。

混凝土振动台是一种强力振动成型机械装置，必须安装在牢固的基础上，地脚螺栓应有足够的强度并拧紧。在振捣作业中，必须安置牢固可靠的模板锁紧夹具，以保证模板和混凝土与台面一起振动。

五、混凝土的养护

混凝土浇筑完毕后，在一个相当长的时间内应保持其适当的温度和足够的湿度，以创造混凝土良好的硬化条件，这就是混凝土的养护工作。混凝土表面水分不断蒸发，如不设法防止水分损失，水化作用未能充分进行，混凝土的强度将受到影响，还可能产生干缩裂缝。因此，混凝土养护的目的：一是创造有利条件，使水泥充分水化，加速混凝土的硬化；二是防止混凝土成型后因暴晒、风吹、干燥等自然因素影响，出现不正常的收缩、裂缝等现象。

混凝土的养护方法分为自然养护和热养护两类，见表2-8。养护时间取决于当地气温、水泥品种和结构物的重要性。混凝土必须养护至其强度达到1.2 MPa以上，才准在其上行人和架设支架、安装模板，但不得冲击混凝土。

表2-8　混凝土的养护

类 别	名 称	说 明
自然养护	洒水（喷雾）养护	在混凝土面不断洒水（喷雾），保持其表面湿润
	覆盖浇水养护	在混凝土面覆盖湿麻袋、草袋、湿砂、锯末等，不断洒水保持其表面湿润
	围水养护	四周围成土埂，将水蓄在混凝土表面
	铺膜养护	在混凝土表面铺上薄膜，阻止水分蒸发
	喷膜养护	在混凝土表面喷上薄膜，阻止水分蒸发

续表

类别	名称	说明
热养护	蒸汽养护	利用热蒸汽对混凝土进行湿热养护
	热水（热油）养护	将水或油加热，将构件搁置在其上养护
	电热养护	对模板加热或微波加热养护
	太阳能养护	利用各种罩、窑、集热箱等封闭装置对构件进行养护

第三章　建筑防水、装饰及结构安装工程

第一节　防水工程

一、屋面防水工程

(一)屋面防水分类

屋面防水工程按其所用材料的不同,主要有卷材防水屋面、涂膜防水屋面、刚性防水屋面、瓦屋面等。

1. 卷材防水屋面

(1)石油沥青油毡卷材

外观:不允许有孔洞、硌伤,不允许露胎,涂盖不均;折纹、折皱距卷芯1 000 mm以外,长度不大于100 mm;裂纹距卷芯1 000 mm以外,长度不大于10 mm;边缘裂口小于20 mm,缺边长度小于50 mm;每卷卷材的接头不超过1处,较短的一段不小于2 500 mm,接头处应加长150 mm。

(2)高聚物改性沥青卷材

外观:不允许有孔洞、缺边、裂口;边缘不整齐不超过10 mm;不允许胎体露白、未浸透;撒布材料粒度、颜色均匀;每一卷卷材的接头不超过1处,较短的一段不应小于1 000 mm,接头处应加长150 mm。

(3)合成高分子防水卷材

外观:折痕每卷不超过2处,总长度不超过20 mm;杂质不允许有大于0.5 mm的颗粒,每1 m²不超过9 mm²;胶块每卷不超过6处,每处面积不大于4 mm²;凹痕每卷不超过6处,深度不超过本身厚度的30%,树脂类卷材深度不超过15%;每卷的接头,橡胶类卷材每20 m不超过1处,较短的一段不应小于3000 mm,接头处应加长150 mm,树脂类20 m长度内不允许有接头。

2. 涂膜防水屋面

涂膜防水屋面主要采用高聚物改性沥青防水涂料、合成高分子防水涂料(反应固化型和挥发固化型)聚合物水泥防水涂料。

3.刚性防水屋面

刚性防水屋面主要采用普通细石混凝土防水层、补偿收缩混凝土防水层、钢纤维混凝土防水层。

4.瓦屋面

平瓦油毡瓦屋面。

(二) 卷材防水屋面施工

沥青卷材屋面是用沥青胶结材料逐层将油毡、高分子树脂、橡胶材料等粘贴在结构基层表面上，形成一整片能防水的屋面覆盖层。

1.石油沥青油毡卷材施工

(1) 材料及质量要求

沥青：常用 10 号和 30 号建筑石油沥青及 60 号道路沥青，不使用普通石油沥青。

冷底子油：冷底子油是利用 30%～40% 的石油沥青加入 70% 的汽油或 60% 的煤油熔融而成。冷底子油渗透性强，喷涂在表面上，可使基层表面具有憎水性，并增强沥青胶结材料与基层表面的黏结力。

沥青胶结材料：沥青胶结材料又称沥青玛蹄脂。

① 沥青玛蹄脂的标号有 S60、S65、S70、S75、S80、S85 等六级，标号的选择是根据历年极端最高气温和屋面坡度确定：气温高时，选用标号高的沥青玛蹄脂，反之则选标号低的；屋面坡度大时，选用标号高的沥青玛蹄脂，反之，则选用低的。

② 配制沥青玛蹄脂的沥青可采用 10 号、30 号的建筑石油沥青和 60 号甲、60 号乙的道路石油沥青或其熔合物。选择沥青玛蹄脂的配合成分时，应选配具有所需软化点的一种沥青或两种沥青的熔合物。当采用两种沥青时，每种沥青的配合量如下：高软化点沥青含量 $B=\left(\Delta t_1/\Delta t_2\right)\times100$ 油沥青与低软化点石油沥青的软化点之差；低软化点石油沥青含量 $B_4=100-B$。为了提高沥青的耐热度、韧性、黏结力和抗老化性能，可在熔合后的沥青中掺入 10%～25% 的粉状填充料或 5%～10% 的纤维填充料，填充料含水率不宜大于 3%，如石棉粉、滑石粉、云母粉、板岩粉等。沥青玛蹄脂的加热度不得超过 240℃，也不得低于 190℃。

(2) 沥青防水卷材屋面施工

① 找平层施工：

找平层可采用水泥砂浆、细石混凝土，但使用沥青类防水涂料或高聚物改性沥青类防水涂料时，也可以采用沥青砂浆作找平层。

结构层的处理：当屋面结构层是装配式钢筋混凝土板时，板缝内应浇灌强度等级不低于 C20 的细石混凝土，灌缝的细石混凝土宜掺微量膨胀剂，大于 40 mm 宽的板缝或上窄下宽的板缝中应加设构造钢筋。板缝应进行柔性密封处理。非保温屋面等的板缝应预留凹槽，并嵌填密封材料。

找平层分格缝的设置：找平层应设分格缝，缝宽为 20 mm。如结构层为装配式结构，分格缝应留设在板支撑处。分格缝要嵌填嵌缝材料。找平层采用水泥砂浆或细石混凝土时，分格缝纵横间距不宜大于 6 m，采用沥青砂浆时不宜大于 4 m。为增强分格缝处的防水效果，可沿分格缝加设一条宽为 200~300 mm 的带胎体的涂膜增强防水层。

找平层转角部位的处理：找平层的阴阳角处，均应做成圆弧形。圆弧半径不宜小于 20 mm。内部排水的水落口周围应做成略低的凹坑。

对找平层施工质量要求：找平层表面应平整，无松动、起壳和开裂，与基层黏结牢固。使用水泥砂浆找平时，水泥砂浆抹平收水后应二次压光，充分养护，不得疏松、起砂和起皮现象。施工涂料前，找平层必须干净、干燥。对水乳型防水涂料，找平层便面允许有湿渍，但不得有积水。

② 基层处理——刷基层处理剂：

基层处理剂就是为了增强防水材料与基层之间的黏结力，在防水层施工前，涂刷在基层上的涂料。基层处理剂的选择应与卷材的材性相容，基层处理剂在找平层上应均匀一致。

③ 保温层施工：

保温层采用的材料可分为松散保温材料和块体保温材料。保温材料具有良好的防腐性能或经过防腐处理；保温材料含水率要符合设计要求，无设计要求时，应相对应于该材料在当地自然风干状态下的含水率。保温材料常用的有膨胀珍珠岩和膨胀蛭石。

施工做法：

第一，将松散保温材料与水泥按 8：1 的比例加水搅拌均匀，分层铺设，虚铺厚度不大于 150 mm，适当压实，压实程度与厚度要事先根据设计要求试验确定。

第二，用沥青胶结材料将块体保温材料直接铺设在屋面上。

④ 细部构造、防水节点增强处理：

在铺设屋面卷材防水层前，应对干燥、平整、干净并已经涂刷基层处理剂（冷底子油）的找平层各细部构造、节点防水部位（檐沟、檐口、天沟、变形缝、水落口、管道根部、天窗根部、女儿墙根部、烟囱根部、等屋面阴阳角转角部位）用附加卷材或防水涂料、密封材料做附加增强处理。

⑤ 卷材铺贴：

铺贴的顺序：一般是"先高后低、先远后近"。

铺贴的方向：主要按照屋面的坡度和屋面是否受振动确定。

铺贴的方法：常用浇油粘贴法和刷油粘贴法。

排汽屋面的卷材铺贴方法：排汽屋面底层卷材可采用条铺法、花铺法、半铺法、空铺法。

⑥ 保护层施工

第一，绿豆沙保护层：热玛蹄脂黏结的沥青防水卷材用粒径为3～5 mm，浅色、耐风化和颗粒均匀的绿豆沙密布，粘接牢固作保护层。

第二，松散材料保护层：冷玛蹄脂粘接的沥青防水卷材用云母或蛭石等片状材料做保护层。

第三，涂料保护层：用与卷材材性相容、黏结力强和耐风化的浅色涂料遍涂一层作为保护层。

第四，刚性保护层。

2. 高聚物改性沥青卷材防水施工

（1）冷粘法施工

冷粘法是利用毛刷将胶黏剂涂刷在基层上，然后铺贴油毡，油毡防水层上再涂刷胶黏剂做保护层。

冷粘法施工程序：

第一，基层处理。清理干净的基层涂刷一层基层处理剂，基层处理剂为汽油稀释的胶黏剂，涂刷均匀一致，不允许反复涂刷。

第二，细部处理。对于排水口、管子根部、烟囱底部等容易发生渗漏的薄弱部位应加整体增强层。在薄弱部位中心200 mm范围内，均匀涂刷一层胶黏剂，厚度为1 mm左右，随即粘贴一层聚酯纤维无纺布，无纺布上面再涂一层1 mm厚的胶黏剂，干燥后形成无接缝的弹性整体增强层。

第三，油毡铺贴。油毡铺贴时，首先应在流水坡度的下坡弹出基准线，涂刷胶黏剂并根据胶黏剂的性能，控制卷材铺贴的时间，当涂刷胶黏剂与卷材铺贴的时间间隔满足胶黏剂性能时，及时铺贴卷材并用压碾进行压实处理，排出空气或异物。平面和立面相连接的油毡，应由上向下压缝铺贴，不得有空现象。当立面油毡超过300 mm时，应用氯丁系胶黏剂进行粘接或采用干木砖钉木压条与粘接复合的处理方法，以达到黏结牢固和封闭严密的效果。油毡纵横向的搭接宽度为100 mm，接缝可以用胶黏剂黏合，可用汽油喷灯进行加热熔接。采用双层外露防水构造时，第二层油毡的搭接缝与第一层油毡的搭接缝应错开油毡幅宽的1/3～1/2。接缝边缘和油毡的末端收头部位，应刮抹浆膏状的胶黏剂进行黏合封闭处理，以达到密封防水效果。必要时，可在经过密封处理的末端收头处，再用掺入水泥重量20%聚乙烯醇缩甲醛的水泥砂浆进行压缝处理。

第四，保护层施工。油毡防水层铺设完毕经检查验收合格后，随即应进行保护层施工，在油毡防水层表面上涂刷胶黏剂，并铺撒膨胀蛭石粉保护层或均匀涂刷银白色或绿色涂料作保护层，以屏蔽或反射太阳的辐射，延长油毡防水层的使用年限。

（2）热熔法施工

热熔法是利用火焰加热器如汽油喷灯或煤油焊枪对油毡加热，待油毡表面熔化后，进行热熔处理。热熔施工节省胶黏剂，适用于气温较低时施工。

热熔施工程序：

① 基层处理。基层处理剂涂刷后，必须干燥 8 h 后方可进行热熔施工，以防发生火灾。

② 施工要点：热熔油毡时，火焰加热器距离油毡不能太远也不能太近，加热要均匀，以卷材表面熔融至亮黑色为度，立即滚铺油毡进行铺贴，并辊压粘结牢固。

油毡尚未冷却时，应将油毡接缝边封好，再用火焰加热器均匀细致地密封。

其他施工程序同冷粘法施工。

3. 合成高分子卷材防水施工

铺贴合成高分子防水卷材多采用冷粘法。

（1）基层处理

同石油沥青卷材防水施工。

（2）施工要点

其铺贴顺序和铺贴方向与沥青卷材相同。

卷材铺贴的要求：铺贴的卷材应平整严顺，搭接尺寸准确，不得扭曲。铺贴时不得产生折皱，不得用力拉伸，并应排除卷材下面的空气，辊压粘贴牢固。铺贴的卷材应平整顺直，搭接尺寸准确，不得扭曲。卷材铺好压粘后，应将搭接部位的结合面清除干净，并采用与卷材配套的接缝专用胶，在搭接部位均匀涂抹，不漏底，不堆积。

卷材的接缝及节点构造的处理：卷材接缝搭接宽度一般为 80 mm，在接缝边缘以及末端收头部位，必须采用密封膏进行密封，末端收头处理做好压缝处理。

（3）涂刷保护层

铺设完毕，应涂刷专用的银色、绿色或其他彩色涂料作保护层。

（4）卷材铺贴的一般要求

① 卷材防水层施工应在屋面其他工程全部完工后进行。

② 铺贴多跨和有高低跨的房屋时，应按先高后低、先远后近的顺序进行。

③ 在一个单跨房屋铺贴时，先铺贴排水比较集中的部位，按标高由低到高铺

贴，坡与立面的卷材应由下向上铺贴，使卷材按流水方向搭接。

④铺贴方向一般视屋面坡度而定，当坡度在 3% 以内时，卷材宜平行于屋脊方向铺贴；坡度在 3%～15% 时，卷材可根据当地情况决定平行或垂直于屋脊方向铺贴，以免卷材溜滑。

⑤卷材平行于屋脊方向铺贴时，长边搭接不小于 70 mm；短边搭接，平屋面不应小于 100 mm，坡屋面不小于 150 mm，相邻两幅卷材短边接缝应错开不小于 500 mm；上下两层卷材应错开 1/3 或 1/2 幅度。

⑥平行于屋脊的搭接缝，应顺流水方向搭接；垂直屋脊的搭接缝应顺主导风向搭接。

⑦上下两层卷材不得相互垂直铺贴。

⑧坡度超过 25% 的拱形屋面和天窗下的坡面上，应尽量避免短边搭接，如必须短边搭接时，搭接处应采取防止卷材下滑的措施。

二、地下防水工程

(一) 防水层防水

防水层防水又称构造防水，是通过结构内外表面加设防水层来达到防水效果，常用的有多层抹面水泥砂浆防水、掺防水剂水泥砂浆防水，卷材防水层防水等。下面以卷材防水层防水为例进行介绍。

1.材料要求

卷材防水层应选用高聚物改性沥青类或合成高分子类防水卷材。卷材外观质量品种和主要物理力学性能应符合现行国家标准或行业标准；卷材及其胶黏剂应具有良好的耐水性、耐久性、耐穿刺、耐腐蚀性和耐菌性；胶黏剂应与粘贴的卷材材性相容。

2.施工方法

地下室卷材防水层施工一般多采用整体全外包防水做法，按工艺不同可分为外防外贴法(以下简称"外贴法")和外防内贴法(以下简称"内贴法")两种。

(1)外贴法施工

外贴法是待地下建筑物墙体施工完成后，把卷材防水层直接铺贴在边墙上，然后砌筑保护墙(或做软保护层)的方法。

外贴法的施工工序：混凝土垫层施工→砌永久性保护墙→砌临时性保护墙→内墙面抹灰→刷基层处理剂→转角处附加层施工→铺贴平面和立面卷材→浇筑钢筋混凝土底板和墙体→拆除临时保护墙→外墙面找平层施工→涂刷基层处理剂→铺贴外墙面卷材→卷材保护层施工→基坑回填土。

外贴法的优点：

① 建筑物与保护墙有不均匀沉陷时，对防水层影响较小；

② 防水层做好后即进行漏水试验，修补也方便。

外贴法的缺点：

① 工期长，占地面积大；

② 底板与墙身接头处卷材容易受损。

（2）内贴法施工

内贴法是指在结构边墙施工前，先砌保护墙，然后将防水层贴在保护墙上，最后浇筑边墙混凝土的方法。

内贴法施工工序：垫层施工、养护→砌永久性保护墙→水泥砂浆找平、抹圆角→养护→涂布基层处理剂或冷底子油→铺贴卷材防水层、复杂部位增加处理→涂布胶黏剂、附加油毡保护层→保护层施工→地下结构施工→回填土。

内贴法的优点：

① 防水层的施工比较方便，不必留接头；

② 施工占地面积小。

内贴法的缺点：

① 建筑物与保护墙发生不均匀沉降时，对防水层影响较大；

② 保护墙稳定性差；

③ 竣工后发现漏水较难修补。

（二）防水混凝土的施工

防水混凝土是采用调整混凝土配合比、掺外加剂或使用新品种水泥等方法，来提高混凝土密实性、憎水性和抗渗性而配制的不透水性混凝土。它分为普通防水混凝土和外加剂防水混凝土。

1. 材料要求

防水混凝土不受侵蚀性介质和冻融作用时，可采用不低于32.5级的普通硅酸盐水泥、火山灰质硅酸盐水泥、粉煤灰硅酸盐水泥。掺外加剂可以采用矿渣硅酸盐水泥每立方米混凝土水泥用量不少于320 kg。防水混凝土石子的最大粒径不应大于40 mm，含水率不大于1.5%，含砂率控制在35%～40%，灰砂比为1∶2～1∶2.5。

2. 防水混凝土的施工

① 防水混凝土工程的施工防水混凝土施工时，必须严格控制水灰比，水灰比值不大于0.6，坍落度不大于50 mm。混凝土必须采用机械搅拌、机械振捣，搅拌时间不应小于2 min，振捣时间10～20 s。

②底板混凝土应连续浇筑，不留施工缝，墙体一般只允许留设水平施工缝，其位置不应留在剪力与弯矩最大处或底板与侧墙的交接处，应留在高出底板表面不小于200 mm的墙体上。墙体有预留孔洞时，施工缝距孔洞边缘不应小于300 mm。如必须留垂直施工缝时，应避开地下水和裂缝水较多的地段，并尽量与变形缝相结合。

③在施工缝上继续浇筑混凝土时，应将施工缝处的混凝土表面凿毛、浮粒和杂物清除，用水洗干净，保持潮湿，再铺上一层20~30 mm厚的水泥砂浆。水泥砂浆所用的水泥和灰浆比应与混凝土的水泥和灰砂比相同。

④防水混凝土应加强养护，充分保持湿润，养护时间不得少于14 d。

⑤对于大体积的防水混凝土工程，可采取分区浇筑、使用发热量低的水泥或加掺和料（如粉煤灰）等相应措施，以防止温度裂缝的发生。

⑥水平施工缝浇筑混凝土前，应将其表面浮浆和杂物清除，先铺净浆，再铺30~50 mm厚的1：1水泥砂浆或涂刷混凝土界面处理剂，并及时浇筑混凝土。

⑦防水混凝土必须采用高频机械振捣密实，振捣时间宜为10~30 s，以混凝土泛浆和不冒气泡为准，应避免漏振、欠振和超振。

⑧防水混凝土的养护对其抗渗性能影响极大，因此，应加强养护，一般混凝土进入终凝（浇筑后4~6 h）即应覆盖，浇水湿润养护不少于14 d。

第二节 装饰工程

一、门窗工程

（一）木门窗的安装施工

1. 常用机具

木门窗安装施工的常用机具有刨（粗刨、细刨、单线刨、裁口刨）、锯、锤（钉锤、线锤）、钻、斧、墨斗、塞尺、扫帚等。

2. 安装施工

（1）门窗框的安装

门窗框的安装方法有先立门窗框（立口）和后塞门窗框两种，后塞门窗框法比较常用。后塞门窗框法在安装前，要预先检查门窗洞口的尺寸、垂直度及木砖数量；安装时，将门窗框塞入洞口立直并在同一层水平、上下层垂直后钉固在预埋木砖上。

（2）门窗扇的安装

安装前，量好门窗框尺寸并在门窗扇上画线，刨光，凿剔好合页槽；安装时，将门窗扇塞入框内对位，用木螺钉借合页与框连。

(二) 金属门窗安装施工

金属门窗包括普通钢门窗、铝合金门窗、涂色镀锌钢门窗等。其安装工艺流程是：框在洞口内摆正→楔块临时固定→校正至横平竖直→用连接件把框与墙体连接牢固→选料填缝→装扇、五金配件、玻璃等。下面仅以铝合金门窗为例进行介绍。

1. 施工材料

强度等级 3.25 以上的水泥，砂子、射钉、膨胀螺栓、密封胶和发泡聚氨酯等。

2. 常用机具

手电钻、射钉枪、小型焊机、锤子、抹子、线坠、盒尺和 100 N 弹簧秤等。

3. 施工方法

工艺流程：弹线→门窗洞口处理→框就位并临时固定→固定门窗框→填缝→安装门窗扇→五金安装→纱扇安装→清理。

门窗框的安装一般在主体结构基本结束后进行；门窗扇的安装一般宜在室内、外装饰基本结束后进行，以免在土建施工时将其破坏。

(三) 塑料门窗安装

塑料门窗具有质量轻、造型美观及良好的耐腐蚀性和装饰性的特点，但刚度较差。塑料门窗安装时尚应注意如下要点：

① 门窗框固定点应距窗角、中横 (竖) 框不超过 200 mm，且固定点间距应不大于 600 mm。

② 在门窗框上安装连接件、五金配件时，需先钻孔后用自攻螺丝拧入，严禁直接锤击钉入，以防损坏门窗。

③ 门窗框与墙体间隙应采用闭孔弹性发泡材料填嵌饱满，表面也应采用密封胶密封。

二、抹灰工程

(一) 抹灰工程的概述

1. 抹灰工程的分类及要求

(1) 抹灰工程的分类

抹灰工程按照使用材料和装饰效果分为一般抹灰工程和装饰抹灰工程。

一般抹灰：通常是指用石灰砂浆、水泥混合砂浆、水泥砂浆、聚合物水泥砂浆、膨胀珍珠岩水泥砂浆、麻刀灰、纸筋灰、石膏灰等材料的抹灰。按质量要求及主要工序的不同可分为普通抹灰、中级抹灰和高级抹灰三级；按建筑标准可分为普通抹灰和高级抹灰，当无设计要求时，按普通抹灰验收。

装饰抹灰：种类较多，其底层的做法基本相同（一般均采用1：3的水泥砂浆打底），仅面层的做法有些不同。装饰抹灰根据施工方法和面层材料不同有水刷石，水磨石、干粘石，假面砖、拉条灰、喷涂、滚涂、弹涂、仿石、彩色抹灰等。

(2) 一般抹灰的工序及要求

① 普通抹灰：一底层、一面层二遍完成（或不分层一遍完成）。

工序：分层赶平修整、表面压光。

要求：表面接搓平整。

② 中级抹灰：一底层、一中层、一面层三遍完成（或一层底层、一层面层）。

工序：阳角找方，设置标筋，控制厚度和表面平整度，分层赶平、修整，表面压光。

要求：表面洁净，线角顺直、清晰，接磋平整。

③ 高级抹灰：一底层、几遍中层、一面层多遍完成。

工序：阴、阳角找方，设置标筋，分层赶平、修整、表面压光。

要求：表面光滑、洁净，颜色均匀，线角平直、清晰、美观，接搓平整，无抹纹。

2. 抹灰层的组成、作用及厚度

(1) 抹灰层的组成

抹灰层由底层、中层和面层组成。

(2) 抹灰层的作用

① 底层主要起与基层黏结作用，兼初步找平作用。其厚度为5~9 mm。

② 中层主要是找平作用。其厚度为5~9 mm。

③ 面层主要起装饰和保护墙体的作用。其厚度由面层材料不同而异，麻刀灰罩面，不大于3 mm；纸筋灰或石膏灰罩面，不大于2 mm；水泥砂浆面层和装饰面层不大于10 mm。

(二) 抹灰工程的材料要求

1. 水泥

常用的水泥有普通水泥、火山灰水泥、矿渣水泥和白水泥等，水泥标号在325号以上，无结块、无杂质。出厂3个月后的水泥应经试验方能使用。

2. 石灰膏

块状生石灰经熟化成石灰膏后使用，熟化后宜用筛孔不大于 3 mm 的筛子过滤。熟化时间不得小于 15 d。石灰膏洁白细腻，不得含有未熟化颗粒，已冻结风化的石灰膏不得使用。

3. 石膏

建设用石膏是将生石膏在 100~190℃ 的温度下先煅烧成熟石膏并磨成粉状。石膏凝结很快，掺水几分钟后就开始凝结，终凝时间不超过 30 min。这种石膏仅适用于室内的装饰、隔热、保温、吸声和防火等饰面层。各种熟石膏易受潮变质，贮存 3 个月强度将降低 30% 左右。

4. 砂

抹灰用砂最好是中砂，或粗砂与中砂混合掺用，使用时应过筛，要求颗粒洁净，黏土、泥灰粉末等含量不超过 3%。

5. 彩色石粒

彩色石粒是由天然大理石破碎而成，具有多种色泽，多用于作水磨石，水刷石及斩假石的骨料，要求颗粒坚韧、有棱角、洁净、不得含有风化的石粒，使用时应冲洗干净，并晾干。喷粘用的石粒粒径为 1.2~3 mm，使用前分别筛除 3 mm 以上的粗粒和 1.2 mm 以下的细粉，过磅后用袋装好备用。

6. 彩色瓷粒

彩色瓷粒是用石英、长石和瓷土为主要原料烧制而成，粒径为 1.2~3 mm，颜色多样。以彩色瓷粒代替彩色石粒用于室外装饰抹灰，具有大气、稳定性好、颗粒小、瓷粒均匀，露出黏结砂浆较少，整个饰面厚度减薄、自重减轻等优点。但由于成本较高，故推广面小。

7. 麻刀和纸筋

麻刀即为细碎麻丝，要求坚韧、干燥、不含杂质。使用前剪成 20~30 mm 长，敲打松散，每 100 kg 石灰膏约掺 1 kg 麻布。

纸筋常以粗草纸泡制。使用时将其撕碎，除去尘土，用清水浸透，然后按 100 kg 石灰膏掺 2.75 kg 纸筋的比例加入淋灰池内，使用时需用小钢磨拌打细，并用 3 mm 的筛进行过筛。

8. 聚乙烯醇缩甲醛胶

107 胶是一种无色水溶性胶结剂，在素水泥浆中掺入适量 107 胶，可便于涂刷，且颜色匀实，能提高面层强度，不致粉酥掉面；又能增加涂层柔韧性，减少开裂倾向；并能加强涂层与基层之间的黏结性能，不易爆皮剥落，但掺入量不宜超过水泥质量的 40%，要用耐碱容器贮运。

9.颜料

为增强房屋装饰艺术效果，通常在装饰砂浆中掺入适量颜料。抹灰用颜料必须为耐碱、耐光的矿物颜料或无机颜料，且掺量适度否则将影响抹灰砂浆的强度。常用的颜料有氧化铁黄、铬黄、氧化铁红、甲苯胺红、群青、钴蓝、铬绿、氧化铁棕、氧化铁紫、氧化铁黑、炭黑、锰黑、松烟等，按使用要求选用。

（三）抹灰工程的施工

1.一般抹灰的施工工艺

（1）抹灰工程的施工顺序

先室外后室内，先上面后下面，先顶棚后墙地。外墙由屋檐开始由上而下，先抹阳角线（包括门窗角、墙角）、台口线，后抹窗台和墙面。室内地面可与外墙抹灰同时进行或交叉进行。内墙和顶棚抹灰，应待屋面防水完工后进行，一般应先顶棚后墙面，再是走廊、楼梯、门厅，最后是外墙裙、勒脚、明沟和散水坡等。

（2）一般抹灰的施工程序

一般抹灰的施工工艺程序是：基层处理→润湿基层→贴灰饼→设置标筋（冲筋）→抹底层灰→抹中层灰→抹面层灰→检查修整→表面压光。

① 基层处理：表面污物的清除，各种孔洞、剔槽的墙砌修补，凹凸处的剔平或补齐，墙体的浇水湿润等。对于光滑的混凝土墙、顶棚应凿毛，以增加黏结力，对不同用料的基层交接处应加铺金属网以防抹灰因基层吸湿程度和温度变化引起膨胀不同而产生裂缝。

② 贴灰饼：为保证抹灰层的垂直平整，先用拉线板检查砖墙平整垂直程度大致决定抹灰厚度，在距顶棚200 mm处做两个上灰饼，然后根据这两个灰饼用吊线在距踢脚线上方200～250 mm处做两个下灰饼，灰饼大小为50 mm×50 mm；再在灰饼之间拉通线做中间灰饼，间距1.2～1.5 mm为宜，不宜太宽。

③ 设置标筋：做标筋就是在竖向灰饼之间填充砂浆抹出一长灰梗条来，其面宽50 mm，底宽80 mm，其厚度与标志相平，作为抹底子灰填平的标准，其做法是先在上下两个灰饼中间先抹一层，再抹第二遍凸出呈"八"字形，比灰饼凸出5～10 mm，然后用木杠两端紧贴灰饼左上右下搓动，直至把标筋搓得与标志块一样平为止，同时要将标筋的两边用刮尺修成斜面，使其与抹灰层接碴平顺。

④ 阴阳角找方：阴阳角找方是指在待抹灰的房间内的阴角和阳角处，用方尺规方，并贴灰饼控制。同时，对门窗洞口及墙边应做水泥砂浆护角，护角每边宽度不小于50 mm，高度距地面不低于2 m。

⑤ 顶棚抹灰：顶棚抹灰无须贴饼、冲筋。抹灰前应在四周墙上弹出水平线，以

控制顶棚抹灰层平整。

（3）底层抹灰

底层抹灰俗称"刮糙"。其方法是将砂浆抹于墙面两标筋之间，厚度应低于标筋（一般为冲筋厚度的2/3），必须与基层紧密结合。对混凝土基层，抹底层前应先刮素水泥浆一遍。

（4）中层抹灰

中层抹灰视抹灰等级分一遍或几遍成活。待底层灰收水凝结后抹中层灰，中层灰厚度一般为5～9 mm，中层砂浆同底层砂浆。抹中层灰时，以略高于灰筋为度满铺砂浆，然后用大木杠紧贴灰筋，将中层灰刮平，最后用木抹子搓平。

（5）面层抹灰

当中层灰六七成干后（手按不软，但有指印），一般采用钢皮抹子，两遍成活抹罩面灰。普通抹灰可用麻刀灰罩面，高级抹灰应用纸筋灰罩面，用铁抹子抹平，并分两遍连续适时压实收光，如中层灰已干透发白，应先适度洒水湿润后，再抹罩面灰。

2.装饰抹灰施工

装饰抹灰与一般抹灰的区别在于两者具有不同的面层，其底层和中层的做法基本相同。

水刷石面层施工工艺：基层处理→弹线分格→贴分格条→洒水润湿→刷水泥素浆→抹面层石渣浆→拍平压实→洗刷面层→起分格条并修整→养护。

干粘石施工工艺：基层处理→底、中层抹灰→贴分格条→洒水润湿→刷水泥素浆→抹砂浆黏结层→撒（甩）石子→拍平压实→起分格条并修整→洒水养护。

斩假石施工工艺：基层处理→底、中层抹灰→粘分格条→刷水泥素浆→铺抹水泥石屑浆→打磨压实→清扫→养护3～5天→弹线：弹出斩剁范围线→斧剁→拆出分格条→清除残渣，素水泥浆勾缝。

现将常用装饰抹灰面层的方法简述于下：

（1）水刷石饰面

先将1：3水泥砂浆底层湿润，再薄刮厚为1 mm水泥浆一层，随即用厚为8～12 mm，稠度为50～70 mm，配合比为1：1.25的水泥石子浆抹平压实，待其达到一定强度（用手指按无陷痕印）时，用毛刷子蘸水刷掉面层水泥浆，使石子表面全部外露，然后用水冲洗干净。

（2）斩假石（剁斧石）饰面

先用1：2～1：2.5水泥砂浆打底，待24 h后浇水养护，硬化后在表面洒水湿润，刮素水泥浆一遍，随即用1：1.25水泥石渣（内掺30%石屑）浆罩面，厚为10 mm，抹完后要注意防止日晒或冰冻，并养护 2 ~ 3 天 (强度 60% ~ 70%)，用剁斧将面层斩毛，剁的方向要一致，剁纹深浅要均匀，一般为两遍成活，分格缝周边、墙角、柱子的棱角周边留 15 ~ 20 mm 不剁，即可做出似用石料砌成的装饰面。

(3) 干粘石饰面

先在已经硬化的厚为 12 mm 的 1∶3 水泥砂浆底层上浇水湿润，再抹上一层厚为 6 mm 的 1∶2 ~ 1∶2.5 的水泥砂浆中层，随即紧跟抹厚为 2 mm 的 1∶0.5 水泥石灰膏浆黏结层，同时将配有不同颜色的 (或同色的) 小八厘石碴略掺石屑后甩粘拍平压实在黏结层上。拍平压实石子时，不得把灰浆拍出，以免影响美观，待有一定强度后洒水养护。

有时可用喷枪将石子均匀有力地喷射于黏结层上，用抹子轻轻压一遍，使表面搓平。如在黏结砂浆中掺入 107 胶，可使黏结层砂浆抹得更薄，石子粘得更牢。干粘石的质量要求是石粒分布均匀，黏结牢固，不掉石子，不露浆，颜色一致。

(4) 拉条灰饰面

拉毛灰是将底层用水湿透，抹上 1∶(0.05 ~ 0.3)∶(0.5∶1) 水泥石灰罩面砂浆，随即用硬棕刷或铁抹子进行拉毛。棕刷拉毛时，用刷蘸砂浆，往墙上连续垂直拍拉，拉出毛头。铁抹子拉毛时，则不蘸砂浆，只用抹子黏结在墙面随即抽回，要做到快慢一致，拉得均匀整齐，色泽一致，不露底，在一个平面上要一次成活，避免中断留搓。它可代替拉毛等传统的吸声墙面，具有美观大方、吸声效果好、不易积尘及成本较低等特点，可应用于要求较高的室内装饰抹灰，如公共建筑的门厅、会议室、观众厅等墙面装饰抹灰。

(5) 喷涂饰面

喷涂饰面是用喷枪将聚合物砂浆均匀喷涂在底层上，此种砂浆由于加入了 107 胶或二元乳液等聚合物，具有良好的抗冻性及和易性，能提高装饰面层的表面强度和黏结强度。通过调整砂浆的稠度和喷射压力的大小，可喷成砂浆饱满、波纹起伏的"波面"，或表面不出浆而满布细碎颗粒的"粒状"，还可在表面涂层上再喷以不同色调的砂浆点，形成"花点套色"。

(6) 滚涂饰面

滚涂饰面是将带颜色的聚合物砂浆均匀涂抹在底层上，随即用平面或带有拉毛，刻有花纹的橡胶、泡沫塑料滚子，滚出所需的图案和花纹。其分层做法为：①10 ~ 13 mm 厚水泥砂浆打底，木抹搓平；② 粘贴分格条 (施工前在分格处先刮一层聚合物水泥浆，滚涂前将涂有 107 胶水溶液的电工胶布贴上，等饰面砂浆收水后揭下胶布)；③3 mm 厚色浆罩面，随抹随用辊子出各种花纹；④ 待面层干燥后，喷涂有机硅水溶液。

(7) 弹涂饰面

彩色弹涂饰面是用电动弹力器将水泥色浆弹到墙面上，形成半径为 1~3 mm 的圆状色点。由于色浆一般由 2~3 种颜色组成，不同色点在墙面上相互交错，相互衬托，犹如水刷石、干粘石；也可做成单色光面、细麻面、小拉毛拍平等各种形式。其施工流程为：在基层上找平修整或做砂浆底灰→调配色浆刷底色→弹头道色点→弹二道色点→局部弹找均匀→树脂罩面防护层。

(8) 假面砖饰面

假面砖是用掺加氧化铁黄和氧化铁红等颜料的水泥砂浆罩面，厚度为 3 mm，达到一定强度后，用铁梳子沿靠尺由上而下划纹，然后按面砖宽度，用铁钩子沿靠尺画 3~4 mm 深横向沟，露出底层砂浆，最后清扫墙面而达到模拟面砖装饰效果的饰面做法。假面砖常用面层砂浆质量配合比为水泥：石灰膏：氧化铁黄：氧化铁红：砂子 =100：20：（6~8）：1.2：150，水泥和颜料应事先配备，混合均匀。要求沟纹均匀、深浅一致、表面平整、色泽均匀，接缝整齐，不得有掉角、脱皮、起砂现象。

(9) 仿石抹灰饰面

仿石抹灰又称为"仿假石"，是在基层上涂抹面层砂浆，分出大小不等的横平竖直的巨型格块，用竹丝扎成能手握的竹丝帚，用人工扫出横竖毛纹或斑点，有如石面质感的装饰抹灰。它适用于影剧院、宾馆内墙面和厅院外墙面等装饰抹灰。

仿石抹灰的基层处理及底层、中层做法与一般抹灰相同，其中层要刮平、搓平、划痕。墙面应采用隔夜浸水的 6 mm×15 mm 分格木条，根据墨线用纯水泥浆镶贴木条分格，分格尺寸可大可小，一般可分为 25 cm×30 cm，25 cm×50 cm，50 cm×50 cm，50 cm×80 cm 等几种形式。抹面层灰以前，要先检查墙面干湿程度，并浇水湿润。面层抹灰后，用刮尺沿分格条刮平，用木抹子搓平。等稍收水后，用竹丝帚扫出条纹。扫好条纹后，立即起出分格条，随手将分格缝飞边砂粒清净，并用素灰勾好缝。

(10) 彩色瓷粒饰面

彩色瓷粒是以石英、长石和瓷土为主要原料烧制而成的陶瓷小颗粒，粒径为 1.2~3 mm，颜色多样。用彩色瓷粒作外墙饰面，是用水泥砂浆粘彩色瓷粒，表面经塑料处理而成。

黏结层砂浆配合比为白水泥：细砂 =1：2（质量比），体积比为 1：1.5，外加水泥质量 10% 的 107 胶。水灰比约为 0.5；黏结层厚度 4~6 mm。随抹黏结层随甩粘彩色瓷粒 (同干粘石做法)，然后用铁抹子或其他工具轻轻拍平压实。最后用配制的聚乙烯醇缩丁醛、聚甲基乙氧基硅氧烷酒精溶液喷涂墙表面进行处理，喷涂后数小时酒精挥发，墙表面即成膜。

三、饰面工程

(一) 饰面砖施工

1. 饰面砖镶贴的施工准备

(1) 基层处理

镶贴饰面的基层应清洁、湿润，并应根据不同的基体进行处理。

① 砖墙基体表面处理：应用钢基子剔除砖墙面多余灰浆，然后用钢丝刷清除浮土，并用清水将墙体充分湿水，使润湿深度 2 ~ 3 mm。

② 混凝土基体表面处理：先剔凿混凝土基体上凸出部分，使基体基本保持平整、毛糙，然后用洗涤剂配以钢丝刷将表面上附着的脱模剂、油污等清除干净，最后用清水刷净。基体表面如有凹入部位，需用 1：2 或 1：3 水泥砂浆补平。不同材料的结合部位，还应用钢丝网压盖接缝，射钉钉牢。混凝土表面应用 107 胶素水泥浆满涂一道，以增加结合层的附着力。

③ 加气混凝土基体表面处理：先将基体清理干净后，刷 107 胶水溶液一道，再满钉丝径 0.7 mm、孔径 32 mm × 32 mm 或以上的机制镀锌铁丝网一道。用 Φ6 "U" 形钉间距不大于 600 mm，按梅花形布置钉在墙面上。

(2) 找平层施工

基层抹灰前，应对基体进行充分浇水润湿，严禁在干燥的混凝土或砖墙上抹砂浆找平层。找平层应吊垂线、贴灰饼，并连通灰饼进行冲筋，作为找平层砂浆平整度和垂直度的标准。

外墙面局部镶贴饰面砖时，应对相同水平部分拉通线，对相同的垂直面吊线锤，进行贴灰饼冲筋。内墙面应在四角吊垂线、拉通线，确定抹灰厚度后贴灰饼、连通灰饼 (竖向、水平向) 进行冲筋，灰饼的间距一般为 1200 ~ 1500 mm。然后用 1：3 水泥砂浆或 1：1：4 水泥石灰砂浆打底找平，要求分层抹灰，每一层厚度不宜太厚，一般不大于 7 m，局部加厚部位应加挂钢丝网。找平层完成后，应洒水养护 3 ~ 7 d。

(3) 材质要求

① 常用饰面砖有釉面瓷砖、面砖和陶瓷锦砖等。要求饰面砖的表面光洁、色泽一致，不得有暗痕和裂纹。

② 釉面瓷砖有白色、彩色、印花图案等个品种。常用于室内墙面装饰。

③ 面砖有毛面和釉面两种。颜色有米黄色、深黄色、乳白色、淡蓝色等。用于外墙面、柱面、窗间墙和门窗套等。

④ 陶瓷锦砖 (亦称马赛克) 的形状有正方形、长方形和六角形等。由于陶瓷锦

砖规格小，不宜分块铺贴，生产的产品是将陶瓷锦砖按各种图案组合，反贴在纸上，编有统一货号，以备选用。每张大小约300 mm见方，称作一联，每40联为一箱，每箱约3.7 m²。常用于室内厕浴间、游泳池和外墙面装饰等。

2. 饰面砖的镶贴

（1）釉面瓷砖的镶贴

内墙镶贴瓷砖施工工艺流程：基层处理→抹底灰→弹线→排砖→浸砖→贴标准点→镶贴→擦缝→交工验收。

外墙镶贴瓷砖施工工艺流程：基层处理→抹底灰→刷结合层→弹线分格、排砖→浸砖→贴标准点→镶贴面砖→勾缝→清理表面→交工验收。

（2）陶瓷锦砖的镶贴

陶瓷锦砖镶贴时，应按照设计图案要求及图纸尺寸，核实墙面的实际尺寸，根据排砖模数和分格要求，绘制出施工大样图，加工好分格条，并对陶瓷锦砖统一编号，便于镶贴时对号入座。

基层上用12～15 mm厚1：3水泥砂浆打底，找平划毛，洒水养护。镶贴前弹出水平、垂直分格线，找好规矩。然后在湿润的底层上刷素水泥浆一道，再抹一层2～3 mm厚1：0.3水泥纸筋灰或3 mm厚1：1水泥砂浆（掺2%乳胶）粘贴层，用尺刮平，抹子抹平。同时将锦砖底面朝上铺在木垫板上，缝里满刮高稠度素白水泥浆，然后逐张拿起，按平尺板上口沿线由下往上对齐接缝粘贴于墙上。粘贴时应仔细拍实，使表面平整。待水泥砂浆初凝后，用软毛刷刷水湿润，约半小时后揭纸，并检查缝的平直大小，校正拨直。粘贴48h后，除了取出来厘条后留下的大缝用1：1水泥砂浆嵌缝外，其他小缝均用素水泥浆嵌平。待嵌缝材料硬化后，用稀盐酸溶液刷洗，并随即用清水冲洗干净。

（二）饰面板施工

1. 施工准备工作

（1）材料准备及验收

饰面板材拆包后，应按设计要求挑选规格、品种、颜色一致，无裂纹、无缺边、掉角及局部污染变色的块料，分别堆放。按设计尺寸要求在平地上进行试拼，校正尺寸，使宽度符合要求，缝子平直均匀，并调整颜色，花纹，力求色调一致，上下左右纹理通顺，不得有花纹横、竖突变现象。试拼后分部位逐块按安装顺序予以编号，以便安装时对号入座。对外观有损坏的板材，应改小使用或安装在不显眼处。

（2）基层处理

安装前应检查基层的实际偏差，墙面还应检查其垂直，平整情况，偏差较大者应剔凿、修补基体表面应平整粗糙，光滑的基体表面应进行凿毛处理，凿毛深度应为 0.5~1.5 cm，间距不大于 3 cm。基体表面残留的砂浆、尘土和油漆等，应用钢丝刷刷净并用水冲洗。

（3）材质要求

① 天然大理石饰面板。用于高级装饰，如门头，柱面、墙面等。要求板面不得有隐伤、风化等缺陷，光洁度高，石质细密，无腐蚀斑点，色泽美丽，棱角齐全，底面整齐。要轻拿轻放，保持好四角，切勿单角码放和码高，要覆盖好存放。

② 花岗石饰面板。用于台阶、地面、勒脚和柱面等。要求棱角方正，颜色一致，不得有裂纹、砂眼、石核子等隐伤现象；当板面颜色略有差异时，应注意颜色的和谐过渡，并按过渡顺序将饰面板排列放置。

③ 人造饰面板。常用的人造石饰面板有预制水磨石饰面板和预制人造大理石饰面板，以及装饰混凝土板。用于室内外墙面、柱面等。要求表面平整，几何尺寸准确，面层石粒均匀、洁净，颜色一致。

2. 饰面安装

一般情况下，小规格板材采用镶贴法，大规格板材（边长大于 400 mm，厚度不小于 12 mm）或镶贴高度超过 1 m 时，采用安装法。

（1）小规格板材的施工

主要工序为：基层处理→抹底子灰→定位弹线→粘贴饰面砖。

即基层处理后先用 1∶3 水泥砂浆打底抹厚约 12 mm，找规矩刮平并划毛，待底子灰凝固后，弹出分格线，按粘贴顺序，将已湿润的块材背面抹上 2~3 mm 厚素水泥浆进行粘贴，然后用木锤轻敲，并随时用靠尺找平找直及调整接缝宽度，再擦浆。

（2）大规格板材的施工

目前国外采用的方法大致有三种：湿法工艺、干法工艺、G.P.C 工艺。

湿法工艺：其做法与我国传统的湿作工艺相似，可用于混凝土墙，亦可用于砖墙。常用于多层建筑或高层建筑的首层。

干法工艺：直接在石材上打孔，然后用不锈钢连接器与埋在钢筋混凝土墙体内的膨胀螺栓相连，石材与墙体间形成 80~90 mm 宽的空气层。一般多用于 30 m 以下的钢筋混凝土结构，不适用于砖墙和加气混凝土。

G.P.C 工艺：是干法工艺的发展，系以钢筋混凝土作衬板，花岗石作饰面板（两者用不锈钢连接环连接，浇筑成整体）的复合板，通过连接器具挂到钢筋混凝土结构或钢结构上的做法。衬板上与结构连接的部位厚度加大。这种柔性节点可用于超高层建筑，以满足抗震要求。

我国除了采用传统的湿法工艺外，还发展采用了湿法改进工艺和类似 G.P.C 工艺的干法工艺，以解决传统湿法工艺存在的连接件锈蚀、空鼓、裂缝、脱落等问题和高层建筑的抗震问题。现仅就传统的湿法施工介绍如下。

① 安装前的准备工作：板材安装前，应事先检查基层（如墙面、柱面）平整情况，应事先进行平整处理。安装饰面板的墙面，柱面抄平后，分块弹出水平线和垂直线进行预排和编号，确保接缝均匀。在基层事先绑扎好钢筋网，与结构预埋件绑扎牢固。其做法为在基层结构内预埋铁环，与钢筋网绑扎；或用冲击电钻在基层打直径 6.5 ~ 8.5 mm，深 60 mm 的孔，插入 6 ~ 8 mm 的短钢筋，外露 50 mm 以上并弯成钩代替预埋铁环。将饰面板块用钻头打出直径 5 mm 圆孔穿上铜丝或镀锌铅丝。

② 安装：饰面板安装时用铜丝或镀锌铅丝把板块与结构表面的钢筋骨架绑扎固定，较大板应采取临时固定措施，防止移动。且随时用托线板靠直靠平，保证板与板交接处四角平整。

板块与基层间的缝隙（即灌浆厚度）一般为 20 ~ 50 mm。用 1 : 2.5 水泥砂浆分层灌注，每层灌注高度为 200 ~ 300 mm，待初凝后再继续灌浆，直到距上口 50 ~ 100 mm 停止。要处理好与其他饰面工种的关系，如门窗、贴脸、抹灰等厚度都应考虑留出饰面板材的灌浆厚度。

室内安装镜面或光面的饰面板，接缝处应用与饰面相同颜色的石膏浆或水泥浆填抹。室外安装的镜面和光面的饰面板接缝，干接时用干性油腻子填抹。

安装固定后的饰面板，须将饰面清理干净，如饰面层光泽受到影响，可以重新打蜡出光。要采取临时措施保护棱角。

(三) 金属饰面板安装

1. 金属板材

常用的金属饰面板有不锈钢板、铝合金板、铜板、薄钢板等。

不锈钢材料耐腐蚀、耐气候、防火、耐磨性均良好，具有较高的强度，抗拉能力强，并且具有质软、韧性强、便于加工的特点，是建筑物室内、室外墙体和柱面常用的装饰材料。

铝合金耐腐蚀、耐气候、防火，具有可进行轧花，涂不同色彩，压制成不同波纹、花纹和平板冲孔的加工特性，适用于中、高级室内装修。

铜板具有不锈钢板的特点，其装饰效果金碧辉煌，多用于高级装修的柱、门厅入口、大堂等建筑局部。

2. 不锈钢板、铜板施工工艺

不锈钢、铜板比较薄，不能直接固定于柱、墙面上，为了保证安装后表面平整、光洁无钉孔，需用木方、胶合板做好胎模，组合固定于墙、柱面上。

四、楼地面工程

(一) 基层施工

① 抄平弹线，统一标高。检测各个房间的地坪标高，并将统一水平标高线弹在各房间四壁上，离地 500 mm 处。

② 楼面的基层是楼板，应做好楼板板缝灌浆，堵塞工作和板面清理工作。

地面下的基土经夯实后的表面应平整，用 2 m 靠尺检查，要求基土表面凹凸不大于 10 mm，标高应符合设计要求，水平偏差不大于 20 mm。

(二) 垫层施工

刚性垫层：水泥混凝土、碎砖混凝土、水泥炉渣混凝土等各种低强度等级混凝土垫层。

半刚性垫层：一般有灰土垫层和碎砖三合土垫层。

柔性垫层：包括用土、砂、石、炉渣等散状材料经压实的垫层。砂垫层厚度不小于 60 mm，用平板振动器振实；砂石垫层的厚度不小于 100 mm，要求粗细颗粒混合摊铺均匀，浇水使砂石表面湿润，碾压或夯实不少于 3 遍至不松动为止。

(三) 现浇水磨石楼地面

现浇水磨石地面面层应在完成顶棚和墙面抹灰后，再施工水磨石地面面层。

1. 工艺流程

基层处理→浇水冲洗湿润→设置标筋→做水泥砂浆打平层→养护→弹线、镶嵌分格条→铺抹水泥石粒浆面层→养护并初试磨→第一遍磨平浆面并养护→第二遍磨平磨光浆面并养护→第三遍磨光并养护→酸洗打蜡。

2. 水磨石楼地面面层施工方法

(1) 弹线并嵌分格条

弹线并嵌分格条铺水泥砂浆找平层并经养护 2～3 d 后，即可进行嵌条工作。先在找平层上按设计要求弹上纵横垂直水平线或图案分格墨线，然后按墨线固定 3 mm 厚玻璃条或铜条，并予以埋牢，作为铺设面层的标志。嵌条时，用木条顺线找齐，用素水泥浆涂抹嵌条两边形成八字角，素水泥浆涂抹的高度应比分格条低 3 mm。分格条嵌好后，应拉 5 m 长通线对其进行检查并整修，嵌条应平直，交接处要平整、方正，镶嵌牢固，接头严密，经 24 h 后即可洒水养护，一般养护 3～5 d。

（2）铺设水泥石子浆面层

分格条粘嵌养护后，清除积水浮砂，在找平层表面刷一道与面层颜色相同的水灰比为 0.40～0.50 的素水泥浆做结合层，随刷随铺水泥石子浆。水泥石子浆的虚铺厚度比分格条高出 1～2 mm。要铺平整，用滚筒滚压密实。待表面出浆后，再用抹子抹平。在滚压过程中，如发现表面石子偏少，可在水泥浆较多处补撒石子并拍平，次日即开始洒水养护。做多种颜色的彩色水磨石面层时，应先做深色后做浅色；先做大面，后做镶边；且待前一种色浆凝结后再做后一种色浆，以免混色。

（3）酸洗打蜡

用水冲净，涂草酸溶液一遍，再研磨至出白浆，表面光滑为止，再用水冲洗干净并晾干，最后上蜡。

3. 水磨石地面质量要求

① 选用材质、品种、强度（配合比）及颜色应符合设计要求和施工规范规定。

② 面层与基层的结合必须牢固，无空鼓、裂纹等缺陷。

③ 表面光滑，无裂纹、砂眼和磨纹，石粒密实，显露均匀，图案符合设计要求，颜色一致，不混色，分格条牢固，清晰顺直。

④ 地漏和储存液体用的带有坡度的面层应符合设计要求，不倒泛水，无渗漏，无积水，与地漏（管道）结合处严密平顺。

⑤ 踢脚板高度一致，出墙厚度均匀，与墙面结合牢固，局部虽有空鼓但其长度不大于 200 mm，且在一个检查范围内不多于 2 处。

⑥ 楼梯和台阶相邻两步的宽度和高差不超过 10 mm，棱角整齐，防滑条顺直。

⑦ 地面镶边的用料及尺寸应符合设计和施工规范规定，边角整齐光滑，不同面层的颜色相邻处不混色。

（四）板块地面的施工

板块地面是以陶瓷锦砖、玻化砖，大理石、花岗石及预制水磨石板等铺贴的地面。

1. 施工准备

板块地面的施工准备包括：① 基层处理；② 分格弹线；③ 试拼、试排。

2. 施工方法

① 刷素水泥浆及铺结合层；② 镶铺；③ 灌缝擦缝；④ 踢脚板施工（包括粘贴法、灌浆法）。

3. 成品保护

① 在铺砌板块的操作过程中，对已安装好的门窗、管道都要妥善保护。

②铺砌板块时，应随铺随用干布擦干净板块面上的水泥浆痕迹。

③当铺砌的砂浆强度达到一定要求时，方可上人操作，但必须注意油漆、砂浆不得存放在板块上，铁管等硬器不得碰撞面层。喷浆时要对面层加以覆盖保护。

4. 质量要求

①饰面板（大理石、预制水磨石板等）品种、规格、颜色、图案必须符合设计要求和有关标准规定。

②饰面板安装（镶贴）必须牢固、无空鼓，无歪斜、缺棱掉角和裂缝等缺陷。

③饰面板表面平整清净、图案清晰、颜色协调一致。接缝均匀，填嵌密实，平直，宽窄一致，阴阳角处板的压向正确，非整板的使用部位适宜。

④套割：用整块套割吻合，边缘整齐、光滑。

⑤地漏坡度符合设计要求，不倒水，无积水，与地漏结合处严密牢固，无渗漏。

第三节　结构安装工程

一、起重设备

(一) 起重机械

结构吊装工程常用的起重机械有自行式起重机（履带式、汽车式和轮胎式）桅杆式起重机、塔式起重机及浮吊等。

1. 自行式起重机

自行式起重机可分为履带式起重机、汽车式起重机与轮胎式起重机。灵活性大，移动方便，但稳定性较差。

(1) 履带式起重机

履带式起重机是一种具有履带行走装置的全回转起重机，它利用两条面积较大的履带着地行走，由行走装置、回转机构、机身及起重臂等部分组成。在结构安装工程中，常用的履带式起重机有 W1-50 型、W1-100 型、W1-200 型及一些进口机型。主要技术性能包括三个主要参数：起重量 Q、起重半径 R、起重高度 H。起重量（100～500 kN）和起重高度（可达 135 m）较大。缺点是稳定性差、自重大、行走速度慢，远距离转移时需其他车辆运载。

(2) 汽车式起重机

汽车式起重机是自行式全回转起重机，起重机安装在汽车的通用或专用底盘上。

行驶速度快，对路面破坏小。但不能负载行驶，稳定性差。

（3）轮胎式起重机

轮胎式起重机是把起重机构安装在加重轮胎和轮轴组成的特制底盘上的自行式全回转起重机。行驶速度较高，对路面破坏小；缺点是不适合在松软或泥泞的地面上工作。

2. 桅杆式起重机

桅杆式起重机按其构造不同，可分为独脚拔杆、人字拔杆、悬臂拔杆和牵缆式桅杆起重机等。

桅杆式起重机的特点是：制作简单，装拆方便，能在比较狭窄的工地使用；起重能力较大（可达 1 000 kN 以上）；能解决缺少其他大型起重机械或不能安装其他起重机的特殊工程和重大结构的困难；当无电源时可用人工绞磨起吊。缺点：服务半径小，灵活性差，需要设置较多的缆风绳。适用于安装工程量比较集中的工程。

（1）独脚拔杆

独脚拔杆按制作的材料不同，可分为木独脚拔杆、钢管独脚拔杆、金属结构式独脚拔杆等。独脚拔杆由拔杆、起重滑轮组、卷扬机、缆风绳和锚碇等组成。

（2）人字拔杆

人字拔杆一般是由两根圆木或两根钢管用钢丝绳绑扎或铁件铰接而成，两杆夹角一般为 20°~30°，底部设有拉杆或拉绳，以平衡水平推力，拔杆下端两脚的距离为高度的 1/3~1/2。它起升荷载大，稳定性好，但构件吊起后活动范围小，适用于吊装重型柱子等构件。

（3）悬臂拔杆

悬臂拔杆是在独脚拔杆的中部或 2/3 高度处装一根起重臂而成。其特点是起重高度和起重半径都较大，起重臂左右摆动的角度也较大，但起重量较小，多用于轻型构件的吊装。

（4）牵缆式桅杆起重机

牵缆式桅杆起重机是在独脚拔杆下端装一根可以 360° 回转和起伏的起重臂而成。它具有较大的起重半径，能把构件吊到有效起重半径内的任何位置。用角钢组成的格构式截面杆件的牵缆式起重机，桅杆高度可达 80 m，起重量可达 60 t 左右。牵缆式桅杆起重机要设缆风绳，比较适用于构件多且集中的吊装工程。

3. 塔式起重机

塔身直立，起重臂旋转。具有较大的工作范围和起重高度，机械运转安全可靠，使用和装拆方便。主要用于物料的垂直与水平运输和构件的安装。

塔式起重机的类型较多，主要介绍常用的轨道式，爬升式和附着式塔式起重机。

（1）轨道式塔式起重机

轨道式塔式起重机是一种在轨道上行驶的自行式起重机。其主要性能有吊臂长度、起重幅度、起重量、起升速度及行走速度等。行驶路线一般为直线，能负荷移动，且作业范围较大。QT-60/80型是一种中型上旋式塔式起重机，适于较高建筑的结构吊装。

（2）爬升式塔式起重机

爬升式塔式起重机又称内爬式塔式起重机。其特点是：塔身短，起升高度大而且不占建筑物的外围空间；但司机作业时看不到起吊过程，全靠信号指挥，施工完成后拆塔工作处于高空作业等。主要型号有QT5-4/40型、QT5-4/60型、QT3-4型等。

（3）附着式塔式起重机

附着式塔式起重机又称为自升式塔式起重机，可借助顶升系统随建筑物的施工进程而自行向上接高。附着式塔式起重机的型号较多，其中QT4-10型多功能（可附着、可固定、可行走、可爬升）自升塔式起重机，是一种上旋转、小车变幅自升式塔式起重机，随着建筑物的增高，利用液压顶升系统而逐步自行接高。QT4-10型塔式起重机的升系统主要由顶升套架、液压千斤顶、支承座、顶升横梁、引渡小车、引渡轨道及定位销等组成。

① 将标准节吊到摆渡小车上，并将过渡节与塔身标准节的螺栓松开，准备顶升。

② 开动液压千斤顶，将塔吊上部结构及顶升套架顶升到超过一个标准节的高度，然后用定位销将套架固定。

③ 液压千斤顶回缩，形成引进空间，然后将装有标准节的摆渡小车拉进到引进空间内。

④ 利用液压千斤顶稍微提起标准节，退出摆渡小车，并将标准节平稳放在下面的塔身上，用螺栓加以连接。

⑤ 拔出定位销，下降过渡节，使之与塔身连成整体。

（二）索具设备

结构吊装工程施工中除了起重机外，还要使用许多辅助工具及设备，如卷扬机、钢丝绳、滑车组（又称"葫芦"）及横吊梁等。

1. 卷扬机

在建筑施工中常用的电动卷扬机分快速和慢速两种。快速卷扬机主要用于垂直，水平运输和打桩作业。慢速卷扬机主要用于结构吊装、钢筋冷拉和预应力张拉等作业。

卷扬机常用的锚固方法有螺栓固定法、横木固定法、立桩固定法和压重固定法。

2.钢丝绳

钢丝绳是先由若干根钢丝绕成股，再由若干股绕绳芯捻成绳。结构吊装中常用的钢丝绳由6束绳股和一根绳芯捻成。建筑工程中常用的钢丝绳有以下三种：

6×19+1：由每股19根的6股钢丝组成，再加1根线芯。这种钢丝绳粗、硬而且耐磨，一般用作缆风绳。

6×37+1：由每股37根的6股钢丝组成，再加1根线芯。这种钢丝绳比较柔软，一般用于穿滑轮组和做吊索。

6×61+1：由每股61根的6股钢丝组成，再加1根线芯。这种钢丝绳柔软，一般用于重型起重机械。

3.滑轮组

滑轮组由一定数量的定滑轮和动滑轮组成。它既能改变力的方向又能省力，是起重机械的重要组成部分，通过滑轮组以最小吨位的卷扬机能达到起吊较重构件的目的。

滑轮组的名称由组成滑轮组的定滑轮数和动滑轮数来表示，如由4个定滑轮和3个动滑轮组成的滑轮组称为"四三"滑轮组。

4.吊具

吊具主要包括吊索、卡环、横吊梁等，是吊装时的重要辅助工具。

吊索也称千斤绳，用于绑扎和起吊构件，分为环状吊索和开式吊索。卡环也称卸甲，用于吊索之间或吊索与吊环之间的连接，分为螺栓式卡环和活络式卡环两种。横吊梁又称铁扁担，分为钢板横吊梁和钢管横吊梁两种。前者用于柱的吊装时使柱保持垂直，后者用于屋架吊装时减少索具的高度。

二、单层工业厂房结构安装

(一) 结构安装准备工作

准备工作主要有场地清理，道路修筑，基础准备，构件的制作、运输、堆放，构件拼装、质量检查、弹线编号等。

1.场地清理

起重机进场之前，按照现场施工平面布置图，标出起重机的开行路线，清理场地上的杂物，对道路进行平整压实。

2.构件运输

构件的运输一般采用载重汽车或平板拖车。为保证构件在运输过程中不变形、不破坏，对构件运输有以下要求：

① 构件的强度，当设计无具体要求时，不得低于混凝土设计强度的70%。

② 在运输过程中构件的支垫位置要正确，数量要适当，装卸时吊点位置应符合设计要求。

③ 运输道路要平整，有足够的宽度和转弯半径。

3. 构件堆放

预制构件的堆放应考虑建筑的结构特点，起重机的类型及布置方式，便于吊升及吊升后的就位。特别是大型构件，如柱、屋架等，应做好构件堆放的布置图，便于一次吊升就位，避免两次搬运。

构件堆放还应符合下列规定：

① 堆放构件的场地应平整、坚实，并具有排水措施。

② 构件就位时，应根据设计的受力情况搁置在垫木或支架上，并应保持稳定。

③ 重叠堆放的构件，吊环应向上，标志朝外；构件之间垫上垫木，并应保持稳定。

4. 构件拼装

构件的拼装分为平拼和立拼。

平拼：将构件平放拼装，而后扶直，一般适用于小跨度构件，如天窗架。

立拼：构件在直立状态拼装，适用于侧向刚度较差的大跨度屋架。

5. 构件的质量检查

① 检查构件的型号与数量是否与设计相符。

② 检查混凝土强度是否达到设计要求，若设计无要求时，应不低于设计强度等级的75%；对于跨度较大的梁或屋架则应达到100%的设计强度等级；预应力混凝土构件孔道灌浆的强度应不低于15 N/mm。

③ 检查构件表面有无损伤、变形和裂缝。

④ 检查构件的外形和截面尺寸，预埋件、预留孔洞和吊环的位置和尺寸是否正确。

6. 构件的弹线与编号

（1）柱子

在柱身三面弹出中心线（可弹两小面、一个大面），对工字形柱除在矩形截面部分弹出中心线外，为便于观察及避免视差，还需要在翼缘部分弹一条与中心线平行的线。

（2）屋架

屋架上弦顶面上应弹出几何中心线，并将中心线延至屋架两端下部，再从跨度中央向两端分别弹出天窗架、屋面板的安装定位线。

（3）吊车梁

在吊车梁的两端及顶面弹出安装中心线。

7. 基础准备

装配式混凝土柱一般为杯形基础，基础准备工作内容主要有：

① 检查杯口尺寸并弹出十字交叉的安装中心线，并在杯口内弹出比杯口顶面设计标高低 100 mm 的水平线，作为量测杯底实际标高的依据。

② 吊装前要对基础杯底标高进行抄平，杯底抄平以保证各柱牛腿顶面标高一致。

（二）构件的吊装工艺

单层工业厂房的结构安装构件有柱子、吊车梁、屋架、天窗架、屋面板等。构件的吊装过程为：绑扎→吊升→对位→临时固定→校正→最后固定。

1. 柱子吊装

（1）柱的绑扎

柱的绑扎方法、绑扎位置和绑扎点数，应根据柱的形状、长度、截面、配筋、起吊方法和起重机性能等确定。常用的绑扎方法有斜吊绑扎法和直吊绑扎法。

斜吊绑扎法：当柱平卧起吊的抗弯强度满足要求时，可采用斜吊绑扎法。柱子在平放状态绑扎，直接从底模起吊，柱起吊后柱身略呈倾斜状态。

直吊绑扎法：当柱子平放起吊其抗弯强度不能满足要求时，则需先将柱子翻身，以提高柱截面的抗弯能力，即采用直吊绑扎法。

（2）柱的起吊

柱的起吊方法有旋转法和滑行法。

旋转法：起吊时，起重机边升钩边回转，柱子绕柱脚旋转成直立状态，然后将柱吊离地面，再旋转至基础上方，将柱脚插入杯口。

采用旋转法吊装柱子时，柱的平面布置宜使柱脚靠近基础，柱的绑扎点、柱脚中心与基础中心三点宜位于起重机的同一起重半径的圆弧上。

滑行法：柱吊升时，起重机只升钩，柱脚沿地面滑行，使柱顶随起重钩的上升而上升，直至柱子呈直立状态，然后将柱吊离地面，再旋转至基础杯口上方，插入杯口。

采用滑行法吊装柱时，应使柱的绑扎点和基础杯口中心位于同一起重半径的圆弧上。

（3）柱的对位和临时固定

柱子对位是将柱子插入杯口并对准安装准线的一道工序。临时固定是用楔子等将已对位的柱子作临时性固定的一道工序。

（4）柱的校正

柱子校正是对已临时固定的柱子进行全面检查（平面位置、标高，垂直度等）及校正的一道工序。柱子校正包括平面位置、标高和垂直度的校正。对重型柱或偏斜值较大的柱子，则用千斤顶、缆风绳、钢管支撑等方法校正。

（5）柱的最后固定

柱校正完毕后，应立即进行最后固定。即在柱脚与杯口间的空隙处分两次灌细石混凝土。要求细石混凝土强度比构件混凝土强度提高一级，且宜采取微膨胀措施和快硬措施。第一次灌筑到楔块底部，第二次，在第一次混凝土强度达到25%时拔去楔块，将杯口灌满细石混凝土。

2. 吊车梁的吊装

（1）绑扎、吊升、对位和临时固定

吊车梁绑扎时，两根吊索要等长，绑扎点对称设置，吊钩对准梁的重心，以使吊车梁起吊后能基本保持水平。

（2）校正及最后固定

① 吊车梁的校正主要包括标高校正、垂直度校正和平面位置校正等。吊车梁的标高主要取决于柱子牛腿的标高。平面位置的校正主要包括直线度和两吊车梁之间的跨距。

② 吊车梁直线度的检查校正方法有通线法、平移轴线法、边吊边校法等。

通线法：用通线法校正时，根据定位轴线，在厂房的两端地面上定出吊车梁的安装轴线位置，打入木桩，用钢尺检查两列吊车梁的轨距是否满足要求；然后用经纬仪将厂房两端的4根吊车梁位置校正正确；最后在柱列两端的吊车梁上设置高约20 mm 的支架，用钢丝拉通线，以此检查并校正吊车梁的中心线。

仪器法：逐根将杯口上柱的吊装准线用经纬仪投射到吊车梁顶面处的柱面上并做标志，若标志线至定位轴线的距离为 a，则标志至吊车梁定位轴线的距离为 $\lambda-a$，以此逐根校正吊车梁的中心线。

吊车梁的最后固定是在吊车梁校正完毕后，用连接钢板等与柱侧面、吊车梁顶端的预埋铁相焊接，并在接头处支模浇筑细石混凝土。

3. 屋架的吊装

屋架吊装的施工顺序为：绑扎→扶直就位→吊升→对位→临时固定→校正→最后固定。

（1）屋架绑扎

屋架的绑扎点应选在上弦节点处，左右对称，绑扎中心（即各支吊索的合力作用点）必须高于屋架重心，使屋架起吊后不易倾翻和转动。

① 屋架跨度小于或等于 18 m 时，可采用两点绑扎；

② 屋架跨度大于 18 m 时，用两根吊索四点绑扎；

③ 当跨度大于 30 m 时，采用四点绑扎配横吊梁；

④ 对三角形组合屋架等刚性较差的屋架，由于下弦不能承受压力，绑扎时也应四点绑扎配横吊梁。

（2）屋架的扶直与就位

按起重机与屋架的相对位置不同，屋架扶直可分为正向扶直和反向扶直。

正向扶直：屋架扶直时，起重机位于屋架下弦一侧，以吊钩钩住屋架上弦中央，收紧吊钩，略起机臂，使屋架脱模，接着起重机升钩并升臂，使屋架以下弦为轴缓慢转为直立状态。

反向扶直：起重机位于屋架上弦一侧，以吊钩对准屋架上弦中点，接着升钩并降臂，使屋架以下弦为轴缓慢转为直立状态。

屋架扶直之后，立即排放就位，一般靠柱边斜向排放，或以 3～5 榀为一组平行于柱边纵向排放。

（3）屋架的吊升、对位与临时固定

屋架吊升是将屋架吊离地面 500 mm，然后将屋架吊至吊装位置下方，升钩将屋架吊至超过柱顶约 300 mm 后，缓缓降至柱顶进行对位。屋架对位应以建筑物的定位轴线为准。

屋架对位后立即进行临时固定。方法是：第一榀屋架临时固定可用 4 根缆风绳从两边拉牢，或将屋架与事先吊装好的抗风柱相接；第二榀及以后的屋架，可用两个以上的屋架校正器临时固定在前一榀屋架上。

（4）屋架的校正及最后固定

屋架主要是检查和校正垂直度，一般用经纬仪或锤球检查，用屋架校正器校正。

用经纬仪检查屋架垂直度的方法：在屋架上弦安装 3 个卡尺，一个安装在屋架上弦中点附近，另两个安装在屋架两端。卡尺与屋架的平面垂直；从屋架上弦几何中心线量取 500 mm，在卡尺上做标志；然后在距屋架中线 500 mm 处的地面上架设经纬仪，检查 3 个卡尺的标志是否在同一垂直面上。

用锤球检查屋架垂直度的方法：卡尺设置方法与经纬仪检查时相同；从屋架上弦几何中心线向卡尺量取 300 mm 的一段距离，并在 3 个卡尺上做出标志；在两端卡尺的标志处拉一通线，在中央卡尺标志处向下挂垂球，检查 3 个卡尺上的标志是否在同一垂直面上。

屋架垂直度校正以后，即可进行最后固定。固定方法是：一端用电焊焊牢；另一端则用螺栓连接，让其热胀冷缩，避免砌体开裂。

4.屋面板和天窗架的吊装

屋面板的吊装一般采用带钩的吊索钩住预埋吊环的方法，为加快施工进度，在起重机起重能力允许的情况下可采用叠吊法。

天窗架常采用单独吊装，也可与屋架拼装成整体同时吊装。天窗架单独吊装时，应待两侧屋面板安装后进行，最后固定的方法是用电焊将天窗架底脚焊牢于屋架上弦的预埋件上。

（三）吊装安装方案

在拟订单层工业厂房结构吊装方案时，应着重解决确定结构吊装方法、选择起重机、确定起重机的开行路线和构件的平面布置等。

1.结构吊装方法

单层工业厂房的结构吊装方法有分件吊装法和综合吊装法两种。

分件吊装法：起重机每开行一次仅吊装一种或两种构件。通常分为3次并行安装完所有构件：第一次吊装柱，并逐一进行校正和最后固定；第二次吊装吊车梁，连续架和柱间支撑等；第三次以节间为单位吊装屋架、天窗架和屋面板等构件。

综合吊装法：起重机开行一次，以节间为单位安装完所有构件。

2.起重机的选择

起重机的选择主要包括选择起重机的类型和型号。

一般中小型厂房多选择履带式等自行式起重机；当厂房的高度和跨度较大时，可选择塔式起重机吊装屋盖结构；在缺乏自行式起重机或受到地形的限制，自行式起重机难以到达的地方，可选择桅杆式起重机。

起重机型号的选择要根据构件的尺寸、质量和安装高度确定，主要确定起重机的起重量、起重高度和起重半径。起重量要大于或等于所安装构件的质量与索具质量之和。起重高度必须满足吊装构件安装高度的要求。起重半径的确定分两种情况：一是，当起重机能不受限制地开到吊装位置附近时，无须验算起重半径 R；二是，当起重机不能直接开到吊装位置附近时，需要根据实际情况确定吊装时的最小起重半径 R。

3.起重机开行路线及构件平面布置

起重机的开行路线由平面布置与结构吊装方法、构件尺寸及质量、构件的供应方式等因素来确定。

第四章　建筑给水系统

第一节　给水系统的分类与给水方式

一、给水系统的分类与组成

建筑给水系统是将城镇给水管网(或自备水源给水管网)中的水引入一幢建筑或一个建筑群体，供人们生活、生产和消防之用，并满足各类用水对水质、水量和水压要求的冷水供应系统。

(一)给水系统的分类

给水系统按照其用途可分为下面三类基本给水系统。

1. 生活给水系统

供人们在不同场合的饮用、烹饪、盥洗、洗涤、沐浴等日常生活用水的给水系统。其水质必须符合国家规定的生活饮用水卫生标准。

2. 生产给水系统

供给各类产品生产过程中所需的用水、生产设备的冷却、原料和产品的洗涤及锅炉用水等的给水系统。生产用水对水质、水量、水压及安全性随工艺要求的不同，而有较大的差异。

3. 消防给水系统

供给各类消防设备扑灭火灾用水的给水系统。消防用水对水质的要求不高，但必须按照建筑设计防火规范保证供应足够的水量和水压。

上述三类基本给水系统可以独立设置，也可根据各类用水对水质、水量、水压、水温的不同要求，结合室外给水系统的实际情况，经技术经济比较，或兼顾社会、经济、技术、环境等因素的综合考虑，设置成组合各异的共用系统。如生活、生产共用给水系统，生活、消防共用给水系统，生产、消防共用给水系统，生活、生产、消防共用给水系统。还可按供水用途的不同、系统功能的不同，设置成饮用水给水系统、杂用水(中水)给水系统、消火栓给水系统、自动喷水灭火给水系统、水幕消防给水系统，以及循环或重复使用的生产给水系统等。

（二）给水系统的组成

一般情况下，建筑给水系统由下列各部分组成。

1. 水源

水源指城镇给水管网、室外给水管网或自备水源。

2. 引入管

对于一幢单体建筑而言，引入管是由室外给水管网引入建筑内管网的管段。

3. 水表节点

水表节点是安装在引入管上的水表及其前后设置的阀门（新建建筑应在水表前设置管道过滤器）和泄水装置的总称。

此处水表用以计量该幢建筑的总用水量。水表前后的阀门用于水表检修、拆换时关闭管路之用。泄水口主要用于室内管道系统检修时放空之用，也可用来检测水表精度和测定管道进户时的水压值。设置管道过滤器的目的是保证水表正常工作及其量测精度。

水表节点一般设在水表井中。温暖地区的水表井一般设在室外，寒冷地区的水表井宜设在不会冻结之处。

在非住宅建筑内部给水系统中，需计量水量的某些部位和设备的配水管上也要安装水表。住宅建筑每户住家均应安装分户水表（水表前也宜设置管道过滤器）。分户水表以前大都设在每户住家之内。现在的分户水表宜相对集中设在户外容易读取数据处。对仍需设在户内的水表，宜采用远传水表或 IC 卡水表等智能化水表。

4. 给水管网

给水管网指的是建筑内水平干管、立管和横支管。

5. 配水装置与附件

配水装置与附件包括配水水嘴、消火栓、喷头与各类阀门（控制阀、减压阀、止回阀等）。

6. 增（减）压和贮水设备

当室外给水管网的水量、水压不能满足建筑用水要求，或建筑内对供水可靠性、水压稳定性有较高要求时，就需要在高层建筑中设置如水泵、气压给水装置、变频调速给水装置、水池、水箱等增压和贮水设备。当某些部位水压太高时，需设置减压设备。

7. 给水局部处理设施

当有些建筑对给水水质要求很高，超出我国现行生活饮用水卫生标准时，或其他原因造成水质不能满足要求时，就需要设置一些设备、构筑物进行给水深度处理。

二、给水方式

给水方式是指建筑内给水系统的具体组成与具体布置的实施方案（同时，根据管网中水平干管的位置不同，又分为下行上给式、上行下给式、中分式以及枝状和环状等形式）。现将给水方式的基本类型介绍如下。

(一) 利用外网水压直接给水方式

1. 室外管网直接给水方式

当室外给水管网提供的水量、水压在任何时候均能满足建筑用水时，直接把室外管网的水引入建筑内各用水点，称为直接给水方式。

在初步设计过程中，可用经验法估算建筑所需水压，看能否采用直接给水方式，即 1 层为 100 kPa，2 层为 120 kPa，3 层以上每增加 1 层，水压增加 40 kPa。

2. 单设水箱的给水方式

当室外给水管网提供的水压只是在用水高峰时段出现不足时，或者建筑内要求水压稳定，并且该建筑具备设置高位水箱的条件，可采用这种方式。该方式在用水低峰时，利用室外给水管网水压直接供水并向水箱进水。用水高峰时，水箱出水供给给水系统，从而达到调节水压和水量的目的。

(二) 设有增压与贮水设备的给水方式

1. 单设水泵的给水方式

当室外给水管网的水压经常不足时，可采用这种方式。当建筑内用水量大且较均匀时，可用恒速水泵供水。当建筑内用水不均匀时，宜采用多台水泵联合运行供水，以提高水泵的效率。

值得注意的是，因水泵直接从室外管网抽水，有可能使外网压力降低，影响外网上其他用户用水，严重时还可能形成外网负压，在管道接口不严密处，其周围的渗水会吸入管内，造成水质污染。因此，采用这种方式，必须征得供水部门的同意，并在管道连接处采取必要的防护措施，以防污染。

2. 设置水泵和水箱的给水方式

当室外管网的水压经常不足、室内用水不均匀，且室外管网允许直接抽水时，可采用这种方式。该方式中的水泵能及时向水箱供水，可减小水箱容积，又由于有水箱的调节作用，水泵出水量稳定，能在高效区运行。

3. 设置贮水池、水泵和水箱的给水方式

当建筑的用水可靠性要求高，室外管网水阀门量、水压经常不足，且不允许直接从外网抽水，或者是用水量较大，外网不能保证建筑的高峰用水，再或是要求贮备一定容积的消防水量时，都应采用这种给水方式。

4. 设置气压给水装置的给水方式

当室外给水管网压力低于或经常不能满足室内所需水压、室内用水不均匀，且不宜设置高位水箱时可采用此方式。该方式即在给水系统中设置气压给水设备，利用该设备气压水罐内气体的可压缩性，协同水泵增压供水。气压水罐的作用相当于高位水箱，但其位置可根据需要较灵活地设在高处或低处。

5. 设置变频调速给水装置的给水方式

当室外供水管网水压经常不足，建筑内用水量较大且不均匀，要求可靠性较高、水压恒定时，或者建筑物顶部不宜设高位水箱时，可以采用变频调速给水装置进行供水。这种供水方式可省去屋顶水箱，水泵效率较高，但一次性投资较大。

(三) 分区给水方式

分区给水方式适用于多层和高层建筑。

1. 利用外网水压的分区给水方式

对于多层和高层建筑来说，室外给水管网的压力只能满足建筑下部若干层的供水要求。为了节约能源，有效地利用外网的水压，常将建筑物的低区设置成由室外给水管网直接供水，高区由增压贮水设备供水。为保证供水的可靠性，可将低区与高区的1根或几根立管相连接，在分区处设置阀门，以备低区进水管发生故障或外网压力不足时，打开阀门由高区向低区供水。

2. 设置高位水箱的分区给水方式

设置高位水箱的分区给水方式一般适用于高层建筑。高层建筑生活给水系统的竖向分区，应根据使用要求、设备材料性能、维护管理条件、建筑高度、节约供水、能耗等综合因素合理确定。一般各分区最低卫生器具配水点处的静水压力不宜大于0.45 MPa。静水压力大于0.35 MPa 的入户管 (或配水横管)，宜设减压或调压设施。

这种给水方式中的水箱，具有保证管网中正常压力的作用，还兼有贮存、调节、减压作用。根据水箱的不同设置方式又可分为下面几种形式。

(1) 并联水泵、水箱给水方式

并联水泵、水箱给水方式是每一分区分别设置一套独立的水泵和高位水箱，向各区供水。其水泵一般集中设置在建筑的地下室或底层。

这种方式的优点是：各区自成一体，互不影响；水泵集中，管理维护方便；运行动力费用较低。缺点是：水泵数量多，耗用管材较多，设备费用偏高；分区水箱占用楼房空间多；有高压水泵和高压管道。

（2）串联水泵、水箱给水方式

串联水泵、水箱给水方式是水泵分散设置在各区的楼层之中，下一区的高位水箱兼作上一区的贮水池。

这种方式的优点是：无高压水泵和高压管道，运行动力费用经济。其缺点是：水泵分散设置，连同水箱所占楼房的平面、空间较大；水泵设在楼层，防振、隔音要求高，且管理维护不方便；若下部发生故障，将影响上部的供水。

（3）减压水箱给水方式

减压水箱给水方式是由设置在底层（或地下室）的水泵将整幢建筑的用水量提升至屋顶水箱，然后再分送至各分区水箱，分区水箱起到减压的作用。

这种方式的优点是：水泵数量少，水泵房面积小，设备费用低，管理维护简单；各分区减压水箱容积小。其缺点是：水泵运行动力费用高；屋顶水箱容积大；建筑物高度大、分区较多时，下区减压水箱中浮球阀承压过大，易造成关闭不严的现象；上部某些管道部位发生故障时，将影响下部的供水。

（4）减压阀给水方式

减压阀给水方式的工作原理与减压水箱供水方式相同，其不同之处是用减压阀代替减压水箱。

3. 无水箱的给水方式

（1）多台水泵组合运行方式

在不设水箱的情况下，为了保证供水量和保持管网中的压力恒定，管网中的水泵必须一直保持运行状态。但是建筑内的用水量在不同时间里是不相等的，因此要达到供需平衡，可以采用同一区内多台水泵组合运行。这种方式的优点是：省去了水箱，增加了建筑有效使用面积。其缺点是：所用水泵较多，工程造价较高。根据不同组合还可分为下面两种形式。

① 无水箱并列给水方式：无水箱并列给水方式即根据不同高度分区采用不同的水泵机组供水。这种方式初期投资大，但运行费用较少。

② 无水箱减压阀给水方式：无水箱减压阀给水方式即整个供水系统共用一组水泵，分区处设减压阀。该方式系统简单，但运行费用高。

（2）气压给水装置给水方式

气压给水装置给水方式是以气压罐取代了高位水箱，它控制水泵间歇工作，并保证管网中保持一定的水压。这种方式又可分为下面两种形式。

① 并列气压给水装置给水方式：其特点是每个分区有一个气压水罐，但初期投资大，气压水罐容积小，水泵启动频繁，耗电较多。

② 气压给水装置与减压阀给水方式：它是由一个总的气压水罐控制水泵工作，

水压较高的区用减压阀控制。优点是投资较省，气压水罐容积大，水泵启动次数较少。缺点是整个建筑一个系统，各分区之间将相互影响。

（3）变频调速给水装置给水方式。

变频调速给水装置给水方式的适用情况与（1）点所述多台水泵组合运行给水方式基本相同，只是将其中的水泵改用为变频调速给水装置即可，其常见形式为并列给水方式。该方式的特点除（1）点所述之外，还需要成套的变速与自动控制设备，工程造价高。

（四）分质给水方式

分质给水方式即根据不同用途所需的不同水质，分别设置独立的给水系统。饮用水给水系统供饮用、烹饪、盥洗等生活用水，水质符合《生活饮用水卫生标准》。杂用水给水系统，水质较差，仅符合《生活杂用水水质标准》，只能用于建筑内冲洗便器、绿化、洗车、扫除等用水。为确保水质，还可采用饮用水与盥洗、沐浴等生活用水分设两个独立管网的分质给水方式。生活用水均先进入屋顶水箱（空气隔断）后，再经管网供给各用水点，以防回流污染；饮用水则根据需要，经深度处理达到直接饮用要求，再行输配。

在实际工程中，如何确定合理的供水方案，应当全面分析该项工程所涉及的各项因素进行综合评定而确定。技术因素包括对城市给水系统的影响、水质、水压、供水的可靠性、节水节能效果、操作管理、自动化程度等；经济因素包括基建投资、年经常费用、现值等；社会和环境因素包括对建筑立面和城市观瞻的影响、对结构和基础的影响、占地面积、对周围环境的影响、建设难度和建设周期、抗寒防冻性能、分期建设的灵活性、对使用带来的影响，等等。

有些建筑的给水方式，考虑到多种因素的影响，往往由两种或两种以上的给水方式适当组合而成。值得注意的是，有时候由于各种因素的制约，可能会使少部分卫生器具、给水附件处的水压超过规范推荐的数值，此时就应采取减压限流的措施。

三、常用管材、附件和水表

（一）管道材料

建筑给水和热水供应管材常用的有塑料管、复合管、钢管、不锈钢管、有衬里的铸铁管和经可靠防腐处理的钢管等。

1. 塑料管

近年来，给水塑料管的开发在我国取得了很大的进展。给水塑料管管材有聚氯乙烯管、聚乙烯管（高密度聚乙烯管、交联聚乙烯管）、聚丙烯管、聚丁烯管和 ABS 管等。塑料管有良好的化学稳定性，耐腐蚀，不受酸、碱、盐、油类等物质的侵蚀；物理机械性能也很好，不燃烧、无不良气味、质轻且坚，密度仅为钢的五分之一，运输安装方便；管壁光滑，水流阻力小；容易切割，还可制造成各种颜色。当前，已有专供输送热水使用的塑料管，其使用温度可达 95℃。为了防止管网水质污染，塑料管的使用推广正在加速进行，并将逐步替代质地较差的金属管。

2. 给水铸铁管

我国生产的给水铸铁管，按其材质分为普通灰口连续铸铁管和球墨铸铁管，按其浇铸形式分为砂型离心铸铁直管和连续铸铁直管（但目前市场上小口径球墨铸铁管较少），铸铁管具有耐腐蚀性强（为保证其水质，还是应有衬里）、使用期长、价格较低等优点。其缺点是性脆、长度小、重量大。

3. 钢管

钢管有焊接钢管、无缝钢管两种。焊接钢管又分镀锌钢管和不镀锌钢管。钢管镀锌的目的是防锈、防腐、避免水质变坏，延长使用年限。所谓镀锌钢管，应当是热浸镀锌工艺生产的产品。钢管的强度高，承受流体的压力大，抗震性能好，长度大，接头较少，韧性好，加工安装方便，重量比铸铁管轻。但抗腐蚀性差，易影响水质。因此，虽然以前在建筑给水中普遍使用钢管，但现在冷浸镀锌钢管已被淘汰，热浸镀锌钢管也限制场合使用（如果使用，须经可靠防腐处理）。

4. 其他管材

其他管材包括铜管、不锈钢管、铝塑复合管、钢塑复合管等。

铜管可以有效地防止卫生洁具被污染，且光亮美观、豪华气派。目前，其连接配件、阀门等也配套产出。根据我国几十年的使用情况，其效果优良。只是由于管材价格较高，现在多用于宾馆等较高级的建筑之中。

不锈钢管表面光滑，亮洁美观，摩擦阻力小；重量较轻，强度高且有良好的韧性，容易加工；耐腐性能优异，无毒无害，安全可靠，不影响水质。其配件、阀门均已配套。由于人们越来越讲究水质的高标准，不锈钢管的使用呈快速上升之势。

钢塑复合管有衬塑和涂塑两类，也生产有相应的配件、附件。它兼有钢管强度高和塑料管耐腐蚀、保持水质的优点。

铝塑复合管是中间以铝合金为骨架，内外壁均为聚乙烯等塑料的管道。除具有塑料管的优点外，还有耐压强度好、耐热、可挠曲、接口少、安装方便、美观等优点。目前，管材规格大都为 DN15~DN40，多用作建筑给水系统的分支管。

在实际工程中，应根据水质要求、建筑使用要求和国家现行有关产品标准的要求等因素选择管材。生活给水管应选用耐腐蚀和连接方便的管材，一般可采用塑料管（高层建筑给水立管不宜采用塑料管）、塑料和金属的复合管、薄壁金属管（铜管、不锈钢管）等。生活直饮水管材可选用不锈钢管、铜管等。消防与生活共用给水管网，消防给水管管材常采用热浸镀锌钢管。自动喷水灭火系统的消防给水管应采用热浸镀锌钢管。热水系统的管材应采用热浸镀锌钢管、薄壁金属管、塑料管、塑料复合管等管材。埋地给水管道一般可采用塑料管、有衬里的球墨铸铁管和经可靠防腐处理的钢管等。

（二）管道配件与管道连接

管道配件是指在管道系统中起连接、变径、转向、分支等作用的零件，又称管件。如弯头、三通、四通、异径管接头、承插短管等。各种不同管材有相应的管道配件，管道配件有带螺纹接头、带法兰接头、带承插接头（多用于铸铁管、塑料管）等几种形式。

常用各种管材的连接方法如下。

1. 塑料管的连接方法

塑料管的连接方法一般有螺纹连接（其配件为注塑制品）、焊接（热空气焊、热熔焊、电熔焊）、法兰连接、螺纹卡套压接，还有承插接口、胶粘连接等。

2. 铸铁管的连接方法

铸铁管的连接多用承插方式连接，连接阀门等处也用法兰盘连接。承插接口有柔性接口和刚性接口两类：柔性接口采用橡胶圈接口；刚性接口采用石棉水泥接口、膨胀性填料接口，重要场合可用铅接口。

3. 钢管的连接方法

钢管的连接方法有螺纹连接、焊接和法兰连接。

（1）螺纹连接

螺纹连接即利用带螺纹的管道配件连接。配件用可锻铸铁制成，抗腐性及机械强度均较大，也分镀锌与不镀锌两种，钢制配件较少。镀锌钢管必须用螺纹连接，其配件也应为镀锌配件。这种方法多用于明装管道。

（2）焊接

焊接是用焊机、焊条烧焊将两段管道连接在一起。优点是接头紧密，不漏水，不需配件，施工迅速，但无法拆卸。焊接只适用于不镀锌钢管。这种方法多用于暗装管道。

（3）法兰连接

在较大管径（50 mm 以上）的管道上，常将法兰盘焊接（或用螺纹连接）在管端，再以螺栓将两个法兰连接在一起，进而两段管道也就连接在一起了。法兰连接一般用在连接阀门、止回阀、水表、水泵等处，以及需要经常拆卸、检修的管段上。

4. 铜管的连接方法

铜管的连接方法有螺纹卡套压接、焊接（有内置锡环焊接配件、内置银合金环焊接配件、加添焊药焊接配件）等。

5. 不锈钢管的连接方法

不锈钢管一般有焊接、螺纹连接、法兰连接、卡套压接和铰口连接等。

6. 复合管的连接方法

钢塑复合管一般用螺纹连接，其配件一般也是钢塑制品。

铝塑复合管一般采用螺纹卡套压接，其配件一般是铜制品，它是先将配件螺帽套在管道端头，再把配件内芯套入端内，然后用扳手扳紧配件与螺帽即可。

（三）管道附件

管道附件是给水管网系统中调节水量、水压，控制水流方向，关断水流等各类装置的总称。可分为配水附件和控制附件两类。

1. 配水附件

配水附件用以调节和分配水流。其种类有下面几类。

（1）配水水嘴

① 截止阀式配水水嘴。一般安装在洗涤盆、污水盆、盥洗槽上。该水嘴阻力较大。其橡胶衬垫容易磨损，使之漏水。一些发达城市正逐渐淘汰此种铸铁水嘴，取而代之的是塑料制品和不锈钢制品等。

② 旋塞式配水水嘴。该水嘴旋转90°即完全开启，可在短时间内获得较大流量，阻力也较小，缺点是易产生水击，适用于浴池、洗衣房、开水间等处。

③ 瓷片式配水水嘴。该水嘴采用陶瓷片阀芯代替橡胶衬垫，解决了普通水嘴的漏水问题。陶瓷片阀芯是利用陶瓷淬火技术制成的一种耐用材料，它能承受高温及高腐蚀，有很高的硬度，光滑平整、耐磨，是现在广泛推荐的产品，但价格较贵。

（2）盥洗水嘴

盥洗水嘴设在洗脸盆上供冷水（或热水）用。有莲蓬头式、鸭嘴式、角式、长脖式等多种形式。

（3）混合水嘴

混合水嘴是将冷水、热水混合调节为温水的水嘴，供盥洗、洗涤、沐浴等使用。该类新型水嘴式样繁多、外观光亮、质地优良，其价格差异也较悬殊。

此外，还有小便器水嘴、皮带水嘴、消防水嘴、电子自动水嘴等。

2. 控制附件

控制附件用以调节水量或水压、关断水流、改变水流方向等。

（1）截止阀

此阀关闭严密，但水流阻力大，适用在管径小于、等于 50 mm 的管道上。

（2）闸阀

此阀全开时水流呈直线通过，阻力较小。但如有杂质落入阀座后，阀门不能关闭严实，因而易产生磨损和漏水。当管径在 70 mm 以上时采用此阀。

（3）蝶阀

阀板在 90° 翻转范围内起调节、节流和关闭作用，操作扭矩小，启闭方便，体积较小。其适用于管径 70 mm 以上或双向流动管道上。

（4）止回阀

止回阀用以阻止水流反向流动。常用的有以下四种类型。

① 旋启式止回阀：此阀在水平、垂直管道上均可设置，它启闭迅速，易引起水击，不宜在压力大的管道系统中采用。

② 升降式止回阀：它是靠上下游压力差使阀盘自动启闭。水流阻力较大，宜用于小管径的水平管道上。

③ 消声止回阀：这种止回阀是当水流向前流动时，推动阀瓣压缩弹簧，阀门打开。水流停止流动时，阀瓣在弹簧作用下在水击到来前即关阀，可消除阀门关闭时的水击冲击和噪声。

④ 梭式止回阀：它是利用压差梭动原理制造的新型止回阀，不但水流阻力小，而且密闭性能好。

（5）浮球阀

浮球阀是一种用以自动控制水箱、水池水位的阀门，防止溢流浪费。其缺点是体积较大，阀芯易卡住引起关闭不严而溢水。

与浮球阀功用相同的还有液压水位控制阀。它克服了浮球阀的弊端，是浮球阀的升级换代产品。

（6）减压阀

减压阀的作用是降低水流压力。在高层建筑中使用它，可以简化给水系统，减少水泵数量或减少减压水箱，同时可增加建筑的使用面积，降低投资，防止水质的二次污染。在消火栓给水系统中可用它防止消火栓栓口处超压现象。因此，它的使用已越来越广泛。

减压阀常用的有两种类型，即弹簧式减压阀和活塞式减压阀（也称比例式减压阀）。

（7）安全阀

安全阀是一种保安器材。管网中安装此阀可以避免管网、用具或密闭水箱因超压而受到破坏。一般有弹簧式、杠杆式两种。

除上述各种控制阀之外，还有脚踏阀、液压式脚踏阀、水力控制阀、弹性座封闸阀、静音式止回阀、泄压阀、排气阀、温度调节阀等。

（四）水表

水表是一种计量用户累计用水量的仪表。

1.流速式水表的构造和性能

建筑给水系统中广泛采用的是流速式水表。这种水表是根据管径一定时，水流通过水表的速度与流量成正比的原理来测量的。它主要由外壳、翼轮和传动指示机构等部分组成。当水流通过水表时，推动翼轮旋转，翼轮转轴传动一系列联动齿轮，指示针显示到度盘刻度上，便可读出流量的累积值。此外，还有计数器为字轮直读的形式。

流速式水表按翼轮构造不同分为旋翼式和螺翼式。旋翼式的翼轮转轴与水流方向垂直，它的阻力较大，多为小口径水表，宜用于测量小的流量；螺翼式的翼轮转轴与水流方向平行，它的阻力较小，多为大口径水表，宜用于测量较大的流量。

流速式水表又分为干式和湿式两种。干式水表的计数机件用金属圆盘将水隔开，其构造复杂一些；湿式水表的计数机件浸在水中，在计数盘上装有一块厚玻璃（或钢化玻璃）用以承受水压，它机件简单、计量准确，不易漏水，但如果水质浊度高，将降低水表精度，产生磨损缩短水表寿命，宜用在水中不含杂质的管道上。

水表各技术参数的意义为：

① 流通能力：水流通过水表产生 10 kPa 水头损失时的流量值。

② 特性流量：水流通过水表产生 100 kPa 水头损失时的流量值，此值为水表的特性指标。

③ 最大流量：只允许水表在短时间内承受的上限流量值。

④ 额定流量：水表可以长时间正常运转的上限流量值。

⑤ 最小流量：水表能够开始准确指示的流量值，是水表正常运转的下限值。

⑥ 灵敏度：水表能够开始连续指示的流量。

2.流速式水表的选用

（1）水表类型的确定

应当考虑的因素有水温、工作压力、水量大小及其变化幅度、计量范围、管径、工作时间、单向或正逆向流动、水质等。一般管径小于、等于 50 mm 时，应采用旋翼式水表；管径大于 50 mm 时，应采用螺翼式水表；当流量变化幅度很大时，应采用复式水表(复式水表是旋翼式和螺翼式的组合形式);计量热水时,宜采用热水水表。一般应优先采用湿式水表。

(2)水表口径的确定

一般以通过水表的设计流量 Q_g 小于、等于水表的额定流量 Q_e(或者以设计流量通过水表产生的水头损失接近或不超过允许水头损失值)来确定水表的公称直径。

当用水量均匀时(如工业企业生活间、公共浴室、洗衣房等),应按该系统的设计流量不超过水表的额定流量来确定水表口径;当用水不均匀时(如住宅、集体宿舍、旅馆等),且高峰流量每昼夜不超过 3 h,应按该系统的设计流量不超过水表的最大流量来确定水表口径,同时水表的水头损失不应超过允许值;当设计对象为生活(生产)、消防共用的给水系统,在选定水表时,不包括消防流量,但应加上消防流量复核,使其总流量不超过水表的最大流量限值(水头损失必须不超过允许水头损失值)。

3.电控自动流量计

随着科学技术的发展,以及用水管理体制的改变与节约用水意识的提高,传统的"先用水后收费"用水体制和人工进户抄表、结算水费的繁杂方式,已不适应现代管理方式与生活方式,应当用新型的科学技术手段改变自来水供水管理体制的落后状况。因此,电磁流量计、远程计量仪、IC 卡水表等自动水表应运而生。TM 卡智能水表就是其中之一。

TM 卡智能水表内部置有微电脑测控系统,通过传感器检测水量,用 TM 卡传递水量数据,主要用来计量(定量)经自来水管道供给用户的饮用冷水,适于家庭使用。

TM 卡智能水表的安装位置要避免曝晒、冰冻、污染、水淹及砂石等杂物不能进入的管道,水表要水平安装,字面朝上,水流方向应与表壳上的箭头一致。使用时,表内需装入 5 号锂电池 1 节(正常条件下可用 3～5 年)。用户持 TM 卡(有三重密码)先到供水管理部门购买一定的水量,持 TM 卡插入水表的读写口(将数据输入水表)即可用水。用户用去一部分水,水表内存储器的用水余额自动减少,新输入的水量能与剩余水量自动叠加。表面上有累计计数显示,供水部门和用户可核查用水总量。插卡后可显示剩余水量,当用水余额只有 1 m³ 时,水表有提醒用户再次购水的功能。

这种水表的特点和优越性是:将传统的先用水,后结算交费的用水方式改变为先预付水费、后限额用水的方式,使供水部门可提前收回资金、减少拖欠水费的损失;将传统的人工进户抄表、人工结算水费的方式改变为无须上门抄表、自动计费、主动交费的方式,减轻了供水部门工作人员的劳动强度;用户无须接待抄表人员,减少计量纠纷，还能提示人们节约用水，保护和利用好水资源；供水部门可实现计算机全面管理，提高自动化程度，提高工作效率。智能水表的选用，可参见产品说明书。

第二节　给水管道布置与水质防护

一、给水管道的布置与敷设

给水管道的布置与敷设，必须深入了解地域地理、该建筑物的建筑和结构的设计情况、使用功能、其他建筑设备(电气、采暖、空调、通风、燃气、通信等)的设计方案，兼顾消防给水、热水供应、建筑中水、建筑排水等系统，进行综合考虑。

(一)给水管道的布置

室内给水管道布置，一般应符合下列原则。

1.满足良好的水力条件，确保供水的可靠性，力求经济合理

引入管宜布置在用水量最大处或尽量靠近不允许间断供水处，给水干管的布置也是如此。给水管道的布置应力求短而直，尽可能与墙、梁、柱、桁架平行。不允许间断供水的建筑，应从室外环状管网不同管段接出两条或两条以上引入管，在室内将管道连成环状或贯通枝状双向供水，若条件达不到，可采取设贮水池(箱)或增设第二水源等安全供水措施。

2.保证建筑物的使用功能和生产安全

给水管道不能妨碍生产操作、生产安全、交通运输和建筑物的使用。故管道不应穿越配电间，以免因渗漏造成电气设备故障或短路；不应穿越电梯机房、通信机房、大中型计算机房、计算机网络中心和音像库房等房间；不能布置在遇水易引起燃烧、爆炸、损坏的设备、产品和原料上方，还应避免在生产设备、配电柜上布置管道。

3.保证给水管道的正常使用

生活给水引入管与污水排出管管道外壁的水平净距不宜小于1.0 m，室内给水管与排水管之间的最小净距，平行埋设时不宜小于0.5 m；交叉埋设时不应小于0.15 m，且给水管应在排水管的上面。埋地给水管道应避免布置在可能被重物压坏处；为防止振动，管道不得穿越生产设备基础，如必须穿越时，应与有关专业人员协商处理并采取保护措施；管道不宜穿过伸缩缝、沉降缝、变形缝，如必须穿过，应采取保护措施，如软接头法(使用橡胶管或波纹管)、丝扣弯头法、活动支架法等；为防止管道腐蚀，管道不得设在烟道、风道、电梯井和排水沟内，不宜穿越橱窗、壁柜，

不得穿过大小便槽，给水立管距大、小便槽端部不得小于 0.5 m。

塑料给水管应远离热源，立管距灶边不得小于 0.4 m，与供暖管道、燃气热水器边缘的净距不得小于 0.2 m，且不得因热辐射使管外壁温度大于 40℃；塑料给水管道不得与水加热器或热水炉直接连接，应有不小于 0.4 m 的金属管段过渡；塑料管与其他管道交叉敷设时，应采取保护措施或用金属套管保护，建筑物内塑料立管穿越楼板和屋面处应为固定支承点；给水管道的伸缩补偿装置，应按直线长度、管材的线膨胀系数、环境温度和管内水温的变化、管道节点的允许位移量等因素经计算确定，应尽量利用管道自身的折角补偿温度变形。

4. 便于管道的安装与维修

布置管道时，其周围要留有一定的空间，在管道井中布置管道要排列有序，以满足安装维修的要求。需进入检修的管道井，其通道不宜小于 0.6 m。管道井每层应设检修设施，每两层应有横向隔断。检修门宜开向走廊。给水管道与其他管道和建筑结构的最小净距应满足安装操作需要且不宜小于 0.3 m。

5. 管道布置形式

给水管道的布置按供水可靠程度要求可分为枝状和环状两种形式。前者单向供水，供水安全可靠性差，但节省管材，造价低；后者管道相互连通，双向供水，安全可靠，但管线长，造价高。一般建筑内给水管网宜采用枝状布置。高层建筑、重要建筑宜采用环状布置。

按水平干管的敷设位置又可分为上行下给、下行上给和中分式三种形式。干管设在顶层顶棚下、吊顶内或技术夹层中，由上向下供水的为上行下给式。适用于设置高位水箱的居住与公共建筑和地下管线较多的工业厂房；干管埋地、设在底层或地下室中，由下向上供水的为下行上给式。适用于利用室外给水管网水压直接供水的工业与民用建筑；水平干管设在中间技术层内或中间某层吊顶内，由中间向上、下两个方向供水的为中分式，适用于屋顶用作露天茶座、舞厅或设有中间技术层的高层建筑。

(二) 给水管道的敷设

1. 敷设形式

给水管道的敷设有明装、暗装两种形式。明装即管道外露，其优点是安装维修方便，造价低。但外露的管道影响美观，表面易结露、积尘。一般用于对卫生、美观没有特殊要求的建筑。暗装即管道隐蔽，如敷设在管道井、技术层、管沟、墙槽、顶棚或夹壁墙中，或直接埋地或埋在楼板的垫层里，其优点是管道不影响室内的美观、整洁，但施工复杂，维修困难，造价高。适用于对卫生、美观要求较高的建筑如宾馆、高级公寓、高级住宅和要求无尘、洁净的车间、实验室、无菌室等。

2.敷设要求

引入管进入建筑内，一种情形是从建筑物的浅基础下通过，另一种是穿越承重墙或基础。在地下水位高的地区，引入管穿地下室外墙或基础时，应采取防水措施，如设防水套管等。

室外埋地引入管要防止地面活荷载和冰冻的影响，车行道下管顶覆土厚度不宜小于0.7 m，并应敷设在冰冻线以下0.15 m处。建筑内埋地管在无活荷载和冰冻影响时，其管顶离地面高度不宜小于0.3 m。当将交联聚乙烯管或聚丁烯管用作埋地管时，应将其设在套管内，其分支处宜采用分水器。

给水横管穿承重墙或基础、立管穿楼板时均应预留孔洞。暗装管道在墙中敷设时，也应预留墙槽，以免临时打洞、刨槽影响建筑结构的强度。管道预留孔洞和墙槽的尺寸，详见表4-1。横管穿过预留洞时，管顶上部净空不得小于建筑物的沉降量，以保护管道不致因建筑沉降而损坏，其净空一般不小于0.10 m。

表4-1　给水管预留孔洞、墙槽尺寸

单位: mm

管道名称	管径	明管留孔尺寸: 长 × 宽	暗管墙槽尺寸: 宽 × 深
立管	≤ 25	100 × 100	130 × 130
	32 ~ 50	150 × 150	150 × 130
	70 ~ 100	200 × 200	200 × 200
2根立管	≤ 32	150 × 100	200 × 130
横支管	≤ 25	100 × 100	60 × 60
	32 ~ 40	150 × 130	150 × 100
引入管	≤ 100	300 × 200	—

给水横干管宜敷设在地下室、技术层、吊顶或管沟内，宜有0.002 ~ 0.005的坡度坡向泄水装置；立管可敷设在管道井内，冷水管应在热水管右侧；给水管道与其他管道同沟或共架敷设时，宜敷设在排水管、冷冻管的上面或热水管、蒸汽管的下面；给水管不宜与输送易燃、可燃或有害的液体或气体的管道同沟敷设；通过铁路或地下构筑物下面的给水管道，宜敷设在套管内。

管道在空间敷设时，必须采取固定措施，以保施工方便与安全供水。给水钢质立管一般每层须安装1个管卡，当层高大于5.0 m时，每层须安装2个。

明装的复合管管道、塑料管管道也需安装相应的固定卡架，塑料管道的卡架相对密集一些。各种不同的管道都有不同的要求，使用时，请按生产厂家的施工规程进行安装。

(三) 给水管道的防护

1. 防腐

金属管道的外壁容易氧化锈蚀，必须采取措施予以防护，以延长管道的使用寿命。通常明装的、埋地的金属管道外壁都应进行防腐处理。常见的防腐做法是管道除锈后，在外壁涂刷防腐涂料。管道外壁所做的防腐层数，应根据防腐的要求确定。当给水管道及配件设在含有腐蚀性气体房间内时，应采用耐腐蚀管材或在管外壁采取防腐措施。

2. 防冻

当管道及其配件设置在温度低于0℃以下的环境时，为保证使用安全，应当采取保温措施。

3. 防露

在湿热的气候条件下，或在空气湿度较高的房间内，给水管道内的水温较低，空气中的水分会凝结成水附着在管道表面，严重时会产生滴水。这种管道结露现象，一方面会加速管道的腐蚀，另外还会影响建筑物的使用，如使墙面受潮、粉刷层脱落，影响墙体质量和建筑美观，有时还可能造成地面少量积水或影响地面上的某些设备、设施的使用等。因此，在这种场所就应当采取防露措施 (具体做法与保温相同)。

4. 防漏

如果管道布置不当，或者是管材质量和敷设施工质量低劣，都可能导致管道漏水。这不仅浪费水量、影响正常供水，严重时还会损坏建筑，特别是湿陷性黄土地区，埋地管漏水将会造成土壤湿陷，影响建筑基础的稳固性。防漏的办法一是避免将管道布置在易受外力损坏的位置，或采取必要且有效的保护措施，免其直接承受外力；二是要健全管理制度，加强管材质量和施工质量的检查监督；三是在湿陷性黄土地区，可将埋地管道设在防水性能良好的检漏管沟内，一旦漏水，水可沿沟排至检漏井内，便于及时发现和检修 (管径较小的管道，也可敷设在检漏套管内)。

5. 防振

当管道中水流速度过大，关闭水嘴、阀门时，易出现水击现象，会引起管道、附件的振动，不仅会损坏管道、附件造成漏水，还会产生噪声。为防止管道的损坏和噪声的污染，在设计时应控制管道的水流速度，尽量减少使用电磁阀或速闭型阀门、水嘴。住宅建筑进户支管阀门后，应装设一个家用可曲挠橡胶接头进行隔振，并可在管道支架、吊架内衬垫减振材料，以减小噪声的扩散。

二、水质防护

(一)水质污染的现象及原因

1. 与水接触的材料选择不当

如制作材料或防腐涂料中含有毒物质，逐渐溶于水中，将直接污染水质。金属管道内壁的氧化锈蚀也直接污染水质。

2. 水在贮水池(箱)中停留时间过长

如贮水池(箱)容积过大，其中的水长时间不用，或池(箱)中水流组织不合理，形成了死角，水停留时间太长，水中的余氯量耗尽后，有害微生物就会生长繁殖，使水腐败变质。

3. 管理不善

如水池(箱)的入孔不严密，通气口和溢流口敞开设置，尘土、蚊虫、鼠类、雀鸟等均可能通过以上孔口进入水中游动或溺死池(箱)中，造成污染。

4. 构造、连接不合理

配水附件安装不当，若出水口设在用水设备、卫生器具上沿或溢流口以下时，当溢流口堵塞或发生溢流的时候，遇上给水管网因故供水压力下降较多，恰巧此时开启配水附件，污水即会在负压作用下吸入管道造成回流污染；饮用水管道与大便器冲洗管直接相连，并且用普通阀门控制冲洗，当给水系统压力下降时，此时恰巧开启阀门也会出现回流污染；饮用水与非饮用水管道直接连接，当非饮用水压力大于饮用水压力且连接管中的止回阀(或阀门)密闭性差，则非饮用水会渗入饮用水管道造成污染；埋地管道与阀门等附件连接不严密，平时渗漏，当饮用水断流，管道中出现负压时，被污染的地下水或阀门井中的积水即会通过渗漏处进入给水系统。

(二)水质污染的防止措施

随着社会的不断进步与发展，人们对生活的质量要求日益提高，保健意识也在不断增强，对工业产品的质量同样引起重视。为防止不合格水质给人们带来种种危害，当今市面上大大小小、各式各样的末端给水处理设备及各种品牌的矿泉水、纯净水、桶装水、瓶装水应运而生。但是，这些措施生产的水量小、价格高，且其自身也难以真正、完全地保证质量，不能从根本上来保证社会大量的、合格的民用与工业用水。因此，通过专业技术人员在设计、施工中采用合理的方案与方法(如正在不断发展的城市直饮水系统)，使社会上具有良好的保证供水水质的体系，具有重要的社会意义。除一些新的技术需要探讨、实施外，一般的常规技术措施有：

饮用水管道与贮水池(箱)不要布置在易受污染处,设置水池(箱)的房间应有良好的通风设施,非饮用水管道不能从饮水贮水设备中穿过,也不得将非饮用水接入。生活饮用水水池(箱)不得利用建筑本体结构(如基础、墙体、地板等)作为池底、池壁、池盖,其四周及顶盖上均应留有检修空间。生活饮用水水池(箱)与其他用水水池(箱)并列设置时,应有各自独立的分隔墙,不得共用一堵分隔墙,隔墙与隔墙之间应有排水措施。贮水池设在室外地下时,距污染源构筑物不得小于10 m的净距(当净距不能保证时,可采取提高饮用水池标高或化粪池采用防漏材料等措施),周围2 m以内不得有污水管和污染物。室内贮水池不应在有污染源的房间下面。

贮水池(箱)的本体材料和表面涂料,不得影响水质卫生。若需防腐处理,应采用无毒涂料。若采用玻璃钢制作时,应选用食品级玻璃钢为原料;不宜采用内壁容易锈蚀、氧化以及释放其他有害物质的管材作为输、配水管道。不得在大便槽、小便槽、污水沟内敷设给水管道,不得在有毒物质及污水处理构筑物的污染区域内敷设给水管道。生活饮用水管道在堆放及操作安装中,应避免外界的污染,验收前应进行清洗和封闭。

贮水池(箱)的入孔盖应是带锁的密封盖,地下水池的入孔凸台应高出地面0.15 m。通气管和溢流管口要设铜(钢)丝网罩,以防杂物、蚊虫等进入,还应防止雨水、尘土进入。其溢流管、排水管不能与污水管直接连接,应采取间接排水的方式;生活饮用水管的配水出口,不允许被任何液体或杂质所淹没。生活饮用水的配水出口与用水设备(卫生器具)溢流水位之间,应有不小于出水口直径2.5倍的空气间隙;生活饮用水管道不得与非饮用水管道连接,城市给水管道严禁与自备水源的供水管道直接连接。生活饮用水管道在与加热设备连接时,应有防止热水回流使饮用水升温的措施;从生活饮用水贮水池抽水的消防水泵出水管上,从给水管道上直接接出室内专用消防给水管道、直接吸水的管道泵、垃圾处理站的冲洗水管、动物养殖场的动物饮水管道,从生活饮用水管道系统上接至有害、有毒场所的贮水池(罐)、装置、设备的连接管上等,其起端应设置管道倒流防止器或其他有效地防止倒流污染的装置;从生活饮用水管道系统上接至对健康有危害的化工剂罐区、化工车间、实验楼(医药、病理、生化)等连接管上,除应设置倒流防止器外,还应设置空气间隙;从生活饮用水管道上直接接出消防软管卷盘、接软管的冲洗水嘴等,其管道上应设置真空破坏器;生活饮用水管道严禁与大便器(槽),小便斗(槽)采用非专用冲洗阀直接连接冲洗;非饮用水管道工程验收时,应逐段检查,以防与饮用水管道误接在一起,其管道上的放水口应有明显标志,避免非饮用水被人误饮和误用。

生活饮用水贮水池(箱)要加强管理,定期清洗。其水泵机组吸水口及池内水流组织应采取合理的技术措施,保证水流合理,使水不至于形成死角长期滞留池中而使水质变坏。当贮水 48 h 内不能得到更新时，应设置消毒处理装置。

第三节　给水设计与增压

一、给水设计流量

(一) 建筑内用水情况和用水定额

建筑内用水包括生活、生产和消防用水三部分。

消防用水具有偶然性，其用水量视火灾情形而定。生产用水在生产班期间内比较均匀且有规律性，其用水量根据地区条件、工艺过程、设备情况、产品性质等因素，按消耗在单位产品上的水量或单位时间内消耗在生产设备上的水量计算确定。生活用水是满足人们生活上各种需要所消耗的用水，其用水量受当地气候、建筑物使用性质、卫生器具和用水设备的完善程度、使用者的生活习惯及水价等多种因素的影响，一般不均匀。

(二) 给水系统设计流量

1. 最高日用水量

建筑内生活用水的最高日用水量可按下式计算：

$$Q_d = \frac{\sum m_i \cdot q_{di}}{1\,000}$$

式中：Q_d——最高日用水量，m³/d；

　　　m_i——用水单位数 (人数、床位数等)；

　　　q_{di}——最高日生活用水定额，L/ (人·d)、L/ (床·d) 等。

最高日用水量一般在确定贮水池 (箱) 容积、计算设计秒流量等过程中使用。

2. 最大小时用水量

根据最高日用水量，进而可算出最大小时用水量：

$$Q_h = \frac{Q_d}{T} \cdot K_h = Q_p \cdot K_h$$

式中：Q_h——最大小时用水量，m³/h；

　　　T——建筑物内每天用水时间，h；

　　　Q_p——最高日平均小时用水量，m³/h；

　　　K_h——小时变化系数。

最大小时用水量一般用于确定水泵流量和高位水箱容积等。

3. 生活给水设计秒流量

给水管道的设计流量是确定各管段管径、计算管路水头损失、进而确定给水系统所需压力的主要依据。因此，设计流量的确定应符合建筑内的用水规律。建筑内的生活用水量在一定时间段里是不均匀的，为了使建筑内瞬时高峰的用水都得到保证，其设计流量应为建筑内卫生器具配水最不利情况组合出流时的瞬时高峰流量，此流量又称设计秒流量。

对于住宅、宿舍、旅馆、宾馆、酒店式公寓、医院、疗养院、办公楼、幼儿园、养老院、商场、图书馆、书店、客运站、航站楼、会展中心、中小学教学楼、公共厕所等建筑，由于用水设备使用不集中，用水时间长，同时给水百分数随卫生器具数量增加而减少。为简化计算，将 1 个直径为 15 mm 的配水水嘴的额定流量 0.2 L/s 作为一个当量，其他卫生器具的给水额定流量与它的比值，即为该卫生器具的当量。这样，便可把某一管段上不同类型卫生器具的流量换算成当量值。

当前，我国生活给水管网设计秒流量的计算方法，按建筑的性质及用水特点分为三类：

① 住宅建筑设计秒流量，按下列步骤和方法计算。

第一，根据住宅配置的卫生器具给水当量、使用人数、用水定额、使用时数及小时变化系数，按下式计算出最大用水时卫生器具给水当量平均出流概率：

$$U_{o} = \frac{q_{L} m K_{h}}{0.2 \cdot N_{g} \cdot T \cdot 3\,600}$$

式中：U_{o}——生活给水管道的最大用水时卫生器具给水当量平均出流概率，%；

q_{1}——最高用水日的用水定额；

m——每户用水人数；

K_{h}——小时变化系数 U_{o}；

N_{g}——每户设置的卫生器具给水当量数；

T——用水时数，h；

0.2——一个卫生器具给水当量的额定流量，L/s。

若某给水干管管段上有两条或两条以上具有不同最大用水时卫生器具给水当量平均出流概率的给水支管时，则该给水干管管段的最大时卫生器具给水当量平均出流概率按以下公式计算：

式中：$\bar{U}_{o}$——给水干管的卫生器具给水当量平均出流概率，%；

U_{oi}——支管的最大用水时卫生器具给水当量平均出流概率，%；

N_{gi}——相应支管的卫生器具给水当量总数。

式 $U_{o} = \dfrac{q_{L} m K_{h}}{0.2 \cdot N_{g} \cdot T \cdot 3600}$ 中的 U_{o} 与式 $\bar{U}_{o} = \dfrac{\sum U_{oi} N_{gi}}{\sum N_{gi}}$ 中的 $\bar{U}_{o}$ 均为平均出流概率，

其意义基本相同，只是针对不同情况的管段而已。

第二，根据计算管段上的卫生器具给水当量总数，可按下式计算得出该管段的卫生器具给水当量的同时出流概率：

$$U = 100 \frac{1 + \alpha_{c} \left(N_{g} - 1 \right)^{0.49}}{\sqrt{N_{g}}}$$

式中：U——计算管段的卫生器具给水当量同时出流概率，%；

α_{c}——对应于 U_{o} 的系数；

N_{g}——计算管段的卫生器具给水当量总数。

第三，根据计算管段上的卫生器具给水当量同时出流概率，按下式计算得计算管段的设计秒流量：

$$q_{g} = 0.2 \cdot U \cdot N_{g}$$

式中：q_{g}——计算管段的设计秒流量，L/s。

为了计算快速、方便，在计算出 U_{o} 后，即可根据计算管段的 N_{g} 值从表4-2（摘录）中直接查得给水设计秒流量。该表可用内插法。

当计算管段的卫生器具给水当量总数超过表4-2中的最大值时，其流量应取最大用水时平均秒流量，即 $q_{g} = 0.2 U_{o} N_{g}$。

表4-2 给水管段设计秒流量计算表（摘录）

U:（%）；q_{g}:（L/s）

U_{o}	1.0		1.5		2.0		2.5	
N_{g}	U	q	U	q	U	q	U	q
1	100.00	0.20	100.00	0.20	100.00	0.20	100.00	0.20
2	70.94	0.28	71.20	0.28	71.49	0.29	71.78	0.29
3	58.00	0.35	58.30	0.35	58.62	0.35	58.96	0.35
4	50.28	0.40	50.60	0.40	50.94	0.41	51.30	0.41
5	45.01	0.45	45.34	0.45	45.69	0.46	46.06	0.46
6	41.12	0.49	41.45	0.50	41.81	0.50	42.18	0.51
7	38.09	0.53	38.43	0.54	38.79	0.54	39.17	0.55
8	35.65	0.57	35.99	0.58	36.36	0.58	36.74	0.59
9	33.63	0.61	33.98	0.61	34.35	0.62	34.73	0.63

续表

U: (%); q_g: (L/s)

U_o	1.0		1.5		2.0		2.5	
N_g	U	q	U	q	U	q	U	q
10	31.92	0.64	32.27	0.65	32.64	0.65	33.03	0.66
11	30.45	0.67	30.80	0.68	31.17	0.69	31.56	0.69
12	29.17	0.70	29.52	0.71	29.89	0.72	30.28	0.73
13	28.04	0.73	28.39	0.74	28.76	0.75	29.15	0.76
14	27.03	0.76	27.38	0.77	27.76	0.78	28.15	0.79
15	26.12	0.78	26.48	0.79	26.85	0.81	27.24	0.82
16	25.30	0.81	25.66	0.82	26.03	0.83	26.42	0.85
17	24.56	0.83	24.91	0.85	25.29	0.86	25.68	0.87
18	23.88	0.86	24.23	0.87	24.61	0.89	25.00	0.90
19	23.25	0.88	23.60	0.90	23.98	0.91	24.37	0.93
20	22.67	0.91	23.02	0.92	23.40	0.94	23.79	0.95
22	21.63	0.95	21.98	0.97	22.36	0.98	22.75	1.00
24	20.72	0.99	21.07	1.01	21.45	1.03	21.85	1.05
26	19.92	1.04	20.27	1.05	20.65	1.07	21.05	1.09
28	19.21	1.08	19.56	1.10	19.94	1.12	20.33	1.14
30	18.56	1.11	18.92	1.14	19.30	1.16	19.69	1.18
32	17.99	1.15	18.34	1.17	18.72	1.20	19.12	1.22
34	17.16	1.19	17.81	1.21	18.19	1.24	18.59	1.26
36	16.97	1.22	17.33	1.25	17.71	1.28	18.11	1.30
38	16.53	1.26	16.89	1.28	17.27	1.31	17.66	1.34
40	16.12	1.29	16.48	1.32	16.86	1.35	17.25	1.38
42	15.74	1.32	16.09	1.35	16.47	1.38	16.87	1.42
44	15.38	1.35	15.74	1.39	16.12	1.42	16.52	1.45
46	15.05	1.38	15.41	1.42	15.79	1.45	16.18	1.49
48	14.74	1.42	15.10	1.45	15.48	1.49	15.87	1.52
50	14.45	1.45	14.81	1.48	15.19	1.52	15.58	1.56
55	13.79	1.52	14.15	1.56	14.53	1.60	14.92	1.64
60	13.22	1.59	13.57	1.63	13.95	1.67	14.35	1.72

② 宿舍、旅馆、宾馆、酒店式公寓、医院、疗养院、幼儿园、养老院、办公楼、商场、图书馆、书店、客运站、航站楼、会展中心、中小学教学楼、公共厕所等建筑的生活给水设计秒流量，按以下公式计算：

$$q_g = 0.2\alpha\sqrt{N_g}$$

式中：q_g——计算管段的给水设计秒流量，L/s；

$\qquad N_g$——计算管段的卫生器具给水当量总数；

$\qquad \alpha$——根据建筑物用途而定的系数。

当计算值小于该管段上一个最大卫生器具给水额定流量时，应采用一个最大的卫生器具给水额定流量作为设计秒流量；当计算值大于该管段上按卫生器具给水额定流量累加所得流量值时，应按卫生器具给水额定流量累加所得流量值采用。

有大便器延时自闭冲洗阀的给水管段，大便器延时自闭冲洗阀的给水当量均以0.5 计，计算得到的 q_g 附加 1.20 L/s 的流量后，为该管段的给水设计秒流量。

综合楼建筑的口值应按加权平均法计算。

③ 宿舍、工业企业的生活间、公共浴室、职工食堂或营业餐馆的厨房、体育场馆、剧院、普通理化实验室等建筑的生活给水管道的设计秒流量，按下式计算：

$$q_g = \sum q_o N_o b$$

式中：q_g——计算管段的给水设计秒流量，L/s；

$\qquad q_o$——同类型的一个卫生器具给水额定流量，L/s；

$\qquad N_o$——同类型卫生器具数；

$\qquad b$——卫生器具的同时给水百分数。

二、给水增压与调节设备

(一) 水泵

在建筑给水系统中，当现有水源的水压较小，不能满足给水系统对水压的需要时，常采用设置水泵进行增高水压来满足给水系统对水压的需求。

1. 适用建筑给水系统的水泵类型

在建筑给水系统中，一般采用离心式水泵。

为节省占地面积，可采用结构紧凑、安装管理方便的立式离心泵或管道泵；当采用设水泵、水箱的给水方式时，通常是水泵直接向水箱输水，水泵的出水量与扬程几乎不变，可选用恒速离心泵；当采用不设水箱而须设水泵的给水方式时，可采用调速泵组供水。

2. 水泵的选择

选择水泵除满足设计要求外，还应考虑节约能源，使水泵在大部分时间保持高效运行。要达到这个目的，正确地确定其流量、扬程至关重要。

（1）流量的确定

在生活（生产）给水系统中，当无水箱（罐）调节时，其流量均应按设计秒流量确定；有水箱调节时，水泵流量应按最大小时流量确定；当调节水箱容积较大，且用水量均匀，水泵流量可按平均小时流量确定。

消防水泵的流量应按室内消防设计水量确定。

（2）扬程的确定

水泵的扬程应根据水泵的用途、与室外给水管网连接的方式来确定。

当水泵从贮水池吸水向室内管网输水时，其扬程由下式确定：

$$H_b = H_z + H_s + H_c$$

当水泵从贮水池吸水向室内管网中的高位水箱输水时，其扬程由下式确定：

$$H_b = H_{z1} + H_s + H_v$$

当水泵直接由室外管网吸水向室内管网输水时，其扬程由下式确定：

$$H_b = H_z + H_s + H_c - H_0$$

式中：H_b——水泵扬程，kPa；

H_z——水泵吸入端最低水位至室内管网中最不利点所要求的静水压，kPa；

H_s——水泵吸入口至室内最不利点的总水头损失（含水表的水头损失），kPa；

H_c——室内管网最不利点处用水设备的最低工作压力，kPa；

H_{z1}——水泵吸入端最低水位至水箱最高水位要求的静水压，kPa；

H_v——水泵出水管末端的流速水头，kPa；

H_0——室外给水管网所能提供的最小压力，kPa。

如遇式 $H_b = H_z + H_s + H_c - H_0$ 所限定的情况，计算出 H_0 选定水泵后，还应以室外给水管网的最大压力校核水泵的工作效率和超压情况。如果超压过大，会损坏管道或附件，则应采取设置水泵回流管、管网泄压管等保护性措施。

3. 水泵的设置

水泵机组一般设置在水泵房内，泵房应远离需要安静、要求防震、防噪声的房间，并有良好的通风、采光、防冻和排水的条件；泵房的条件和水泵的布置要便于起吊设备的操作，其间距要保证检修时能拆卸、放置泵体和电机（其四周宜有 0.7 m 的通道），并能进行维修操作。

每台水泵一般应设独立的吸水管，如必须设置成几台水泵共用吸水管时，吸水管应管顶平接；水泵装置宜设计成自动控制运行方式，间歇抽水的水泵应尽可能设计成自灌式（特别是消防泵），自灌式水泵的吸水管上应装设阀门。在不可能时才设计成吸上式，吸上式的水泵均应设置引水装置；每台水泵的出水管上应装设阀门、止回阀和压力表，并宜有防水击措施（但水泵直接从室外管网吸水时，应在吸水管上装设阀门、倒流防止器和压力表，并应绕水泵设装有阀门和止回阀的旁通管）。

与水泵连接的管道力求短、直；水泵基础应高出地面 0.1 ~ 0.3 m；水泵吸水管内的流速宜控制在 1.0 ~ 1.2 m/s 以内，出水管内的流速宜控制在 1.5 ~ 2.0 m/s 内。

为减小水泵运行时振动产生的噪声，应尽量选用低噪声水泵，也可在水泵基座下安装橡胶、弹簧减振器或橡胶隔振器（垫），在吸水管、出水管上装设可曲挠橡胶接头，采用弹性吊（托）架，以及其他新型的隔振技术措施等。当有条件和必要时，建筑上还可采取隔振和吸声措施。

生活和消防水泵应设备用泵，生产用水泵可根据工艺要求确定是否设置备用泵。

（二）贮水池

贮水池是贮存和调节水量的构筑物。当一幢（特别是高层建筑）或数幢相邻建筑所需的水量、水压明显不足，或者是用水量很不均匀（在短时间内特别大），城市供水管网难以满足时，应当设置贮水池。

贮水池可设置成生活用水贮水池、生产用水贮水池、消防用水贮水池等。贮水池的形状有圆形、方形、矩形和因地制宜的异形。小型贮水池可以是砖石结构，混凝土抹面，大型贮水池应该是钢筋混凝土结构。不管是哪种结构，必须牢固，保证不漏（渗）水。

1. 贮水池的容积

贮水池的容积与水源供水能力、生活（生产）调节水量、消防贮备水量和生产事故备用水量有关，可根据具体情况加以确定：

消防贮水池的有效容积应按消防的要求确定；生产用水贮水池的有效容积应按生产工艺、生产调节水量和生产事故用水量等情况确定；生活用水贮水池的有效容积应按进水量与用水量变化曲线经计算确定。当资料不足时，宜按建筑最高日用水量的 20% ~ 25% 确定。

2. 贮水池的设置

贮水池可布置在通水良好、不结冻的室内地下室或室外泵房附近，不宜毗邻电气用房和居住用房或在其上方。生活贮水池应远离（一般应在 10 m 以上）化粪池、厕所、厨房等卫生环境不良的房间，应有防污染的技术措施；生活贮水池不得兼作他用，消防和生产事故贮水池可兼作喷泉池、水景镜池和游泳池等，但不得少于两格；消防贮水池中包括室外消防用水量时，应在室外设有供消防车取用水的吸水口；昼夜用水的建筑物贮水池和贮水池容积大于 500 m³ 时，应分成两格，以便清洗、检修。

贮水池外壁与建筑本体结构墙面或其他池壁之间的净距，应满足施工或装配的要求；无管道的侧面，其净距不宜小于 0.7 m；有管道的侧面，其净距不宜小于 1.0 m，且管道外壁与建筑本体墙面之间的通道宽度不宜小于 0.6 m；设有人孔的池顶顶板面与上面建筑本体板底的净空不应小于 0.8 m。

贮水池的设置高度应利于水泵自灌式吸水，且宜设置深度大于、等于 1.0 m 的集（吸）水坑，以保证水泵的正常运行和水池的有效容积；贮水池应设进水管、出（吸）水管、溢流管、泄水管、人孔、通气管和水位信号装置。溢流管应比进水管大一号，溢流管出口应高出地坪 0.10 m；通气管直径应为 200 mm，其设置高度应距覆盖层 0.5 m 以上；水位信号应反映到泵房和操纵室；必须保证污水、尘土、杂物不得通过人孔、通气管、溢流管进入池内；贮水池进水管和出水管应分别设置且应布置在相对位置，以便贮水经常流动，避免滞留和死角，以防池水腐化变质。

（三）吸水井

当室外给水管网水压不足但能够满足建筑内所需水量，可不需设置贮水池，若室外管网不允许直接抽水时，即可设置仅满足水泵吸水要求的吸水井。

吸水井的容积应大于最大一台水泵 3 min 的出水量。

吸水井可设在室内底层或地下室，也可设在室外地下或地上，对于生活用吸水井，应有防污染的措施。

吸水井的尺寸应满足吸水管的布置、安装和水泵正常工作的要求，吸水管在井内布置的最小尺寸如图 4-1 所示。

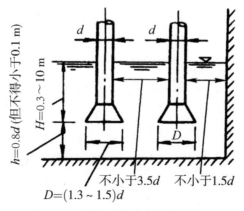

图 4-1　吸水管在井内布置的最小尺寸

(四) 水箱

按不同用途, 水箱可分为高位水箱、减压水箱、冲洗水箱、断流水箱等多种类型。其形状多为矩形和圆形, 制作材料有钢板(包括普通、搪瓷、镀锌、复合与不锈钢板等)、钢筋混凝土、玻璃钢和塑料等。这里主要介绍在给水系统中使用较广的, 起到保证水压和贮存、调节水量的高位水箱。

1. 水箱的有效容积

水箱的有效容积, 在理论上应根据用水和进水流量变化曲线确定。但变化曲线难以获得, 故常按经验确定:

对于生活用水的调节水量, 由水泵联动提升进水时, 可按不小于最大小时用水量的 50% 计算; 仅在夜间由城镇给水管网直接进水的水箱, 生活用水贮量应按用水人数和最高日用水定额确定; 生产事故备用水量应按工艺要求确定; 当生活和生产调节水箱兼作消防用水贮备时, 水箱的有效容积除生活或生产调节水量外, 还应包括 10 min 的室内消防设计流量(这部分水量平时不能动用)。

水箱内的有效水深一般采用 0.70 ~ 2.50 m。水箱的保护高度一般为 200 mm。

2. 水箱设置高度

水箱的设置高度可由下式计算:

$$H \geqslant H_s + H_c$$

式中: H——水箱最低水位至配水最不利点位置高度所需的静水压, kPa;

H_s——水箱出口至最不利点管路的总水头损失, kPa;

H_c——最不利点用水设备的最低工作压力, kPa。

贮备消防水量的水箱, 满足消防设备所需压力有困难时, 应采取设置增压泵等措施。

3. 水箱的配管与附件

进水管: 进水管一般由水箱侧壁接入(进水管口的最低点应高出溢流水位 25 ~ 150 mm), 也可从顶部或底部接入。进水管的管径可按水泵出水量或管网设计秒流量计算确定。

当水箱直接利用室外管网压力进水时, 进水管出口应装设液压水位控制阀(优先采用, 控制阀的直径应与进水管管径相同)或浮球阀, 进水管上还应装设检修用的阀门, 当管径大于、等于 50 mm 时, 控制阀(或浮球阀)不少于 2 个。从侧壁进入的进水管其中心距箱顶应有 150 ~ 200 mm 的距离。

当水箱由水泵加压供水时, 应设置水位自动控制水泵运行时的装置。

出水管：出水管可从侧壁或底部接出，出水管内底或管口应高出水箱内底且应大于 50 mm；出水管管径应按设计秒流量计算；出水管不宜与进水管在同一侧面；为便于维修和减小阻力，出水管上应装设阻力较小的闸阀，不允许安装阻力大的截止阀；水箱进出水管宜分别设置；如进水、出水合用一根管道，则应在出水管上装设阻力较小的旋启式止回阀，止回阀的标高应低于水箱最低水位 1.0 m 以上；消防和生活合用的水箱除了确保消防贮备水量不作他用的技术措施外，还应尽量避免产生死水区。

溢流管：水箱溢流管可从底部或侧壁接出，溢流管的进水口宜采用水平喇叭口集水（若溢流管从侧壁接出，喇叭口下的垂直距离不宜小于溢流管径的 4 倍）并应高出水箱最高水位 50 mm，溢流管上不允许设置阀门，溢流管出口应设网罩，管径应比进水管大一级。溢流管出口不得与污、废水管道系统直接连接。

泄水管：水箱泄水管应自底部接出，管上应装设闸阀，其出口可与溢水管相接，但不得与污、废水管道系统直接相连，其管径应按水箱泄空时间和泄水受体排泄能力确定，但一般不小于 50 mm。

水位信号装置：该装置是反映水位控制阀失灵报警的装置。可在溢流管口（或内底）齐平处设信号管，一般自水箱侧壁接出，常用管径为 15 mm，其出口接至经常有人值班的控制中心内的洗涤盆上。

若水箱液位与水泵连锁，则应在水箱侧壁或顶盖上安装液位继电器或信号器，并应保持一定的安全容积：最高电控水位应低于溢流水位 100 mm；最低电控水位应高于最低设计水位 200 mm 以上。

为了就地指示水位，应在观察方便、光线充足的水箱侧壁上安装玻璃液位计，便于直接监视水位。

通气管：供生活饮用水的水箱，当贮量较大时，宜在箱盖上设通气管，以使箱内空气流通。其管径一般不小于 50 mm，管口应朝下并设网罩。

人孔：为便于清洗、检修，箱盖上应设人孔。

4. 水箱的布置与安装

水箱间：水箱间的位置应结合建筑、结构条件和便于管道布置来考虑，能使管线尽量简短，同时应有良好的通风、采光和防蚊蝇条件，室内最低气温不得低于 5℃。水箱间的净高不得低于 2.20 m，并能满足布管要求。水箱间的承重结构应为非燃烧材料。

水箱的布置：水箱布置间距要求见表 4-3。对于大型公共建筑和高层建筑，为保证供水安全，宜将水箱分成两格或设置两个水箱。

表 4-3　水箱布置间距（m）

单位：m

箱外壁至墙面的距离		水箱之间的距离	箱顶至建筑最低点的距离
有管道、阀门一侧	无管道一侧		
1.0	0.7	0.7	0.8

注：① 水箱旁有管道闸门时，管道、阀门外壁与建筑本体墙面之间的通道宽度不宜小于 0.6 m。
　　② 当水箱按表中布置有困难时，允许水箱之间或水箱与墙壁之间的一面不留检修通道。

金属水箱的安装：用槽钢（工字钢）梁或钢筋混凝土支墩支承。为防水箱底与支承接触面发生腐蚀，应在它们之间垫以石棉橡胶板、橡胶板或塑料板等绝缘材料。

水箱底距地面宜有不小于 800 mm 的净空高度，以便安装管道和进行检修。

(五) 气压给水设备

气压给水设备是利用密闭贮罐内空气的可压缩性，进行贮存、调节、压送水量和保持水压的装置，其作用相当于高位水箱或水塔。

1. 分类与组成

气压给水设备按罐内水、气接触方式，可分为补气式和隔膜式两类。按输水压力的稳定状况，可分为变压式和定压式两类。

（1）补气变压式气压给水设备

如图 4-2 所示，当罐内压力较小时，水泵向室内给水系统加压供水，水泵出水除供用户外，多余部分进入气压罐，罐内水位上升，空气被压缩。当压力达到较大时，水泵停止工作，用户所需的水由气压罐提供。随着罐内水量的减少，空气体积膨胀，压力将逐渐降低，当压力降至 P_1 时，水泵再次启动。如此往复，实现供水的目的。用户对水压允许有一定波动时，常采用这种方式。

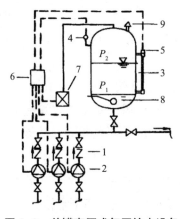

图 4-2　单罐变压式气压给水设备

（2）补气定压式气压给水设备

如图4-3所示。目前，常见的做法，是在上述变压式供水管道上安装压力调节阀7，将调节阀出口水压控制在要求范围内，使供水压力稳定。当用户要求供水压力稳定时，宜采用这种方式。

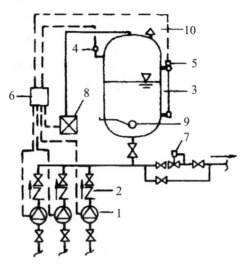

图4-3　定压式气压给水设备

上述两种方式的气压罐内还设有排气阀，其作用是防止罐内水位下降至最低水位以下后，罐内空气随水流泄入管网。这种气压给水设备，罐中水、气直接接触，在运行过程中，部分气体会溶于水中，气体将逐渐减少，罐内压力随之下降，时间稍长，就不能满足设计要求。为保证系统正常工作，需设补气装置。补气的方法很多（如采用空气压缩机补气、在水泵吸水管上安装补气阀、在水泵出水管上安装水射器或补气罐等）。

（3）隔膜式气压给水设备

在气压水罐中设置帽形或胆囊形（胆囊形优于帽形）弹性隔膜，将气水分离，既使气体不会溶于水中，又使水质不易被污染，补气装置也就不需设置。

生活给水系统中的气压给水设备，必须注意水质防护措施。如气压水罐和补气罐内壁应涂无毒防腐涂料，隔膜应用无毒橡胶制作，补气装置的进气口都要设空气过滤装置，采用无油润滑型空气压缩机等。

2.气压给水设备的特点

（1）气压给水设备与高位水箱相比，有如下优点：

灵活性大，设置位置限制条件少，便于隐蔽；便于安装、拆卸、搬迁、扩建、改造，便于管理维护；占地面积少，施工速度快，土建费用低；水在密闭罐之中，水质不易被污染；具有消除管网系统中水击的作用。

(2) 气压给水设备的缺点。

贮水量少，调节容积小，一般调节水量为总容积的 15%～35%；给水压力不太稳定，变压式气压给水压力变化较大，可能影响给水配件的使用寿命；供水可靠性较差。由于有效容积较小，一旦因故停电或自控失灵，断水的概率较大；与其容积相对照，钢材耗量较大；因是压力容器，对用材、加工条件、检验手段均有严格要求；耗电较多，水泵启动频繁，启动电流大；水泵不是都在高效区工作，平均效率低；水泵扬程要额外增加 $\Delta P = P_2 - P_1$ 的电耗，这部分是无用功但又是必需的，一般增加 15%～25% 的电耗（因此，推荐采用 2 台以上水泵并联工作的气压给水系统）。

第五章　建筑消防给水

第一节　消防系统的类型及工作原理

一、消防系统的类型、工作原理和适用范围

现代建筑的室内装饰、家具等由于采用了大量易燃和可燃材料，一旦发生火灾，不仅会造成大量财产损失，而且还会造成人员窒息甚至更严重的后果，因此，为了保障社会主义建设和公民生命财产的安全，应认真贯彻"预防为主，防消结合"的方针，设置完善的消防灭火系统，将火灾的危害和损失降低到最低限度。

（一）火灾的分类

火灾根据可燃物的燃烧性能可分为 A、B、C、D、E 五类火灾。

A 类为可燃固体火灾，一般是有机物质，如木材、棉麻等；

B 类为可燃液体，如汽油、柴油等；

C 类为可燃气体，如甲烷、天然气和人工燃气等；

D 类为活泼金属，如钾、钠、镁等；

E 类为电气火灾。

（二）灭火机理

1.灭火机理

灭火是破坏燃烧条件，使燃烧终止反应的过程。灭火的基本原理可归纳为冷却、窒息、隔离和化学抑制，前三种主要是物理过程，第四种为化学过程。

（1）冷却灭火

对一般可燃物而言，它们之所以能够持续燃烧，其条件之一就是它们在火焰或热的作用下，达到了各自的燃点。因此，将可燃固体冷却到燃点以下，将可燃液体冷却到闪点以下，燃烧反应就会中止。用水扑灭一般固体物质的火灾，主要是通过冷却作用来实现的。水能大量吸收热量，使燃烧物的温度迅速降低，火焰熄灭。

（2）窒息灭火

氧的浓度是燃烧的必要充分条件，用二氧化碳、氮气、水蒸气等稀释氧的浓度，

燃烧不能持续，达到灭火的目的。多用于密闭或半密闭空间。

（3）隔离灭火

可燃物是燃烧条件中的主要因素，如果把可燃物与火焰以及氧隔离开燃烧反应会自动中止。如切断流向着火区的可燃气体或液体的通道或喷洒灭火剂把可燃物与氧和热隔离开，是常用的灭火方法。

（4）化学抑制灭火

物质的有焰燃烧中的氧化反应，都是通过链式反应进行的。产生大量的自由基，灭火剂能抑制自由基的产生，自由基浓度降低，链式反应中止，火灾扑灭。

2. 水灭火机理

水灭火的主要机理是冷却，但因系统的不同可伴有其他灭火功能，如窒息、预湿润、阻隔辐射热、稀释、乳化等灭火功能。

水的冷却是利用自身的吸热和汽化潜热来冷却的，水的冷却作用是其他灭火剂所无法替代的冷却剂。水汽化后变为水蒸气，在燃烧物周围形成一道屏障阻挡新鲜空气的吸入。当燃烧物周围氧气浓度降低到一定值时，火焰将被窒息、最后熄灭。

以水为灭火剂的灭火系统有消火栓灭火系统、消防炮、自动喷水灭火系统、水喷雾灭火系统、细水雾灭火系统等。

（1）消火栓灭火机理

消火栓灭火机理主要是冷却，可扑灭 A 类火灾，以及其他火灾的暴露防护和冷却。消火栓是依靠水枪充实水柱的冲击力使水进入着火区，用水从着火点的外部进行冷却灭火的，水的浪费较大。同时由于消火栓充实水柱的力量较大，可能在小火时把火场周围的物品冲坏；着火面积较大时，消火栓只能控制建筑内物品的燃烧速度，而不能抑制热量生成和扑灭火灾。

（2）自动喷水灭火机理

自动喷水灭火机理主要是冷却，也伴有预湿润等灭火功能，可扑灭 A 类火灾，以及其他火灾的暴露防护和隔断。灭火时是从火灾的内部喷水灭火，而且水的冲击力小，对火场周围的物品无损害。

自动喷水——泡沫联用系统的灭火机理是冷却和隔离、窒息三种灭火机理同时存在。水幕系统阻隔辐射热，雨淋系统具有冷却和预湿润作用。

（3）水喷雾灭火机理

水喷雾具有冷却、窒息、乳化某些液体和稀释作用，可扑灭 A、B 类和电气火灾，以及其他火灾的暴露防护和冷却。

（4）细水雾灭火机理

细水雾灭火机理是以冷却为主，同时伴有窒息作用。可扑灭 A、B 类和电气火灾，以及其他火灾的暴露防护和冷却。细水雾因其水滴粒径极小，遇到热量后迅速蒸发，该系统与自动喷水系统和喷雾系统相比，因水滴更小，水的蒸发速度快且彻底，因此用水量少。

（5）消防炮灭火机理

消防水炮灭火机理主要是冷却，可扑灭 A 类火灾和暴露防护及冷却。消防泡沫炮灭火机理主要是隔离，可扑灭 A、B 类火灾。消防干粉炮灭火机理是隔离、化学抑制，可扑灭 A、B 和 C 类火灾。

3. 泡沫系统灭火机理

泡沫灭火系统分为低、中、高三种泡沫系统，其灭火机理主要是隔离作用，同时伴有窒息作用。可扑灭 A、B 类火灾。低倍数泡沫的发泡倍数是 20 倍以下，中倍数泡沫的发泡倍数是 21～200 之间，高倍数泡沫的发泡倍数是 201～1000 之间。

4. 洁净气体系统灭火机理

洁净气体系统灭火机理因灭火剂而异，一般是由冷却、窒息隔离和化学抑制等机理组成。可扑灭 A、B、C 和电气火灾类火灾。洁净气体具有化学稳定性好、耐贮存、腐蚀性小、不导电、毒性低、蒸发后不留痕迹的优点，适用于扑救多种类型的火灾。常用洁净气体系统有七氟丙烷、IG541、三氟甲烷、二氧化碳。

5. 干粉灭火机理

干粉灭火剂以磷酸氢盐和碳酸氢盐灭火剂为主，通常可分为物理灭火和化学灭火两种功能。一般认为物理灭火主要是干粉灭火剂吸收燃烧产生的热量，使显热变成潜热，燃烧反应温度骤降，不能维持持续反应所需的热量，燃烧反应中止，火焰熄灭。磷酸氢盐适合扑灭 A 类火灾，碳酸氢盐适合于扑灭 B 类和 C 类火灾。

（三）火灾危险性分类

1. 建筑物分类

火灾危险性是根据建筑物的性质分类的。建筑物一般分为工业与民用建筑。工业建筑包括各类生产厂房和仓库，民用建筑包括各类公共建筑和居住建筑。在进行危险性分类时需要界定建筑物的性质，故需要明确有关建筑物的基本概念。

2. 建筑物保护分级

建筑物保护分级分为四级：重要建筑、一类建筑、二类建筑、三类建筑。

3. 民用建筑的火灾危险性分类

《建筑设计防火规范》对民用建筑没有进行火灾危险性分类，《高层民用建筑设计防火规范》根据使用性质、火灾危险性、疏散和扑救难度进行分类，把高层民用建筑分为一、二类，也可认为是火灾危险性分类；《自动喷水灭火系统设计规范》

把建筑分为轻、中、严重和仓库四个等级,《建筑灭火器配置规范》把建筑分为轻、中、严重三个等级。

(四) 水灭火类型和范围

1. 水消防类型

水消防系统主要是依靠水对燃烧物的冷却降温作用来扑灭火灾。

水消防系统可以分为多种类型。按照设置的位置与灭火范围,可分为室外消防系统和室内消防系统;按照管网中的给水压力,分为高压系统、临时高压系统和低压系统;按照使用范围和水流形态的不同,分为消火栓给水系统(包括室外消火栓给水系统、室内消火栓给水系统)和自动喷水灭火系统(包括湿式系统、干式系统、预作用系统、重复启闭预作用系统、雨淋系统、水幕系统、水喷雾系统)。

2. 适用范围

水是自然界中分布最广、价格最低廉的灭火剂,因此水灭火系统的适用范围也最广泛。

《建筑设计防火规范》的适用范围包括9层及9层以下的住宅(包括底层设置商业服务网点的住宅)、建筑高度不超过24 m的其他民用建筑、建筑高度超过24 m的单层公共建筑、地下民用建筑以及所有的工业建筑。

《高层民用建筑设计防火规范》的适用范围包括10层及10层以上的居住建筑(包括底层设置商业服务网点的住宅)、建筑高度超过24 m的公共建筑。

水灭火系统可应用于各类民用与工业建筑,但下列情况除外:

过氧化物如钾、钠、钙、镁等的过氧化物引起的火灾,这些物质遇水后发生剧烈化学反应,并同时放出热量,产生氧气而加剧燃烧;轻金属,如金属钠、钾、碳化钠、碳化钾、碳化钙、碳化铝等引起的火灾,遇水使水分解,夺取水中的氧并与之化合,同时放出热量和可燃气体,引起加剧燃烧或爆炸的后果;高温黏稠的可燃液体引起的火灾,发生火灾时如用水扑救,会引起可燃液体的沸溢和喷溅现象,导致火灾蔓延;其他用水扑救会使保护对象遭受严重破坏的火灾。

二、室外消防系统

(一) 室外消防系统的组成与作用

室外消防系统由室外消防水源、室外消防管道系统和室外消火栓组成。

室外消防系统既可供消防车取水,又可由消防车经水泵接合器向室内消防系统供水,增补室内的消防用水量不足,进行控制和扑救火灾。

（二）室外消防用水量

建筑物室外消防用水可由市政给水管网提供，有条件的可就近利用天然水源，也可利用建筑的室内（外）水池中的贮备消防用水作为消防水源。

1. 城镇和居住区室外消防用水量可按下式计算

$$Q=N \cdot q$$

式中：Q——室外消防用水量，L/s；

N——同一时间火灾次数；

q——一次灭火用水量（L/次）。

2. 建筑物的室外消火栓用水量

对单、低层建筑和工业建筑室外消火栓的用水量不应小于表5-1的规定；当一个单位内有泡沫设备、带架水枪、自动喷水灭火设备，以及其他消防用水设备时，其消防用水量，应将上述设备所需的全部消防用水量加上表5-1规定的室外消火栓用水量的50%，但采用的水量不应小于表5-1的规定。

表5-1　建筑物的室外消火栓用水量

耐火等级	建筑名称及类别		一次灭火用水量（L/s）　建筑物体积（m³） ≤1 500	1 501~ 3 000	3 001~ 5 000	5 001~ 20 000	20 001~ 50 000	> 50 000
一级、二级、三级	厂房	甲、乙、丙	10	15	20	25	30	35
		丁、戊	10	15	20	25	30	40
			10	10	10	15	15	20
	库房	甲、乙	15	15	25	25	—	—
		丙	15	15	25	25	35	45
		丁、戊	10	10	10	15	15	20
	民用建筑		10	15	15	20	25	30
	厂房或库房	乙、丙	15	20	30	40	45	—
		丁、戊	10	10	15	20	25	35
	民用建筑		10	15	20	25	30	—
四级	丁、戊类厂房或库存房		10	15	20	25	—	—
	民用建筑		10	15	20	25		

注：1. 室外消火栓用水量应按消防需水量最大的一座建筑物或一个防火分区计算。成组布置的建筑物应按消防需水量较大的相邻两座计算。

2. 火车站、码头和机场的中转库房，其室外消火栓用水量应按相应耐火等级的丙类物品库房确定。

3. 国家级文物保护单位的重点砖、木结构的建筑物室外消防用水量，按三级耐火等级民用建筑物消防用水量确定。

（三）室外消防水压

室外消防管网的水压可分为高压管网、临时高压管网和低压管网。

1. 高压消防管网

管网内经常可保持充足的水压，可直接从消火栓接水龙带水枪灭火，不再需用其他加压设备。水压可按下式计算：

$$H=H_z+h_1+h_2$$

式中：H——管网最不利点消火栓栓口水压，kPa；

H_z——室外消火栓口至消防时最不利处水枪出水口的高程差，kPa；

h_1—— 6 条直径为 65 mm 的麻质水带的水头损失之和，kPa；

h_2—— 消防水枪喷口处所需水压（按水枪喷口直径 19 mm、充实水柱为 100 kPa 计算），kPa。

2. 室外临时高压消防管网

消防管网平时水压不高，当发生火警时，开启泵站内的高压消防泵来满足消防水压的要求。

3. 室外低压消防管网

管网内平时水压较低，也不具备固定专用的高压消防泵，主要由消防车或移动式消防泵提供水压。

（四）室外消防给水管道、室外消火栓和消防水池

1. 室外消防给水管道的布置

室外消防给水管道是指从市政给水管网接往居住小区、工厂和一些公共建筑的给水管道。按用途分为生产用水与消防用水合并的给水管道系统；生活用水与消防用水合并的给水管道系统；生活用水、生产用水与消防用水合并的给水管道系统；独立的消防给水管道系统。

消防管网的布置形式分树枝状管网和环状管网。环状管网的输水干管不得少于两条，若一条输水干管发生故障后，另一条输水干管应可保证 100% 的消防供水，为提高供水的安全可靠性，对室外消防水量较大及高层建筑的室外消防给水管道应布置为环状，环状管道应用阀门分成若干独立管段，每段内消火栓的数量不宜超过

5个，且室外消防管道的直径不应小于100 mm。对于室外消防水量小于15 L/s及管网建设初期时，可采用枝状管网。设计时应根据具体情况正确地选择室外消防管网的形式。

2. 室外消火栓的布置

室外消火栓有地上式与地下式两种。在我国南方气候温暖的地区可采用地上式或地下式消火栓；在北方寒冷地区宜采用地下式消火栓；室外地下式消火栓应有直径为100 mm和65 mm的栓口各1个；室外地上式消火栓应有1个直径为150 mm或100 mm和2个直径为65 mm的栓口；消火栓应有明显的标志。寒冷地区设置的室外消火栓应有防冻措施。

室外消火栓应沿道路设置，道路宽度超过60 m时，宜在道路两边设置消火栓，并靠近十字路口；消火栓距路边不应超过2 m，距房屋外墙不宜小于5 m；室外消火栓应设置在便于消防车使用的地点；甲、乙、丙类液化储罐区和液化石油气罐区的消火栓，应设在防火堤外。但距罐壁15 m范围内的消火栓，不应计算在该罐可使用的数量内；室外消火栓应沿高层建筑周围均匀布置，并不宜集中布置在建筑物的一侧；人防工程室外消火栓距人防工程出入口不宜小于5 m；停车场室外消火栓宜沿停车场周边设置且距最近一排汽车不宜小于7 m，距加油站或油库不宜小于15 m。

室外消火栓的保护半径不应超过150 m，间距不应超过120 m；在市政消火栓保护半径150 m以内，如消防水量不超过15 L/s时，可不设室外消火栓；室外消火栓的数量应按室外消防用水量计算决定，每个室外消火栓的用水量应按10～15 L/s计算。

3. 消防水池

消防水池用以贮存火灾延续时间内室内外消防用水总量当生产、生活用水量达到最大时，市政给水管道、进水管或天然水源不能满足室内外消防用水量，或市政给水管道为枝状，或只有一条进水管，且消防用水量之和超过25 L/s时，应设消防水池。

消防水池的有效容积：当室外给水管网能保证室外消防用水量时，消防水池的有效容量应满足在火灾延续时间内室内消防用水量的要求。当室外给水管网不能保证室外消防用水量时，消防水池的有效容量应满足在火灾延续时间内室内消防用水量与室外消防用水量不足部分之和的要求。当室外给水管网供水充足且在火灾情况下能保证连续补水时，消防水池的容量可减去火灾延续时间内补充的水量。

补水量应按出水量较小的补水管计算，且补水管的流速不宜大于2.5 m/s。消防水池的补水时间不宜超过48 h，缺水地区或独立的石油库区可延长到96 h。消防水池总容量超过500 m³时，应分设成两个能独立使用的消防水池。

消防水池的容量应满足在火灾延续时间内室内外消防用水总量的要求。《建筑设计防火规范》规定，公共建筑和居住建筑的火灾延续时间应按 2 h 计算；《高层民用建筑设计防火规范》规定，商业楼、展览楼、综合楼、一类建筑的财贸金融楼、图书馆、书库，重要的档案楼、科研楼和高级旅馆的火灾延续时间按 3 h 计算，其他高层建筑可按 2 h 计算。自动喷水灭火系统按 1 h 计算。

消防水池的有效容积应按下公式确定：

$$V_a = \sum_{i=1}^{n} Q_{pi} \cdot t_i = Q_b \cdot T_b$$

式中：V_a——消防水池的有效容积，m^3；

$\quad\quad Q_i$——建筑内各种灭火系统的设计流量，m^3/h；

$\quad\quad Q_b$——在火灾延续设计内可连续补充的水量，m^3/h；

$\quad\quad t_i$——各种水消防灭火的火灾延续时间的最大值，h，公共建筑和居住建筑为 2 h，自动喷水灭火系统、泡沫灭火系统和防火分隔水幕按相应现行国家标准确定。

供消防车取水的消防水池，应设置取水井或取水口，且吸水管高度不超过 6 m。取水井的有效容积不得小于消防车上最大一台（组）水泵 3 min 的出水量，一般不宜小于 3 m³，取水井或取水口的与建筑物（水泵房除外）的距离不宜小于 15 m；吸水井中吸水管的布置应根据吸水管的数量、管径、管材、接口方式、水表的布置、安装、检修和正常工作（防止消防泵吸入空气）要求确定。

供消防车取水的消防水池，保护半径不应大于 150 m，并应设取水口，其取水口与建筑物（水泵房除外）的距离不宜大于 15 m；与甲、乙、丙类液体储罐的距离不宜小于 40 m；与液化石油气贮罐的距离不宜小于 60 m。若有防止辐射热的保护设施时，可减为 40 m。供消防车取水的消防水池应保证消防车的吸水高度不超过 6 m；室外消防水池与被保护建筑物的外墙距离不宜小于 5 m，并不宜大于 100 m；消防用水与生产、生活用水合并的水池，应有确保消防用水不作他用的技术设施；寒冷地区的消防水池应有防冻设施。

利用游泳池、水景喷水池、循环冷却水池等专用水池兼作消防水池时，除需满足消防水池的一般要求外，还应保持全年有水，不得放空（包括冬季）。在寒冷地区的室外消防水池应有防冻设施。消防水池必须有盖板，盖板上须覆土保温，人孔和取水口设双层保温井盖。

消防水池的有效水深是设计最高水位至消防水池最低有效水位之间的距离。消防水池最低有效水位是消防水泵吸水喇叭口或出水管喇叭口以上 0.6 m 水位，当消防水泵吸水管或消防水箱出水管上设置防止旋流器时,最低有效水位为防止旋流器顶部以上 0.15 m。溢流水位宜高出设计最高水位 0.05 m 左右,溢水管喇叭口应与溢流水位在同一水位线上,溢水管比进水管大 2 号,溢水管上不应装有阀门。溢水管、泄水管不应与排水管直接连通。

第二节 高低层建筑室内消火栓消防系统

一、低层建筑室内消火栓消防系统

室内消火栓系统在建筑物内使用广泛,用于扑灭初期火灾,在建筑高度超过消防车供水能力时,室内消火栓系统除扑救初期火灾外,还要扑救较大火灾。根据我国目前普遍使用的登高消防器材的性能、消防车供水的能力、麻织水带的耐压程度和建筑的结构状况,并参考国外对低层与高层建筑起始高度划分的标准,我国公安部规定:低层与高层建筑的高度分界线为 24 m;高层与超高层建筑的高度分界线为 100 m;建筑高度为建筑室外地面到女儿墙或檐口的高度。

低层建筑的室内消火栓给水系统是指 9 层及 9 层以下的住宅建筑、高度小于 24 m 的其他民用建筑和高度不超过 24 m 的厂房、车库以及单层公共建筑的室内消火栓消防系统。这些建筑物的火灾能依靠一般消防车的供水能力直接进行灭火。

(一)室内消防给水的设置范围

我国现行的《建筑设计防火规范》规定,下列建筑应设置 DN65 的室内消火栓:建筑占地面积大于 300 m² 的厂房(仓库);特等、甲等剧场,超过 800 个座位的其他等级的剧院和电影院等,超过 1200 个座位的礼堂、体育馆等;体积超过 5000 m³ 的车站、码头、机场的候车(船、机)楼、展览建筑、商店、商店、旅馆建筑、病房楼、门诊楼、图书馆建筑等;超过 7 层的住宅应设置室内消火栓系统,当确有困难时,可只设干式消防竖管和不带消火栓箱的 DN65 室内消火栓,消防竖管的直径不应小于 DN65;超过 5 层或体积大于 10 000 m³ 的办公楼、教学楼、非住宅类居住建筑等其他民用建筑;国家级文物保护单位的重点砖木或木结构的古建筑。

下列建筑物可不设室内消火栓:耐火等级为一、二级且可燃物较少的单层、多层丁、戊类厂房(仓库),耐火等级为三、四级且建筑体积不超过 3 000 m³ 的丁类厂房和建筑体积不超过 5 000 m³ 的戊类厂房(仓库),存有与水接触能引起燃烧爆炸的物品的建筑物和室内没有生产、生活给水管道,室外消防用水取自贮水池且建筑体积不超过 5 000 m³ 的建筑物。

(二) 室内消火栓给水系统的组成

室内消火栓给水系统一般由消火栓箱、消火栓、水带、水枪、消防管道、消防水池、高位水箱、水泵接合器、加压水泵、报警装置及消防泵启动按钮等组成。

建筑给水排水工程

1. 消火栓设备

消火栓设备包括水枪、水带和消火栓，均安装在消火栓箱内。

水枪一般采用直流式，接口直径分 50 mm 和 65 mm 两种，喷嘴口径有 13 mm、16 mm、19 mm 三种。水带直径有 50 mm、65 mm 两种。喷嘴口径 13 mm 的水枪配置口径 50 mm 的水带，16 mm 水枪可配置 50 mm 或 65 mm 的水带，19 mm 水枪配置 65 mm 的水带。水带长度分阶段 10 m、15 m、20 m、25 m 四种规格，水带材质有麻织和化纤两种，有衬橡胶与不衬橡胶之分。消火栓、水带和水枪均采用内扣式快速式接口。消火栓有单出口和双出口两种，单出口消火栓口径有 50 mm 和 65 mm 两种，双出口消火栓口径为 65 mm。当每支水枪最小流量小于 3 L/s 时选用 50 mm 消火栓和水带、口径 13 mm 或 16 mm 水枪；流量大于 3 L/s 时选用口径 65 mm 消火栓和水带、口径 19 mm 水枪。

2. 水泵接合器

高层厂房 (仓库)、设置室内消火栓且层数超过 4 层的厂房 (仓库)、设置室内消火栓且层数超过 5 层的公共建筑、人防工程 (消防用水量大于 10 L/s)、4 层以上多层汽车库及地下汽车库，其室内消火栓给水系统应设置消防水泵接合器。当室内消防水泵因检修、停电、发生故障或室内消防用水量不足 (例如遇到大面积恶性火灾，火场用水量超过固定消防泵供水能力) 时，需要利用消防车从室外消火栓、消防蓄水池或天然水源取水，通过水泵接合器送至室内管网，供灭火使用。

水泵接合器一端由消防给水干管引出，另一端设于消防车易于使用和接近的地方，距人防工程出入口不宜小于 5 m，距室外消火栓或消防水池的距离宜为 15 ~ 40 m。水泵接合器有地上、地下和墙壁式三种，当采用地下式水泵接合器时，应有明显的标志。

(三) 室内消火栓及消防给水管道的布置

1. 室内消火栓的设置

除无可燃物的设备层外，设置室内消火栓的建筑物，其各层均应设置消火栓。布置室内消火栓应保证每一个防火分区同层有两支水枪的充实水柱同时到达任何部位。对于建筑高度小于或等于 24 m 且体积小于或等于 5 000 m³ 的多层仓库，可采用 1 支水枪充实水柱到达室内任何部位。消防电梯前室应设室内消火栓；冷库的室内消火栓应设在常温穿堂或楼梯间内；设有消火栓的建筑，如为平屋顶时，宜在平屋顶上设置试验和检查用的消火栓；高层厂房（仓库）和高位消防水箱静压不能满足最不利点消火栓水压要求的其他建筑，应在每个室内消火栓处设置直接启动消防水泵的按钮，并应有保护设施。室内消火栓应设置在位置明显易于操作的部位。栓口离地面或操作基面高度宜为 1.1 m，其出水方向宜向下或与设置消火栓的墙面成 90°；栓口与消火栓箱内边缘的距离不应影响消火栓水带的连接。室内消火栓的间距应由计算确定。高层厂房（仓库）、高架仓库和甲、乙类厂房中室内消火栓的间距不应超过 30 m；其他单层和多层建筑室内消火栓的间距不应超过 50 m；同一建筑物内应采用统一规格的消火栓、水枪和水带，每根水带的长度不应超过 25 m；临时高压给水系统的每个消火栓处应设直接启动消防水泵的按钮，并应设有保护按钮的设施。

水枪充实水柱长度应由计算确定，一般不应小于 7 m，但甲、乙类厂房、超过 6 层的公共建筑和超过 4 层的厂房（仓库），不应小于 10 m；高层厂房（仓库）、高架仓库和体积大于 25 000 m³ 的商店、体育馆、影剧院、会堂、展览建筑，车库、码头、机场建筑等，不应小于 13 mH$_2$O。室内消火栓栓口处的出水压力大于 0.5 MPa 时，应有减压设施；静水压力大于 1.0 MPa 时，应采用分区给水系统。

2. 消火栓的保护半径和间距

消火栓的保护半径是指消火栓、水带和水枪选定后，水枪上倾角不超过 45° 条件下，以消火栓为圆心，消火栓能充分发挥作用的半径。可按下式计算：

$$R = L_d + S_k \cdot \cos 45°$$

式中：R—— 消火栓保护半径，m；

　　　L_d—— 水带的总长度，m；每根水带的长度不应超过 25 m，并应乘以水带的弯转曲折系数 0.8；

　　　S_k—— 充实水柱长度，m。

当室内只有一排消火栓并且要求有一股水柱达到室内任何部位时，消火栓的间距按下式计算：

$$S_1 = 2 \cdot \sqrt{R^2 - b^2}$$

式中：S_1—— 一股水柱时消火栓间距，m；

　　　R—— 消火栓的保护半径，m；

　　　b—— 消火栓的最大保护宽度，m；外廊式建筑 b 为建筑宽度，内廊式建筑 b 为走道两侧中最大一边宽度。

当室内只有一排消火栓且要求有两股水柱同时达到室内任何部位时，消火栓的间距按下式计算：

$$S_2 = \sqrt{R^2 - b^2}$$

式中：S_2——两股水柱时消火栓间距，m；R、b 同上式。

当房间宽度较宽，需要布置多排消火栓，且有一股水柱达到室内任何部位时，消火栓的间距按下式计算：

$$S_n = \sqrt{2} \cdot R$$

当室内需要布置多排消火栓，且要求有两股水柱同时达到室内任何部位时，消火栓的间距可按式 $S_n = \sqrt{2} \cdot R$ 的一半计算。

3. 室内消防管道的布置

低层建筑消火栓给水系统可与生活、生产给水系统合并，也可单独设置。消火栓给水系统的管材常采用热浸镀锌钢管。

室内消火栓超过 10 个且室内消防用水量大于 15 L/s 时，其消防给水管道应连成环状，且至少应有两条进水管与室外管网或消防水泵连接。当其中一条进水管发生事故时，其余的进水管应仍能供应全部消防水量；高层厂房（仓库）应设置独立的消防给水系统。室内消防竖管应连成环状；室内消防竖管直径不应小于 DN100；室内消火栓给水管网宜与自动喷水灭火系统的管网分开设置；当合用消防泵时，供水管路应在报警阀前分开设置；按前述要求设置水泵接合器，其数量应按室内消防用水量确定，每个接合器的流量按 10 ~ 15 L/s 计算。

室内消防给水管道应用阀门分成若干独立段，对于单层厂房（仓库）和公共建筑，检修停止使用的消火栓不应超过 5 个。对于多层民用建筑和其他厂房（仓库），室内消防给水管道上阀门的布置应保证检修时关闭的竖管不超过 1 根，但设置的竖管超过 3 根时，可关闭两根。且阀门应保持开启，并应有明显的启闭标志或信号。

消防用水与其他用水合并的室内管道，当其他用水达到最大小时流量时，应仍能保证供应全部消防用水量。允许直接吸水的市政给水管网，当生产、生活用水量达到最大且应能满足室内外消防用水量时，消防泵宜直接从市政管网吸水。严寒地区非采暖的厂房（仓库）及其他建筑的室内消火栓系统，可采用干式系统，但在进水管上应设快速启闭装置，管道最高处应设置排气阀。

（四）室内消防用水量与水压

1. 消防水量

建筑物内同时设置消火栓系统、自动喷水灭火系统、水喷雾灭火系统、泡沫灭火系统或固定消防炮灭火系统时，其室内消防用水量应按需要同时开启的上述系统用水量之和计算；当上述多种消防系统需要同时开启时，室内消火栓用水量可减少

50%，但不小于 10 L/s。室内消火栓用水量应根据同时使用水枪数量和充实水柱长度，由计算决定，但不小于标准规定。

2. 消防水压

室内消火栓是依靠消火栓喷嘴喷出的射流水股来扑灭火焰的，水枪的射流不但要射及火焰，还仍有足够的水压和射流密度，以确保灭火效果。在火场扑灭火灾，水枪的上倾角一般不宜超过 45°，在最不利的情况下，也不能超过 60°，若上倾角太大，着火物下落时会伤及灭火人员。因此，消火栓系统的水压应保证消火栓出口在接出水带、经过水枪后，仍能形成一定长度、且密集不分散水柱，即充实水柱 S_k。手提式水枪的充实水柱规定为：从喷嘴出口起至射流 90% 的水量穿过直径 38 cm 圆圈为止的一端射流长度。

（1）消火栓水枪充实水柱的计算

消火栓水枪充实水柱长度可按下式计算：

$$S_k = \frac{H_1 - H_2}{\sin \alpha}$$

式中：S_k——水枪充实水柱长度，m，一般不小于 7 m。

　　　　H_1——保护建筑物的层高，m；

　　　　H_2——消防水枪距地（楼）面的高度，m，一般为 1 m；

　　　　α——水枪上倾角，一般为 45°，最大不应超过 60°。

（2）消火栓栓口水压计算。室内消火栓栓口的最低水压，按下式计算：

$$H_{xh} = h_d + H_q + H_{sk} = A_d L_d q_{xh}^2 + \frac{q_{xh}^2}{B} + H_{sk}$$

式中：H_{xh}——消火栓栓口的最低水压，0.01 MPa；

　　　　h_d——消防水带的水头损失，0.01 MPa；

　　　　H_q——水枪造成一定长度充实水柱所需水压，0.01 MPa；

　　　　A_d——水带的比阻；

　　　　L_d——水带长度，m；

　　　　q_{xh}——水枪喷嘴射出流量，L/s；

　　　　B——水枪水流特性系数；

　　　　H_{sk}——消火栓栓口水头损失，0.01 Mpa。其值宜取 0.02 MPa。

（五）消火栓系统的给水方式

根据建筑物高度、室外管网压力、流量和室内消防流量、水压等要求，室内消防系统可分为三类：

1. 无加压泵和水箱的室内消火栓给水系统

常在建筑物不太高，室外给水管网的压力和流量完全能满足室内最不利点消火栓的设计水压和流量时采用。

2. 设有水箱的室内消火栓给水系统

常用在室外给水管网压力变化较大的城市或居住区，当生活、生产用水量达到最大时，室外管网不能保证室内最不利点消火栓的压力和流量，而当生活、生产用水量较小时，室外管网压力又较大，能向高位水箱补水。因此，常设水箱调节生活、生产用水量，同时贮存 10 min 的消防用水量。

3. 设置消防水泵和水箱的室内消火栓给水系统

当室外给水管网的水压不能满足室内消火栓给水系统水压时，选用此方式。水箱应贮备 10 min 的室内消防用水量，水箱采用生活用水泵补水，严禁消防泵补水。水箱进入消防管网的出水管上应设止回阀，以防消防时消防泵出水进入水箱。

(六) 消防管道的水力计算

室内消防管道水力计算的主要任务，是根据室内消火栓的设计流量，确定消防给水管道的管径、系统所需水压、水箱的高度及选择消防水泵的扬程。

① 管道沿程水头损失计算方法与给水管网计算相同。

② 管道局部水头损失，消火栓系统按管道沿程损失的 10% 确定。

③ 计算最不利点的确定：当室内要求有两个或多个消火栓同时使用时，在单层建筑中以最高最远的两个或多个消火栓作为计算最不利点；在多层建筑中按表 5-2 进行流量分配。

表 5-2 消防竖管流量分配

单位: L/s

室内消防计算流量	最不利消防竖管分配流量	相邻消防竖管分配流量	室内消防计算流量	最不利消防竖管分配流量	相邻消防竖管分配流量
5	5		20	15	5
10	10		30	20	10
15	10	5			

④ 消防系统流量、流速和管径的确定：消防用水与其他用水合并的给水管道，可按其他用水最大秒流量和管中允许流速计算管径，并按消防时最大秒流量 (此时淋浴用水量可按 15% 计算，浇洒及洗刷用水量可不计算在内) 及消防给水管道内水流速度不宜大于 2.5 m/s 进行校核。

⑤ 消防立管管径：应以水枪喷口直径和充实水柱长度计算出消防水枪射流量与规范要求比较确定之后，按流量分配要求，再依据设计流速确定管径，且同一系统消防立管管径相同，并上下不变径。

⑥ 水箱高度和消防泵扬程的确定：水箱的设置高度应保证最不利点静水压力要求；消防水泵的扬程，应按消防时最不利点的静水压、计算管路的水头损失和该点消火栓出口水压，经计算确定。

⑦ 消火栓出口压力校核：如低层出口压力过大，水枪射流反作用力太大或实际射流量太大，应进行减压计算。

（七）消防给水设施

1. 消防水箱

消防水箱的主要作用：在发生火灾时，提供扑救初期火灾的消防用水量和水压。采用临时高压消防给水系统时，应设高位消防水箱或气压水罐；采用常高压给水系统时，可不设高位消防水箱。因此，消防水箱的设计应包括水箱容积与水箱安装高度的计算。

我国《建筑设计防火规范》规定，多层民用建筑和工业建筑的临时高压给水系统，应在建筑物的最高部位设置重力自流的消防水箱；室内消防水箱（包括气压水罐、水塔、分区给水系统的分区水箱）应贮存 10 min 的消防用水量。当室内消防用水量不超过 25 L/s，经计算水箱消防贮水量超过 12 m³ 时，仍可采用 12 m³，当室内消防用水量超过 25 L/s，经计算水箱消防贮水量超过 18 m³ 仍可采用 18 m³；消防用水与其他用水合并的水箱，应有消防用水不作他用的技术设施；发生火灾后，由消防水泵供给的消防用水不应进入消防水箱。消防水箱可分区设置。

高位消防水箱的设置高度应保证最不利点消火栓静水压力要求。当建筑高度不超过 100 m 时，最不利点消水栓的静水压力不应低于 0.07 MPa；当建筑高度超过 100 m 时，高层建筑最不利点消火栓静水压力不应低于 0.15 MPa；对于建筑高度不超过 24 m 的多层民用建筑和工业建筑应在建筑物的最高处设置重力自流水箱，且最高一层的消火栓应有水自流出，否则，应采取加压措施。

2. 气压水罐

气压水罐一般可分为两种形式，稳压气压水罐的代替屋顶消防水箱的气压水罐。

① 稳压气压水罐当屋顶消防水箱的高度不能满足最不利点消火栓静水压力或当建筑物无法设置屋顶消防水箱（或设置屋顶消防水箱不经济）时可采用稳压气压水罐稳压，但须经当地消防局批准；稳压气压水罐的调节水容量不小于 450 L，稳压水容积不小于 50 L，最低工作压力 P_1 应为最不利点所需的压力，工作压力比宜为

0.5～0.9，设备的选择可见现行国家标准图集。

②代替屋顶消防水箱的气压罐对于24 m以下的设有中、轻危险等级的自动喷水灭火系统的建筑物，当采用临时高压消防给水系统时，且无条件设置屋顶消防水箱时，可采用5 L/s流量的气压给水设备供应10 min初期用水量。即气压罐的有效调节容积为3 m³。其他建筑物或其他消防给水系统，其有效容积可按上述有关规定设计。

3. 消防水泵与水泵房

(1) 消防水泵额定流量的确定

临时高压消防给水系统应设置消防水泵，其额定流量应根据系统选择来确定。当系统为独立消防给水系统时，其额定流量为该系统设计灭火水量；当为联合消防给水系统时，其额定流量应为消防时同时作用各系统组合流量的最大者。

当消防给水管网与生产、生活给水管网合用时，生产、生活、消防水泵的流量不小于生产、生活最大小时用水量和消防用水量之和，但淋浴用水量可按15%计算，浇洒及洗刷用水量可不计算在内。

(2) 消防水泵额定扬程的确定

消防水泵的扬程应满足各种灭火系统的压力要求，通常根据各系统最不利点所需水压值确定。其计算公式如下：

$$H = (1.05 \sim 1.10)\left(\sum h + Z + P_0\right)$$

式中：H—— 水泵扬程或系统入口的供水压力，MPa；

1.05～1.10—— 安全系数，一般根据供水管网大小来确定，当系统管网小时，取1.05，当系统管网大时，取1.10；

$\sum h$—— 管道沿程和局部的水头损失的累计值，MPa；

Z—— 最不利点处消防用水设备与消防水池的最低水位或系统入口管水平中心线之间的高程差，当系统入口管或消防水池最低水位高于最不利点处消防用水设备时，Z应取负值，MPa；

P_0—— 最不利点处灭火设备的工作压力，MPa。

(3) 消防水泵的选择

消防水泵应设有备用泵，其工作能力不应小于最大一台消防工作泵。但符合下列条件之一时，可不设备用泵：室外消防用水量不超过25 L/s的工厂、仓库、堆场和贮罐；室内消防用水量小于等于10 L/s时。

消防水泵应保证在火警后30 s内启动。消防水泵与动力机械应直接连接。

临时高压消防给水系统的消防水泵应采用一用一备，或多用一备，备用泵应与工作泵的性能相同。当为多用一备时，应考虑水泵流量叠加时，对水泵出口压力的影响。

选择消防泵时，其水泵性能曲线应平滑无驼峰，消防泵停泵时的压力不应超过系统设计额定压力的140%，当水泵流量为额定流量的150%时，此时水泵的压力不应低于额定压力的65%。消防水泵电机轴功率应满足水泵曲线上任何一点的工作要求。

(4) 泵房管道系统设计要求

消防泵房应有不少于两条的出水管直接与环状消防给水管网连接。当其中一条出水管关闭时，其余的出水管应仍能通过全部用水量。出水管上应设置试验和检查用的压力表和DN65的放水阀门。当存在超压时，出水管上应设置防超压措施。

一组消防泵的吸水管不应少于两条，当其中一条关闭时，其余的吸水管应仍能通过全部用水量。消防水泵应采用自灌式吸水，并应在吸水管上设置检修阀门。

消防水泵应采用自罐式吸水，且在消防水池最低水位时，上应装设闸阀或带自锁装置的蝶阀。当市政给水管网能满足消防时用水量要求，且市政部门同意水泵可从市政环形干管直接吸水时，消防泵应直接从室外给水管网吸水。消防水泵直接从室外管网吸水时，水泵扬程计算应考虑利用室外管网的最低水压，并以室外管网的最高水压校核水泵的工作情况，但应保证室外给水管网压力不低于0.1 MPa（从地面算起）。

水泵吸水管的流速可采用1~1.2 m/s(DN < 250 mm)或1.2~1.6 m/s(DN ≥ 250 mm)，水泵出水管的流速可采用1.5~2.0 m/s。

消防水泵的出水管上应设止回阀、闸阀（或蝶阀）。消防水泵房内应设置检测消防水泵供水能力的压力表和流量计。

4. 减压节流装置

当发生火灾消防泵工作时，同一立管上不同高度的消火栓压力是不同的，当栓口压力超过0.5 MPa时，射流的后作用力使消防人员难以控制水枪射流方向，从而影响灭火效果。因此，压力过大的消火栓应采取减压措施。减压值应为消火栓口实际压力值减去消火栓工作压力值。

常用的减压装置为节流孔板。常为铝制或铜制的孔板，其中央有一圆孔，水流过截面较小的孔洞，造成局部损失而减压。在实际运用中，只需确定孔板的孔径。

通过节流孔板的压力损失可按下式确定：

$$H_k = 0.01 \zeta \frac{V_K^2}{2g}$$

式中：H_k——减压孔板的水头损失，kPa；

V_k——减压孔板后管道内水的平均流速，m/s；

ζ——减压孔板的局部阻力系数，按表5-3确定。

表5-3 减压孔板的局部阻力系数

d_k / d_j	0.3	0.4	0.5	0.6	0.7	0.8
ζ	292	83.3	29.5	11.7	4.75	1.83

注: d_k 为减压孔板的孔口直径，m; d_j 为安装减压孔板的管道计算内径，m。

二、高层建筑室内消火栓消防系统

高度为10层以及10层以上的住宅建筑和建筑高度为24 m以上的其他民用和工业建筑的消防系统，称为高层建筑室内消防给水系统。由于消防车的供水压力有限，因此，高层建筑消防原则上应立足自救。

(一)高层建筑室内消防的特点

1. 火种多、火势猛、蔓延快

由于高层建筑电气设备、通信设施、广播系统、动力设备等种类繁多，再加上人员众多、人流频繁，因而，引起火灾的火种多。室内的大部分装饰材料和家具设施均属易燃物，容易发生火灾。高层建筑中的电梯井、楼梯井、垃圾井、管道井、通风井和通风道等都有抽风作用，都是火灾蔓延的通道，一旦发生火灾，火势凶猛、蔓延速度快。

2. 灭火困难

目前消防车的供水高度不超过24 m，再加上消防队员身负消防设备，沿楼梯快速上到一定高度后，呼吸和心跳都超过身体的限度，因此，靠外部力量来救高层建筑内的火灾是很困难的，主要得靠室内的消防设备来进行灭火。

3. 人员疏散困难

在高层建筑中，含有大量一氧化碳和有害物的烟雾的扩散蔓延速度比火焰蔓延迅速，竖向扩散速度比横向扩散迅速，人会在几分钟内因缺氧晕倒而被毒死、烧死，再加上外来人员不熟悉安全通道和出口，疏散极为困难。

4. 经济损失大、政治影响大

高层建筑一旦发生火灾，又不能及时扑灭，会造成大量人员伤亡和巨大财产损失，还可能产生政治影响和国际影响。

因此，高层建筑必须设置完善的消防设备、报警设施，以最快的速度扑灭初期火灾。目前常用的消防设备有消火栓消防设备、自动喷水灭火设备及各种洁净气体灭火设备等。

（二）一般规定

高层建筑必须设置室内、室外消火栓给水系统。消防用水可由给水管网、消防水池或天然水源供给。利用天然水源应确保枯水期最低水位时的消防用水量，并应设置可靠的取水设施。室内消防给水应采用高压或临时高压给水系统。当室内消防用水量达到最大时，其水压应满足室内最不利点灭火设施的要求。室外低压给水管道的水压，当生活、生产和消防用水量达到最大时，不应小于 0.10 MPa（从室外地面算起）。生活、生产用水量应按最大小时流量计算，消防用水量应按最大秒流量计算。

室外消防给水管道应布置成环状，其进水管不宜少于两条，并宜从两条市政给水管道引入，当其中一条进水管发生故障时，其余进水管应仍能保证全部用水量。

高层民用建筑又根据其使用性质、火灾危险性、疏散和扑救难度等分为两类。

（三）消防水量与水压

1. 消防水量

高层建筑的消防用水总量应按室外、室内（建筑物内设有消火栓、自动喷水、水幕、泡沫等灭火系统时，其内消防用水量应按需要同时开启的灭火系统用水量之和计算）消防用水量之和计算；高级旅馆、重要的办公楼、一类建筑的商业楼、展览楼、综合楼等和建筑高度超过 100 m 的其他高层建筑，应设消防带（也称消防卷盘）卷盘，其用水量可不计入消防用水总量。

2. 消防水压

高层建筑室内消火栓给水系统的水压应保证室内消火栓用水量达到设计流量，水压能满足最不利点消火栓出口的压力要求；消火栓的水枪充实水柱应通过水力计算确定，且建筑高度不超过 100 m 的高层建筑不应小于 10 m；建筑高度超过 100 m 的高层建筑不应小于 13 m。

高层建筑消火栓水枪充实水柱长度可按下式计算：

$$S_K = \frac{H_1 - H_2}{\sin \alpha}$$

式中：S_k——水枪充实水柱长度，m；

α——同公式 $S_n = \sqrt{2} \cdot R$；

H_1——保护建筑物的层高，m；

H_2——消火栓安装高度，m（一般为 1.1 m）。

(四) 高层建筑室内消火栓系统的给水方式

1. 不分区室内消火栓给水系统的给水方式

当建筑物内消火栓栓口的静水压力不应大于 1.0 MPa, 当大于 1.0 MPa 时, 应采取分区给水系统。消火栓的出水压力大于 0.50 MPa 时, 应采取减压措施。

2. 分区室内消火栓系统的给水方式

当建筑高度超过 50 m 或建筑内最低处消火栓的静水压力超过 1.0 MPa 时, 室内消火栓系统难以得到消防车的供水支援, 为加强供水安全和保证火场灭火用水, 宜采用分区给水方式。可分为以下三种方式:

(1) 分区并联供水方式

其特点是分区设置水泵和水箱, 水泵集中布置在地下室, 各区独立运行互不干扰, 供水可靠, 便于维护管理, 但管材耗用较多, 投资较大, 水箱占用上层使用面积。

(2) 分区串联供水方式

其特点是分区设置水箱和水泵, 水泵分散布置, 自下区水箱抽水供上区用水, 设备与管道简单, 节省投资, 但水泵布置在楼板上, 振动和噪声干扰较大, 占用上层使用面积较大, 设备分散维护管理不便, 上区供水受下区限制。

(3) 分区无水箱供水方式

其特点是分区设置变速水泵或多台并联水泵, 根据水量调节水泵转速或运行台数, 供水可靠、设备集中便于管理, 不占用上层使用面积, 能耗较少, 但水泵型号、数量较多、投资较大, 水泵调节控制技术要求高, 适用于各类型高层工业与民用建筑。

(五) 室内消火栓和消防管道的布置

1. 高层建筑室内消火栓的布置要求

按照《高层民用建筑设计防火规范》和《建筑设计防火规范》的规定, 除无可燃物的设备层外, 高层建筑和裙房的各层均应设室内消火栓。高层建筑的屋顶应设一个装有压力显示装置的检查和试验用的消火栓, 采暖地区可设在顶层出口处或水箱间内; 消防电梯间前室内设消火栓; 临时高压给水系统的每个消火栓处应设直接启动消防水泵的按钮, 并应设有保护按钮的设施。

消火栓应设在走道、楼梯附近等明显易于取用的地点, 消火栓的间距应保证同层任何部位有两个消火栓的水枪充实水柱同时到达; 消火栓的间距应由计算确定, 且高层建筑不应大于 30 m, 裙房不应大于 50 m; 消火栓栓口离地面高度宜为 1.10 m,

栓口出水方向宜向下或与设置消火栓的墙面相垂直。

同一建筑内，消火栓应采用同一型号规格。消火栓的栓口直径应为 65 mm，水带长度不应超过 25 m，水枪喷嘴口径不应小于 19 mm。

消防卷盘的间距应保证有一股水流能到达室内地面任何部位，消防卷盘的安装高度应便于使用。消防卷盘的栓口直径宜为 25 mm，配备的胶带内径不小于 19 mm，消防卷盘喷嘴口径不小于 6 mm。

2. 高层建筑室内消火栓消防管道的布置

室内消防给水系统应与生活、生产给水系统分开独立设置；室内消火栓给水系统应与自动喷水灭火系统分开设置，有困难时，可合用消防泵，但在自动喷水灭火系统的报警器前（沿水流方向）必须分开设置。消防水箱（池）可与生活、生产用水合用，但应有消防用水不被生产、生活用水动用的技术措施。

室内消防给水管道应布置成环状；室内消防给水环状管网的进水管和区域高压或临时高压给水系统的引入管不应少于两根，当其中一根发生故障时，其余的进水管或引入管应能保证消防用水量和水压的要求。每根消防竖管的直径应按通过的流量经计算确定，但不应小于 100 m。18 层及 18 层以下，每层不超过 8 户、建筑面积不超过 650 ㎡ 的塔式住宅，当设两根消防竖管有困难时，可设一根竖管，但必须采用双阀双出口型消火栓。

阀门设置以便检修而又不过多影响室内供水为原则。室内消防给水管道应采用阀门分成若干独立段；阀门的布置，应保证检修管道时关闭停用的竖管不超过一根。当竖管超过 4 根时，可关闭不相邻的两根。室内消防管道上的阀门应处于常开状态，且有明显的启闭标志。

室内消火栓给水系统和自动喷水灭火系统应设置水泵接合器，消防给水为竖向分区时，在消防车供水压力范围内的分区，应分别设置水泵接合器，并设置在室外便于消防车使用的地点，距室外消火栓或消防水池 15 ~ 40 m。每个水泵接合器的流量按 10 ~ 15 L/s 计算。水泵接合器宜采用地上式，当采用地下式水泵接合器时，应有明显标志。水泵接合器的类型、布置和计算要求同低层建筑。

(六) 水力计算

室内消火栓消防给水系统水力计算的主要任务，是确定消防管道的管径、水箱的设置高度和消防水泵的扬程。

1. 消防管网的流量计算

高层室内消防管道虽然布置成环状，但在管网水力计算时，可按枝状管道的方法计算，具体计算方法同低层建筑。

2. 消防管道管径的计算

消防管道的流速一般为 1.4～1.8 m/s，不得大于 2.5 m/s。根据流量和流速即可确定各段管的管径。

3. 消防管道水头损失计算

沿程水头损失的计算方法与给水管网相同，局部水头损失可按沿程水头损失的 10% 估算。

4. 消防水箱的计算

采用高压给水系统时，可不设高位水箱；当采用临时高压给水系统时，应设高位消防水箱。

高位消防水箱的消防贮水量：一类公共建筑不应小于 18 m³，二类公共建筑和一类住宅建筑不应小于 12 m³，二类住宅建筑不应小于 6 m³。并联分区给水方式的分区消防水箱容量应与高位消防水箱相同。

消防水箱的设置高度应保证最不利点消火栓静水压力。当建筑高度不超过 100 m 时，高层建筑最不利点消火栓静水压力不应低于 0.07 MPa。当建筑高度超过 100 m 时，高层建筑最不利点消火栓静水压力不应低于 0.15 MPa。当高位水箱不能满足上述静压要求时，应设增压设施。

消防用水与其他用水合用的水箱，应采取确保消防用水不作他用的技术措施；除串联消防给水系统外，发生火灾时由消防水泵供给的消防用水不应进入高位消防水箱。高位水箱系统增压水泵的出水量应满足如下要求：以消火栓系统不应大于 5 L/s；对自动喷水灭火系统不应大于 1 L/s；气压水罐的调节水容量宜为 450 L。

5. 消防水泵的选择

消防水泵的流量可由消火栓计算流量来确定，消防水泵的扬程由最不利点消火栓出口水压确定。最后进行消火栓出口压力的校核，如压力过大应进行减压计算。

（七）加压和减压节流装置

当消防水压不能满足灭火要求时，可采取增压装置提供火灾初期的消防用水量，当消火栓主泵启动后，增压泵和气压罐的供水停止。一般常见的增压措施为增压泵加气压水罐的设施和单设增压水泵的增压设施。

减压节流装置同低压消火栓给水系统。

第三节　自动喷水系统及其他固定灭火设施

一、自动喷水灭火系统

自动喷水灭火系统是一种在发生火灾时，能自动打开喷头喷水灭火并同时发出火警信号的消防灭火设施。自动喷水灭火系统应在人员密集、不易疏散、外部增援灭火与救生较困难、性质重要或火灾危险性较大的场所中设置。自动喷水灭火系统是当今世界公认的最为有效的自救灭火设施，是应用最广泛、用量最大的自动灭火系统。

(一) 闭式自动喷水灭火系统

闭式自动喷水灭火系统是指在自动喷水灭火系统中采用闭式喷头，平时系统为封闭系统，发生火灾时喷头自动打开，成为开式喷水系统。

1.闭式自动喷水灭火系统的设置原则

① 大于等于 50 000 纱锭的棉纺厂开包、清花车间；等于或大于 5 000 纱锭的麻纺厂的分级、梳麻车间服装、针织高层厂房；面积超过 1 500 m² 的木器厂房；火柴厂的烤梗、筛选部位；泡沫塑料厂的预发、成型、切片、压花部位；高层丙类厂房；建筑面积大于 500 m² 的丙类地下厂房；

② 每座占地面积超过 1 000 m²，的棉、毛、丝、麻、化纤、毛皮及其制品仓库；每座占地面积超过 600 m² 的火柴仓库；邮政楼中建筑面积大于 500 m² 的空邮袋库；建筑面积超过 500 m² 的可燃物品地下仓库；可燃、难燃物品的高架仓库和高层仓库 (冷库除外)；

③ 特等、甲等或超过 1 500 个座位的其他等级的剧院；超过 2 000 个座位的会堂或礼堂；超过 3 000 个座位的体育馆；超过 5 000 人的体育场的室内人员休息室与器材间等；

④ 任一楼层建筑面积大于 1 500 m² 或总建筑面积大于 3 000 m² 的展览建筑、商店、旅馆建筑，以及医院中同样建筑规模的病房楼、门诊楼、手术部；建筑面积大于 500 m² 的地下商店；

⑤ 设置有送回风道 (管) 的集中空气调节系统且总建筑面积大于 3 000 m² 的办公楼等；

⑥ 设置在地下、半地下或地上 4 层及 4 层以上或设置在建筑的首层、2 层和 3 层且任一层建筑面积大于 300 m² 的地上歌舞娱乐放映场所 (游泳场所除外)；

⑦ 藏书超过 50 万册的图书馆；

⑧ 建筑高度超过 100 m 的高层建筑及其裙房，除游泳池、溜冰场、建筑面积小于 5.0 m² 的卫生间、不设集中空调且户门为甲级防火门的住宅的户内用房和不宜用水扑救的部位外，均应设自动喷水灭火系统；

⑨ 建筑高度不超过 100 m 的一类高层建筑及其裙房，除游泳池、溜冰场、建筑面积小于 50 m² 的卫生间、普通住宅、设集中空调的住宅的户内用房和不宜用水扑救的部位外，均应设自动喷水灭火系统；

⑩ 二类高层公共建筑中的公共活动用房、走道、办公室和旅馆的客房、自动扶梯底部及可燃物品仓库应设自动喷水灭火系统；

⑪ 高层建筑中的歌舞娱乐放映场所、空调机房、公共餐厅、公共厨房以及经常有人停留或可燃物较多的地下室、半地下室房间等，应设自动喷水灭火系统；

⑫ 人防工程及下列部位：建筑面积大于 1 000 m² 的人防工程；大于 800 个座位的电影院和礼堂的观众厅，且吊顶下面至观众席地坪不大于 8 m 时；舞台使用面积大于 200 m² 时；

⑬ Ⅰ、Ⅱ、Ⅲ类地上汽车库、停车数超过 10 辆的地下汽车库、机械式立体汽车库或复式汽车库以及采用垂直升降梯作汽车疏散出口的汽车库、Ⅰ类修车库。

2. 自动喷水灭火系统的设置场所火灾危险等级

现行的《自动喷水灭火系统设计规范》将建筑物分为三级四类，即轻、中、严重危险级和仓库危险级四类。

3. 系统组成和工作原理

闭式自动喷水灭火系统由水源、加压蓄水设备、闭式喷头、管网、水流指示器和报警装置等组成。按充水与否分为下列三种类型，其工作原理如下：

(1) 湿式自动喷水灭火系统

湿式系统由闭式洒水喷头、水流指示器、湿式报警阀组，以及管道和供水设施等组成，而且管道内始终充满水并保持一定压力。

发生火灾时，火点温度达到开启闭式喷头时，喷头出水灭火，水流指示器发出电信号报告起火区域，报警阀组或稳压泵的压力开关输出启动供水泵信号，完成系统的启动，以达到持续供水的目的。系统启动后，由供水泵向开放的喷头供水，开放的喷头将水按设计的喷水强度均匀喷洒，实施灭火。

湿式系统结构简单，处于警戒状态，由消防水箱或稳压泵、气压给水设备等稳压设施维持管道内充水的压力。适合在温度不低于 4℃ (高于 4℃ 水有冰冻的危险) 并不高于 70℃(高于 70℃，水临近汽化状态，有加剧破坏管道的危险) 的环境中使用，因此绝大多数的常温场所采用此系统。

（2）干式自动喷水灭火系统

干式系统与湿式系统的区别在于采用干式报警组，警戒状态下配水管道内充压缩空气等有压气体，为保持气压，需要配套设置补气设施。干式系统配水管道中维持的气压，根据干式报警阀入口前管道需要维持的水压、结合干式报警阀的工作性能确定。

闭式喷头开放后，配水管道有一个排气过程。系统开始喷水的时间，将因排气充水过程而产生滞后，因此喷头出水不如湿式系统及时，削弱了系统的灭火能力。但因管网中平时不充水，对建筑装饰无影响，对环境温度也无要求，适用于环境温度不适合采用湿式系统的场所。为减少排气时间，一般要求管网的容积不大于3000 L。

（3）干、湿交替自动灭火系统

当环境温度满足湿式系统设置条件时，报警阀后的管段充以有压水，形成湿式系统；当环境温度不满足湿式系统设置条件时，报警阀后的管段充以压缩空气，形成干式系统。一般用于冬季可能冰冻又不采暖的建筑物、构筑物内。管网在冬季为干式（充气），在夏季转换成湿式（充水）。

（4）预作用喷水灭火系统

该系统采用预作用报警阀组，并由配套使用的火灾自动报警系统启动。处于戒备状态时，配水管道为不充水的空管。利用火灾探测器的热敏性能优于闭式喷头的特点，由火灾报警系统开启雨淋阀后为管道充水，使系统在闭式喷头动作前转换为湿式系统。

下列场所适合采用预作用系统：在严禁因管道泄漏或误喷造成水渍污染的场所替代湿式系统；为了消除干式系统滞后喷水现象，用于替代干式系统。

对灭火后必须及时停止喷水的场所，应采用重复启闭预作用系统。该系统能在扑灭火灾后自动关闭报警阀，发生复燃时又能再次开启报警阀恢复喷水，适用于灭火后必须及时停止喷水，要求减少不必要水渍损失的场所。为了防止误动作，该系统采用了一种既可输出火警信号，又可在环境恢复常温时发出关停系统信号的感温探测器，可重复启动水泵和打开具有复位功能的雨淋阀，直至彻底灭火。

4. 系统组件

（1）闭式喷头

闭式喷头按热敏元件不同分为易熔金属元件喷头和玻璃球喷头两种。当达到一定温度时热敏元件开始释放，自动喷水。按溅水盘的形式和安装位置分为直立型、下垂型、边墙型、普通型、吊顶型和干式下垂型喷头，各种喷头的适用场所、技术性能和色标。为保证喷头的灭火效果，要按环境温度来选择喷头温度，喷头的动作温度要比环境最高温度高30℃左右。备用喷头的数量不少于单数的1%,且每种型号均不得少于10只。

(2)报警阀组

自动喷水灭火系统应设报警阀组保护室内钢屋架等建筑构件的闭式系统,应设独立的报警阀组。水幕系统应设独立的报警阀组或感温雨淋阀,湿式系统和预作用系统的报警阀组控制的喷头数不宜超过800只,干式系统不宜超过500只。每个报警阀组供水的最高与最低位置喷头,其高程差不宜大于50 m 报警阀应设在明显、便于操作的地点,距地面高度宜为1.2 m,且地面应有排水设施连接报警阀进出口的控制阀应采用信号阀。

报警阀的主要作用是开启和关闭管网水流、传递控制信号并启动水力警铃直接报警。报警阀分为湿式报警阀、干式报警阀和干湿式报警阀。

①湿式报警阀。工作原理:平时阀门前后水压相等,由于阀门的自重,使其处于关闭状态。当发生火灾时,闭式喷头喷水,报警阀上面水压下降,于是胸板开启,开始向管网供水,同时水沿着报警阀的环形槽进入报警口,流向延迟器、水力警铃,警铃发出声响报警,压力开关开启,给出电接点信号报警并启动水泵。

②干式报警阀。安装在干式系统立管上。原理同湿式报警阀。其区别在于阀板上面的总压力由阀前水压和阀后管中的气压所构成。平时靠作用于阀瓣两侧的气压与水压的力矩差使阀瓣封闭,发生火灾时,气体一侧的压力下降,作用于水体一侧的力矩使阀瓣开启,向喷头供水灭火。

(3)干湿式报警阀

用于干湿交替灭火系统,由湿式报警阀与干式报警阀依次连接而成,在寒冷季节用干式装置,在温暖季节用湿式装置。充有压气体时与干式报警阀作用相同,充水时与湿式报警阀作用相同。干湿两用报警阀由干式报警阀、湿式报警阀上下叠加组成。干式阀在上,湿式阀在下。干式系统时,干式报警阀起作用。湿式系统时,干式报警阀的阀瓣被置于开启状态,只有湿式报警阀起作用,系统工作过程与湿式系统完全相同。

(4)延迟器

安装于报警阀与水力警铃之间的信号管道上,用以防止水源进水管发生水锤时引起水力警铃错动作。报警阀开启后,需经30 s 左右水充满延退器后方可冲打水力警铃报警。

(5)火灾探测器

目前常用的火灾探测器有感烟、感温和感光探测器。感烟探测器是利用火灾发生地点的烟雾浓度进行探测;感温探测器是通过起火点空气环境的温升进行探测;

感光探测器是通过起火点的发光强度进行探测。火灾探测器一般布置在房间或过道的顶棚下。

（6）末端试水装置

每个报警阀组控制的最不利点喷头处，应设末端试水装置，其他防火分区、楼层均应设直径为 25 mm 的试水阀。末端试水装置和试水阀应便于操作，且应有足够排水能力的排水设施。由试水阀、压力表、试水接头及排水管组成，用于检测系统和设备的安全可靠性。末端试水装置的出水，应采取孔口出流的方式排入排水管道。

5. 配水管网的布置

自动喷水系统配水管网的布置，应根据建筑的具体情况布置成中央式和侧边式两种形式。配水管网应采用内外壁热镀锌钢管。当报警阀入口前管道采用内壁不防腐的钢管时，应在该管道的末端设过滤器。系统管道的连接，应采用沟槽式连接件（卡箍）或丝扣、法兰连接。报警阀前采用内壁不防腐钢管时，可焊接连接系统中直径等于或大于 100 mm 的管道，就分段采用法兰或沟槽式连接件（卡箍）连接，水平管道上法兰间的管道长度不宜大于 20 m；立管上法兰间的距离，不应跨越 3 个及以上楼层。净空高度大于 8 m 的场所内，立管上应有法兰。短立管及末端试水装置的连接管，其管径不应小于 25 mm。干式系统、预作用系统的供气管道，采用钢管时，管径不宜小于 15 mm；采用铜管时，管径不宜小于 10 mm。配水支管管径不应小于 25 mm。

配水管道的工作压力不应大于 1.20 MPa，且不应设置其他用水设施。

管道的直径应经水力计算确定。配水管道的布置，应使配水管入口的压力均衡。轻危险级、中危险级场所中各配水管入口的压力均不宜大于 0.40 MPa。

干式系统的配水管道充水时间，不宜大于 1 min；预作用系统与雨淋系统的配水管道充水时间，不宜大于 2 min。

配水管两侧每根配水支管控制的标准喷头数，轻危险级、中危险级场所不应超过 8 只，同时在吊顶上下安装喷头的配水支管，上下侧均不应超过 8 只。严重危险级及仓库危险级场所均不应超过 6 只。轻危险级、中危险级场所中配水支管、配水管控制的标准喷头数，不应超过表 5-4 的规定。

表 5-4　配水管控制的标准喷头数

公称直径 /mm	控制的标准喷头数 / 只		公称直径 /mm	控制的标准喷头数 / 只	
	轻危险级	中危险级		轻危险级	中危险级
25	1	1	65	18	12
32	3	3	80	48	32
40	5	4	100	—	64
50	10	8			

配水支管相邻喷头间应设支吊架，配水立管、配水干管与配水支管上应再附加防晃支架。

自动喷水灭火系统应设消防水泵接合器，一般不少于两个，每个按 10~15 L/s 计算分隔阀门应设在便于维修的地方，分隔阀门应经常处于开启状态，一般用锁链锁住。分隔阀门最好采用明杆阀门。

水平安装的管道宜有坡度，并应坡向泄水阀。充水管道的坡度不宜小于 2%，准备工作状态不充水的管道的坡度不宜小于 4%，并在管网的末端设充水时用的排气装置。

(二) 开式自动喷水灭火系统

开式自动喷水灭火系统采用开式喷头，平时报警阀处于关闭状态，管网中无水，系统为敞开状态。当发生火灾时报警阀开启，管网充水，喷头开始喷水灭火。

开式自动喷水灭火系统分为雨淋自动喷水灭火系统、水幕自动喷水灭火系统和水喷雾自动喷水灭火系统。

1. 雨淋自动喷水灭火系统

当建筑物发生火灾时，由感温（或感光、感烟）等火灾探测器接到火灾信号后，通过自动控制雨淋阀门，开式喷头一起自动喷水灭火，不仅可以扑灭着火处的火源，而且可以同时自动向整个被保护的面积上喷水，从而防止火灾的蔓延和扩大。具有出水量大、灭火及时等优点。

(1) 雨淋自动喷水灭火系统的适用范围

① 火柴厂的氯酸钾压碾厂房，建筑面积超过 100 m² 生产、使用硝化棉、喷漆棉、火胶棉、赛璐珞胶片、硝化纤维的厂房；

② 建筑面积超过 60 m²，或贮存量超过 2 t 的硝化棉、喷漆棉、火胶棉、赛璐珞胶片、硝化纤维仓库；

③ 日装瓶量超过 3 000 瓶的液化石油气贮配站的灌瓶间、实瓶库；

④ 特等、甲等或超过 1 500 个座位的其他等级的剧院和超过 2 000 个座位的会堂或礼堂的舞台的"葡萄架"下部；

⑤ 建筑面积大于等于 400 m² 演播室，建筑面积大于等于 500 m² 的电影摄影棚；

⑥ 乒乓球厂的轧坯、切片、磨球、分球检验部位。

(2) 系统组成和工作原理

雨淋灭火系统由开式喷头、雨淋阀、火灾探测器、管道系统、报警控制装置、控制组件和供水设备等组成。

发生火灾时，火灾探测器把探测到的火灾信号立即送到控制器，控制器将信号作声光显示并输出控制信号，打开管网上的传动阀门，自动放掉传动管网中的有压水，使雨淋阀上传动水压骤然降低，雨淋阀启动，消防水便立即充满管网，同时开式喷头开始喷水，压力开关和水力警铃发出声光报警，作反馈指示，控制中心的消防人员便可观测系统的工作情况。

(3) 系统组件

① 开式洒水喷头。开式喷头与闭式喷头的区别在于缺少热敏元件组成的释放机构。

由本体、支架、溅水盘等组成。分为双臂下垂型、单臂下垂型、双臂直立型和双臂边墙型四种。

② 雨淋阀（又称成组作用阀）。雨淋阀用于雨淋、预作用、水幕、水喷雾自动灭火系统，在立管上安装，室温不超过4℃。分为隔膜式雨淋阀和双圆盘雨淋阀两种。

2. 水幕系统

(1) 水幕自动喷水灭火系统的设置范围

① 特等、甲等或超过1 500个座位的其他等级的剧院和超过2 000个座位的会堂或礼堂的舞台口，以及与舞台相连的侧台、后台的门窗洞口；

② 应设防火墙等防火分隔物而无法设置的局部开口部位；

③ 需要冷却保护的防火卷帘或防火幕的上部；

④ 高层建筑超过800人座位的剧院、礼堂的舞台口宜设防火幕或水幕分隔。

(2) 水幕自动喷水灭水系统的工作原理

水幕系统不具备直接灭火的能力，而是用密集喷洒所形成的水墙或水帘，或配合防火卷帘等分隔物，阻断烟气和火势的蔓延，属于暴露防护系统。可单独使用，用来保护建筑物的门、窗、洞口或在大空间造成防火水帘起防火分隔作用。

防火分隔水幕不宜用于尺寸超过15 m（宽）×8 m（高）的开口。对于防护冷却水幕可参考湿式系统或雨淋系统来确定系统的大小。

该系统的控制阀可采用雨淋阀、干式报警阀或手动控制阀。设置要求与雨淋系统相同，其他组件也与雨淋系统相同。

(3) 雨淋系统和水幕系统的设计流量

应按雨淋阀控制的喷头的流量之和确定。多个雨淋阀并联的雨淋系统，其系统设计流量，应按同时启用雨淋阀的流量之和的最大值确定。

(4) 水幕喷头应均匀布置

应符合下列要求：① 水幕作为保护使用时，喷头成单排布置，并喷向被保护对象；② 舞台口和面积大于3 m²的洞口部位布置双排水幕喷头；③ 每组水幕系统的安装喷头数不宜超过72个；④ 在同一配水支管上应布置相同口径的水幕喷头。

3. 水喷雾自动喷水灭火系统

水喷雾自动灭火系统利用高压水，经过各种形式的喷雾喷头将雾状水流喷射在燃烧物上，一方面使燃烧物和空气隔绝产生窒息，另一方面进行冷却，对油类火灾能使油面起乳化作用，对水溶性液体火灾能起稀释作用，同时由于喷雾不会造成液体飞溅、电气绝缘性好的特点，在扑灭闪点高于 60℃ 的液体火灾、电气火灾中得到了广泛的应用。

（1）水喷雾灭火系统的设置范围

① 单台容量在 40 MW 及以上的厂矿企业可燃油油浸电力变压器、单台容量在 90 MW 及以上可燃油油浸电厂电力变压器，或单台容量在 125 MW 及以上的独立变电所油浸电力变压器；

② 飞机发动机试车台的试车部位；

③ 高层建筑的下列房间应设置水喷雾灭火系统：可燃油油浸电力变压器室、充可燃油的高压电容器和多油开关室。

（2）系统的组成

水喷雾灭火系统由水源、供水设备、管道、雨淋阀组、过滤器和水雾喷头等组成。

（3）设计的基本参数

水喷雾灭火系统的设计基本参数应根据防护目的和保护对象确定，设计喷雾强度和持续喷雾时间不应小于表 5-5 的规定。

表 5-5　设计喷雾强度与持续喷雾时间

防护目的	保护对象		设计喷雾强度 / ($L \cdot min^{-1} \cdot m^{-2}$)	持续喷雾时间 /h
灭火	固体灭火		15	1
	液体火灾	闪点 60~120℃ 的液体	20	0.5
		闪点高于 120℃ 的液体	13	
	电气火灾	油浸式电力变压器、油开关	20	0.4
		油浸式电力变压器的集油坑	6	
		电缆	13	

续表

防护目的	保护对象		设计喷雾强度 / (L·min-1·m-2)	持续喷雾时间 /h
防护冷却	甲、乙、丙类液体生产、贮存、装卸设施		6	4
	甲、乙、丙类液体贮罐	直径 20 m 以下	6	4
		直径 20 m 及以上		6
防护冷却	可燃气体生产、输送、装卸、贮存设施和灌瓶间、瓶库		9	6

水雾喷头的工作压力，当用于灭火时不应小于 0.35 MPa；用于防护冷却时不应小于 0.2 MPa。

水喷雾灭火系统的响应时间，当用于灭火时不应大于 45 s；当用于液化气生产、贮存装置或装卸设施防护冷却时不应大于 60 s；用于其他设施防护冷却时不应大于 300%。

采用水喷雾灭火系统的保护对象，其保护面积应按其外表面面积确定；开口容器的保护面积应按液面面积确定。

（4）喷头布置

水雾喷头与保护对象之间的距离不得大于水雾喷头的有效射程。水雾喷头的平面布置方式可为矩形或菱形。当按矩形布置时，水雾喷头之间的距离不应大于1.4倍水雾喷头的水雾锥底圆半径；当按菱形布置时，水雾喷头之间的距离不应大于1.7倍水雾喷头的水雾锥底圆半径。

（5）系统的组件

① 水雾喷头，水雾喷头按进口水压可分为中速水雾喷头和高速水雾喷头；按构造可分为双级切向孔式、单级涡流式、双级离心式、双级切向混流式、双级切向混流式等。

水雾喷头在一定水压下，利用离心或撞击原理将水分解成细小水滴，水的雾化质量好坏，与喷头的性能及加工精细度有关。如果水的压力增高，雾状水流的水滴变细，有效射程也增大喷头前的水压一般控制在 0.5 ~ 0.7 MPa。

水雾喷头的选型应符合下列要求：扑救电气火灾应选用离心雾化型水雾喷头；腐蚀性环境应选用防腐型水雾喷头；粉尘场所设置的水雾喷头应有防尘罩。

② 雨淋阀组，雨淋阀组是由雨淋阀、电磁阀、压力开关、水力警铃、压力表及配套的通用阀门组成的阀组。

雨淋阀组的功能应符合下列要求：接通或关断水喷雾灭火系统的供水；接收电

信号可电动开启雨淋阀；接收传动管信号可液动或气动开启雨淋阀；具有手动应急操作阀；显示雨淋阀启、闭状态；羽动水力警铃；监测供水压力；电磁阀前应设过滤器。

雨淋阀的设置与雨淋系统相同。

(三) 局部应用系统

1. 局部应用系统的设置原则

局部应用系统适用于室内最大净空高度不超过 8 m 的民用建筑中，局部设置且保护区域总建筑面积不超过 1 000 m² 的湿式系统，同时应符合《自动喷水灭火系统设计规范》的有关规定。

2. 供水要求

① 当室内消火栓水量能满足局部应用系统用水量时，局部应用系统可与室内消火栓合用室内消防用水、稳压设施、消防水泵及供水管道等。

② 无室内消火栓的建筑或室内消火栓系统设计供水量不能满足局部应用系统要求时，应符合如下要求：

第一，城市供水能够同时保证最大生活用水量和系统的流量与压力时，城市供水管可直接向系统供水。

第二，城市供水不能同时保证最大生活用水量和系统的流量与压力，但允许水泵从城市供水管直接吸水时，系统可设直接从城市供水管的消防加压水泵。

第三，城市供水不能同时保证最大生活用水量和系统的流量与压力，也不允许从城市供水管直接吸水时，系统应设贮水池 (罐) 和消防水泵，贮水池 (罐) 的有效容积应按系统用水量确定，并可扣除系统持续喷水时间内仍能连续补水的水量。

第四，可近三级负荷供电，且可不设备用泵。

第五，应采用防止污染生活用水的措施。

3. 报警控制装置

局部应用系统应设报警控制装置。报警控制装置应具有显示水流指示器、压力开关及水泵、信号等组件状态和输出启动水泵控制信号的功能。

不设报警阀组或采用消防加压水泵直接从城市供水管吸水的局部应用系统，应采取压力开关联运消防水泵的控制方式。不设报警阀组的系统可采用电动警铃报警。

4. 设计参数

(1) 局部应用系统应采用快速响应喷头，喷水强度不应低于 6 L/ (min•m²)，持续喷水时间不应低于 0.5 h。

(2) 局部应用系统保护区域内的房间和走道均应布置喷头。喷头的选型、布置和按开放喷头数确定的作用面积，应符合如下要求：

① 采用流量系数 $K=80$ 快速响应喷头的系数，喷头的布置应符合中危险级 I 级场所的有关规定。

② 采用 $K=115$ 快速响应扩展覆盖喷头的系统，同一配水支管上喷头的最大间距和相邻配水支管的最大间距，正方形布置时不应大于 4 m，矩形布置时长边不应大于 4.6 m，喷头至墙的距离不应大于 2.2 m，作用面积应按开放喷头数不少于 6 只确定。

③ 采用 $K=80$ 喷头且喷头总数不超过 20 只，或采用 $K=115$ 喷头且喷头总数不超过 12 只的局部应用系统，可不设报警阀组。

不设报警阀组的局部应用系统，配水管可与室内消防竖管连接，其配水管的入口处应设过滤器和带有锁定装置的控制阀。

二、其他固定灭火设施简介

(一) 手提灭火器

1. 灭火器配置场所

为了有效地扑救工业与民用建筑初起火灾，减少火灾损失，保护人身和财产的安全，需要合理配置灭火器。建筑灭火器配置设计规范适用于生产、使用或贮存可燃物的新建、改建、扩建的工业与民用建筑工程存在可燃的气体、液体、固体等物质，需要配置灭火器的场所。不适用于生产或贮存炸药、弹药、火工品、花炮的厂房或库房。

2. 灭火器的选择

灭火器的选择应考虑灭火器配置场所的火灾种类、危险等级、灭火器的灭火效能和通用性、灭火剂对保护物品的污损程度、灭火器设置点的环境温度、使用灭火器人员的体能等因素。在同一灭火器配置场所，宜选用相同类型和操作方法的灭火器。当同一灭火器配置场所存在不同火灾种类时，应选用通用型灭火器。

在同一灭火器配置场所，当选用两种或两种以上类型灭火器时，应采用灭火剂相容的灭火器。

3. 灭火剂类型的选择

A 类火灾场所应选择水型灭火器、磷酸铵盐干粉灭火器、泡沫灭火器或卤代烷灭火器。

B 类火灾场所应选择泡沫灭火器、碳酸氢钠干粉灭火器、磷酸铵盐干粉灭火器、二氧化碳灭火器、灭 B 类火灾的水型灭火器或卤代烷灭火器。极性溶剂的 B 类火灾场所应选择灭 B 类火灾的抗溶性灭火器。

C 类火灾场所应选择磷酸铵盐干粉灭火器、碳酸氢钠干粉灭火器、二氧化碳灭火器或卤代烷灭火器。

D 类火灾场所应选择扑灭金属火灾的专用灭火器。

E 类火灾场所应选择磷酸铵盐干粉灭火器、碳酸氢钠干粉灭火器、卤代烷灭火器或二氧化碳灭火器，但不得选用装有金属喇叭喷筒的二氧化碳灭火器。

4. 灭火器的设置要求

灭火器应设置在位置明显和便于取用的地点，且不得影响安全疏散。对有视线障碍的灭火器设置点，应设置指示其位置的发光标志。灭火器的摆放应稳固，其铭牌应朝外。手提式灭火器宜设置在灭火器箱内或挂钩、托架上，其顶部离地面高度不应大于 1.50 m；底部离地面高度不宜小于 0.08 m，灭火器箱不得上锁，灭火器不宜设置在潮湿或强腐蚀性的地点。

一个计算单元内配置的灭火器数量不得少于两具。每个设置点的灭火器数量不宜多于 5 具。当住宅楼每层的公共部位建筑面积超过 100 m² 时，应配置 1 具 1A 的手提式灭火器；每增加 100 m² 时，增配 1 具 1A 的手提式灭火器。

(二) 二氧化碳灭火系统

二氧化碳灭火作用主要在于窒息，冷却只为其次，是一种物理的、没有化学变化的气体灭火系统，因其具有不污染保护物、灭火快、空间淹没效果好等优点，在工业发达国家应用相当广泛。一般可以使用卤代烷灭火系统的场合均可采用二氧化碳灭火系统，由于卤代烷灭火剂施放氟氯可破坏地球的臭氧层，为了保护地球环境，而淘汰了灭火效率较高的卤代烷 1301 和 1211。二氧化碳灭火系统日益被重视，但因二氧化碳灭火系统对人有致命的危害、造价高，一般很少在民用建筑中应用。我国制定的二氧化碳灭火系统设计规范规定，二氧化碳灭火系统适用于扑救下列一些火灾：液体或可熔化的固体（如石蜡、沥青）火灾；固体表面火灾及部分固体（如棉花、纸张）深位火灾；电气火灾；气体火灾（灭火前不能切断气源的除外）。

规范同时还规定，二氧化碳灭火系统不得用于扑救下列物质的火灾：含氧化剂的化学制品，如硝化纤维、火药、过氧化氢等；活泼金属，如钾、钠、镁、钛、锆等；金属氢化物（含金属氨基化合物），如氢化钾、氢化钠等。

下列部位应设置气体灭火系统：国家、省级或超过 100 万人口城市广播电视发射塔楼内的微波机房、分米波机房、米波机房、变配电室和不间断电源（UPS）室；国际电信局、大区中心、省中心和一万路以上的地区中心的长途程控交换机房、控制室和信令转接点室；两万线以上的市话汇接局和六万门以上的市话端局程控交换机房、控制室和信令转接点室；中央及省级治安、防灾和网局级以上的电力等调度指挥中心的通信机房和控制室；主机房的建筑面积不小于 140 ㎡ 的电子计算机房中的主机房和基本工作间的已记录磁（纸）介质库；其他特殊重要设备室。

下列单位应设置二氧化碳等气体灭火系统，但不得采用卤代烷 1211、1301 灭火系统：国家、省级或藏书超过 100 万册的图书馆的特藏库；中央和省级的档案馆中的珍藏库和非纸质档案库；大、中型博物馆中的珍品仓库；一级纸、绢质文物的陈列室；中央和省级广播电视中心内，建筑面积不小于 120 ㎡ 的音像制品库房。

二氧化碳灭火系统由贮存装置（含贮存容器、单向阀、容器阀、集流管及称重检漏装置等）、管道、管件、二氧化碳喷头及选择阀组成。

二氧化碳灭火系统按灭火方式分全淹没灭火方式和局部施用灭火方式。二氧化碳从贮存系统中释放出来，液态的二氧化碳大部分迅速被气化，大约 1 kg 液态二氧化碳会产生 0.5 m³ 的二氧化碳气体。它将在被保护的封闭空间里扩散开来，直至充满全部空间，形成均一且高于所有被保护物质要求的灭火浓度，此时就能扑灭空间里任意部位的火灾。这一灭火方式称为全淹没灭火方式；局部应用系统是采用专用的喷头，使喷出的二氧化碳能直接、集中地施放到正在燃烧的物体上。因此要求喷放的二氧化碳能穿透火焰，并在燃烧物的燃烧表面上达到一定的供给强度，延续一定的时间，这样才使得燃烧熄灭。用于不需封闭空间条件的具体保护对象的非深位火灾。

当被保护的区域发生了火灾，相继会有两个探测器捕捉到火警信息输给报警控制设备，此时，即可发出火灾报警信号及发送灭火指令（亦可由人目测后人为发出）启动系统安排一个延迟过程，一般为 0 ~ 30 s，留给人们安全撤离火区用。

对于全淹没灭火方式，灭火动作后，为防止复燃，应保持 20 min 才可进行通风换气、开放门窗。

第六章　建筑及屋面雨水排水系统

第一节　建筑排水系统

一、排水系统的分类和组成

(一)排水系统的分类

建筑内部排水系统的功能是将人们在日常生活和工业生产过程中使用过的、受到污染的水以及降落到屋面的雨水和雪水收集起来，及时排到室外。建筑内部排水系统分为污废水排水系统(排除人类生存过程中产生的污水与废水)和屋面雨水排水系统(排除自然降水)两大类。按照污废水的来源，污废水排水系统又分为生活排水系统和工业废水排水系统。按污水与废水在排放过程中的关系，生活排水系统和工业废水排水系统又分为合流制和分流制两种体制。

1. 生活排水系统

生活排水系统排除居住建筑、公共建筑及工业企业生活间的污水与废水。由于污废水处理、卫生条件或杂用水水源的需要，生活排水系统又可分为：

(1)生活污水排水系统

排除大便器(槽)、小便器(槽)及与此相似卫生设备产生的污水。污水须经化粪池或居住小区污水处理设施处理后才能排放。

(2)生活废水排水系统

排除洗脸、洗澡、洗衣和厨房产生的废水。生活废水经过处理后，可作为杂用水，用来冲洗厕所、浇洒绿地和道路、冲洗汽车等。

2. 工业废水排水系统

工业废水排水系统排除工业企业在工艺生产过程中产生的污水与废水，是合流制排水系统。为便于污废水的处理和综合利用，可将其分为：

(1)生产污水排水系统：排除工业企业在生产过程中被化学杂质(有机物、重金属离子、酸、碱等)、机械杂质(悬浮物及胶体物)污染较重的工业废水，需要经过处理，达到排放标准后排放。

(2)生产废水排水系统：排除污染轻或仅水温升高，经过简单处理后(如降温)

可循环或重复使用的较清洁的工业废水。

(二) 污废水排水系统的组成

建筑内部污废水排水系统应能满足以下三个基本要求：首先，系统能迅速畅通地将污废水排到室外；其次，排水管道系统内的气压稳定，有毒有害气体不进入室内，保持室内良好的环境卫生；最后，管线布置合理，简短顺直，工程造价低。

为满足上述要求，建筑内部污废水排水系统的基本组成部分有卫生器具和生产设备的受水器、排水管道、清通设备和通气管道。在有些建筑物的污废水排水系统中，根据需要还设有污废水的提升设备和局部处理构筑物。

1. 卫生器具和生产设备受水器

卫生器具和生产设备受水器满足人们在日常生活和生产过程中的卫生和工艺要求。其中，卫生器具又称卫生设备或卫生洁具，是接受、排出人们在日常生活中产生的污废水或污物的容器或装置。生产设备受水器是接受、排出工业企业在生产过程中产生的污废水或污物的容器或装置。

2. 排水管道

排水管道包括器具排水管、横支管、立管、埋地干管和排出管。其作用是将各个用水点产生的污废水及时、迅速地输送到室外。

3. 清通设备

污废水中含有固体杂物和油脂，容易在管内沉积、黏附，减小通水能力甚至堵塞管道。为疏通管道保障排水畅通，须设清通设备。清通设备包括设在横支管顶端的清扫口、设在立管或较长横干管上的检查口和设在室内较长的埋地横干管上的检查井。

4. 提升设备

工业与民用建筑的地下室、人防建筑、高层建筑的地下技术层和地铁等处标高较低，在这些场所产生、收集的污废水不能自流排至室外的检查井，须设污废水提升设备。

5. 污水局部处理构筑物

当建筑内部污水未经处理不允许直接排入市政排水管网或水体时，须设污水局部处理构筑物。如处理民用建筑生活污水的化粪池，降低锅炉、加热设备排污水水温的降温池，去除含油污水的隔油池，以及以消毒为主要目的的医院污水处理等。

6. 通气系统

建筑内部排水管道内是水气两相流。为使排水管道系统内空气流通，压力稳定，避免因管内压力波动使有毒有害气体进入室内，需要设置与大气相通的通气管道系统。通气系统有排水立管延伸到屋面上的伸顶通气管、专用通气管以及专用附件。

(三) 污废水排水系统的类型

污废水排水系统通气的好坏直接影响排水系统能否正常使用，按系统通气方式和立管数目，建筑内部污废水排水系统分为单立管排水系统、双立管排水系统和三立管排水系统。

1. 单立管排水系统

单立管排水系统是指只有一根排水立管，没有专门通气立管的系统。单立管排水系统利用排水立管本身及其连接的横支管和附件进行气流交换，这种通气方式称为内通气。根据建筑层数和卫生器具的多少，单立管排水系统又有五种类型。

(1) 无通气管的单立管排水系统

这种形式的立管顶部不与大气连通，适用于立管短，卫生器具少，排水量小，立管顶端不便伸出屋面的情况。

(2) 有通气的普通单立管排水系统

排水立管向上延伸，穿出屋顶与大气连通，适用于一般多层建筑。

(3) 特制配件单立管排水系统

在横支管与立管连接处，设置特制配件代替一般的三通；在立管底部与横干管或排出管连接处设置特制配件代替一般的弯头。在排水立管管径不变的情况下改善管内水流与通气状态，增大排水能力。这种内通气方式因利用特殊结构改变水流方向和状态，所以也叫诱导式内通气。适用于各类多层、高层建筑。

(4) 特殊管材单立管排水系统

立管采用内壁有螺旋导流槽的塑料管，配套使用偏心三通。适用于各类多层、高层建筑。

(5) 吸气阀单立管排水系统

在立管和较长支管的末端设吸气阀，吸气阀只吸气不排气，当管内压力波动时(负压)，吸气补压，维持管内压力平衡。因其只能平衡负压，不能消除正压，更不能将管道中的有害气体释放至室外大气中，又因吸气阀密封材料采用软塑料、橡胶之类材质，年久老化失灵又无法察觉，会导致排水管道中的有害气体窜入室内，危及人身安全，后患无穷，所以，吸气阀是不能替代通气管的，目前该方式已被禁用。

2. 双立管排水系统

双立管排水系统也叫两管制，由一根排水立管和一根通气立管组成。双立管排水系统是利用排水立管与另一根立管之间进行气流交换，所以叫外通气。因通气立管不排水，所以，双立管排水系统的通气方式又叫干式通气。适用于污废水合流的各类多层和高层建筑。

3. 三立管排水系统

三立管排水系统也叫三管制，由三根立管组成，分别为生活污水立管、生活废水立管和通气立管。两根排水立管共用一根通气立管。三立管排水系统的通气方式也是干式外通气，适用于生活污水和生活废水需分别排出室外的各类多层、高层建筑。

（四）新型排水系统

建筑内部排水系统绝大部分都属于重力非满流排水，利用重力作用，水由高处向低处流动，不消耗动力，节能且管理简单。但重力非满流排水系统管径大，占地面积大，横管要有坡度，管道容易淤积堵塞。为克服这些缺点，近几年国内外出现了一些新型排水系统。

1. 压力流排水系统

压力流排水系统是在卫生器具排水口下装设微型污水泵，卫生器具排水时微型污水泵启动加压排水，使排水管内的水流状态由重力非满流变为压力满流。压力流排水系统的排水管径小，管配件少，占用空间小，横管无须坡度，流速大，自净能力较强，卫生器具出口可不设水封，室内环境卫生条件好。

2. 真空排水系统

在建筑物地下室内设有真空泵站，真空泵站由真空泵、真空收集器和污水泵组成。采用设有手动真空阀的真空坐便器，其他卫生器具下面设液位传感器，自动控制真空阀的启闭。卫生器具排水时真空阀打开，真空泵启动，将污水吸到真空收集器里贮存，定期由污水泵将污水送到室外。真空排水系统具有节水（真空坐便器一次用水量是普通坐便器的1/6），管径小，横管无需重力坡度，甚至可向高处流动，自净能力强，管道不会淤积，即使管道受损，污水也不会外漏的特点。

二、排水管系中水气流动规律

（一）建筑内部排水的流动特点

建筑内部排水管道系统的设计流态和流动介质与室外排水管道系统相同，都是按重力非满流设计的，污水中都含有固体杂物，都是水、气、固三种介质的复杂运动。其中，固体物较少，可以简化为水、气两相流。但建筑内部排水的流动特点与室外排水有所不同。

1. 水量气压变化幅度大

与室外排水相比，建筑内部排水管网接纳的排水量少，且不均匀，排水历时短，高峰流量时可能充满整个管道断面，而大部分时间管道内可能没有水。管内自由水面和气压不稳定，水、气容易掺合。

2. 流速变化剧烈

建筑外部排水管绝大多数为水平横管，只有少量跌水，且跌水深度不大，管内水流速度沿水流方向递增，但变化很小，水气不易掺合，管内气压稳定。建筑内部横管与立管交替连接，当水流由横管进入立管时，流速急骤增大，水气混合；当水流由立管进入横管时，流速急骤减小，水气分离。

3. 事故危害大

室外排水不畅时，污废水溢出检查井，有毒有害气体进入大气，影响环境卫生，因其发生在室外，对人体直接危害小。建筑内部排水不畅，污水外溢到室内地面，或管内气压波动，有毒有害气体进入房间，将直接危害人体健康，影响室内环境卫生，事故危害性大。

为合理设计建筑内部排水系统，既要使排水安全畅通，又要做到管线短、管径小、造价低，需专门研究建筑内部排水管系中的水气流动规律。

(二) 水封的作用及其破坏原因

1. 水封的作用

水封是设在卫生器具排水口下，用来抵抗排水管内气压变化，防止排水管道系统中气体窜入室内的一定高度的水柱，通常用存水弯来实施。水封高度力与管内气压变化、水蒸发率、水量损失、水中固体杂质的含量及相对密度有关，不能太大也不能太小。若水封高度太大，污水中固体杂质容易沉积在存水弯底部，堵塞管道；水封高度太小，管内气体容易克服水封的静水压力进入室内，污染环境。所以国内外一般将水封高度定为 50 ~ 100 mm。

2. 水封破坏

因静态和动态原因造成存水弯内水封高度减少，不足以抵抗管道内允许的压力变化值时，管道内气体进入室内的现象叫水封破坏。在一个排水系统中，只有要一个水封破坏，整个排水系统的平衡就被打破。水封的破坏与存水弯内水量损失有关。水封水量损失越多，水封高度越小，抵抗管内压力波动的能力越弱。水封内水量的损失主要有以下三个原因：

(1) 自虹吸损失

卫生设备在瞬时大量排水的情况下，存水弯自身充满而形成虹吸，排水结束后，存水弯内水封的实际高度低于应有的高度 h。这种情况多发生在卫生器具底盘坡度较大、呈漏斗状，存水弯的管径小，无延时供水装置，采用 S 形存水弯或连接排水

横支管较长的 p 形存水弯中。

(2) 诱导虹吸损失

某卫生器具不排水时，其存水弯内水封的高度符合要求。当管道系统内其他卫生器具大量排水时，系统内压力发生变化，使该存水弯内的水上下振动，引起水量损失。水量损失的多少与存水弯的形状，即存水弯流出端断面积与流入端断面积之比 K、系统内允许的压力波动值 P 有关。当系统内允许的压力波动一定时，K 值越大，水量损失越小，K 值越小，水量损失越大。

(3) 静态损失

静态损失是因卫生器具较长时间不使用造成的水量损失。在水封流入端，水封水面会因自然蒸发而降低，造成水量损失。在流出端，因存水弯内壁不光滑或粘有油脂，会在管壁上积存较长的纤维和毛发，产生毛细作用，造成水量损失。蒸发和毛细作用造成的水量减少属于正常水量损失，水量损失的多少与室内温度、湿度及卫生器具使用情况有关。

(三) 横管内水流状态

建筑内部排水系统所接纳的排水点少，排水时间短，具有断续的非均匀流特点。水流在立管内下落过程中会夹带大量空气一起向下运动，进入横管后变成横向流动，其能量、流动状态、管内压力及排水能力均发生变化。

1. 能量

竖直下落的污水具有较大的动能，进入横管后，由于改变流动方向，流速减小，转化为具有一定水深的横向流动，其能量转换关系式为：

$$K \frac{v_0^2}{2g} = h_e + \frac{v^2}{2g}$$

式中：v_0——竖直下落末端水流速度，m/s；

　　　h_e——横管断面水深，m；

　　　v——h_e 水深时水流速度，m/s；

　　　K——与立管和横管间连接形式有关的能量损失系数。

公式中横管断面水深和流速的大小，与排放点的高度、排水流量、管径、卫生器具类型有关。

2. 水流状态

根据国内外的实验研究，污水由竖直下落进入横管后，横管中的水流状态可分为急流段、水跃及跃后段、逐渐衰减段。急流段水流速度大，水深较浅，冲刷能力强。急流段末端由于管壁阻力使流速减小，水深增加形成水跃。在水流继续向前运动的过程中，由于管壁阻力，能量逐渐减小，水深逐渐减小，趋于均匀流。

(2) 横干管内压力变化

横干管连接立管和室外排水检查井，接纳的卫生器具多，存在着多个卫生器具同时排水的可能，所以排水量大。另外，排水横支管距横干管的高差大，下落污水在立管与横干管连接处动能大，在横干管起端产生的冲击流强烈，水跃高度大，水流有可能充满横干管断面。当上部水流不断下落时，立管底部与横干管之间的空气不能自由流动，空气压力骤然上升，使下部几层横支管内形成较大的正压，有时会将存水弯内的水喷溅至卫生器具内。

(四) 立管中水流状态

排水立管上接各层的排水横支管，下接横干管或排出管，立管内水流呈竖直下落流动状态，水流能量转换和管内压力变化很剧烈。排水立管设计是否合理，会直接影响排水系统的造价和能否正常使用，所以，世界各国都非常重视排水立管内水流状态和压力变化的研究。

1. 排水立管水流特点

由于卫生器具排水特点和对建筑内部排水安全可靠性能的要求，污水在立管内的流动有以下几个特点。

(1) 断续的非均匀流

卫生器具的使用是间断的，排水是不连续的。卫生器具使用后，污水由横支管流入立管初期，立管中流量有个递增过程，在排水末期，流量有个递减过程。当没有卫生器具排水时，立管中流量为零，被空气充满。所以，排水立管中流量是断断续续的，时大时小的。

(2) 水、气两相流

为防止排水管道系统内气压波动太大，破坏水封，排水立管是按非满流设计的。水流在下落过程中会夹带管内气体一起流动。因此，立管中是水、空气和固形污物三种介质的复杂运动，因固体污物相对较少，影响较小，可简化为水、气两相流，水中有气团，气中有水滴，气水间的界限不十分明显。

(3) 管内压力变化

普通伸顶通气单立管排水系统，污水由横支管进入立管竖直下落过程中会夹带一部分气体一起向下流动，若不能及时补充带走的气体，在立管的上部会形成负压。夹气水流进入横干管后，因流速减小，夹带的气体析出，水流形成水跃，充满横干管断面，从水中分离出的气体不能及时排走，在立管的下部和横干管内会形成正压。沿水流方向，立管中的压力由负到正，由小到大逐渐增加，零压点靠近立管底部。

最大负压发生在排水的横支管下部，最大负压值的大小，与排水的横支管高度、排水量大小和通气量大小有关。排水的横支管距立管底部越高，排水量越大，通气量越小，形成的负压越大。

2. 水流流动状态

在部分充满水的排水立管中，水流运动状态与排水量、管径、水质、管壁粗糙度、横支管与立管连接处的几何形状、立管高度及同时向立管排水的横支管数目等因素有关。其中，排水量和管径是主要因素。通常用充水率 α 表示，充水率 α 是指水流断面积 W_t 与管道断面积 W_j 的比值。

通过对单一横支管排水，立管上端开口通大气，立管下端经排出横干管接室外检查井通大气的情况下进行实验研究发现，随着流量的不断增加，立管中水流状态主要经过附壁螺旋流、水膜流和水塞流三个阶段。

3. 水膜流运动的力学分析

为确定水膜流阶段排水立管在允许的压力波动范围内的最大允许排水能力，给建筑内部排水立管的设计提供理论依据，应该对排水立管中的水膜流运动进行力学分析。

在水膜流时，水沿管壁呈环状水膜竖直向下运动，环中心是空气流（气核），管中不存在水的静压。水膜和中心气流间没有明显的界线，水膜中混有空气，含气量从管壁向中心逐渐增加，气核中也含有下落的水滴，含水量从管中心向四周逐渐增加。这样立管中流体的运动分为两类特性不同的两相流，一种是水膜区以水为主的水、气两相流，一种是气核区以气为主的气、水两相流。为便于研究，水膜区中的气可以忽略，气核区中的水也可忽略。管道内复杂的两类两相流简化为两类单相流。水流运动和气流运动可以用能量方程和动量方程来描述。

排水立管中水膜可以近似看作一个中空的环状物体，这个环状物体在变加速下降过程中，同时受到向下的重力 W 和向上的管壁摩擦力 P 的作用。取一个长度为 ΔL 的基本小环。根据牛顿第二定律，$F = ma = m\dfrac{\mathrm{d}v}{\mathrm{d}t} = W - P$。

式中重力的表达式为：

$$W = m \cdot g = Q \cdot \rho \cdot t \cdot g$$

式中：m——t 时刻内通过所给断面水流的质量，kg；

$\quad\ W$—— 重力，N；

$\quad\ g$—— 重力加速度，m/s²；

$\quad\ Q$—— 下落水流流量，m³/s；

$\quad\ \rho$—— 水的密度，kg/m³；

$\quad\ t$—— 时间，s。

表面摩擦力 P 的表达式为：

$$P = \tau \cdot \pi \cdot d_j \cdot \Delta L$$

式中：P—— 表面摩擦力，N；

d_j—— 立管内径，m；

ΔL—— 中空圆柱体长度，m；

τ—— 水流内摩擦力，以单位面积上的平均切应力表示，N/m²。在紊流状态下，水流内摩擦力 τ 可表示为：

$$\tau = \frac{\lambda}{8} \rho \cdot v^2$$

式中的 λ 为沿程阻力系数，由实验分析可知，λ 值的大小与管壁的粗糙高度 $K_p(\mathrm{m})$ 和水膜的厚度 e（m）有关：

$$\lambda = 0.1212 \left(\frac{K_P}{e} \right)^{\frac{1}{3}}$$

将 $\lambda = 0.1212 \left(\frac{K_P}{e} \right)^{\frac{1}{3}}$ 式、$\tau = \frac{\lambda}{8} \rho \cdot v^2$ 式、$P = \tau \cdot \pi \cdot d_j \cdot \Delta L$ 式、$W = m \cdot g = Q \cdot \rho \cdot t \cdot g$

式代入 $F = ma = m \frac{\mathrm{d}v}{\mathrm{d}t} = W - P$ 式，整理得：

$$m \cdot \frac{\mathrm{d}v}{\mathrm{d}t} = Q \cdot \rho \cdot t \cdot g - \frac{0.1212\pi}{8} \cdot \left(\frac{K_P}{e} \right)^{\frac{1}{3}} \cdot \rho \cdot v^{\frac{1}{2}} \cdot d_j \cdot \Delta L$$

等式两侧同时除以 $t \cdot \rho$，且 $\frac{\Delta L}{t} = v$，上式变为：

$$\frac{m}{\rho \cdot t} \cdot \frac{\mathrm{d}v}{\mathrm{d}t} = Q \cdot g - \frac{0.1212\pi}{8} \cdot \left(\frac{K_P}{e} \right)^{\frac{1}{3}} \cdot v^3 \cdot d_j$$

当水流下降速度达到终限流速 v_t 时，水膜厚度 e 达到终限流速时的水膜厚度 e_t，此时水流下降速度恒定不变，加速度 $a = \frac{\mathrm{d}v}{\mathrm{d}t} = 0$，上式可整理为：

$$v_t = \left[\frac{21Q \cdot g}{d_j} \left(\frac{e_t}{K_P} \right)^{\frac{1}{3}} \right]^{\frac{1}{3}}$$

终限流速时的排水流量为终限流速与环状过水断面积之积：

$$Q = v_t \frac{\pi}{4} \left[d_j^2 - \left(d_j - 2e_t \right)^2 \right]$$

展开式上式右侧，因 e_t^2 项很小，忽略不计，整理得：$e_t = \dfrac{Q}{v_t \pi d_j}$

将上式代入式 $v_t = \left[\dfrac{21Q \cdot g}{d_j}\left(\dfrac{e_t}{K_P}\right)^{\frac{1}{3}}\right]^{\frac{1}{3}}$，得：$v_t = 2.22\left(\dfrac{g^3}{K_P}\right)^{\frac{1}{10}} \cdot \left(\dfrac{Q}{d_j}\right)^{\frac{2}{5}}$

将 $g = 9.81\,\mathrm{m/s^2}$ 代入式上式得到终限流速 v_t（m/s）与流量 Q（m³/s）管径 d_j（m）和管壁粗糙高度 K_p（m）之间的关系式：

$$v_t = 4.4\left(\frac{1}{K_P}\right)^{\frac{1}{10}} \cdot \left(\frac{Q}{d_j}\right)^{\frac{2}{5}}$$

(五) 排水立管在水膜流时的通水能力

式 $v_t = 4.4\left(\dfrac{1}{K_P}\right)^{\frac{1}{10}} \cdot \left(\dfrac{Q}{d_j}\right)^{\frac{2}{5}}$ 表达了在水膜流状态下，终限流速 v_t 与排水量 Q、管径 d_j 及粗糙高度 K_p 之间的关系。在实际应用中，终限流速 v_t 不便测定，应将其消去。找出立管通水能力 Q 与管径 d_j、充水率 a，以及粗糙高度间 K_p 的关系，便于设计中应用。

水膜流状态达到终限流速 v_t 时，水膜的厚度和下降流速保持不变，立管内通水能力为过水断面积 ω_t 与终限流速 v_t 的乘积：

$$Q = \omega_t \cdot v_t$$

过水断面积为：

$$\omega_t = \alpha\omega_j = \frac{\alpha\pi d_j^2}{4}$$

将式 $v_t = 4.4\left(\dfrac{1}{K_P}\right)^{\frac{1}{10}} \cdot \left(\dfrac{Q}{d_j}\right)^{\frac{2}{5}}$ 和式 $\omega_t = \alpha\omega_j = \dfrac{\alpha\pi d_j^2}{4}$ 代入式 $Q = \omega_t \cdot v_t$，整理得：

$$Q = 7.89\left(\frac{1}{K_P}\right)^{\frac{1}{6}} \cdot d_j^{\frac{8}{3}} \cdot \alpha^{\frac{5}{3}}$$

将上式分别代入式 $v_t = 4.4\left(\dfrac{1}{K_P}\right)^{\frac{1}{10}} \cdot \left(\dfrac{Q}{d_j}\right)^{\frac{2}{5}}$ 整理得：

$$v_t = 10.05 \left(\frac{1}{K_P} \right)^{\frac{1}{6}} \cdot d_j^{\frac{2}{3}} \cdot \alpha^{\frac{2}{3}}$$

令 d_0 表示立管内中空断面的直径，则：

$$d_0 = d_j - 2e_t$$

$$\alpha = \frac{\omega_t}{\omega_j} = 1 - \left(\frac{d_0}{d_j} \right)^2$$

由以上两式可得水膜厚度表达式：

$$e_t = \frac{1}{2}(1 - \sqrt{1-\alpha}) \cdot d_j$$

水膜厚度 e_t 与管内径 d_j 比值为：

$$\frac{e_t}{d_j} = \frac{1 - \sqrt{1-\alpha}}{2}$$

在有专用通气立管的排水系统中，水膜流时 $\alpha = 1/4 \sim 1/3$，代入式 $e_t = \frac{1}{2}(1 - \sqrt{1-\alpha}) \cdot d_j$，求出不同管径时水膜厚度。

沿程阻力系数计算式 $\lambda = 0.1212 \left(\frac{K_P}{e} \right)^{\frac{1}{3}}$ 是在人工粗糙基础上得出来的经验公式，实际应用于排水管道时，由于材料及制作技术不同，其粗糙高度、粗糙形状及其分布是无规则的。计算时引入"当量粗糙高度"概念。当量粗糙高度是指和实际管道沿程阻力系数 A 值相等的同管径人工粗糙管的粗糙高度。

(六) 影响立管内压力波动的因素及防止措施

增大排水立管的通水能力和防止水封破坏是建筑内部排水系统中两个最重要的问题，这两个问题都与排水立管内的压力有关。因此，需要分析排水立管内压力变化规律，找出影响排水立管内压力变化的因素，根据这些影响因素，采取相应的解决办法和措施，增大排水立管的通水能力。

1. 影响排水立管内部压力的因素

普通单立管系统水流由横支管进入立管，在立管中呈水膜流状态夹气向下流动，空气从伸顶通气管顶端补入。选取立管顶部空气入口处为基准面 (0-0)，另一断面 (1-1) 选在排水横支管下最大负压形成处。空气在两个断面上的能量方程为：

$$\frac{v_0^2}{2g} + \frac{P_0}{\rho g} = \frac{v_1^2}{2g} + \frac{P_1}{\rho g} + \left(\xi + \lambda \frac{L}{d_j} + K \right) \frac{v_n^2}{2g}$$

式中：v_0——0-0 断面处空气流速，m/s；

$\quad\quad v_1$——1-1 断面处空气流速，m/s；

$\quad\quad P_0$——0-0 断面处空气相对压力，Pa；

$\quad\quad P_1$——1-1 断面处空气相对压力，Pa；

$\quad\quad v_a$——空气在通气管内流速，m/s；

$\quad\quad \rho$——空气密度，kg/m³；

$\quad\quad g$——重力加速度，9.81 m/s²；

$\quad\quad \xi$——管顶空气入口处的局部阻力系数，一般取 0.5；

$\quad\quad L$——从管顶到排水横支管处的长度，m；

$\quad\quad d_j$——管道内径，m；

$\quad\quad \lambda$——管壁总摩擦系数，包括沿程损失和局部损失，一般取 0.03~0.05；

$\quad\quad K$——水舌局部阻力系数。

　　水舌是水流在冲激流状态下，由横支管进入立管下落，在横支管与立管连接部短时间内形成的水力学现象。它沿进水流动方向充塞立管断面，同时，水舌两侧有两个气孔作为空气流动通路。这两个气孔的断面远比水舌上方立管内的气流断面积小，在水流的拖曳下，向下流动的空气通过水舌时，造成空气能量的局部损失。在排水立管管径一定的条件下，水舌局部阻力系数 K 与排水量大小，横支管与立管连接处的几何形状有关。

　　管顶空气入口处空气流速和相对压力很小，为简化计算，令 $v_0=0$，$P_0=0$，式

$\dfrac{v_0^2}{2g} + \dfrac{P_0}{\rho g} = \dfrac{v_1^2}{2g} + \dfrac{P_1}{\rho g} + \left(\xi + \lambda\dfrac{L}{d_j} + K\right)\dfrac{v_a^2}{2g}$ 简化整理得：

$$P_1 = -\rho\left[\frac{v_1^2}{2} + \left(\xi + \lambda\frac{L}{d_j} + K\right)\frac{v_a^2}{2}\right]$$

　　为补充夹气水流造成的真空，伸顶通气管内空气向下流动，所以，$v_a=v_1$，上式简化为：

$$P_1 = -\rho\left(1 + \xi + \lambda\frac{L}{d_j} + K\right)\frac{v_1^2}{2}$$

　　式中 $\left(1 + \xi + \lambda\dfrac{L}{d_j} + K\right)$ 为空气在通气管内总阻力系数，令：

$$\beta = \left(1 + \xi + \lambda\frac{L}{d_j} + K\right)$$

式 $P_1 = -\rho\left(1 + \xi + \lambda\dfrac{L}{d_j} + K\right)\dfrac{v_1^2}{2}$ 简化为:

$$P_1 = -\rho\beta\frac{v_1^2}{2}$$

断面 1-1 为产生最大负压处,该处气核随水膜一起下落,其流速 v_1 与终限流速 v_t 近似相等,上式变为:

$$P_1 = -\rho\beta\frac{v_t^2}{2}$$

将式 $v_t = 4\cdot 4\left(\dfrac{1}{K_P}\right)^{\frac{1}{10}}\cdot\left(\dfrac{Q}{d_j}\right)^{\frac{2}{5}}$ 代入上式得:

$$P_1 = -9.68\rho\beta\left(\frac{1}{K_P}\right)^{\frac{1}{5}}\left(\frac{Q}{d_j}\right)^{\frac{4}{5}}$$

式中: P_1——立管内最大负压值,Pa;

ρ——空气密度,kg/m³;

K_p——管壁粗糙高度,m;

Q——排水流量,m³/s;

d_j——管道内径,m;

β——空气阻力系数,$\beta = \left(1 + \xi + \lambda\dfrac{L}{d_j} + K\right)$。

由式 $P_1 = -\rho\beta\dfrac{v_t^2}{2}$ 和式 $P_1 = -9.68\rho\beta\left(\dfrac{1}{K_P}\right)^{\frac{1}{5}}\left(\dfrac{Q}{d_j}\right)^{\frac{4}{5}}$ 可以看出,立管内最大负压值的大小与排水立管内壁粗糙高度和管径成反比;与排水流量、终限流速以及空气总阻力系数成正比。空气总阻力系数中,水舌阻力系数 K 值最大,是 ξ 的几十倍,其他几项都很小。但是,当排水立管不伸顶通气时,局部阻力 $\xi \to \infty$,排水时造成的负压很大,水封极易破坏,因此对不通气系统的最大通水能力作了严格的限制。

2. 稳定立管压力增大通水能力的措施

当管径一定时,在影响排水立管压力波动的几个因素中,管顶空气进口阻力系数 ξ 值小,影响很小,而通气管长度 L 和空气密度 ρ 又不能随意调整改变。所以,只能改变立管流速 v 和水舌阻力系数 K 两个影响因素。目前,稳定立管压力,增大通水能力的切实可行的技术措施有:

① 不断改变立管内水流的方向，增加水向下流动的阻力，消耗水流的动能，减小污水在立管内的下降速度。如每隔一定距离（5~6层），在立管上设置乙字弯消能，可减小流速50%左右。

② 改变立管内壁表面的形状，改变水在立管内的流动轨迹和下降流速。如增加管材内壁粗糙高度 K_p，使水膜与管壁间的界面力增加，增加水向下流动的阻力，减小污水在立管内的下降速度。将光滑的排水立管内壁制作成有突起的螺旋导流槽，内壁有6条间距50 mm呈三角形突起的螺旋排水立管和与之配套使用的偏心三通。横支管采用普通管材，横支管的污水经偏心三通导流沿切线方向进入立管，避免形成水舌。在螺旋突起的导流下，水流形成较为密实的水膜紧贴立管管壁旋转下落，既减小了污水的竖向流速，又使立管中心保持气流畅通，管内压力稳定。因横支管的污水沿切线方向进入立管，减小了下落水团之间的相互撞击，也降低了排水时的噪声。

③ 设置专用通气管，改变补气方向，使向负压区补充的空气不经过水舌，由通气立管从下补气，或由环形通气管、器具通气管从上补气。

④ 改变横支管与立管连接处的构造形式，代替原来的三通，避免形成水舌或减小水舌面积，减小排水横支管下方立管内的负压值，这种管件叫上部特制配件。改变立管与排出管、横干管连接处的构造形式，代替一般的弯头，减小立管底部和排出管、横干管内的正压值，这种管件叫下部特制配件。上部特制配件要与下部特制配件配套使用。

四种上部特制配件，混合器由上流入口、乙字弯、挡板、挡板上部的孔隙、横支管流入口、混合室和排出口等组成。挡板将混合器上部分隔成立管水流区和横支管水流区两部分，使立管水流和横支管水流在各自的隔间内流动，避免了冲击和干扰。自立管下降的污水，经过乙字管时，水流受撞击分散与周围的空气混合，形成相对密度较轻的水沫状气水混合液，下降速度减慢，可避免出现过大的抽吸力。横支管排出的污水被挡板反弹，只能从挡板右侧向下排放，不会在立管中形成水舌，能使立管中保持气流畅通，气压稳定。挡板上部留有孔隙，可流通空气，平衡立管和横支管的压力，防止虹吸作用。混合器构造简单，维护容易，安装方便，运行可靠，可接纳来自三个方向的横支管。

侧流器由底座、盖板组成，盖板上带有固定旋流叶片，底座横支管和立管接口处，沿立管切线方向有导流板。从横支管排出的污水，通过导流板从切线方向以旋转状态进入立管，立管下降水流经固定旋流叶片后，沿管壁旋转下降，随着水流的下降，旋流作用逐渐减弱，经过下一层侧流器旋流叶片的导流，又增强了旋流作用，直至立管底部。

侧流器使立管和横支管的水流同时同步旋转，在立管中心形成气流畅通的空气芯，管内压力变化很小，能有效地控制排水噪声。侧流器可接3个横支管，但构造比其他形式复杂，涡流叶片容易堵塞。

环流器由倒锥体、内管和2~4个横向接口组成，内管可消除横支管水流与立管水流的相互冲击和干扰。横支管排出的污水受内管阻挡反弹后，沿立管管壁向下流动；立管水流从内管流出成倒漏斗状，以自然扩散下落，与倒锥体内的空气混合，形成相对密度较小的水沫状气水混合液，流速减慢，沿壁呈水膜状下降，使管中气流畅通。因环流器可多向与多根横支管连接，各器具排水管可单独接入立管，减少了横管内因排水合流而产生的水塞现象，还形成环形通路，进一步加强了立管与横管中的空气流通，从而减小了管内的压力波动。

环流器构造简单，不易堵塞，可连接四个方向的横管，可以做到横管在地面上与立管连接，不需穿越楼板。4个接入口还可被当作清扫口用。

环旋器的内部构造同环流器基本相同，不同点在于横支管以切线方向接入，使横支管水流进入环旋器后形成一定程度的旋流，更有利于立管中心形成空气芯。但反向的两个横支管接口中心无法对准，不便于共用排水立管对称布置的卫生间采用。

四种下部特制配件，跑气器由流入口，顶部通气口、有凸块的气体分离室、跑气管和排出口组成。自立管下降的水气混合液撞击凸块后被溅散，改变方向冲击到突块对面的斜面上，气与水分离，分离的气体经过跑气管引入干管下游，使进入横干管的污水体积减小，速度减慢，动能减小，立管底部和横干管的正压减小，管内气压稳定。跑气器常和混合器配套使用。

大曲率导向弯头是一种曲率半径大，内有导向叶片的弯头。立管中下降的附壁薄膜水流在叶片角度的导引下，使水流沿弯头下部流入横干管，避免了在横干管起端形成水跃和壅水，大大减小立管底部和横干管的正压力。消除了水流对弯头底部的撞击。大曲率导向弯头常和侧流器配套使用。

角笛式弯头是一种形如牛角，曲率半径大，空间大带有检查口的弯头，有的角笛式弯头还带跑气口。由排水立管进入角笛式弯头的水流因过水断面突然扩大，流速变缓，混合在污水中的空气释出，使进入横干管的污水体积减小，速度减慢，动能减小。另外，角笛式弯头内部空间大，可以容纳高峰瞬时流量，弯头曲率半径大，加强了排水能力，这些都有助于消除水跃和水塞现象的发生，避免立管底部和横干管内产生过大正压。角笛式弯头常与环流器或环旋器配套使用。

三、排水系统选择与管道布置敷设

建筑内部排水系统的选择和管道布置敷设直接影响着人们的日常生活和生产活

动，在设计过程中应首先保证排水畅通和室内良好的生活环境，再根据建筑类型、标准、投资等因素，在兼顾其他管道、线路和设备的情况下，进行系统的选择和管道的布置敷设。

(一) 排水系统的选择

在确定建筑内部排水体制和选择建筑内部排水系统时主要考虑下列因素：

(1) 污废水的性质

根据污废水中所含污染物的种类，确定是合流还是分流。当两种生产污水合流会产生有毒有害气体和其他难处理的有害物质时应分流排放；与生活污水性质相似的生产污水可以和生活污水合流排放。不含有机物且污染轻微的生产废水可排入雨水排水系统。

(2) 污废水污染程度

为便于轻污染废水的回收利用和重污染废水的处理，污染物种类相同，但浓度不同的两种污水宜分流排除。

(3) 污废水综合利用的可能性和处理要求

工业废水中常含有能回收利用的贵重工业原料，为减少环境污染，变废为宝，宜采用清浊分流，分质分流，否则会影响回收价值和处理效果。

对卫生标准要求较高，设有中水系统的建筑物，生活污水与废水宜采用分流排放。含油较多的公共饮食业厨房的洗涤废水和洗车台冲洗水；含有大量致病病毒、细菌或放射性元素超过排放标准的医院污水；水温超过40℃的锅炉和水加热器等加热设备排水；可重复利用的冷却水以及用作中水水源的生活排水应单独排放。

(二) 卫生器具的布置与敷设

在卫生间和公共厕所布置卫生器具时，既要考虑所选用的卫生器具类型、尺寸和方便使用，又要考虑管线短，排水通畅，便于维护管理。卫生间和公共厕所内的地漏应设在地面最低处，易于溅水的卫生器具附近。地漏不宜设在排水支管顶端，以防止卫生器具排放的固形杂物在最远卫生器具和地漏之间的横支管内沉淀。

(三) 排水管道的布置与敷设

室内排水管道的布置与敷设在保证排水畅通，安全可靠的前提下，还应兼顾经济、施工、管理、美观等因素。

1. 排水畅通，水力条件好

为使排水管道系统能够将室内产生的污废水以最短的距离、最短的时间排出室外，应采用水力条件好的管件和连接方法。排水支管不宜太长，尽量少转弯，连接的卫生器具不宜太多；立管宜靠近外墙，靠近排水量大、水中杂质多的卫生器具；厨房和卫生间的排水立管应分别设置；排出管以最短的距离排出室外，尽量避免在室内转弯。

2. 保证设有排水管道房间或场所的正常使用

在某些房间或场所布置排水管道时，要保证这些房间或场所正常使用，如横支管不得穿过有特殊卫生要求的生产厂房、食品及贵重商品仓库、通风小室和变电室；不得布置在遇水易引起燃烧、爆炸或损坏的原料、产品和设备上面，也不得布置在食堂、饮食业的主副食操作烹调场所的上方。

3. 保证排水管道不受损坏

为使排水系统安全可靠的使用，必须保证排水管道不会受到腐蚀、外力、热烤等破坏。如管道不得穿过沉降缝、烟道、风道；管道穿过承重墙和基础时应预留洞；埋地管不得布置在可能受重物压坏处或穿越生产设备基础；湿陷性黄土地区横干管应设在地沟内；排水立管应采用柔性接口；塑料排水管道应远离温度高的设备和装置，在汇合配件处（如三通）设置伸缩节等。

4. 室内环境卫生条件好

为创造一个安全、卫生、舒适、安静、美观的生活、生产环境，管道不得穿越卧室、病房等对卫生、安静要求较高的房间，并不宜靠近与卧室相邻的内墙；商品住宅卫生间的卫生器具排水管不宜穿越楼板进入他户；建筑层数较多，对于伸顶通气的排水管道而言，底层横支管与立管连接处至立管底部的距离小于规定的最小距离时，底部支管应单独排出。如果立管底部放大一号管径或横干管比与之连接的立管大一号管径时，可将表中垂直距离缩小一挡。有条件时宜设专用通气管道。

5. 施工安装、维护管理方便

为便于施工安装，管道距楼板和墙应有一定的距离。为便于日常维护管理，排水立管宜靠近外墙，以减少埋地横干管的长度；对于废水含有大量的悬浮物或沉淀物，管道需要经常冲洗，排水支管较多，排水点位置不固定的公共餐饮业的厨房、公共浴池、洗衣房、生产车间可以用排水沟代替排水管。

应按规范规定设置检查口或清扫口。如铸铁排水立管上检查口之间的距离不宜大于 10 m，塑料排水立管宜每六层设置一个检查口。但在建筑物最低层和设有卫生器具的 2 层以上建筑物的最高层，应设置检查口；检查口应在地（楼板）面以上 1.0 m，并应高于该层卫生器具上边缘 0.15 m。

在连接 2 个及 2 个以上的大便器或 3 个及 3 个以上卫生器具的铸铁排水横管上，宜设置清扫口。在连接 4 个及 4 个以上的大便器的塑料排水横管上宜设置清扫口。

清扫口宜设置在楼板或地坪上，且与地面相平。

在水流偏转角大于45°的排水横管上，应设检查口或清扫口。当排水立管底部或排出管上的清扫口至室外检查井中心的距离大于规定的数值时，应在排出管上设清扫口。排水横管的直线管段上检查口或清扫口之间的最大距离，应符合规定。

6. 其他

占地面积小，总管线短、工程造价低。

(四)异层排水系统和同层排水系统

按照室内排水横支管所设位置，可将排水系统分为异层排水系统和同层排水系统。

1. 异层排水

异层排水是指室内卫生器具的排水支管穿过本层楼板后接下层的排水横管，再接入排水立管的敷设方式，也是排水横支管敷设的传统方式。其优点是排水通畅、安装方便，维修简单，土建造价低，配套管道和卫生器具市场成熟。主要缺点是对下层造成不利影响，譬如易在穿楼板处造成漏水，下层顶板处排水管道多、不美观、有噪声等。

2. 同层排水

同层排水是指卫生间器具排水管不穿越楼板，排水横管在本层套内与排水立管连接，安装检修不影响下层的一种排水方式。同层排水具有如下特点：首先，产权明晰，卫生间排水管路系统布置在本层中，不干扰下层；其次，卫生器具的布置不受限制，楼板上没有卫生器具的排水预留孔，用户可以自由布置卫生器具的位置，满足卫生器具个性化的要求，从而提高房屋品位；最后，排水噪声小，渗漏概率小。

同层排水作为一种新型的排水安装方式，可以适用于任何场合下的卫生间。当下层设计为卧室、厨房、生活饮用水池，遇水会引起燃烧、爆炸的原料、产品和设备时，应设置同层排水。

同层排水的技术有多种，可归结如下：

(1)降板式同层排水

卫生间的结构板下沉300～400 mm，排水管敷设在楼板下沉的空间内，是简单、实用，而且较为普遍的方式。但排水管的连接形式有以下几种不同的方式。

①采用传统的接管方式，即用P弯和S弯连接浴缸、面盆、地漏。这种传统方式维修比较困难，一旦垃圾杂质堵塞弯头，不易清通。

②采用多通道地漏连接，即将洗脸盆、浴缸、洗衣机、地平面的排水收入多通道地漏，再排入立管。采用多通道地漏连接，无须安装存水弯装置，杂质也可通过

地漏内的过滤网收集和清除。很显然，该方式易于疏通检修，但相对的下沉高度要求较高。

③采用接入器连接，即用同层排水接入器连接卫生器具排水支管、排水横管。除大便器外，其他卫生器具无须设置存水弯，水封问题在接入器本身解决，接入器设有检查盖板、检查口，便于疏通检修。该方式综合了多通道地漏和苏维脱排水系统中混合器的优点，可以减少降板高度，做成局部降板卫生间。

(2) 不降板的同层排水

不降板同层排水，即将排水管敷设在卫生间地面或外墙。

① 排水管设在卫生间地面，即在卫生器具后方砌一堵假墙，排水支管不穿越楼板而在假墙内敷设，并在同一楼层内与主管连接，坐便器采用后出口，洗面盆、浴盆、淋浴器的排水横管敷设在卫生间的地面，地漏设置在仅靠立管处，其存水弯设在管井内。此种方式在卫生器具的选型、卫生间的布置都有一定的局限性，且卫生间难免会有明管。

② 排水管设于外墙，就是将所有卫生器具沿外墙布置，器具采用后排水方式，地漏采用侧墙地漏，排水管在地面以上接至室外排水管，排水立管和水平横管均明装在建筑外墙。该方式卫生间内排水管不外露，整洁美观，噪声小；但限于无冰冻期的南方地区使用，对建筑的外观也有一定的影响。

(3) 隐蔽式安装系统的同层排水

隐蔽式的同层排水是一种隐蔽式卫生器具安装的墙排水系统。在墙体内设置隐蔽式支架，卫生器具与支架固定，排水与给水管道也设置在支架内，并与支架充分固定。该方式的卫生间因只明露卫生器具本体和配水嘴，而整洁、干净，适合于高档住宅装修品质的要求，是同层排水设计和安装的趋势。

(五) 通气系统的布置与敷设

为使生活污水管道和产生有毒有害气体的生产污水管道内的气体流通，压力稳定，排水立管顶端应设伸顶通气管，其顶端应装设风帽或网罩，避免杂物落入排水立管。伸顶通气管的设置高度与周围环境、当地的气象条件、屋面使用情况有关，伸顶通气管高出屋面不小于0.3 m，但应大于该地区最大积雪厚度；屋顶有人停留时，高度应大于2.0 m；若在通气管口周围4 m以内有门窗时，通气管口应高出窗顶0.6 m或引向无门窗一侧；通气管口不宜设在建筑物挑出部分（如屋檐檐口、阳台和雨篷等）的下面。

建筑标准要求较高的多层住宅和公共建筑、10层及10层以上高层建筑的生活污水立管宜设置专门的通气管道系统。通气管道系统包括通气支管、通气立管、结合通气管和汇合通气管。

通气支管有环形通气管和器具通气管两类。当排水横支管较长、连接的卫生器具较多时应设置环形通气管。环形通气管在横支管起端的两个卫生器具之间接出，连接点在横支管中心线以上，与横支管呈垂直或 45° 连接。对卫生和安静要求较高的建筑物宜设置器具通气管，器具通气管在卫生器具的存水弯出口端接出。环形通气管和器具通气管与通气立管连接，连接处的标高应在卫生器具上边缘 0.15 m 以上，且有不小于 0.01 的上升坡度。

通气立管有专用通气立管、主通气立管和副通气立管三类。系统不设环形通气管和器具通气管时，通气立管通常叫专用通气立管；系统设有环形通气管和器具通气管，通气立管与排水立管相邻布置时，叫主通气立管；通气立管与排水立管相对布置时，叫副通气立管。

为在排水系统形成空气流通环路，通气立管与排水立管间需设结合通气管（或 H 管件），专用通气立管每隔 2 层设一个、主通气立管宜每隔 8～10 层设一个。结合通气管的上端在卫生器具上边缘以上不小于 0.15 m 处与通气立管以斜三通连接，下端在排水横支管以下与排水立管以斜三通连接。当污水立管与废水立管合用一根通气立管时，结合通气管可隔层分别与污水立管和废水立管连接，但最低横支管连接点以下应装设结合通气管。

若建筑物要求不可能每根通气管单独伸出屋面时，可设置汇合通气管。也就是将若干根通气立管在室内汇合后，再设一根伸顶通气管。

若建筑物不允许设置伸顶通气时，可设置自循环通气管道系统。该管路不与大气直接相通，而是通过自身管路的连接方式变化来平衡排水管路中的气压波动，是一种安全、卫生的新型通气模式。当采取专用通气立管与排水立管连接时，自循环通气系统的顶端应在卫生器具上边缘以上不小于 0.15 m 处采用 2 个 90° 弯头相连，通气立管下端应在排水横管或排出管上采用倒顺水三通或倒斜三通相接，每层采用结合通气管与排水立管相连。当采取环形通气管与排水横支管连接时，顶端仍应在卫生器具上边缘以上不小于 0.15 m 处采用 2 个 90° 弯头相连，且从每层排水支管下端接出环形通气管，应在高出卫生器具上边缘不小于 0.15 m 与通气立管相接；当横支管连接卫生器具较多且横支管较长时，需设置支管的环形通气。通气立管的结合通气管与排水立管连接间隔不宜多于 8 层。

通气立管不得接纳污水、废水和雨水，不得与风道和烟道连接。

第二节　建筑排水系统的计算

一、排水定额和排水设计秒流量

(一) 排水定额

建筑内部的排水定额有两个，一个是以每人每日为标准，另一个是以卫生器具为标准。每人每日排放的污水量和时变化系数与气候、建筑物内卫生设备完善程度有关。从用水设备流出的生活给水使用后损失很小，绝大部分被卫生器具收集排放，所以生活排水定额和时变化系数与生活给水相同。生活排水平均时排水量和最大时排水量的计算方法与建筑内部的生活给水量计算方法相同，计算结果主要用来设计污水泵和化粪池等。

卫生器具排水定额是经过实测得来的。主要用来计算建筑内部各个管段的排水流量，进而确定各个管段的管径。某管段的设计流量与其接纳的卫生器具类型、数量及使用频率有关。为了便于累加计算，与建筑内部给水相似，以污水盆排水量 0.33 L/s 为一个排水当量，将其他卫生器具的排水量与 0.33 L/s 的比值，作为该种卫生器具的排水当量。由于卫生器具排水具有突然、迅速、流量大的特点，所以，一个排水当量的排水流量是一个给水当量额定流量的 1.65 倍。

(二) 排水设计秒流量

建筑内部排水管道的设计流量是确定各管段管径的依据，因此，排水设计流量的确定应符合建筑内部排水规律。建筑内部排水流量与卫生器具的排水特点和同时排水的卫生器具数量有关，具有历时短、瞬时流量大、两次排水时间间隔长、排水不均匀的特点。为保证最不利时刻的最大排水量能迅速、安全地排放，某管段的排水设计流量应为该管段的瞬时最大排水流量，又称为排水设计秒流量。

建筑内部排水设计秒流量有三种计算方法：经验法、平方根法和概率法。按建筑物的类型，我国生活排水设计秒流量计算公式有两个。

① 住宅、宿舍、旅馆、酒店式公寓、医院、疗养院、幼儿园、养老院、办公楼、商场、图书馆、书店、客运中心、航站楼、会展中心、中小学教学楼、食堂或营业餐厅等建筑用水设备使用不集中，用水时间长，同时排水百分数随卫生器具数量增加而减少，其设计秒流量计算公式为：

$$q_p = 0.12\alpha\sqrt{N_p} + q_{max}$$

式中：q_p——计算管段排水设计秒流量，L/s；

　　　N_p——计算管段卫生器具排水当量总数；

　　　q_{max}——计算管段上排水量最大的一个卫生器具的排水流量，L/s；

　　　α——根据建筑物用途而定的系数。

用式 $q_p = 0.12\alpha\sqrt{N_p} + q_{max}$ 计算排水管网起端的管段时，因连接的卫生器具较少，计算结果有时会大于该管段上所有卫生器具排水流量的总和，这时应按该管段所有卫生器具排水流量的累加值作为排水设计秒流量。

②宿舍、工业企业生活间、公共浴室、洗衣房、职工食堂或营业餐厅的厨房、实验室、影剧院、体育场馆等建筑的卫生设备使用集中，排水时间集中，同时排水百分数大，其排水设计秒流量计算公式为：

$$q_p = \sum_{i=1}^{m} q_{0i} n_{0i} b_i$$

式中：q_p——计算管段排水设计秒流量，L/s；

　　　q_{0i}——第 i 种一个卫生器具的排水流量，L/s；

　　　n_{0i}——第 i 种卫生器具的个数；

　　　b_i——第 i 种卫生器具同时排水百分数，冲洗水箱大便器按 12% 计算，其他卫生器具同给水；

　　　m——计算管段上卫生器具的种类数。

对于有大便器接入的排水管网起端，因卫生器具较少，大便器的同时排水百分数较小（如冲洗水箱大便器仅定为 12%），按式 $q_p = \sum_{i=1}^{m} q_{0i} n_{0i} b_i$ 计算的排水设计秒流量可能会小于一个大便器的排水流量，这时应按一个大便器的排水量作为该管段的排水设计秒流量。

二、排水管网的水力计算

(一) 横管的水力计算

1. 设计规定

为保证管道系统有良好的水力条件，稳定管内气压，防止水封被破坏，保证良好的室内环境卫生，在设计计算横支管和横干管时，须满足下列规定。

（1）最大设计充满度

建筑内部排水横管按非满流设计，以便使污废水释放出的气体能自由流动排入大气，调节排水管道系统内的压力，接纳意外的高峰流量。

(2) 管道坡度

污水中含有固体杂质，如果管道坡度过小，污水的流速慢，固体杂物会在管内沉淀淤积，减小过水断面积，造成排水不畅或堵塞管道，为此对管道坡度作了规定。建筑内部生活排水管道的坡度有通用坡度和最小坡度两种。通用坡度是指正常条件下应予保证的坡度；最小坡度为必须保证的坡度。一般情况下应采用通用坡度，当横管过长或建筑空间受限制时，可采用最小坡度。标准的塑料排水管件 (三通、弯头) 的夹角为91.5°，所以，塑料排水横管的标准坡度均为0.026。

(3) 最小管径

为了排水通畅，防止管道堵塞，保障室内环境卫生，规定了建筑物内部排出管的最小管径为50 mm。医院、厨房、浴室排放的污水水质特殊，其最小管径应大于50 mm。

医院洗涤盆和污水盆内往往有一些棉花球、纱布、玻璃碴和竹签等杂物落入，为防止管道堵塞，管径不小于75 mm。

厨房排放的污水中含有大量的油脂和泥沙，容易在管道内壁附着聚集，减小管道的过水面积。为防止管道堵塞，多层住宅厨房间的排水立管管径最小为75 mm，公共食堂厨房排水管实际选用的管径应比计算管径大一号，且干管管径不小于100 mm，支管管径不小于75 mm。

浴室泄水管的管径宜为100 mm。

大便器是唯一没有十字栏栅的卫生器具，瞬时排水量大，污水中的固体杂质多，所以，凡连接大便器的支管，即使仅有1个大便器，其最小管径也为100 mm。若小便器和小便槽冲洗不及时，尿垢容易聚积，堵塞管道，因此，小便槽和连接3个及3个以上小便器的排水支管管径不小于75 mm。

2. 水力计算方法

对于横干管和连接多个卫生器具的横支管，应逐段计算各管段的排水设计秒流量，通过水力计算来确定各管段的管径和坡度。建筑内部横向排水管道按圆管均匀流公式计算

$$q = \omega \cdot v$$

$$v = \frac{1}{n} R^{\frac{2}{3}} \cdot I^{\frac{1}{2}}$$

式中：q——计算管段排水设计秒流量，m³/s；

w——管道在设计充满度的过水断面，m²；

v——流速，m/s；

R——水力半径，m；

I——水力坡度，即管道坡度；

n——管道粗糙系数，铸铁管为 0.013；混凝土管、钢筋混凝土管为 0.013～0.014；钢管为 0.012；塑料管为 0.009。

根据规定的建筑内部排水管道最大设计充满度，计算出不同充满度条件下的湿周、过水断面积和水力半径，式 $q = \omega \cdot v$ 和式 $v = \dfrac{1}{n} R^{\frac{2}{3}} \cdot I^{\frac{1}{2}}$ 变为：

$$q = a \cdot v \cdot d^2 = \frac{1}{n} b \cdot d^{\frac{8}{3}} \cdot I^{\frac{1}{2}}$$

$$v = \frac{1}{n} c \cdot d^{\frac{2}{3}} \cdot I^{\frac{1}{2}}$$

式中：d——管道内径，m；

a、b、c——与管道充满度有关的系数；

为便于使用，根据式 $q = a \cdot v \cdot d^2 = \dfrac{1}{n} b \cdot d^{\frac{8}{3}} \cdot I^{\frac{1}{2}}$ 和式及各项规定，编制了建筑内部塑料排水管水力计算表和机制铸铁排水管水力计算表。

(二) 通气管道计算

单立管排水系统的伸顶通气管管径可与污水管相同，但在最冷月平均气温低于 −13℃ 的地区，为防止伸顶通气管管口结霜，减小通气管断面，应在室内平顶或吊顶以下 0.3 m 处将管径放大一级。

通气管的管径应根据排水能力、管道长度来确定，一般不宜小于排水管管径的 1/2，通气管最小管径可按表 6-1 确定。

表 6-1　通气管最小管径

单位：mm

管 材	通气管名称	排水管管径									
		32	40	50	75	90	100	110	125	150	160
铸铁管	器具通气管	32	32	32			50		50		
	环形通气管			32	40		50		50		
	通气立管			40	50		75		100	100	
塑料管	器具通气管		40	40			50				
	环形通气管			40	40	40		50	50		
	通气立管						75	90			110

注：表中通气立管系指专用通气立管、主通气立管、副通气立管。

双立管排水系统中，当通气立管长度小于等于 50 m 时，通气管最小管径可按表 6-1 确定。当通气立管长度大于 50 m 时，空气在管内流动时阻力损失增加，为保证排水支管内气压稳定，通气立管管径应与排水立管相同。

通气立管长度小于等于 50 m 的三立管或多立管排水系统中，两根或两根以上排水立管共用一根通气立管，应按最大一根排水立管管径查表 6-1 确定共用通气立管管径，但同时应保证共用通气立管的管径不小于其余任何一根排水立管管径。

结合通气管管径不宜小于通气立管管径。

汇合通气管和总伸顶通气管的断面积应不小于最大一根通气立管断面积与 0.25 倍的其余通气立管断面积之和，可按下式计算

$$d_e \geqslant \sqrt{d_{max}^2 + 0.25\sum d_i^2}$$

式中：d_e——汇合通气管和总伸顶通气管管径，mm；

d_{max}——最大一根通气立管管径，mm；

d_i——其余通气立管管径，mm。

第三节 屋面雨水排水系统

一、建筑屋面雨水排水系统概述

降落在屋面的雨水和雪水，尤其是暴雨雨水，在短时间内形成积水，为了不造成屋面漏水和积水四处溢流，需要对屋面积水有组织地进行排放。坡屋面一般采用檐口散排排放屋面积水，平屋面则需设置屋面雨水排水系统。根据建筑物的类型、建筑结构形式、屋面面积大小、当地气候条件和生产生活的要求，建筑屋面雨水排水系统可以分为多种类型。这里主要介绍建筑屋面雨水外排水系统、建筑屋面雨水内排水系统与建筑屋面雨水混合排水系统。

(一) 建筑屋面雨水排水系统的分类

1. 建筑屋面雨水外排水系统

建筑屋面雨水外排水系统是指屋面不设雨水斗，建筑内部没有雨水管道的建筑屋面雨水排放系统。按屋面有无天沟，它又可分为檐沟外排水系统和天沟外排水系统。

①檐沟外排水系统又称普通外排水系统或水落管外排水系统，屋面雨水由檐沟汇水，然后流入雨水斗，经连接管至承雨斗和雨水排水立管，排至室外。

②天沟外排水系统是指屋面雨水由天沟汇水，排至建筑物两端，经雨水斗、雨

水排水立管排至室外地面雨水井的一种建筑屋面雨水排水系统。天沟设置在两跨之间并坡向端墙（山墙、女儿墙），雨水排水立管连接雨水斗，雨水斗沿外墙布置。

2. 建筑屋面雨水内排水系统

建筑屋面雨水内排水系统是指屋面设有雨水斗，建筑物内部设有雨水管道的建筑屋面雨水排水系统。该系统常用于跨度大、特别长的多跨工业厂房，及屋面设天沟有困难的壳形屋面、锯齿形屋面、有天窗的厂房。建筑立面要求高的高层建筑、大屋面建筑和寒冷地区的建筑，不允许在外墙设置雨水排水立管时，也应考虑采用内排水形式。建筑屋面雨水内排水系统按雨水排水立管连接雨水斗的个数可分为单斗内排水系统和多斗内排水系统；按出户埋地管是否有自由水面可分为敞开式内排水系统和密闭式内排水系统。

（1）单斗和多斗内排水系统

单斗内排水系统一般不设悬吊管，雨水经雨水斗流入设在室内的雨水排水立管，进而排至室外雨水管渠。多斗内排水系统中设有悬吊管，雨水由多个雨水斗流入悬吊管再经雨水排水立管排至室外雨水管渠。多斗内排水系统水力工况复杂，是建筑给排水的一个重要研究内容。

（2）敞开式和密闭式内排水系统

敞开式内排水系统，雨水经排出管进入室内普通检查井，属于重力流排水系统，因雨水排水中负压抽吸会挟带大量的空气，若设计和施工不当，突降暴雨时会出现检查井冒水现象，雨水漫流而造成危害，但敞开式内排水系统可接纳与雨水性质相近的生产废水。

密闭式内排水系统，雨水经排水管进入用密闭的三通连接的室内埋地管，属于压力排水系统。当雨水排泄不畅时，室内不会发生冒水现象，但不能接纳生产废水。对于室内不允许出现冒水的建筑，一般宜采用密闭式内排水系统。

3. 建筑屋面雨水混合排水系统

大型工业厂房的屋面形式复杂，为了及时、有效地排除屋面雨水，往往同一建筑物采用几种不同形式的屋面雨水排水系统，将它们分别设置在屋面的不同部位，由此组合成建筑屋面雨水混合排水系统。

（二）建筑屋面雨水外排水系统的组成、布置与敷设

制作雨水斗常用铸铁，目前也有使用纯铜、彩铝、不锈钢、PVC来制作。

1. 檐沟外排水系统

檐沟外排水系统由檐沟、雨水斗和雨水排水立管组成，属于重力流排水系统，常采用重力流排水型雨水斗，雨水斗设置在檐沟内，雨水斗的间距应根据降雨量和雨水斗的排水负荷确定出一个雨水斗服务的屋面汇水面积并结合建筑结构、屋面形状等情况确定。一般情况下，檐沟外排水系统雨水斗的间距可采用 8~16 m，同一建筑屋面，雨水排水立管不得少于两条。雨水排水立管又称水落管，檐沟外排水系统应采用排水塑料管或排水铸铁管，其最小管径可为 DN75，下游管段管径不得小于上游管段管径，有埋地管时在距地面以上 1 m 处设置检查口，并将其牢靠地固定在建筑物的外墙上。

2. 天沟外排水系统

天沟外排水系统属于单斗压力流排水系统，由天沟、雨水斗和雨水排水立管组成。它应采用压力流排水型雨水斗，雨水斗通常设置在伸出山墙的天沟末端。雨水排水立管连接雨水斗，它应采用承压排水塑料管或承压排水铸铁管，最小管径可为 DN100，下游管段管径不得小于上游管段管径，有埋地排出管时在距地面以上 1 m 处设置检查口，雨水排水立管应固定牢固。天沟外排水系统的天沟应以建筑物伸缩缝、沉降缝或变形缝为屋面分水线，在分水线两侧设置，天沟连续长度不宜大于 50 m，天沟坡度太小易积水，太大会增加天沟起端屋顶垫层，一般采用 0.003~0.006，斗前天沟深度不小于 100 mm。天沟不宜过宽，以满足雨水斗安装尺寸为宜。天沟断面多呈矩形和梯形，天沟端部应设溢流口，用以排除超过重现期的降雨，溢流口比天沟上檐低 50~100 mm。

(三) 建筑屋面雨水内排水系统的组成、布置与敷设

建筑屋面雨水内排水系统由天沟、雨水斗、连接管、悬吊管、雨水排水立管、排出管、埋地管和检查井组成。

单斗或多斗内排水系统可按重力流或压力流设计，大屋面工业厂房和公共建筑宜按多斗压力流设计，雨水斗的选型与建筑屋面雨水外排水系统相同，分清重力流和压力流即可。雨水斗设置间距，应经计算确定，并应考虑建筑结构柱网，雨水斗沿墙、梁、柱布置，以便固定管道。一般情况下，多斗重力流内排水系统和多斗压力流内排水系统雨水斗的横向间距可为 12~24 m，纵向间距可为 6~12 m。当采用多斗内排水系统时，同一系统的雨水斗应在同一水平面上，且一条悬吊管上的雨水斗不宜多于 4 个，最好呈对称布置，且雨水斗不能设在雨水排水立管顶端。在压力流内排水系统中，悬吊管与雨水斗出口的高差应大于 1.0 m。建筑屋面雨水内排水系统采用的管材与建筑屋面雨水外排水系统相同，而工业厂房屋面雨水排水管道也可采用焊接钢管，但其内外壁应做防腐处理。

1. 敞开式内排水系统

① 连接管是上部连接雨水斗，下部连接悬吊管的一段竖向短管，其管径一般与

雨水斗相同，且不小于100 mm。连接管应牢靠地固定在建筑物的承重结构上，下端宜采用顺水连通管件与悬吊管相连接。为防止因建筑物层间位移、高层建筑管道伸长造成雨水斗周围屋面被破坏，在雨水斗连接管下应设置补偿装置，一般宜采用橡胶短管或承插式柔性接口。

②悬吊管是上部与连接管相连接、下部与雨水排水立管相连接的管段，通常是顺梁或屋架布置的架空横向管道，其管径按重力流和压力流计算确定，但应大于或等于连接管管径，且不小于300 mm，其坡度不小于0.005。连接管与悬吊管、悬吊管与雨水排水立管之间的连接管件采用45°或90°斜三通为宜。重力流悬吊管端部和长度大于15 m的悬吊管上设置检查口或带法兰的三通，其间距不宜大于20 m，其位置宜靠近墙、柱，以利于操作。

③雨水排水立管承接经悬吊管或雨水斗流来的雨水，一条雨水排水立管连接的悬吊管根数不多于两条，雨水排水立管管径应经水力计算确定，但不得小于上游管段管径。同一建筑，雨水排水立管不应少于两条，高跨雨水流至低跨时，应采用雨水排水立管引流，防止雨水冲刷屋面。雨水排水立管宜沿墙、柱设置，并牢靠固定。

④埋地管敷设于室内地下，承接雨水排水立管的雨水并将其排至室外，埋地管最小管径为200 mm，最大管径不超过600 mm，常用混凝土管或钢筋混凝土管，在埋地管转弯、变径、变坡、管道汇合连接处和长度超过30 m的直线管段上均应设检查井，检查井井深应不小于0.7 m，井内管顶平接，并做高出管顶200 mm的高流槽。为了有效分离出雨水排出时吸入的大量空气，避免敞开式内排水系统埋地管系统上检查井冒水，应在埋地管起端几个检查井与排出管之间设排气井，从排出管排出的雨水流入排气井后与溢流墙碰撞消能，流速大幅度下降，使得气、水分离，水再经整流格栅后平稳排出，分离出的气体经放气管排放到一定空间。

2.密闭式内排水系统

密闭式内排水系统的设计选型、布置和敷设与敞开式内排水系统相同。两个系统的主要区别是，密闭式内排水系统属于压力流排水系统，不设排气井，埋地管上检查口设在检查井内，即它具有的是检查口井。

二、建筑屋面雨水排水系统的水力计算

(一) 建筑屋面雨水排水系统雨水量的计算

建筑屋面雨水排水系统的雨水量是根据当地暴雨强度、汇水面积及屋面雨水径流系数进行计算的，是建筑屋面雨水排水系统设计计算的依据。

建筑屋面雨水设计流量按下式计算：

$$q_y = \frac{q_j \psi F_w}{10000}$$

式中：q_y——建筑屋面雨水设计流量，L/s；

q_j——按当地或相邻地区暴雨强度公式，取降雨时间 5 min，一般性建筑物屋面雨水排水取设计重现期 2～5 a，重要公共建筑屋面雨水排水取设计重现期 10 a，业厂房屋面雨水排水设计重现期由生产工艺、重要程度等因素确定，所计算的设计降雨强度，L/（s·ha）；

ψ——屋面雨水径流系数，取 0.9；

F_w——汇水面积，按屋面水平投影面积计算，高出屋面的侧墙，应附加其最大受雨面正投影的一半作为有效汇水面积计算，窗井、贴近高层建筑外墙的地下汽车库出入口坡道和高层建筑裙房屋面的雨水汇水面积，应附加其高出部分侧墙面积的 1/2，㎡。

（二）建筑屋面雨水排水系统的设计计算

当采用天沟集水且沟檐溢水会流入室内时，设计降雨强度应乘以 1.5。

1. 雨水斗泄流量的计算

雨水斗的泄流量与流动状态有关。在重力流状态下，雨水斗的排水状况是自由堰流，雨水斗的泄流量与雨水斗进水口直径和雨水斗前水深有关，可按环形溢流堰公式计算：

$$Q = \mu \pi D h \sqrt{2gh}$$

式中：Q——雨水斗的泄流量，m³/s；

μ——雨水斗进水口的流量系数，取 0.45；

D——雨水斗进水口直径，m；

g——重力加速度，m/s²；

h——雨水斗前水深，m。

在伴有压流和压力流状态下，排水管道内产生负压抽吸，所以雨水斗的泄流量与雨水斗出水口直径、雨水斗前水面至雨水斗出水口处的高度及雨水斗排水管中的负压有关：

$$Q = \frac{\pi d^2}{4} \mu \sqrt{2g(H+P)}$$

式中：Q——雨水斗的泄流量，m³/s；

μ——雨水斗出水口的流量系数，取 0.95；

d——雨水斗出水口直径，m；

g——重力加速度，m/s；

H——雨水斗前水面至雨水斗出水口的高度，m；

P——雨水斗排水管中的负压，m。

2. 天沟流量的计算

屋面天沟采用的是明渠排水方式，天沟水流速可按明渠均匀流公式计算：

$$v=\frac{1}{n}R^{\frac{2}{3}}I^{\frac{1}{2}}$$

式中：v——天沟水流速，m/s；

n——天沟粗糙度系数与天沟材料及施工情况有关；

R——水力半径，m；

I——天沟坡度，不小于 0.003。

而天沟排水流量按下式计算：

$$Q=v\omega$$

式中：Q——天沟排水流量，m³/s；

v——天沟水流速，m/s；

ω——天沟过水断面面积，m²。

3. 雨水排水横管的计算

雨水排水横管包括悬吊管、管道层的汇合管、埋地横干管和出户管，雨水排水横管的排水流量和水流速可以近似地按圆管均匀流公式计算：

$$Q=v\omega$$

式中：Q——雨水排水横管排水流量，m³/s；

v——雨水排水横管流速，m/s，不小于 0.75 m/s，埋地横干管出建筑外墙进入室外雨水检查井时，为避免冲刷，流速应小于 1.8 m/s；

ω——管内过水断面面积，m²。

$$v=\frac{1}{n}R^{\frac{2}{3}}I^{\frac{1}{2}}$$

式中：n——雨水排水横管粗糙系数，塑料管取 0.010，铸铁管取 0.014，混凝土管取 0.013；

R——水力半径，悬吊管按充满度 $h/D=0.8$ 计算，埋地横干管按满流计算；

I——水力坡度，重力流的水力坡度按管道敷设坡度计算，金属管不小于 0.1，塑料管不小于 0.005，重力伴有压流的水力坡度与雨水排水横管两端管内的压力差有关，按下式计算：

$$I = \frac{h + \Delta h}{L}$$

式中: h—— 雨水排水横管两端管内的压力差, mH_2O, 悬吊管按其末端立管与
悬吊管连接处的最大负压值计算, 取 0.5 m, 埋地横干管按其起端
立管预埋地横干管连接处的最大正压值计算, 取 1.0 m;

Δh—— 位置水头, 对于悬吊管, 是指雨水斗顶面至悬吊管末端的几何高差,
m, 对于埋地横干管, 是指其两端的几何高差, m;

L—— 雨水排水横管的长度, m。

将各个参数代入式 $=v\omega$ 和式 $v = \frac{1}{n}R^{\frac{2}{3}}I^{\frac{1}{2}}$ 中, 可计算出不同管径、不同坡度时非

满流 (h/D=0.8) 雨水排水横管 (铸铁管、钢管、塑料管) 和满流雨水排水横管 (混凝
土管) 的流速和最大泄流量。雨水排水横管的管径根据雨水斗流量之和确定, 并保
持管径不变。

悬吊管 (铸铁管、钢管) 水力计算表 (h/D=0.8), 悬吊管 (塑料管) 水力计算表 (h/D=0.8),
埋地混凝立管水力计算表 (h/D=1.0)。

4. 雨水排水立管的计算

重力流状态下, 雨水排水立管泄流量 (即排水流量) 按水膜流公式计算:

$$Q = 7890 K_p^{-\frac{1}{6}} \alpha^{\frac{5}{3}} d^{\frac{8}{3}}$$

式中: Q—— 雨水排水立管泄流量, L/s;

K_p—— 粗糙高度, m, 塑料管取 15×10^{-6} m, 铸铁管取 25×10^{-5} m;

α—— 充水率, 塑料管取 0.3, 铸铁管取 0.35;

d—— 管道计算内径, m。

重力伴有加流状态下, 雨水排水立管水流按水塞流计算, 铸铁管充水率
α=0.57 ~ 0.35, 小管径取大值, 大管径取小值。重力伴有压流系统, 除了重力作用
外, 还有负压抽吸作用, 所以重力伴有压流系统雨水排水立管的排水能力大于重力
流雨水排水立管, 其中单斗内排水系统雨水排水立管的管径与雨水斗口径、悬吊管
管径相同, 多斗内排水系统雨水排水立管管径根据雨水排水立管设计排水流量按表
6-2 确定。

表6-2　重力伴有压流雨水排水立管的最大允许泄流量

管径 (mm)		75	100	150	200	250	300
最大允许泄流量 (L/s)	多层建筑	10	19	42	75	135	220
	高层建筑	12	25	55	90	155	240

5. 压力流

（1）沿程阻力损失计算

压力流虹吸式排水系统连接管、悬吊管、立管、埋地横干管的沿程阻力损失都按满流设计管道的沿程阻力损失用海曾·威廉公式计算：

$$R_{00} = \frac{2.959 \times Q^{1.85} \times 10^{-4}}{c_h^{1.85} \times d_j^{4.87}}$$

式中：R_{00}——单位长度的阻力损失，kPa/m；

　　　　Q——流量，L/s；

　　　　d_j——管道的计算内径，m，内壁喷塑铸铁管塑膜厚度为 0.000 5 m；

　　　　c_h——海曾·威廉系数，对塑料管 $c_h=130$，对内壁喷塑铸铁管 $c_h=110$，对钢管 $c_h=120$，对铸铁管 $c_h=100$。

（2）局部阻力损失计算

管件的局部阻力损失应按下式计算：

$$h_1 = 10\xi \frac{v^2}{2g}$$

式中：h_1——管件的局部阻力损失，kPa；

　　　　v——水流速，m/s；

　　　　g——重力加速度，m/s²；

　　　　ξ——管件局部阻力系数。

（3）阻力损失估算

管路的局部阻力损失可以折算成等效长度，按沿程水头损失估算：

$$L_0 = kL$$

式中：L_0——等效长度，m；

　　　　L——设计长度，m；

　　　　k——考虑管件阻力引入的系数，对钢管、铸铁管 $k=1.2 \sim 1.4$，对塑料管 $k=1.4 \sim 1.6$。

① 计算管路阻力损失估算。

计算管路单位等效长度的阻力损失，为

$$R_0 = \frac{E}{L_0} = \frac{9.81H}{L_0}$$

式中：R_0——计算管路单位等效长度的阻力损失，kPa/m；

　　　　E——系统可以利用的最大压力，kPa；

H——雨水斗顶面至雨水排出口的几何高差，m；

L_0——计算管路等效长度，m。

② 悬吊管阻力损失估算。

悬吊管单位等效长度的阻力损失按下式计算：

$$R_{x0} = \frac{P_{max}}{L_{x0}}$$

式中：R_{x0}——悬吊管单位等效长度的阻力损失，kPa/m；

P_{max}——最大允许负压值，kPa；

L_{x0}——悬吊管等效长度，m。

③ 管内压力计算。

由于雨水在管道内流动过程中的水头损失不断增加，横向管道的位置水头变化微小，而立管内的位置水头增加很大，所以系统中不同断面管内的压力变化很大，为使各个雨水斗泄流量平衡，不同支路计算到某一节点的压力差不大于 5 kPa。

系统某断面处管内的压力为：

$$P_i = 9.8H_i - \left(v_i^2 + \sum h_i\right)$$

式中：P_i——断面处管内的压力，kPa；

H_i——雨水斗顶面至断面的高度差，m；

v_i^2——断面处管内水流速，m/s；

$\sum h_i$——雨水斗顶面至断面的总阻力损失，kPa。

压力流虹吸式雨水排水系统的最大负压值出现在悬吊管与总立管的连接处，为防止管道受压损坏，选用铸铁管和钢管时，系统允许的最大负压值为 −90 kPa。选用塑料管时，小管径（De=50~160）允许的最大负压值为 −80 kPa，大管径（De=200~315 mm）允许的最大负压值为 −70 kPa。

④ 系统的压力余量（余压）计算。

排水管网的总水头损失与排水管出口速度水头之和应小于雨水斗顶面至排水管出口的几何高度差，其压力余量宜大于 10 kPa。系统压力余量计算公式为：

$$\Delta P = 9.8H - \left(v_n^2 / 2 + \sum h_n\right)$$

式中：ΔP——系统压力余量，kPa；

v——排水管出口的水流速，m/s；

H——雨水斗顶面与排水管出口的几何高度差，m；

$\sum h_n$——雨水斗顶面到排水管出口处系统的总阻力损失，kPa。

⑤ 管内水流速确定。

压力流雨水排水管网内的水流速和压力直接影响着系统的正常使用，为使管道有良好的自净能力，悬吊管的设计水流速不宜小于 1 m/s，雨水排水立管的设计水流速不宜小于 2.2 m/s，系统的最大水流速通常发生在雨水排水立管上，为降低水流动时的噪声，雨水排水立管的设计水流速宜小于 6 m/s，最大不大于 10 m/s。系统底部的排出管的水流速小于 1.8 m/s，以减少水流对检查井的冲击。

6. 溢流口的计算

溢流口的功能主要是雨水系统事故时排水和超量雨水排除。一般建筑物屋面排水工程与溢流设施的总排水能力，不应小于 10 年（重要建筑物 50 年）重现期的雨水量。溢流口的孔口尺寸可根据下式近似计算：

$$Q = mb\sqrt{2g}\,h^{\frac{3}{2}}$$

式中：Q——溢流口服务面积内的最大降雨量，L/s；

B——溢流口宽度，m；

h——溢流孔孔口周度，m；

m——流量系数，取 385；

g——重力加速度，取 9.81 m/s²。

第七章　建筑给水排水设计及其他给水排水工程

第一节　建筑给水排水设计程序

建筑给水排水工程是建筑物整体工程设计的一部分，其程序与整体工程设计是一致的。

一般建筑物的兴建都需先由建设单位（甲方）提出申请报告（或称为工程计划任务书），说明建设用途、规模、标准、投资估算和工程建设年限，并申报政府建设主管部门批准，列入年度基建计划。主管部门批准后，才由建设单位委托设计单位（通称乙方）进行工程设计。

在上级批准的设计任务书及有关文件（如建设单位的申请报告、上级批文、上级下达的文件等）齐备的条件下，设计单位才可接受设计任务，开始组织设计工作。

一、设计阶段的划分

一般的工程设计项目可划分为两个阶段：初步设计阶段和施工图设计阶段。

技术复杂、规模较大或较重要的工程项目，可分为三个阶段：方案设计阶段、初步设计阶段和施工图设计阶段。

二、设计内容和要求

（一）方案设计

建筑给水排水工程的设计应遵循经济性、节能环保性、安装施工简易性的原则，并注重与其他专业的协调配合。进行方案设计时，应先从建筑总图上了解建筑平面位置、建筑层数及用途、建筑外形特点、建筑物周围地形和道路情况。还需要了解市政给水管道的具体位置和允许连接引入管处管段的管径、埋深、水压、水量及管材；了解排水管道的具体位置、出户管接入点的检查井标高、排水管径、管材、排水方向和坡度，以及排水体制。掌握当地政府及相关主管部门对供水、排水的规定，以及对中水回用、节能等方面的政策要求。兼顾业主对建筑给水排水的切合实际的具体要求。应到现场踏勘，落实上述数据是否与实际相符。

掌握上述情况后才可进行以下工作:

① 根据建筑使用性质,计算总用水量,并确定给水、排水设计方案。

② 向建筑专业设计人员提供给水排水设备的安装位置、占地面积等,如水泵房、锅炉房、水池、水箱等。

③ 编写方案设计说明书,一般应包括以下内容:

第一,设计依据;

第二,建筑物的用途、性质及规模;

第三,给水系统:说明给水用水定额及总用水量,选用的给水系统和给水方式,引入管平面位置及管径,升压、贮水设备的型号、容积和位置等;

第四,排水系统:说明选用的排水体制和排水方式,出户管的位置及管径,污废水抽升和局部处理构筑物的型号和位置,以及雨水的排除方式等;

第五,热水系统:说明热水用水定额,热水总用水量,热水供水方式、循环方式,热媒及热媒耗量,锅炉房位置,以及水加热器的选择等;

第六,消防系统:说明消防系统的选择,消防给水系统的用水量,以及升压、贮水设备的选择、位置、容积等。

方案设计完毕,在建设单位认可,并报主管部门审批后,可进行下一阶段的设计工作。

(二) 初步设计

初步设计是将方案设计确定的系统和设施,用图纸和说明书完整地表达出来。

1. 图纸内容

① 给水排水总平面图:应反映出室内管网与室外管网如何连接。内容有室外给水、排水及热水管网的具体平面位置和走向。图上应标注管径、地面标高、管道埋深和坡度(排水管)、控制点坐标,以及管道布置间距等。

② 平面布置图:表达各系统管道和设备的平面位置。通常采用的比例尺为1∶100,如管线复杂时可放大至1∶50~1∶20。图中应标注各种管道、附件、卫生器具、用水设备和立管(立管应进行编号)的平面位置,以及管径和排水管道的坡度等。通常是把各系统的管道绘制在同一张平面布置图上。当管线错综复杂,在同一张平面图上表达不清时,也可分别绘制各类管道平面布置图。

③ 系统布置图(以下简称"系统图"):表达管道、设备的空间位置和相互关系。各类管道的系统图要分别绘制。图中应标注管径、立管编号(与平面布置图一致)、管道和附件的标高,排水管道还应标注管道坡度。

④ 设备材料表:列出各种设备、附件、管道配件和管材的型号、规格、材质、

尺寸和数量，供材料统计和概预算使用。

2.初步设计说明书，内容主要包括：

① 计算书：各个系统的水力计算，设备选型计算。

② 设计说明：主要说明各种系统的设计特点和技术性能，各种设备、附件、管材的选用要求及所需采取的技术措施（如水泵房的防振、防噪声技术要求等）。

（三）施工图设计

1.图纸内容

在初步设计图纸的基础上，补充表达不完善和施工过程中必须绘出的施工详图，保证审图与施工的正常进行。施工图图纸内容主要包括：

① 卫生间大样图（平面图和管线透视图）；

② 地下贮水池和高位水箱的工艺尺寸和接管详图；

③ 泵房机组及管路平面布置图、剖面图；

④ 管井的管线布置图；

⑤ 设备基础留洞位置及详细尺寸图；

⑥ 某些管道节点大样图；

⑦ 某些非标准设备或零件详图。

2.施工说明

施工说明是用文字表达工程绘图中无法表示清楚的技术要求，要求写在图纸上作为施工图纸发出。编写施工说明时应注意：一定要引用最新版本的相关技术规范以及新版标准图，避免使用旧版资料；设计说明必须与图纸相一致，说明文字的针对性要强。

施工说明主要内容包括：

① 说明管材的防腐、防冻、防结露技术措施和方法，管道的固定、连接方法，管道试压、竣工验收要求，以及一些施工中特殊技术处理措施。

② 说明施工中所要求采用的技术规程、规范和采用的标准图号等一些文件的出处。

③ 说明（绘出）工程图中所采用的图例。

所有图纸和说明应编有图纸序号，写出图纸目录。

3.施工图变更

在施工图已交付施工后，往往会遇到施工图变更的问题，在特定情况下，甚至会有较多的变更。这不仅发生在规范性较差的建设场合，也经常发生在诸如奥运会、世博会场馆建设这样的国际级大项目中。一方面设计单位会对原设计本身存在的缺陷进行加工修改，另一方面施工单位为适应现场条件变化而提出设计变更，当业主投资额发生重大变化时，也会提出施工图变更。

由于施工图变更，会导致工程材料种类数量、建筑功能、结构、技术指标、施工方法等都发生改变，因此施工图变更必须谨慎实施。必须先确定变更的必要性，必须严格按照国家有关建设程序及监理规范进行变更，在变更中严格控制投资，保证变更后的高质量、快进度、低投资。

三、向其他有关专业设计人员提供的技术数据

(一) 向建筑专业设计人员提供技术数据

① 水池、水箱的位置、容积和工艺尺寸要求；
② 给水排水设备用房面积和高度要求；
③ 各管道竖井位置和平面尺寸要求等。

(二) 向结构专业设计人员提供技术数据

① 水池、水箱的具体工艺尺寸，水的荷重；
② 预留孔洞位置及尺寸（如梁、板、基础或地梁等预留孔洞）等。

(三) 向采暖、通风专业设计人员提供技术数据

① 热水系统最大时耗热量；
② 蒸汽接管和冷凝水接管位置；
③ 泵房及一些设备用房的温度和通风要求等。

(四) 向电气专业设计人员提供技术数据

① 水泵机组用电量，用电等级；
② 水泵机组自动控制要求，水池和水箱的最高水位和最低水位；
③ 其他自动控制要求，如消防设施的远距离启动、报警等要求。

(五) 向技术经济专业设计人员提供技术数据

① 材料、设备表及文字说明；
② 设计图纸；
③ 协助提供掌握的有关设备单价。

四、管线综合

现代建筑的功能越来越复杂，一个完整的建筑物内可能包含水、气、暖、电等范畴的约十一类管线。各类设备管线的敷设、安装极易在平面和立面上出现相互交叉、挤占、碰撞的现象。所以布置各种设备、管线时应统筹兼顾，合理综合布置，保证各类管线均能实现其预定功能，布置整齐有序、便于施工和以后的维修。为达到上述目的，给水排水工程专业人员应注意与其他专业密切配合、相互协调。

(一) 管线综合设计原则

1. 隔离原则

电缆（动力、自控、通信）桥架与输送液体的管线应分开布置，以免管道渗漏时，损坏电缆或造成更大的事故。若必须在一起敷设，电缆应考虑设套管等保护措施。

2. 先重力后压力原则

先保证重力流管线的布置，满足其坡度的要求，达到水流通畅。

3. 兼顾施工顺序

先施工的管线在里边，需保温的管线放在易施工的位置。

4. 先大后小原则

先布置管径大的管线，后考虑管径小的管线。

5. 分层原则

分层布置时，由上而下按蒸汽、热水、给水、排水管线顺序排列。给水管线避让排水管线，利于避免排水管堵塞。

6. 冷热有序

冷水管线避让热水管线，热水管线避让冷冻水管线。

7. 临时管线避让长久管线

低压管线避让高压管线。金属管线避让非金属管线。

(二) 管线布置

1. 管沟布置

管沟有通行和不通行之分：

不通行管沟，管线应沿两侧布置，中间留有施工空间，当遇事故时，检修人员可爬行进入管沟检查管线。

可通行管沟，管线沿两侧布置，中间留有通道和施工空间。

2. 管道竖井管线布置

分能进入和不能进入的两种管道竖井：

规模较大建筑的专用管道竖井，每层留有检修门，可进入管道竖井内施工和检修。当竖井空间较小时，布置管线应考虑施工的顺序。

较小型的管道竖井，或称专用管槽。管道安装完毕后才装饰外部墙面，安装检修门。

在高层建筑中，管道竖井面积的大小影响着建筑使用面积的增减，因此各专业竖井的合并很有必要。给水管道、排水管道、消防管道、热水管道、采暖管道、冷冻水管道、雨水管道等可以合并布置于同一竖井内。但是当排水管道、雨水管道的立管需靠近集水点而不能与其他管线靠拢时，宜单独设立竖井。

3. 吊顶内管线布置

由于吊顶内空间较小，管线布置时应考虑施工的先后顺序、安装操作距离、支托吊架的空间和预留维修检修的余地。管线安装一般是先装大管，后装小管；先固定支、托、吊架，后安管道。

楼道吊顶内的管线布置，因空间较小，电缆也布置在吊顶内，须设专用电缆槽保护电缆。

地下室吊顶内的管线布置，由于吊顶内空间较大，可按专业分段布置。此方式也可用于顶层闷顶内的管线布置。为防止吊顶内敷设的冷水和排水管道有凝结水下滴影响顶棚美观，应对冷水和排水管线采取防结露措施。

4. 技术设备层内管线布置

技术设备层空间较大，管线布置也应整齐有序，利于施工和今后的维修管理，宜采用管道排架布置。由于排水管线坡度较大，可用吊架敷设，以便调整管道坡度。管线布置完毕，与各专业技术人员协商后，即可绘出各管道布置断面图，图中应标明管线的具体位置和标高，并说明施工要求和顺序。各专业即可按照给定的管线位置和标高进行施工设计。

第二节　居住小区给水排水工程

一、居住小区给水系统

居住小区给水系统的任务是从城镇给水管网（或自备水源）取水，按各建筑物对水量、水压、水质的要求，将水输送并分配到各建筑物给水引入点处。给水系统的水量应尽量满足小区内全部用水的要求，水压应满足最不利配水点的水压要求，并应尽量利用城镇给水管网的水压直接供水。当城镇给水管网的水压、水量不足时，应设置贮水调节和加压装置。居住小区给水系统主要由水源、管道系统、二次加压泵房和贮水池等组成。

（一）居住小区给水水源

居住小区给水系统既可以直接利用现有供水管网作为给水水源，也可以适当利用自备水源。位于市区或厂矿区供水范围内的居住小区，应采用市政或厂矿给水管网作为给水水源，以减少工程投资，利于城市集中管理。

远离市区或厂矿区的居住小区，若难以铺设供水管线，在技术经济合理的前提下，可采用自备水源。

对于远离市区或厂矿区，但可以铺设专门的输水管线供水的居住小区，应通过技术经济比较确定是否自备水源。自备水源的居住小区给水系统严禁与城市给水管道直接连接。当需要将城市给水作为自备水源的备用水或补充水时，只能将城市给水管道的水放入自备水源的贮水（或调节）池，经自备系统加压后使用。在严重缺水地区，应考虑建设居住小区中水工程，用中水来冲洗厕所、浇洒绿地和道路。

（二）居住小区给水系统与供水方式

居住小区供水既可以是生活和消防合用一个给水系统，也可以是生活给水系统和消防给水系统各自独立。若居住小区中的建筑物不需要设置室内消防给水系统，火灾扑救仅靠室外消火栓或消防车时，宜采用生活和消防共用的给水系统。若居住小区中的建筑物需要设置室内消防给水系统，如高层建筑，宜将生活和消防给水系统各自独立设置。

居住小区供水方式应根据小区内建筑物的类型、建筑高度、市政给水管网的资用水头和水量等因素综合考虑来确定。选择供水方式时首先应保证供水安全可靠，同时要做到技术先进合理，投资省，运行费用低，管理方便。居住小区供水方式可分为直接供水方式、调蓄增压供水方式和分压供水方式。

（三）管材、管道附件

1.管材

居住小区室外埋地给水管道采用的管材，应具有耐腐蚀和能承受相应地面荷载的能力。可采用塑料给水管、有衬里的铸铁给水管。管内壁的防腐材料应符合现行的国家有关卫生标准的要求。

2. 管道附件

① 给水管道的下列部位应设置阀门。

第一，小区给水管道从城镇给水管道的引入管段上；

第二，小区室外环状管网的节点处，应按分隔要求设置。环状管段过长时，宜设置分段阀门；

第三，从小区给水干管上接出的支管起端或接户管起端；

第四，小区贮水池（箱）、加压泵房、加热器、减压阀、倒流防止器等处应按安装要求配置。

② 给水管道的下列管段上应设置止回阀。

第一，直接从城镇给水管网接入小区的引入管上。装有倒流防止器的管段不需再装止回阀。

第二，小区加压水泵出水管上。

第三，进、出水管合用一条管道的水塔和高地水池的出水管段上，以防止底部进水。

③ 生活饮用水给水管道中存在负压虹吸回流的可能，需要设置真空破坏器消除管道内的真空度而使其断流。从小区生活饮用水管道上直接接出下列用水管道时，应在以下用水管道上设置真空破坏器：

第一，当游泳池、水上游乐池、按摩池、水景池、循环冷却水集水池等的充水或补水管道出口与溢流水位之间的空气间隙小于出口管径 2.5 倍时，在其充（补）水管上；

第二，不含有化学药剂的绿地喷灌系统，当喷头为地下式或自动升降式时，在其管道起端；

第三，消防（软管）卷盘；

第四，出口接软管的冲洗水嘴与给水管道连接处。

（四）居住小区管道布置和敷设

居住小区给水管道可分为室外给水管道和接户管两大部分。室外给水管道包括小区给水干管和小区给水支管。在布置小区管道时，应按干管、支管、接户管的顺序进行。

为了保证小区供水可靠性，小区给水管网应布置成环状或与城市管网连成环状，与城市管网的连接管不宜少于两根。小区给水干管宜沿用水量大的地段布置，以最短的距离向大户供水。小区给水支管和接户管一般为枝状。当管网负有消防职能时，应符合消防规范的规定。

居住小区的室外给水管道应沿区内道路敷设，宜平行于建筑物敷设在人行道、慢车道或草地下，但不宜布置在底层住户的庭院内，以便检修和减少对道路交通及住户的影响。架空管道不得影响运输、人行、交通及建筑物的自然采光。管道外壁距建筑物外墙的净距不宜小于 1 m，且不得影响建筑物的基础。

室外给水管道与污水管道交叉时，给水管道应敷设在上面，且接口不应重叠；如给水管道应敷设在下面时，应设置钢套管，钢套管两端应用防水材料封闭。

给水管道的埋深应根据土壤的冰冻深度、外部荷载、管道强度以及与其他管线交叉等因素来确定。管顶最小覆土深度不得小于土壤冰冻线以下 0.15 m，行车道下的管线最小覆土深度不得小于 0.7 m。

为了便于小区管网的调节和检修，应在与城市管网连接处的小区干管上、与小区给水干管连接处的小区给水支管上、与小区给水支管连接处的接户管上及环状管网需调节和检修处设置阀门。阀门应设在阀门井或阀门套筒内。

二、居住小区排水系统

(一) 排水体制

居住小区排水体制主要分为分流制和合流制。小区排水体制的选择，应根据城镇排水体制、环境保护要求等因素综合比较确定。同时，经济条件好的小区，新建、扩建的小区，宜采用分流制排水系统。小区排水体制的选择，也与居住小区是新区建设还是旧区改造，及建筑内部排水体制有关。

排水体制的选择要以保证当地污水不污染环境为首要原则，其次考虑工程造价以及技术合理性。在满足环保要求的前提下，应选择投资、运行成本最小的方案。从环保角度而言，排水体制的选择主要是针对生活污水与初降雨水的污染进行有效控制。当小区污水直接排入环境要求较高的受纳水体时，或暴雨对附近水体危害较大时，应采用分流制。

居住小区内需设置中水系统时，为简化中水处理工艺，节省投资和日常运行费用，还应将生活污水和生活废水分质分流。

当居住小区设置化粪池时，为减小化粪池容积也应将污水和废水分流，生活污水进入化粪池，生活废水直接排入城市排水管网、水体或中水处理站。对于城市排水管网系统已经健全，小区污水能够顺利汇入污水处理厂的地区，宜取消化粪池。

(二) 居住小区排水管材和检查井

1. 管材

排水管材应根据排水性质、成分、温度、地下水侵蚀性、外部荷载、土壤情况和施工条件等因素因地制宜、就地取材。排水管材选择应符合下列要求：

① 居住小区室外排水管道应优先采用埋地排水塑料管；

② 当连续排水温度大于40℃时，应采用金属排水管或耐热塑料排水管；

③ 压力排水管道可采用耐压塑料管、金属管或塑钢复合管。

2. 检查井

居住小区生活排水检查井应优先采用塑料排水检查井。检查井的内径应根据所连接的管道管径、数量和埋设深度确定。室外生活排水管道管径小于等于160 mm时，检查井间距不宜大于30 m；管径大于等于200 mm时，检查井间距不宜大于40 m。生活排水管道的检查井内应有导流槽。室外排水管道的连接在下列情况下应设置检查井：

① 在管道转弯和连接处；

② 在管道的管径、坡度改变处。

(三) 小区排水管道的布置与敷设

居住小区排水管道的平面布置，应根据小区规划、地形标高、排水流向、各建筑物接户管 (出户管) 及市政排水管接口的位置，按管线短、埋深小、尽可能自流排出的原则确定。当排水管道不能以重力自流排入市政排水管道时，应设置排水泵房。在特殊情况下经技术经济比较合理时，可采用真空排水系统。居住小区排水管道的布置应符合下列要求：

① 排水管道宜沿道路和建筑物的周边呈平行布置，路线最短，减少转弯，并尽量减少相互间及与其他管线、河流及铁路间的交叉。检查井间的管段应为直线。

② 管道与铁路、道路交叉时，应尽量垂直于路的中心线。

③ 干管应靠近主要排水建筑物，并布置在连接支管较多的一侧。

④ 管道应尽量布置在道路外侧的人行道或草地的下面。不允许布置在铁路的下面和乔木的下面。

⑤ 应尽量远离生活饮用水给水管道。

居住小区排水管道的覆土厚度应根据道路的行车等级、管材受压强度、地基承载力等因素经计算确定。小区干道和小区组团道路下的管道，覆土厚度不宜小于0.70 m；生活污水接户管埋设深度不得高于土壤冰冻线以上0.15 m，且覆土厚度不宜小于0.30 m；当采用埋地塑料管道时，排出管埋设深度可不高于土壤冰冻线以上0.50 m。排水管道敷设应符合下列要求：

① 施工安装和检修管道时，不致互相影响。

② 管道损坏时，管内污水不得冲刷或侵蚀建筑物及构筑物的基础，不能污染生

活饮用水水管。

③ 管道不得因机械振动而被损坏。

④ 排水管道及合流制管道与生活给水管道交叉时，应敷设在给水管道下面。

⑤ 当排水管道平面排列及标高设计与其他管道发生冲突时，应按下列规定处理：

第一，小管径管道让大管径管道；

第二，可弯的管道让不能弯的管道；

第三，新设的管道让已建的管道；

第四，临时性的管道让永久性的管道；

第五，有压力的管道让自流的管道。

(四) 居住小区雨水排水系统

居住小区雨水系统由雨水口、连接管、检查井 (跌水井)、管道等组成。小区应设室外雨水管网系统。雨水系统应与污水系统分流。宜考虑雨水的利用。

1. 雨水口

居住小区内雨水口的布置应根据地形、建筑物位置沿道路布置。在下列部位宜布置雨水口：

① 道路交汇处和路面最低处；

② 建筑物单元出入口与道路交界处；

③ 建筑雨水落水管附近；

④ 小区空地、绿地的低洼处；

⑤ 地下坡道入口处等 (结合带格栅的排水沟一并处理)。

居住小区内雨水口的形式和数量应根据布置位置、雨水流量和雨水口的泄流能力经计算确定。

2. 连接管

① 雨水口连接管的长度不宜超过 25 m，连接管上串联的雨水口不宜超过 3 个。

② 单算雨水口连接管最小管径为 200 mm，坡度为 0.01，管顶覆土厚度不宜小于 0.7 m。

3. 检查井

① 检查井一般设在管道 (包括接户管) 的交接处和转弯处、管径或坡度的改变处、跌水处。直线管道上每隔一定距离应设置检查井。

② 检查井应尽量避免布置在主入口处。

③ 检查井内同高度上接入的管道数量不宜多于 3 条。

④ 室外地下或半地下式供水水池的排水口、溢流口，游泳池的排水口，内庭

院、下沉式绿地或地面、建筑物门口的雨水口，当标高低于雨水检查井处的地面标高时，不得接入该检查井。

⑤ 检查井的形状、构造和尺寸可按国家标准图选用。检查井在车行道上时应采用重型铸铁井盖。

⑥ 排水接户管埋深小于 1.0 m 时，可采用方、井径检查井。

4. 管道

① 室外雨水管道布置应按管线短、埋深小、自流排出的原则确定。

② 雨水管道宜沿道路和建筑物的周边呈平行布置，宜路线短、转弯少，并尽量减少管线交叉。检查井间的管段应为直线。

③ 与道路交叉时，应尽量垂直于路面的中心线。

④ 干管应靠近主要排水构筑物，并布置在连接支管较多的一侧。

⑤ 管道尽量布置在道路外侧的人行道或草地的下面，不应布置在乔木的下面。

⑥ 应尽量远离生活饮用水管道，与给水管的最小净距应为 0.8 ~ 1.5 m。

⑦ 当雨水管和污水管、给水管并列布置时，雨水管宜布置在给水管和污水管之间。

⑧ 雨水管与建筑物、构筑物和其他管道的净距离，按排水管道部分的数据执行。

⑨ 管道在检查井内宜采用管顶平接法，井内出水管管径不宜小于进水管。

⑩ 雨水管向小区内水体排水时，出水管底应高于水体设计水位。

⑪ 雨水管道转弯和交接处，水流转角应不小于90°。当管径超过300 mm，且跌水水头大于0.3 m 时可不受此限。

⑫ 管道在车行道下时，管顶覆土厚度不得小于0.7 m，否则，应采取防止管道受压破损的技术措施，比如用金属管或金属套管等。

⑬ 当管道不受冰冻或外部荷载的影响时，管顶覆土厚度不宜小于0.6 m。

⑭ 当冬季地下水不会进入管道，且管道内冬季不会积水时，雨水管道可以埋设在冰冻层内。但硬聚氯乙烯材质管道应埋于冰冻线以下。

⑮ 雨水管道的基础做法，参照污废水管道的执行。

第三节　特殊建筑给水排水工程

一、游泳池和水上游乐池给水排水设计

游泳池是供人们在水中进行娱乐、健身、比赛等活动的人工建造的水池。水上

游乐池是供人们在水上或水中娱乐、休闲和健身的各种游乐设施和水池。游泳池和水上游乐池的设计应以实用性、经济性、节约水资源、技术先进、环境优美、安全卫生、管理维护方便为原则。

(一) 游泳池和水上游乐池设计的基本数据

游泳池的类型较多,按照池中的水温可分为冷水泳池、一般游泳池、温水游泳池。按环境可分为天然游泳池、室外人工池、室内人工池、海水游泳池等;按使用目的可分为教学用、竞赛用、娱乐用、医疗康复用、练习用游泳池等;按照使用人群可分为成人泳池、儿童泳池、亲子泳池、幼儿泳池、婴儿泳池等;按项目分为游泳池、跳水池、潜水池、水球池、造浪池、戏水池等。

1. 水质和水源

游泳池和水上游乐池的水质涉及人体健康,甚至是公共安全问题,因而必须认真对待。游泳池和水上游乐池初次充水和使用过程中的补充水、游泳池和水上游乐池饮水、淋浴等生活用水的水质,均应符合现行国家标准要求。世界级竞赛用游泳池的池水水质应符合国际游泳协会关于游泳池水水质现行卫生标准的规定;国家级竞赛用游泳池和宾馆内附建的游泳池的池水水质卫生标准;其他游泳池和水上游乐池正常使用过程中的池水水质卫生标准应符合规定。

游泳池和水上游乐池的初次充水、重新换水和正常使用中的补充水,均应采用城市生活饮用水;当采用城市生活饮用水不经济或有困难时,公共使用游泳池和水上游乐池的初次充水、换水和补充水可采用井水(含地热水)、泉水(含温泉水)或水库水。

2. 水量及初次充水时间

游泳池和水上游乐池运行过程中,影响每日需要补充水量的因素包括池水表面蒸发损失、池子排污损失、过滤设备反冲洗用水消耗、游泳者或游乐者带出池外的水量损失和卫生防疫要求。采用直流式给水系统或直流净化给水系统的游泳池和水上游乐池,每小时补充水量不应小于池水容积15%。

游泳池和水上游乐池的初次充水或因突然发生传染病菌等事故泄空池水后重新充水的时间,主要根据池子的使用性质和当地供水条件等因素确定,宜采用24~28 h。对于竞赛、训练及宾馆等使用的游泳池,其充水时间宜短一些;其他以健身、娱乐、消夏为主的池子,或是当地用水紧张,大量充水会影响周边用户正常用水时,充水时间可适当放宽。

(二) 池水给水系统

游泳池和水上游乐池的给水系统主要类型有循环净化给水系统、直流式给水系统、直流净化给水系统。不宜采用定期换水的给水方式。池水给水系统设计、运行管理的关键是水质保障问题。

1. 循环净化给水系统

（1）系统设置

循环净化给水系统是将游泳池和水上游乐池中使用过的池水，按规定的流量和流速从池内抽出，经过滤净化使池水澄清并经消毒处理，再送回池子重复使用。该系统由池子回水管路、净化设备、加热设备和净化水配水管路组成。其优点是耗水量较少、可保证水质卫生要求；缺点是系统较复杂，投资较大。

游泳池和水上游乐池净化系统的设置，应根据池子的使用功能、卫生标准、使用者特点来确定。竞赛池、跳水池、训练池和公共池及儿童池、幼儿池均应分别设置各自独立的池水循环净化给水系统，以满足使用要求并便于管理。

对于水上游乐池，当多个池子用途相近、水温要求一致、池子循环方式和循环周期相同时可以共用一个池水净化处理系统，以节约能源和投资。循环净化水由分水器分别接至不同的游乐池，每个池子的接管上设置控制阀门。

（2）池水循环方式

池水循环方式是为保证游泳池和水上游乐池的进水水流均匀分布，在池内不产生急流、涡流、死水区，且回水水流不产生短流，使池内水温和余氯均匀而设计的水流组织方式。

游泳池和水上游乐池的池水循环方式有顺流式、逆流式和混合式三种。池水循环方式选择的影响因素主要有池水容量、池水深度、池体形状、池内设施（指活动池底板、隔板及活动池岸等）、使用性质、技术经济等综合要素。

2. 直流式给水系统

直流式给水系统是将符合游泳池水质标准的水流，按设计流量连续不断地送入游泳池或水上游乐池，同时将使用过的池水按进水流量连续不断地经排水口排出池体。该系统的优点是系统简单、投资省、维护方便、运行费用少，缺点是易受到水源条件的约束，不宜广泛应用。当符合水质、水温要求且水源充沛时，可以考虑采用，多用于温泉地区和地下有热水资源地区的温泉游泳池、医疗游泳池；对于幼儿戏水池及儿童游泳池，为保证池水卫生也推荐采用直流式给水系统。

3. 直流净化给水系统

直流净化给水系统是将天然的地面水或地下水，经过过滤净化和消毒杀菌处理达到游泳池水质标准后，经给水口连续不断地送入游泳池或水上游乐池，同时将与进水体积相同的、使用过的池水经排水口不断排出池体。

直流净化给水系统的优点是避免了建设循环水净化系统投资高的问题。但仅适用于靠近水质良好、水温适宜、水量充沛的城镇，当技术经济、社会和环境效益比较合理时，或者对于仅在夏季使用的露天游泳池和水上游乐池可采用直流净化给水系统。

（三）池水循环系统

1. 循环周期

游泳池和水上游乐池的池水净化循环周期，是指将池水全部净化一次所需要的时间。确定循环周期的目的是限定池水中污浊物的最大允许浓度，以保证池水中的杂质、细菌含量和余氯量始终处于游泳协会和卫生防疫部门规定的允许范围内。合理确定循环周期关系到净化设备和管道的规模、池水水质卫生条件、设备性能与成本以及净化系统的效果，是一个重要的设计数据。循环周期应根据池子的使用性质、使用人数、池水容积、消毒方式、池水净化设备运行时间和除污效率等因素确定。

2. 循环流量

循环流量是计算净化和消毒设备的重要数据，常用的计算方法有循环周期计算法和人数负荷法。循环周期计算法是根据已经确定的池水循环周期和池水容积计算。

目前世界很多国家普遍采用循环周期计算池水循环流量，实践证明，它对保证池水的水质卫生是可行和有效的，该法的主要缺点是没有考虑到使用人数，因为池水被污染是人员在游泳或游乐过程中分泌的汗等污物造成的，但是该因素在计算公式中没有直接体现出来。

3. 循环水泵

对于不同用途的游泳池、水上游乐池等所用的循环水泵应单独设置，以利于控制各自的循环周期和水压；当各池不同时使用时也便于调节，避免造成能源浪费。

循环水泵的设计流量不小于循环流量；扬程按照不小于送水几何高度、设备和管道阻力损失以及流出水头之和确定；工作主泵不宜少于两台，以保证净化系统 24 h 运行，即白天高负荷时两台泵同时工作，夜间无人游泳或游乐时只使用 1 台泵运行；宜按过滤器反冲洗时工作泵和备用泵并联运行考虑备用泵的容量，并按反冲洗所需流量和扬程校核循环水泵的工况。

循环水泵应布置在池水净化设备机房内；宜靠近平衡水池、均衡池或游泳池、水上游乐池的吸水口，应设计成自灌式；水泵吸水管、出水管内水流速度分别采用 1.0 ~ 1.5 m/s，1.5 ~ 2.5 m/s，并分别设置压力真空表和压力表；水泵机组及管道应采取必要的减振和降低噪声的技术措施。

4. 平衡水池和均衡水池

平衡水池适用于采用顺流式循环给水系统的游泳池和水上游乐池，为保证池水有效循环，且收集溢流水、平衡池水水面、调节水量浮动、安装水泵吸水口（阀）和间接向池内补水，需要设置平衡水池。当循环水泵受到条件限制必须设置在游泳池水面以上，或是循环水泵直接从泳池吸水时，由于吸水管较长、沿程阻力大，影响水泵吸水高度而无法设计成自灌式开启时，需要设置平衡水池；另外，数座游泳池或水上游乐池共用一组净化设备时必须通过平衡水池对各个水池的水位进行平衡。平衡水池最高水面与泳池水面齐平，水池内底表面在最低回水管以下 400 ~ 700 mm。平衡水池的有效容积按循环水净化系统管道和设备内的水容积之和考虑，且不应小于循环水泵 5 min 的出水量。

均衡水池适用于采用逆流式循环给水系统的游泳池和水上游乐池，为保证循环水泵有效工作而设置低于池水水面的供循环水泵吸水的均衡水池，这是由于逆流式循环方式采用溢流式回水，回水管道中夹带有气体，均衡水池可以起到气水分离、调节泳池负荷不均匀时溢流回水量的浮动。

平衡水池和均衡水池还能使循环水中较大杂物得到初步沉淀；还可将补充水管接入向泳池间接补水。游泳池补充水管控制阀门出水口应高于水池最高水面（指平衡水池）或溢流水面（指均衡水池）100 mm，并应装设倒流防止器。平衡水池和均衡水池应采用耐腐蚀、不透水、不污染水质的材料建造，并应设检修人孔、溢水管、泄水管和水泵吸水坑。

平衡水池与均衡水池是有区别的，不宜混用，应根据池水循环方式的不同而区别设计。

5. 循环管道及附属装置

循环管道由循环给水管和循环回水管组成，水流速度分别为 2.5 m/s 以下、0.7 ~ 1.0 m/s。循环管道的材料以防腐为原则，可以采用塑料管、铜管和不锈钢管；采用碳钢管或球墨铸铁管时，管内壁应涂刷或内衬符合饮用水要求的防腐涂料或材料。

循环管道的敷设方法应根据游泳池或水上游乐池的使用性质、建设标准确定。一般室内游泳池或游乐池应尽量沿池子周围设置管廊，管廊高度不小于 1.8 m，并应留人孔及吊装孔；室外游泳池或游乐池宜设置管沟布置管道，经济条件不允许时也可埋地敷设。

游泳池和水上游乐池上给水口和回水口的设置，对水流组织很重要，其布置应符合以下要求：

① 数量应满足循环流量的要求；

② 位置应使池水水流均匀循环，不发生短流；

③ 逆流式循环时，回水口应设在溢流回水槽内；混流式循环时回水口分别设置

在溢流回水槽和池底最低处；顺流式循环时池底回水口的数量应按淹没流计算，不得少于两个。

游泳池和水上游乐池的泄水口应设置在池底最低处，应按4 h全部排空池水确定泄水口的面积和数量。重力式泄水时，泄水管需设置空气隔断装置而不应与排水管直接连接。

溢流回水槽设置在逆流式或混流式循环系统的池子两侧壁或四周，截面尺寸按溢流水量计算，最小截面为200 mm×200 mm。槽内回水口数量由计算确定，间距一般不大于3.0 m。槽底以1%坡度坡向回水口。回水口与回水管采用等程连接、对称布置管路，接入均衡水池。

游泳池的池岸应设置不少于4个冲洗池岸用的清洗水嘴，宜设在看台或建筑的墙槽内或阀门井内（室外游泳池），冲洗水量按1.5L/（m·次），每日冲洗两次，每次冲洗时间以30 min计。

游泳池和水上游泳池还应设置消除池底积污的池底清污器；标准游泳池和水上游乐池宜采用全自动池底消污器；中、小型游乐池和休闲池宜采用移动式真空池底清污器或电动清污器。

(四) 循环水的净化

游泳池和水上游乐池池水净化系统的设计应满足工艺流程简单，水流顺畅，处理效率高，设备占地少，运行成本低，机房布置紧凑美观，操作方便的要求。

1. 预净水

为防止游泳池或水上游乐池水夹带的固体杂质和毛发、树叶、纤维等杂物损坏水泵，破坏过滤器滤料层，影响过滤效果和水质，池水的回水首先进入毛发聚集器进行预净化。毛发聚集器外壳应为耐压、耐腐蚀材料；过滤筒孔眼的直径宜采用3～4 mm，过滤网眼宜采用10～15目，且应为耐腐蚀的铜、不锈钢和塑料材料所制成；过滤筒（网）孔眼的总面积不小于连接管道截面面积的2倍，以保证循环流量不受影响。毛发聚集器装设在循环水泵的吸水管上，截留池水中夹带的固体杂质。

为保证循环水泵正常运行，过滤筒（网）必须经常清洗或更换，否则会增加水流阻力、降低水泵扬程、减小水泵出水量、影响循环周期。

2. 过滤

游泳池或游乐池的循环水具有处理水量恒定、浊度低的特点，为简化处理流程，减小净化设备机房占地面积，一般采用水泵加压一次提升的循环方式，过滤设备采用压力过滤器。

过滤器应根据池子的规模、使用目的、平面布置、人员负荷、管理条件和材料情况等因素统一考虑，应符合下列要求：

① 体积小、效率高、功能稳定、能耗小、保证出水水质；

② 操作简单、安装方便、管理费用低且利于自动控制；

③ 对于不同用途的游泳池和水上游泳池，过滤器应分开设置，有利于系统管理和维修；

④ 每座池子的过滤器数目不宜少于两台，当一台发生故障时，另一台在短时间内采用提高滤速的方法继续工作，一般不必考虑备用过滤器；

⑤ 一般采用立式压力过滤器，有利于水流分布均匀和操作方便。当直径大于 2.6 m 时采用卧式压力过滤器；

⑥ 重力式过滤器一般低于泳池的水面，一旦停电可能造成溢流淹没机房等事故，所以应有防止池水溢流事故的措施；

⑦ 压力过滤应设置进水、出水、冲洗、泄水和放气等配管，还应设有检修孔、观察孔、取样管和差压计。

过滤器内的滤料应该具备：比表面积大、孔隙率高、截污能力强、使用周期长；不含杂物和污泥，不含有毒和有害物质；化学稳定性能好；机械强度高，耐磨损，抗压性能好。目前压力过滤器滤料有石英砂、无烟煤、聚苯乙烯塑料珠、硅藻土等，国内使用石英砂比较普遍。压力过滤的滤料组成、过滤速度和滤料层厚度应经实验确定。

压力过滤器的过滤速度是确定设备容量和保证池水水质卫生的基本数据，应从保证池水水质和节约工程造价两方面考虑。对于竞赛池、公共池、教学池、水上游乐池等宜采用中速过滤；对于家庭池、宾馆池等可采用高速过滤。

过滤器在工作过程中由于污物积存于滤料，使滤速减小，循环流量不能保证，池水水质达不到要求，必须进行反冲洗，即利用水力作用使滤料浮游起来，进行充分的洗涤后，将污物从滤料中分离出来，和冲洗水一起排出。冲洗周期通常按照压力过滤器的水头损失和使用时间来决定。

过滤器应采用水进行反冲洗，有条件时宜采用气、水组合反冲洗。反冲洗水源可利用城市生活饮用水或游泳池池水。重力式过滤器的反冲洗应按有关标准和厂商的要求进行；气水混合冲洗时根据试验数据确定。

3. 加药

加药操作包括向池水中加药以及在循环水进入过滤器之前加药。

向池水中加药的目的主要是调整池水的 pH、调整总溶解固体（TDS）浓度、防止藻类产生。

pH 对混凝效果和氯消毒有影响，而且 pH 偏高或偏低会对游泳者或游乐者的眼睛、皮肤、头发产生损伤，或有不舒适感，另外 pH 小于 7.0 时会对池子的材料设备产生腐蚀性，故应定期地投加纯碱或碳酸盐类，以调整池水的 pH 在规定的范围。当 pH 低于 7.2 时，应向池水投加碳酸钠;pH 高于 7.6 时应向池水中投加盐酸或碳酸氢钠。

TDS 是池水中所有金属、盐类、有机物和无机物等可溶性物质的重量。如果池水中 TDS 小于 50 mg/L，池水呈现轻微绿色而缺乏反应能力;TDS 浓度过高 (超过 1500 mg/L) 会使水溶解物质的容纳力降低，悬浮物聚集在细菌和藻类周围阻碍氯靠近，影响氯的杀菌效能。所以池水中 TDS 浓度范围规定在 150～1500 mg/L 内，偏小时应向池水中投加次氯酸钠，偏大时增大新鲜水补充量稀释 TDS 浓度。

当池水在夜间、雨天或阴天不循环时，由于含氯不足就会产生藻类，使池水呈现黄绿色或深绿色，透明度降低。这时应定期向池水中投加硫酸铜药剂以消除和防止藻类产生。设计投加量不大于 1 mg/L，投加时间和间隔时间应根据池水透明度和气候条件确定。

由于游泳池和水上游乐池水的污染主要来自人体的汗等分泌物，仅使用物理性质的过滤不足以去除微小污物，故池水中的循环水进入过滤器之前需要投加混凝剂，把水中微小污物吸附聚集在药剂的絮凝体上，形成较大块状体经过滤去除。混凝剂宜采用氯化铝或精制硫酸铝、明矾等，根据水源水质和当地药品供应情况确定，宜采用连续定比自动投加。

4. 消毒

游泳池和水上游乐池的池水必须进行消毒杀菌处理，消毒方法和设备应符合杀菌力强、不污染水质，并在水中有持续杀菌的功能;设备简单、运行可靠、安全，操作管理方便，建设投资和运行费用低等。消毒方式应根据池子的使用性质确定。

5. 净化设备机房

游泳池和水上游乐池的循环水净化处理设备主要有过滤器、循环水泵和消毒装置。设备用房的位置应尽量靠近游泳池和水上游乐池，并靠近热源和室外排水管接口，方便药剂和设备的运输。

机房面积和高度应满足设备布置、安装、操作和检修的要求，留有设备运输出入口和吊装孔;并要有良好的通风、采光、照明和隔声措施;有地面排水设施;有相应的防毒、防火、防爆、防气体泄漏、报警等装置。

(五) 洗净设施

1. 浸脚消毒池

为减轻游泳池和水上游乐池水的污染程度，进入水池的每位人员应对脚部进行洗净消毒。必须在进入游泳池或水上游乐池的入口通道上设置浸脚消毒池，保证进入池子的人员通过，不得绕行或跳越通过。浸脚消毒池的长度不小于 2 m，池宽与通道宽度相等，池内消毒液的有效深度不小于 0.15 m。

浸脚消毒池和配管应采用耐腐蚀材料制造，池内消毒液宜连续供给、连续排放，也可采用定期换水的方式，换水周期不超过 4 h，以池中消毒液的余氯量保持在 5 ~ 10 mg/L 范围为宜。

2. 强制淋浴

在游泳池和水上游乐池入口通道设置强制淋浴，是清除游泳者和游乐者身体上污物的有效措施，强制淋浴宜布置在浸脚消毒池之前，强制淋浴通道的尺寸应使被洗洁人员有足够的冲洗强度和冲洗效果。强制淋浴通道长度为 2 ~ 3 m，淋浴喷头不少于三排，每排间距不大于 1 m，每排喷头数不少于两只，间距为 0.8 m。当采用多孔淋浴管时孔径不小于 0.8 mm，孔间距不大于 0.6 m，喷头安装高度不宜大于 2.2 m。应采用光电感应自动控制开启方式。

3. 浸腰消毒池

公共游泳池宜在强制淋浴之前设置浸腰消毒池，对游泳者进行消毒。浸腰消毒池有效长度不宜小于 1.0 m，有效水深为 0.9 m。池子两侧设扶手，采用阶梯形为宜。池水宜为连续供应、连续排放方式；采用定时更换池水的时间间隔不应超过 4 h。

浸腰消毒池靠近强制淋浴布置，设置在强制淋浴之后时，池中余氯量不得小于 5 mg/L；设置在强制淋浴之前时，池中余氯不得小于 50 mg/L。

二、水景工程给水排水

(一) 水景的功能和水流形态

水景是指人工建造的水上景观，是利用各种处于人工控制条件下的水流形态，辅之以各种灯光、声音效果，形成的强化人工环境。主要包括喷泉、壁泉、涌水、水平流水、跌水、静态池水等类型。特定情况下，还包括冰、雪、雾、霜等形态内容。

水景按照其流动程度可分为静态水景、弱动态水景、强动态水景。按照其所处地点位置可分为半天然水体型、人工室外型、人工室内型。

水景的注意功能如下：① 在小区的空间布局设计中起到重要的协调作用，美化环境空间，形成人文特色，增加居住区的趣味性、观赏性、参与性。② 在建筑设计中起到装饰、美化作用，提高艺术效果，起到视觉缓冲、心理缓冲作用。③ 改善局部小气候，有益人体健康。一方面水景工程可增加空气湿度，增加负离子浓度，减少悬浮细菌数量，减少含尘量；另一方面水景工程可缓解凝固的建筑物和硬质铺装地面给人带来的心理压力，有益心理健康。④ 实现资源综合利用。水景工程可利用各种喷头的喷水降温作用，使水景兼作循环冷却池，利用动态水流充氧防止水质腐败，兼作消防水池或市政贮水池。⑤水景工程可作为住宅区的卖点或成为水景表演等经营项目。

（二）水景给水系统

水景有直流式和循环式两种给水系统，直流式给水系统是将水源来水通过管道和喷头连续不断地喷水，给水射流后的水收集后直接排出系统，这种给水系统管道简单、无循环设备、占地面积省、投资小、运行费用低，但耗水量大，适用场合较少。循环给水系统是利用循环水泵、循环管道和贮水池将水景喷头喷射的水收集后反复使用，其土建部分包括水泵房、水池、管沟、阀门井等；设备部分由喷头、管道、阀门、水泵、补水箱、灯具、供配电装置和自动控制等组成。

常见的水景形式有固定式、半移动式、全移动式三种。固定式水景工程中的构筑物、设备及管道固定安装，不能随意搬动，常用的有水池式、浅碟式和楼板式。水池式是建筑物广场和庭院前常用的水景形式，将喷头、管道、阀门等固定安装在水池内部。浅碟式水景，水池减小深度，管道和喷头被池内布置的踏石、假山、水草等掩盖，水泵从集水池吸水。楼板式水景工程适合在室内，喷头和地漏暗装在地板内，管道、水泵及集水池等布置在附近的设备间。楼板地面上的地漏和管道将喷出的水汇集到集水池中。

小型水景工程中还有半移动式和移动式水景工程。半移动式水景工程中的水池等土建结构固定不动，将喷头、配水器、管道、潜水泵和灯具成套组装，可以随意移动。移动式水景则是将包括水池在内的全部水景设备一体化，可以任意整体搬动，常采用微型泵和管道泵。

（三）水景设计

水景设计在现代建筑设计或居住小区设计中极其重要。通过借用自然景观或人造山水，将不同的建筑点、线、面有机联系起来，可以提升居住环境的生机，优化"人、植物、建筑物"的排列形态，给居住者以积极的心灵引导。水景设计的原则是：满足预定功能、符合建筑整体、技术简便可行、运行经济可靠。

水景设计应根据总体规划和布局、建筑物功能、周围环境具体情况进行。选择的水流形态应突出主题思想，与建筑环境融为一体；发挥水景工程的多功能作用，降低工程投资，力求以最小的能量消耗达到良好的观赏和艺术效果。水池是水景作为点缀景色、贮存水量、敷设管道之用的构筑物，形状和大小视需要而定。平面尺寸除应满足喷头、管道、水泵、进水口、泄水口、溢流口、吸水坑的布置要求外，室外水景应考虑到防止水的飞溅,一般比计算要求每边加大 0.5 ~ 1.0 m。水池的深度应按水泵型号、管道布置方式及其他功能要求确定。对于潜水泵应保证吸水口的淹没深度不小于 0.5 m;有水泵吸水口时应保证喇叭管口的淹没深度不小于 0.5 m;深碟式集水池最小深度为 0.1 m。水池应设置溢流口、泄水口和补水装置,池底应设 1% 的坡度坡向集水坑或泄水口。水池应设置补水管、溢流管、泄水管。在池周围宜设置排水设施。当采用生活饮用水作为补充水时应考虑防止回流污染的措施。

水景工程循环水泵宜采用潜水泵,直接设置于水池底。循环水泵宜按不同特性的喷头、喷水系统分开设置,其流量和扬程按照喷头形式、喷水高度、喷嘴直径和数量,以及管道系统的水头损失等经计算确定。

水景工程宜采用不锈钢等耐腐蚀管材。管道布置时力求管线简短,应按不同特性的喷头设置配水管,为保证供水水压一致和稳定配水管宜布置成环状,配水管的水头损失一般采用 50 ~ 100 Pa/m;流速不超过 0.5 ~ 0.6 m/s。同一水泵机组供给不同喷头组的供水管上应设流量调节装置,并设在便于观察喷头射流的水泵房内或是水池附近的供水管上。管道接头应严密和光滑,变径应采用异径管接头,转弯角度大于 90°。

喷头是形成水流形态的主要部件,应采用不易锈蚀、经久耐用、易于加工的材料制成。喷头种类繁多,根据不同要求选用。

第八章　新型建筑材料

第一节　新型建筑防火材料

一、我国阻燃技术的发展情况

阻燃技术是为了适应社会安全生产和生活的需要、预防火灾发生、保护人类生命财产而发展起来的科学技术。它包括阻燃机理的研究、阻燃剂的制备工艺、阻燃体系的选择、阻燃材料及其制品的开发、阻燃处理技术及阻燃效果的评价。同时为了适应社会推广应用阻燃材料的需要，还要研究制定相关的技术标准、规范和管理法规，并开展阻燃材料制品的应用研究。目前大量生产并且广泛应用（在工业、农业、军工、衣、食、住、行等方面）的高聚物材料多属易燃、可燃性材料，燃烧时热释放率高、热值大、火焰传播速度快，而且产生浓烟和毒气，对生命安全造成威胁。因此，高聚物材料的阻燃性问题已成为安全生产和生活中迫切需要解决的问题。

我国的阻燃科学技术起步较晚，阻燃剂和防火涂料开发研究都是20世纪中期才逐步发展起来的。在防火涂料方面起初只能生产酚醛防火涂料，过氯乙烯防火涂料等，阻燃效果较差，后来又研制成功膨胀型丙烯酸乳胶防水涂料、膨胀型改性氨基防火涂料和LG型钢结构防火隔热涂料。具有装饰性的薄层防火涂料，即膨胀型LB钢结构防火涂料，透明防火涂料，发泡型和非发泡型的防火涂料，膨胀型耐火包、阻燃包带、阻燃槽盒、阻火网等。阻燃纺织的品种近年来发展很快，已有阻燃纤维素纤维织物、阻燃羊毛织物、阻燃混纺织物、阻燃合成纤维织物，其中合成纤维包括阻燃涤纶、阻燃尼龙、阻燃腈纶、阻燃丙纶等。塑料阻燃技术的研究起步于20世纪60年代，对常用的塑料，如聚氯乙烯、聚乙烯、聚丙烯、聚氨酯、聚苯乙烯、聚酯、ABS树脂、酚醛树脂等的阻燃都做过一些研究，尤其是用于"以塑代木"和"以塑代钢"的工程塑料和泡沫塑料的阻燃研究工作做得较多，并取得了一些成果。随着合成材料工业的飞速发展和对合成材料制品安全性要求的提高，也带动了阻燃剂的开发，目前国内投入生产的各类阻燃剂有七八十种，生产能力年产量达万吨。可以预测，随着国民经济和城市建设的发展，随着阻燃材料和制品应用领域的不断扩大，以及社会抗御火灾对策的贯彻实施，我国阻燃剂和阻燃材料的社会需求必将有大幅度的增长，从而将会进一步促进我国阻燃科学技术的新发展。

二、建筑防火涂料

施用于可燃性基材表面，用以改变材料表面燃烧特性，阻滞火灾迅速蔓延。或施用于建筑构件上，用以提高构件的耐火极限的特种涂料，称防火涂料。

在建筑材料表面涂覆防火涂料，是建筑材料常用而有效的防火保护方法。防火涂料除了一般涂料所具有的防锈、防水、防腐、耐磨以及涂层坚韧性、着色性、粘附性、易干性和一定的光泽以外，其自身应是不燃或难燃的，不起助燃作用。其防火原理是涂膜层能使底材与火（热）隔离，从而延长了热侵入底材和达到底材另一侧所需要的时间，即延迟和抑制火焰的蔓延作用。如火焰侵入底材所需的时间越长，则涂层的防火性能越好。因此，防火涂料的主要作用是隔热和阻燃。

（一）钢结构防火涂料

钢结构防火涂料按其使用场所分室内钢结构防火涂料和室外钢结构防火涂料。按其厚度又分为超薄型钢结构防火涂料、薄型钢结构防火涂料和厚型钢结构防火涂料。涂料可用喷涂、抹涂、混涂、刮涂或刷涂等方法中的任何一种或多种方法施工，并能在自然环境条件下干燥固化。涂料应呈碱性或偏碱性，复层涂料应相互配套。底层涂料应能同普通防锈漆配合使用。涂层实干后不应有刺激性气味。燃烧时一般不产生浓烟和有害人体健康的气体。

1. 厚涂型防火涂料

厚涂型防火涂料涂层度一般大于 7 mm，且小于或等于 45 mm，呈粒状面，密度较小，热导率低，耐火极限 2.0 ~ 3.0 h，又称钢结构防火隔热涂料。厚涂型防火涂料适合于建筑物或构筑物竣工后，已经被围护、装饰材料遮蔽、隔离，防火保护层的外观要求不高，但其耐火极限在 1.5 h 以上，如商贸大厦等超高层全钢结构，以及宾馆、医院、礼堂、展览馆等建筑物的钢结构。厚涂型防火涂料，因涂层厚，要求干密度小，不得过多增加建筑物的载荷，同时要求热导率低、耐火隔热性好。

2. 薄涂型防火涂料

薄涂型防火涂料一般涂层厚度大于 3 mm，且小于或等于 7 mm，有一定装饰效果，高温时涂层发泡膨胀，又称钢结构膨胀防火涂料。被涂覆过薄涂型防火涂料的钢结构，其耐火极限可达 1.0 ~ 1.5 h。薄涂型防火涂料适合于建筑物或构筑物竣工后仍然裸露的钢结构，如体育场馆等的钢结构。

薄涂型钢结构防火涂料、涂层黏结力强，抗震抗弯性好，可调配各种颜色以满足不同的装饰要求。

3. 超薄型防火涂料

超薄型防火涂料厚度一般小于或等于 3 mm，耐火极限达 1.0 h 以上。

（1）SCA 型涂料

该涂料是以几种水性树脂复合反应物为基料，磷酸与氢氧化铝为主的复合阻燃剂，以水为溶剂制成。SCA 涂层厚度 1.61 mm，耐火极限 63 min。

（2）SCB 涂料

该涂料以拼合树脂为基料，轻溶剂油为溶剂的溶剂型钢结构膨胀型防火涂料。涂料干燥时间表干为 1 h；黏结强度 0.19 MPa；抗震性为挠曲 L/200，涂层不起层，不脱落；抗弯性为挠曲 L/100，涂层不起层，不脱落；耐水、耐酸碱、耐盐水性：分别在自来水、3%HCl、3%Ca（OH）$_2$ 和 3%NaCl 溶液中浸泡 24 h，涂层无变化；耐冻融性：耐冻融循环 15 次以上。涂层厚度 2.69 mm 时，耐火极限 147 min。

这两种涂料适用于钢柱、钢梁、钢框、钢板、钢网的防火保护。

（二）饰面型防火涂料

涂于可燃基材（如木材、塑料、纸板、纤维板）表面，能形成具有防火阻燃保护和装饰作用涂膜的防火涂料，称为饰面型防火涂料。

（一）饰面型防火涂料施工的一般要求

防火涂料可用刷涂、喷涂、辗涂或刮涂中任何一种或多种方法方便地施工。用于施工的防火涂料在规定的存放期内，应是均匀液态或稠状、浆状流体，没有硬化、结皮或明显的颜色填料沉淀。允许轻微分层，但经搅拌即可变成均匀、悬浮的体系。通常在自然环境条件下干燥、固化。成膜后表面无明显凹凸或条痕，没有脱粉、针孔、气泡、龟裂、斑点或颜色分离现象，能形成平整的饰面。防火涂料在施工实干后应没有刺激性的气味。

（二）常用饰面型防火涂料选用

防火涂料能提高基材的耐火极限，改变基材的燃烧性能等级。一般而言，施涂于 A 级基材上的无机装饰涂料，可作为 A 级装修材料使用；施涂于 A 级基材上，湿涂覆比小于 1.5 kg/ m² 的有机装饰涂料可作为 B 级装修材料使用；胶合板表面涂覆一级饰面型防火涂料时可作为 B 级装修材料使用；涂料施涂于 B1、B2 级基材上时，应将涂料连同基材一起通过建筑材料燃烧性能等级试验，确定其燃烧性能等级。

3. 产品简介

1. À60-1 改性氨基膨胀防火涂料

A60-1 改性氨基膨胀防火涂料是以改性氨基树脂为胶粘剂，与多种防火添加剂配合，加上颜料和助剂配制而成的。其特点是：遇火生成均匀致密海绵状泡沫隔热层，有显著的隔热、防火、防水、抗潮、防油、耐候等特性。可以调配成多种颜色，有较高的装饰效果。可用于建筑、电缆等火灾危险性较大的物件，也适用于地下工程的防火。其主要性能：

① 阻燃性：失重 2.2 g，炭化体积 9.8 cm³。

② 耐火性：耐火时间 43 min。

③ 电缆阻燃试验：防火性能达到美国和日本的先进水平。

④ 毒性分析：基本无毒。

④ 黏度：用于建筑物上 30～70 s，用于电缆上 60～100 s。

⑥ 颜色：本品为乳黄色，可根据需要调配成多种颜色。

⑦ 干燥时间：表干 1 h 左右，实干 24～72 h。

⑧ 耐水：在水中浸泡 48 h 无变化。

⑨ 耐油：在油中浸泡 120 h 无变化。

⑩ 耐候性：湿热老化试验 600 h 不起泡、不开裂、不脱落，有防锈、防霉作用。

2. YZ-196 发泡型防火涂料

YZ-196 发泡型防火涂料是由无机高分子材料和有机高分子材料复合而成的。它对无机防火涂料和有机防火涂料取长补短。涂膜遇火膨胀发泡，生成致密的蜂窝状隔热层，有良好的防火效果。其特点是：具有良好的隔热防火、防水、耐候、抗潮等性能，附着力强，黏结力高，涂膜有瓷釉的光泽，装饰效果良好。其主要性能：

（1）防火性能

阻燃性，失重 3.14 g，炭化体积 0.052 cm³；耐火时间 30.3 min。

（2）理化机械性能

涂料为白色，可调成多种颜色；干燥时间，表干 1～2 h，实干 4～5 h；耐水性，在水中浸泡 1 周涂层无变化；耐候性，在 45℃、100% 湿度的饱和 CO_2 气氛作用下，48 h 无变化。

3. YZL-858 发泡型防火涂料

YZL-858 发泡型防火涂料是由无机高分子材料和有机高分子材料复合而成的，具有质轻、防火、隔热、耐候、坚韧不脆、装饰良好等特点。适用于饭店、宾馆、礼堂、学校、办公大楼、仓库等公用建筑和民用建筑物的室内木结构基材。我国某厂生产的 YZL-858 发泡型防火涂料的主要性能：

① 阻燃性：失重 2.9 g，炭化体积 0.16 cm³。

② 耐火性：耐火时间 33.7 min。

③ 毒性分析：燃烧产物基本无毒。

④ 颜色：本品为白色，根据需要可调成多种颜色。

⑤ 干燥时间：表干 1~2 h，实干 4~5 h。

⑥ 耐水性：在水中浸泡 1 周，涂层完整无缺。

⑦ 附着力；> 3 MPa。

⑧ 耐候性：在 45℃、100% 湿度的饱和 CO_2 气氛作用下 48 h 无变化。

⑨ 装饰性：可配成各种颜色，其涂层带有瓷釉光泽，而无瓷质的脆性。

三、建筑防火板材

建筑板材有利于大规模工业化生产，现场施工简便、迅速，具有较好的综合性能，因此被广泛应用于建筑物的顶棚、墙面、地面等多种部位。近年来，为满足防火、吸声、隔声、保温以及装饰等功能的要求，新的产品不断涌现。

(一) 纤维增强硅酸钙板

纤维增强硅酸钙板简称硅酸钙板，是由硅质材料、钙质材料、增强纤维，经过制浆、成坯、蒸养、表面砂光等工序制成的轻质防火建筑板材。硅酸钙板是一种以性能稳定而著称于世的新型建筑板材，最早由美国发明，用作工业隔热耐火保温材料，20 世纪 70 年代起在发达国家推广使用和发展。日本和美国是使用这种材料最普遍的国家。硅酸钙板经三十多年的应用，已被证实是一种耐久可靠的建筑板材。硅酸钙板的生产方法有抄取法和流浆法等。

1.硅酸钙板的特点

① 硅酸钙板具有优异的防火性能。在任何一个国家，硅酸钙板都是不燃材料，部分国家将其列为法定消防板材。我国公安部将硅酸钙板列为消防材料管理，硅酸钙板几乎都能通过不燃 A 级测试。

② 由于硅质、钙质材料在高温高压的条件下，反应生成托贝莫来石晶体，其性能极为稳定，因此以这种晶体为主要成分的硅酸钙板具有防火、防潮、隔热、防腐蚀、耐老化、变形率低等特点。

③ 硅酸钙板纤维分布均匀、排列有序、密实性好、强度高，而且重量轻，有利于减少建筑物的负重。

④ 硅酸钙板的正表面比较平整光洁，可任意涂刷各种油漆、涂料、印刷花纹，

粘贴各种墙布、壁纸，并且再加工方便，可以和木板一样锯、刨、钉、钻，也可根据实际需要裁截成各种规格尺寸。

2. 产品用途

硅酸钙板的主要用途为一般工业与民用房屋建筑内部的墙板和吊顶板，也可用于家庭装修、家具的衬板、广告牌的衬板、船舶的隔仓板、仓库的棚板、网络地板以及隧道、地铁和其他地下工程的吊顶、隔墙、护壁等。

3. 施工安装

硅酸钙板墙体的安装可采用木龙骨、轻钢龙骨或其他材料的龙骨组成墙体构架，然后装敷硅钙板，用相应螺钉或胶钉结合办法固定在龙骨上，找平，抹上腻子嵌缝后找平，最后贴上壁纸或刷涂料。吊顶的安装，也是先架吊顶龙骨，后装吊顶板。如采用 T 型轻钢或铝合金吊顶，则装板施工更加方便。一般采用自攻螺钉直接固定在轻钢龙骨上的方法，采用暗缝，板与板之间留 2～3 mm 的缝（板边一般有倒角），然后按填缝要求填缝。

(二) 耐火纸面石膏板

耐火纸面石膏板是以建筑石膏为主要原料，掺入适量轻骨料无机耐火纤维增强材料和外加剂构成耐火芯材，并与护面纸牢固黏结在一起的改善高温下芯材结合力的建筑板材，主要用于耐火性能要求较高的室内隔墙和吊顶及其装饰装修部位。

1. 耐火石膏板的防火原理

石膏板受火时，先是板心中的游离水分蒸发出来，吸收少量的热量，降低板面四周的温度。当温度继续升高，两水石膏的结晶水开始脱离，分解成石膏和水分，这个过程需要吸收大量的热量，可以在比较长的时间内导致板面四周的温度升高。导致石膏板防火失效的主要原因是两水石膏脱去结晶水后体积收缩并失去整体性成为粉状，为了提高石膏板的耐火性，必须在石膏板芯中增加一些添加剂。耐火纸面石膏板中增加了遇火发生膨胀的耐火材料，以及大量的耐火玻璃纤维，这样就可以在石膏收缩的同时保证整体体积不变，并将石膏芯材料拉结在一起不至于失去整体性。

2. 技术要求

耐火纸面石膏板执行标准，主要技术指标包括外观质量、尺寸偏差、含水率、单位面积质量、断裂荷载以及燃烧性能等。

3. 纤维增强水泥平板（TK 板）

TK 板的全称是中碱玻璃纤维短石棉低碱度水泥平板，是以低碱水泥、中碱玻璃纤维和短石棉为原料，经圆网成型机抄制成型，再蒸养硬化而成的轻质薄型平板。

这种板材具有良好的抗弯强度、抗冲击强度和不翘曲、不燃烧、耐潮湿等特性，表面平整光滑，有较好的可加工性。

TK 板与各种材料龙骨、填充料复合后可用作多层框架结构体系、高层建筑、旧建筑物加层改造中的隔墙、吊顶和墙裙板，适用于轻型工业厂房、操纵室、实验室，能满足轻质、防震、防火、隔热、隔声等多种要求，是目前国内一种新型建筑轻板。

3. 运输及保管

TK 板在搬运时必须轻拿轻放，不得碰撞及抛掷；堆放场地必须平整，以防止板材断裂变形。TK 板的包装应以集装箱为主，如散装必须堆垛平装，板间不得夹有碎片和杂物，车底（或船底）必须平坦，并采用绳索捆扎或垫实，还应考虑起吊的方便性，不可直接着力于板体，以防断裂。

4. 施工方法

（1）TK 板的加工

TK 板具有较好的可加工性，能截锯、钻孔、刨削、敲钉，工具简单，操作方便。

① 截锯。可用手锯、电动圆盘锯等锯断，锯齿以细小为佳，所得断面光滑；亦可将板材放置在平台上，用木靠尺压紧，手握裁割刀沿靠尺在板上用力刻画 1 ~ 2 mm 深痕，随后往下扳断，极为方便。

② 钻孔。可用电动手枪钻钻孔，如在板后填一木块，可得底面整齐光滑的孔眼。

③ 刨削。板材边缘可用手推刨或电刨刨削平直，也可用角向砂轮磨光。

④ 敲打。敲打前宜先在板材上钻孔，如需直接敲打，敲打处应距边缘稍远，以防开裂。

（2）TK 板与龙骨的连接

TK 板用作复合墙板和吊板，必须与龙骨连接。根据龙骨材料的不同，结合方式也不同：TK 板与木龙骨复合，用圆钉或木螺栓固定；TK 板与轻钢龙骨复合，用自攻螺栓固定；TK 板与石棉龙骨等非金属材料基底复合，用膨胀螺栓固定；TK 板与龙骨之间应放置一层有棱槽橡胶垫条，用作表面找平并可提高阻声功能；TK 板拼装后应在接缝处用嵌缝腻子进行严格的嵌缝处理；TK 板复合墙可做多种材料装修，可刷油漆、上涂料或粘贴墙纸墙布。

（三）滞燃型胶合板

胶合板是由木段旋切成单板或由木方刨切成薄木，再用胶粘剂胶合而成的三层或多层的板状材料。它是建筑、家具、造船、航空车厢、军工及其他部门常用的材料。滞燃型胶合板在火灾发生时能起到滞燃和自熄灭的效果。而其他物理力学性能和外观质量均符合国家Ⅱ类胶合板的国家标准，加工性能与普通胶合板无异，锯、刨、刮、砂均不受影响，表面经涂饰后，漆膜的附着力均达到98%以上。滞燃型胶合板与金属接触不会加速金属在大气中的腐蚀速度。由于采用的阻燃剂无毒、无臭、无污染，因此滞燃型胶合板对周围环境无任何不良影响。

滞燃型胶合板适用于有阻燃要求的公共与民用建筑内部吊顶和墙面装修，也可制成阻燃家具或其他物品，在阻燃性能方面分A、B两个等级，规格为2135 mm × 915 mm × 3.5 mm、2135 mm × 915 mm × 6 mm。

(四) 防火铝塑板

防火铝塑板是金属幕墙中常用的一种建筑材料，难燃烧，是防止火灾发生的材料，即防火型防火材料。

1. 防火铝塑板

防火铝塑板是由阻燃型塑料 (聚乙烯) 芯材两面复合表面施加装饰层或保护层的铝板构成的，主要采用热贴工艺生产，生产时采用高分子膜或其他胶结材料作黏结材料，通过加热共挤加工，将铝板和塑料复合在一起形成。该工艺能保持生产连续，自动化程度高，产品质量稳定性好，为目前国内绝大多数企业所采用。

2. 防火铝塑板的阻燃机理

普通的铝塑板目前绝大多数板材都是以聚乙烯塑料为芯材，在高压、放热、放电等条件下极易引发火灾，为了使铝塑复合板成为难燃或不燃装饰材料，必须对塑料芯材进行高效阻燃，才能制成防火安全性较高的防火铝塑板。提高铝塑板芯材阻燃的方法常用的有如下几种。

① 提高材料芯材本身的氧指数。建筑材料的氧指数一般随温度的升高而下降，氧指数 OI < 26 的建筑材料为可燃性材料，氧指数 OI > 26 的建筑材料为难燃性材料。普通聚乙烯氧指数仅为17.4，属可燃材料，提高氧指数可达到阻燃目的。

② 对聚乙烯芯材的阻燃，可以采用共聚法，即在聚乙烯树脂的分子链接上通过共聚反应引入 X、P、N 等原子，在塑料燃烧分解时产生的 HX、NH 等能稀释断链产生的小分子烯烃、烷烃的密度，抑制燃烧反应的进行；接枝法即将阻燃性好的单体通过接枝反应与易燃塑料的分子链接上以提高其阻燃性；交联法即将呈线性分子链的聚乙烯（PE）塑料通过交联反应，在分子链间形成网状结构来达到提高材料的 OI 的目的。

③ 混入阻燃添加剂，使其燃烧产物能起到隔绝空气与可燃气体的作用，提高产

品的整体阻燃性能。目前普遍应用的阻燃添加剂为卤系添加剂。

④ 添加金属氢氧化物阻燃剂。该方法是目前铝塑复合板芯材的最有效的阻燃技术。将金属氢氧化物添加在树脂中，在200℃以上的温度下吸热脱水，可以带走产生的燃烧热，其脱水生成的氧化物在材料表面形成一道坚固致密的阻燃屏障，起到绝热防护作用，从而降低燃烧速度，防止火焰蔓延，达到抑制燃烧的目的。

3. 防火铝塑板的应用

防火铝塑板作为一种难燃的装饰材料，具有外表美观、颜色持久、质轻、吸声、保温、耐水、防蛀、易保养、清洁简便等特点；在建筑内外装饰中得到了广泛的应用，具体可应用于礼堂、影院、剧场院、宾馆饭店、人防工程、医院、空调车厢、重要机房、船艇室等的吊顶及墙面吸声板。

值得注意的是，防火铝塑板仅为装饰材料，可从一定程度上防止火灾的发生，一旦火灾发生，其耐火性能并不能满足较高消防的需要。因此，防火铝塑板不可作为具有耐火极限要求的建筑构件材料使用，如有耐火要求的防火隔断等。

(五) 防火吸声板

1. 矿棉装饰吸声板

矿棉装饰吸声板是以矿渣棉为主要原料，加入适量的胶粘剂、防潮剂、防腐剂、增加剂等湿法生产，经烘干加工而成，其表面一般有无规则孔，表面有滚花和浮雕等效果，图案也比较多，有满天星、十字花、中心花、核桃纹等，表面可涂刷各种色浆（出厂产品一般为白色）。

矿棉装饰吸声板具有质轻、吸声、防火、隔热、保温、美观大方、施工简便等特点，是一种高级防火型室内装饰吊顶材料。

矿棉装饰吸声板适用于公共与民用建筑内部吊顶、墙面装修及保温吸声，特别适用于宾馆、礼堂、影剧院、体育馆、候机候船室、车站、广播电台、电话间、教室、地下室等各类建筑的内部装饰，起到防火、消声、隔声、隔热和调节室内气温的作用。

矿棉装饰吸声板品种有贴纸和直接涂色两种。花色有钻孔、植绒、压花等。主规格为 500 mm × 500 mm × 12 mm。矿棉装饰吸声板可与铝合金和轻钢 T 形龙骨配合使用，龙骨吊装找平后，将吸声板搁置其上即可。

矿棉装饰吸声板产品在运输、存放和使用过程中，严禁雨淋受潮；在搬动码放过程中，必须轻拿轻放，以防造成折断或边角缺损；存放地点必须干燥、通风、避雨、防潮、平坦，下面应垫木板，并与墙壁有一定的间隔。

2. 膨胀珍珠岩装饰吸声板

膨胀珍珠岩装饰吸声板是一种新型建筑内装饰吸声材料，具有轻质、高强、隔声、防火等优良性能，防火性能最佳，为不燃性建筑材料，可作为公共建筑和居住建筑的室内吊顶及吸声壁。

膨胀珍珠岩装饰吸声板按所用胶粘剂不同，可分为水玻璃珍珠岩吸声板、水泥珍珠岩吸声板、聚合物珍珠岩吸声板、复合吸声板等。

膨胀珍珠岩装饰吸声板包括建筑石膏、膨胀珍珠岩（起填料及改善板材声学性能的作用）、缓凝剂（可用硼砂、柠檬酸等）、防水剂（采用无机工业废料）和表面处理材料（表面涂层由不饱和聚酯树脂及适量固化剂、促进剂等调制而成）。此外，还有调色布纹用的颜料。

膨 胀 珍 珠 岩 装 饰 吸 声 板 规 格 有 400 mm × 400 mm × 15 mm、500 mm × 500 mm × 16 mm、600 mm × 600 mm × 18 mm。

3. 防火岩棉吸声板

防火岩棉吸声板是以优质玄武岩和高炉矿渣为原料，配以焦炭，经高温烧制、离心成型的优质吸声板材，具有耐高湿、不燃、无毒、无味、不霉、不刺激皮肤等优点。

防火岩棉吸声板由于具有密度小、保温、吸声、防火、节能等优点，是较理想的建筑内装饰材料，可广泛用于建筑物的吊顶、贴壁、隔壁等内部装修。尤其用于播音室、录音录像室、影剧院等，舰艇、公共建筑走廊、商场、工厂车间、民用建筑及要求安静的场所，可以改善室内音质，降低室内噪声、调节室温、改善劳动条件和生活环境。

（六）阻燃纸蜂窝轻质复合墙板

阻燃纸蜂窝轻质复合墙板是以阻燃纸蜂窝板或阻燃纸蜂窝为芯材，纸面石膏板、氧化镁板、硅钙板、镀锌钢板等为敷面材料，用阻燃胶粘剂复合而成的，可广泛用于各种建筑物的内隔墙体。因其密度仅相当于普通黏土砖墙体的1/25左右，因此更适用于高层建筑的内隔墙体。该产品具有良好的调节室内空气干湿度的功能，安装快捷方便，无裂纹、不开缝、不变形，占用空间小。不含有放射性、毒害性物质，保温、隔热、隔声，是安全可靠的新型绿色建筑材料。

（七）防火板

防火板是采用硅质材料或钙质材料为主要原料，与一定比例的纤维材料、轻质骨料、胶粘剂和化学添加剂混合，经蒸压技术制成的装饰板材，是目前越来越多使用的一种新型材料。防火板的施工对于粘贴胶水的要求比较高，质量较好的防火板价格比装饰面板要高。防火板的厚度一般为 0.8 mm、1 mm，1.2 mm。防火板粘贴在胶合板、纤维板、刨花板等经过防火测试的基材上使用。

1. 氧化镁板

氧化镁板主要是由氧化镁（MgO）、氯化镁（$MgCl_2$）、纤维质材料及其他无机物所制造而成的一种新型防火建材，无毒、无烟且不含石棉。

（1）产品性能

防火性能好，仅 3 mm 厚即可达到中国台湾标准 CNS6532 耐燃一级的效果；6 mm 双面单层分间墙可轻松通过防火时效 1 h 测试。施工容易，所有传统三合板的施工方式皆适用，防火性远高于传统三合板；可上漆、贴合壁纸及以其他造型装潢用作二次加工；可加工为洞洞吸声板。能抗弯曲，板材结构经强化，板材柔韧富有弹性。尺寸稳定，防潮不变形，耐酸碱侵蚀，受潮膨胀系数小。隔热隔声效果佳，可增加冷房效果，节省能源，提高经济效益。安全性好，不含石棉，无辐射，不产生对人体有害的有机化合物。

（2）适用范围

适用于办公大楼、会议室、购物中心、集合式住宅、浴室、百货公司、学校、电影院、音乐室、工业厂房、实验室等公共场所的暗架天花板及隔间墙板工程。

2. 吉尔强化纤维板

吉尔强化纤维板是采用德国 SIEMPELKAMP 公司高科技生产线，利用建筑石膏和植物纤维为原料，采用半干法制成的新型轻质高强防火建筑板材，以其卓越的技术性能、简便的施工方式和完美的二次装修效果，进一步拓展了建筑板材的应用领域。吉尔强化纤维板可取代常见的防火板以及其他同类板材，在欧美市场已成为同类建筑板材的升级替换产品。

（1）产品特点

它是绿色建筑材料，吉尔强化纤维板是由石膏和纸纤维制成的，不含石棉、辐射污染及其他有害物质。能防火抗热，不但符合中国台湾 CNS6532 耐燃一级的检验标准，而且 10 mm 厚的吉尔强化纤维板双面单层也通过符合 CNS125141 防火 1 h 测试。防水防潮会呼吸，具有石膏板呼吸调节的功能，又没有石膏板的缺点，吉尔强化纤维板可调节空气中的湿度，可用于浴室、厨房等潮湿环境的隔间墙及天花吊顶系统。吉尔强化纤维板强度高、耐冲击、可挂钉，螺钉钉于板面可承重 69 kg，螺钉钉于板面及立柱处可承重 169 kg。加工性高、装饰方便，可根据需要钉、锯、刨、切、开孔、粘贴等，也可进行喷涂漆料、贴面加工等表面装饰工程，提高了装修施工的方便性。

(2) 适用范围

适用于住宅、大型会议厅、电影院、俱乐部、视听教室等场所四周隔间墙施工。由于吉尔强化纤维板具有较佳的隔间值，因此非常适合隔间、吸声性高的场所，可有效阻隔声量的传送。

(八) 其他复合防火板

钢丝网水泥类夹芯复合板也可作为防火板材，但是对于采用聚苯乙烯泡沫塑料作为芯材的复合板，温度超过 70℃时芯材会融化。在烈火作用下，如果砂浆层开裂，会冒出白色烟雾令人窒息。因此，这类板材的生产企业必须为施工单位提供板材的安装施工规程、标准，并参与指导。施工单位必须按规程施工，确保质量，特别是水泥砂浆层的厚度和完好性。

钢丝网岩棉夹芯复合板（GY 板）的防火性能也很好。由于 GY 板墙体的材料都是无机不燃材料，而墙体抹（喷）成一个整体，没有缝隙，在进行防火试验时，经过 2.5 h 的试验，试件完整没有破坏，背火面温度没有超限，也没有明显裂纹，烧后仍成整体，因此 GY 板的耐火极限应大于 2.5 h。

四、建筑阻燃材料

(一) 阻燃墙纸及阻燃织物

1. 纸制品及阻燃墙纸

纸是纤维素基质材料，十分易燃，由它引起的火灾会给人类造成巨大损失，因此纸的阻燃很早就引起了人们的重视。

早在 20 世纪以前阻燃纸已经问世，各种类型的阻燃纸有着广泛的应用。如电气绝缘中的阻燃牛皮纸、飞船的登月舱中阻燃纸制品、包装材料工业中采用的阻燃纸板箱及纸填充料、建筑工业中采用的阻燃纸与其他建筑构件、用于保存有价值的文史资料的阻燃档案袋等。

(1) 纸及纸制品的阻燃处理方法

纸及纸制品的阻燃处理方法大致可分为以下几种。

① 采用不燃性或难燃性原料，应用特殊的造纸技术，制造不燃或难燃纸。例如用石棉纤维或玻璃纤维为原料造纸，可制得不燃或难燃纸，但此法受到极大的限制。

② 向纸浆中添加阻燃剂。向造纸机内的纸浆中添加阻燃剂，使制造的纸阻燃化。此法的优点是阻燃剂能均匀地分散到纸内，阻燃效果好，生产工艺简单，但要求阻燃剂最好不具有水溶性。若阻燃剂水溶性大，要同时添加滞留剂，以减少阻燃

剂在造纸过程中的流失。

纸及纸制品阻燃处理所采用的阻燃剂，包括磷化物、卤化物、磷—卤化合物、氮化物、硼化物、水玻璃（硅酸钠）、氢氧化铝等。

③纸及纸制品的浸渍处理，这种处理方法与木材的浸渍处理方法大致相同。将已成型的纸及纸制品浸渍在一定浓度的阻燃剂溶液中，经一定时间后取出、干燥，即可获得阻燃制品。阻燃剂的载量应在 5%～15% 之间。这种处理方法将对纸的白度、强度等性能有一定的影响。

④纸及纸制品的涂布处理，将不溶性或难溶性阻燃剂分散在一定溶剂中，借助于胶粘剂（树脂），采用涂布或喷涂的方法，将该阻燃体系涂布到纸及纸制品表面上，经加热干燥后得到阻燃制品。此法简单可行，节省阻燃剂。

我国目前大多采用后两种方法生产阻燃纸及纸制品。

例如，将牛皮纸浸渍在 180～189℃的（NH_4）$_2SO_4$ 和 $Al_2(SO_4)_3 \cdot 24H_2O$ 混合物的熔融盐浴中，取出后干燥即得阻燃牛皮纸板。

（2）纸及纸制品阻燃性能测试方法

目前国际上尚没有统一的标准测试方法，各国采用氧指数法、垂直燃烧法、水平燃烧法等。一般通用方法来测定其阻燃性。

我国于 20 世纪 90 年代制定了国标《阻燃纸和纸板燃烧性能试验方法》，作为阻燃纸制品类的通用标准。试样尺寸为 210 mm×70 mm，共 4 个，垂直地置于燃烧箱中，用（40±2）mm 火焰的煤气灯施加火焰 12 s，移开后记录续焰时间和续灼烧时间，并测定碳化和长度。当试验结果满足下列条件时，可以认为是合格的产品。

平均碳化长度 ≤ 115 mm。

平均续焰时间 ≤ 5 s。

平均灼烧时间 ≤ 60 s。

2.阻燃织物

随着科技的不断发展、纺织工业的不断进步、纺织品种类的不断增加，其应用范围也越来越广。与此同时，由于纺织品不具备阻燃性而引起的潜在威胁也进一步增大。根据火因结果分析，因纺织品着火或因纺织物不阻燃而蔓延引起的火灾，占火灾事故的 20% 以上，特别是建筑住宅火灾，纺织品着火蔓延所占的比例更大。许多典型、重大火灾案例已证明了这一点。

（1）阻燃纺织物分类

阻燃织物品种有纯棉、纯涤纶、纯毛、涤棉和各种混纺的耐久性阻燃织物，以及纯棉、黏胶、纯涤纶非耐久性阻燃织物。

阻燃纺织物品种是纺织阻燃技术的一个重要内容。到目前为止，已经开发并投入生产和使用的阻燃织物品种已扩展到许多种，可按纤维品种、产品用途、整理工艺和阻燃产品耐久程度不同进行分类。

① 按纤维种类分类：阻燃织物按纤维种类不同，分为纤维素纤维织物、羊毛织物、合成纤维织物和混纺织物。合成纤维织物又分为涤纶织物、锦纶织物、腈纶织物及其他合成纤维织物。

② 按产品用途分类：阻燃产品按用途不同，分为用于衣着、装饰和工业三个方面。衣着方面以消防服、劳保服、睡衣等为主。装饰方面包括收音机、火车、汽车和轮船座舱内部的纺织品，以及宾馆、高层建筑和一些公共场所的装饰用布。家用装饰织物包括窗帘、门窗、台布、床垫、床单、沙发套、地毯和贴墙布等。工业用布方面包括帐篷布、导风筒、挂帘布等。

③ 按整理工艺分类：阻燃整理分两种方式：一种是添加型，即在纺丝原液中添加阻燃剂整理；另一种是后整理型，即在纤维和织物上进行阻燃整理。

阻燃工艺有轧烘焙法、涂布法、喷雾法、浸渍—烘燥法、有机溶剂法、氨熏法等几类。

④ 按产品耐久程度分类：织物阻燃整理可分三类：非耐久性整理或称暂时性整理，不耐水洗，但有一定的阻燃性能；半耐久性整理，能耐 1～15 次温和洗涤，但不耐高温皂洗；耐久性整理，一般能耐水洗 50 次以上，而且能耐皂洗。

（2）纺织材料阻燃处理工艺

阻燃织物整理工艺从科研阶段扩大到工厂试制，目前多数印染厂基本上采用常规染整工艺，即在染色或后整理过程中添加整理剂。方法是将整理剂均匀地浸轧在织物上，经干燥焙烘后牢固地吸附在纤维上或与纤维发生键合。工艺比较简单。该法适合小批量多品种的生产特点，是当前纺织阻燃整理的基本方法。

① 纯棉及混纺耐久性阻燃织物：纯棉耐久性阻燃织物整理工艺大体有下列两种：PyrovatexCp，十三聚氰胺树脂加催化剂，采用轧烘焙工艺；Proban，采用氨熏工艺。

混纺织物阻燃整理除低比例涤棉混纺织物有比较成熟的经验外，其他各种混纺织物尚缺乏成熟的阻燃整理工艺。对涤棉 50/50 产品的研究多于涤棉 63/35。其他类混纺阻燃织物有以阻燃耐高温纤维或阻燃纤维与易燃纤维混纺后再进行阻燃整理。

② 纯涤纶阻燃织物：目前适用于 100% 涤纶非耐久性的阻燃剂有卤磷酸酯及磷酸—尿素缩合物等。耐久性阻燃剂有美国 Mobil 公司的 19T 和国产的 FRC-1 脂族环磷酸酯及六溴环十二烷。采用轧烘焙工艺。

③ 纯羊毛阻燃织物：目前羊毛阻燃织物普遍采用金属络合物的阻燃整理剂，主要有钛、镍、钨三种。羊毛织物的阻燃整理一般采用浸染工艺，根据各种染料的性

能，先染色后阻燃或染色阻燃同浴处理，有些织物也可采用浸轧工艺。

（3）阻燃织物发展现状

阻燃织物从现有的品种上来看，已经涉及绝大多数纺织品类型，但从应用数量上来看，其现状却不尽如人意。今后阻燃织物研究的趋势应该是：加强阻燃纤维的开发和研究，使阻燃纺织品多功能化，提高棉、涤和毛阻燃织物的质量，加强化纤和混纺织物阻燃整理的研究，进行各种纤维阻燃机理的研究，为开发新产品提供科学的理论基础，加速制定阻燃纺织品的防火法规、标准。

（二）阻燃剂

在建筑、电气及日常生活中使用的木材、塑料和纺织品，大多数是可燃、易燃材料。为了预防火灾的发生，或者发生火灾以后阻止或延缓火灾的发展，往往用阻燃剂对易燃、可燃材料进行阻燃处理。所谓阻燃处理，就是提高材料抑制、减缓或终止火焰传播特性的工艺过程。易燃、可燃材料经过阻燃处理后，其燃烧等级得以提高，变成难燃、不燃材料。

阻燃剂从工艺上可分为反应型阻燃剂和添加型阻燃剂两大类；按化合物不同，可分为无机阻燃剂和有机阻燃剂两大类。无机阻燃剂具有热稳定性好、不产生腐蚀性气体、不挥发、效果持久、无毒等优点。无机阻燃剂虽有许多优点，但在一般情况下，它对材料的加工性、成型性、物理力学性能、电气性能都有所影响，须进行改性研究。有机阻燃剂品种很多，主要有磷系阻燃剂和卤系阻燃剂。

1.常用阻燃剂

（1）无机阻燃剂

①氢氧化铝 $Al(OH)_3$。氢氧化铝热稳定性好、无毒、不挥发、不产生腐蚀性气体；它能减少燃烧时的产烟量，能捕捉有害气体；其为白色粉末，透明度、着色性好；氢氧化铝资源丰富，价格便宜。由于以上原因，氢氧化铝使用量在所有阻燃剂中占第一位。它被广泛用于环氧树脂、不饱和聚酯树脂、聚氨酯、聚乙烯、ABS、硬质 PVC。

氢氧化铝之所以具有阻燃作用，主要是由于其热分解反应。热分解时需要吸收热量，使材料表面温度难以升高；热分解释放的水蒸气具有稀释作用；热分解释放出的 Al_2O_3，熔点为 2050℃，沸点为 3527℃，是一种很好的覆盖层；氢氧化铝本身是一种碱性物质，可以促进纤维素的碳化与脱水。由于以上原因，氢氧化铝具有很好的阻燃作用。

氢氧化铝阻燃效果与很多因素有关。氢氧化铝用量越大，阻燃效果越好；氢氧化铝越细，阻燃效果越好；对氢氧化铝进行表面处理可以大大提高氢氧化铝的阻燃性能。

②三氧化二锑（Sb$_2$O$_3$）。三氧化二锑为白色结晶粉末。在材料阻燃处理中，主要作为卤素阻燃剂的协效剂使用。试验发现，加入三氧化二锑以后，卤素化合物的阻燃效果提高很多。锑与卤素处于最佳比值时，阻燃效果最好。这个最佳比值随被阻燃处理的材料不同而不同，随卤化物的不同而不同。对于聚乙烯，用氯化物作阻燃剂，Sb∶X=1∶3(摩尔比)，用溴化物作阻燃剂，Sb∶X=1∶11(X 为卤素)。

三氧化锑与卤素阻燃剂作用，生成三卤化锑（SbX$_3$）。SbX$_3$是气相燃烧区自由基的捕捉剂，三价锑可以促进卤素游离基的生成，从而降低燃烧区中 OH、H 自由基的浓度。密度较大的 SbX$_3$覆盖在材料表面，可以隔断空气和热量。锑—卤阻燃体系也能增加某些聚合物的碳生成量，从而起到阻燃作用。

锑卤阻燃体系可应用于 PVC、聚丙烯、聚乙烯、ABS、聚氨酯等塑料。也可用于纺织品、纤维、油漆、橡胶的阻燃处理。

③水合硼酸锌。硼系阻燃剂具有毒性低、热稳定性好、价格低廉的特点。硼系阻燃剂中使用最早的是硼砂和硼酸，并被广泛应用于木材、纸张、棉布等纤维素。目前使用最广泛的是水合硼酸锌。水合硼酸锌根据结晶水含量不同分为很多品种，最常用的是 2ZnO·2B$_2$O$_3$·3.5H$_2$O。水合硼酸锌在阻燃剂系列中主要用作氧化锑的试用品，因为氧化锑比较贵，发烟量大，有一定的毒性，而水合硼酸锌无毒、无污染。

硼酸锌一般与卤素阻燃剂混合后用于聚乙烯、聚丙烯、ABS、聚酯、天然橡胶、氯丁橡胶以及防火涂料中。

(2) 有机阻燃剂

①四溴双酚 A。溴系阻燃剂品种很多，四溴双酚 A 是其中之一。四溴双酚 A 为白色结晶型粉末，分子式为 C$_{16}$H$_{12}$O$_2$Br$_4$，属反应型阻燃剂，也可作添加型阻燃剂使用。常用于环氧树脂、聚碳酸酯、酚醛树脂、ABS、聚氨酯，以及纸张、纤维素的阻燃处理。

②氯化石蜡。氯化石蜡是使用最多、最普遍的氯系阻燃剂。氯化石蜡品种很多。氯化石蜡 -42，分子式为 C$_{25}$H$_{45}$C17，为金黄色黏稠液体。氯化石蜡具有与聚氯乙烯类似的结构，阻燃性和电绝缘性好，能使制品具有一定的光泽度，价格低。普遍用于 PVC 电缆、软管、板材、人造革、薄膜的阻燃处理；还可用于丁苯橡胶、丁腈橡胶、氯丁橡胶、聚氨酯橡胶的阻燃处理。

③甲基膦酸二甲酯（DMMP）。甲基膦酸二甲酯，分子式 C$_3$H$_9$O$_3$P，为无色透明液体，磷含量 25%，具有透明、高效、低毒、使用广泛、成本低廉等优点，属添加型阻燃剂，被广泛应用于聚氨酯泡沫塑料、不饱和聚酯树脂、环氧树脂的阻燃处理。

2. 材料阻燃处理中的新技术

随着阻燃科学的发展，材料阻燃处理中出现了很多高新技术，这些高新技术极大提高了材料的阻燃性。

（1）纳米技术

采用物理、化学方法，将固体阻燃剂分散成 1～100 nm 大小微粒的方法，称纳米技术。物理方法有蒸发冷凝法、机械破碎法；化学方法有气相反应法、液相法。例如，先使 Sb_2O_3 穿过等离子弧的尾气反应蒸发区蒸发，然后进入冷凝室进行急冷，能得到 0.275 μm 的 Sb_2O_3 粒子。阻燃剂超细处理技术，不仅可以提高阻燃效率，降低阻燃剂用量，同时对于改善阻燃剂的发烟性、耐候性、着色性都会产生很大影响。

（2）微胶囊技术

即把阻燃剂微粒包裹起来。例如，用硅烷、钛酸酯对 $Al(OH)_3$、$Mg(OH)_2$，进行表面处理；或者将阻燃剂吸附在无机物载体的空隙中，形成蜂窝状微胶囊阻燃剂。这样可以改善阻燃剂与高聚物的相溶性。硅烷分子、钛酸酯分子在 $Al(OH)_3$、$Mg(OH)_2$ 颗粒表面形成"分子膜层"，在阻燃剂与高聚物之间搭起了"桥键"；若用的包裹物是硅酸盐、有机硅树脂，可以使易热分解的有机阻燃剂被很好地保护起来，从而改善阻燃剂的热稳定性。

（3）辐射交联技术

高聚物在高能射线（γ 射线、β 射线或 X 射线）作用下，引起电离，激发分子和自由基。这些活性粒子在分子内部或分子之间互相结合产生桥架或交联键，使聚合物具有三维网状结构，从而改善材料的耐热性、阻燃能力、力学性能和化学稳定性。

（4）复配技术

在对材料进行阻燃处理过程中，已经发现某些阻燃剂同时使用会取得很好的协同效应，获得"1+1 > 2"的阻燃效果。例如，磷＋卤、锑＋卤、磷＋氮、磷＋结晶水化合物等。

3. 阻燃剂的发展趋势

阻燃剂的发展趋势主要有以下几个方面。

① 溴代双苯类阻燃剂将面临其毒性问题的挑战。国际化学安全组织已建议在欧洲限制多溴代双苯类的生产和使用。美国环境保护组织也认为四溴二苯类及其衍生物是毒性物质，对动物体有潜在的毒害作用，应被划分为潜在的人体致癌物质，并计划在未来几年内大大降低四溴二苯的释放量。同时世界电气设备制造商都在寻找这些物质的代替品。因此，取代溴代二苯醚类似乎是未来的趋势。

② 利用聚合物合金或混料的手段，开发新的阻燃体系。

③ 采用共聚或接枝聚合制备阻燃高分子。

④ 膨胀阻燃体系的开发和工业应用将得到发展。

⑤ 低产烟和腐蚀小的阻燃剂将受到重视。

(三) 防火封堵材料

发生火灾时，火势和烟毒气体往往通过电线电缆和塑料管道等穿越的孔洞向邻近房屋场所蔓延扩散，使火灾事故扩大，造成严重后果。目前国内外一般采用阻火封堵材料和密封填料堵塞孔洞缝隙，可以有效地阻止火灾蔓延和防止有毒气体扩散，将火灾控制在一定的范围之内，减少事故损失。防火封堵材料包括有机防火堵料和无机防火堵料。

1. 有机防火堵料

有机防火堵料又叫可塑性防火堵料，是以有机合成树脂为胶粘剂，并配以防火阻燃剂、填料而制成的。有机防火堵料具有良好的可塑性，优良的防火性能，耐火时间长，发烟量低，能有效地阻止火灾蔓延与烟气的传播。主要应用于高层建筑、工厂、船舶、电力通信部门等电线电缆和各类管道贯穿处孔洞缝隙的防火封堵工程。特别适用于成束电缆或电缆密集区域与电缆间、电缆与其他物体间缝隙的阻火封堵。

此类堵料长期不固化，可塑性好，能够重复使用，具有很好的防火、水密性能。非膨胀型的有机堵料，遇火后不能填补由电缆烧蚀形成的孔隙，因此封堵效果不太理想。膨胀型防火堵料，在高温和火焰作用下其体积先膨胀后硬化，形成一层坚硬致密的保护层。当电缆绝缘层烧蚀后，能迅速膨胀填补所形成的空隙，防止火焰和烟气向其他空间扩散。膨胀型有机防火堵料体积膨胀形成的过程是吸热反应，可消耗大量的热，有利于体系温度的降低。形成的保护层具有较好的隔热性，起到良好的阻火堵烟及隔热作用。目前，无卤膨胀型有机防火堵料已成为防火封堵材料中的主流。有机防火堵料的主要组分是合成树脂、防火助剂和填料。

膨胀型封堵材料的主要功能成分有发泡膨胀剂、催化剂、成炭剂。其作用的主要机理是：在高温燃烧的条件下，发生激烈的化学反应，在膨胀过程中形成多孔的、连续的、具有一定强度的炭层，炭层膨胀的体积可以封堵由于塑料管道燃烧滴落而留下的缝隙或孔洞等，阻断烟火等可以穿过的通道。

2. 无机防火堵料

无机防火堵料又叫速固型防火堵料，是以无机胶粘剂为基料，并配以无机耐火材料、阻燃剂等制成的。无机防火堵料属不燃材料，在高温和火焰作用下，基本不发生体积变化而形成一层坚硬致密的保护层，其热导率较低。另外、堵料中有些组分遇火时相互反应，产生不燃气体的过程中会吸热，也可降低体系的温度，具有显著的防火隔热效果。

无机防火堵料的组成主要包括无机胶凝材料、阻燃剂、填料和其他助剂。相对于有机材料，无机材料具有价格低、经久耐烧、安全无毒的特性。无机防火堵料的胶凝材料，常用的有碱金属硅酸盐类、磷酸盐类等。最常用的有硫铝酸盐水泥（快干）、硅酸钠（水玻璃）等。

无机防火堵料不仅能达到所需的耐火极限，而且具备相当高的机械强度，无毒、无味，使用时在现场加水调制，施工方便，固化速度快，具有很好的防火和水密、气密性能。主要被应用于高层建筑、电力部门、工矿企业、地铁、供电隧道工程等各类管道和电线电缆贯穿孔洞，尤其应用于较大的孔洞、楼层间孔洞的封堵。该类堵料在固化前有较好的流动性、分散性，对于多根电缆束状敷设和层状敷设的场合，采用现场浇筑这类无机防火堵料的施工方法，可以有效地堵塞和密封电缆与电缆之间、电缆与壁板之间各种微小空隙，使各根电缆之间相互隔绝，阻止火焰和有毒气体及浓烟扩散，有很好的防火密封效果。

(四) 阻火包

阻火包的外观犹如枕头，外层采用编织紧密的玻璃纤维制成袋状，内部填充特种耐火、隔热和膨胀材料，具有不燃性，耐火极限可达 3 h 以上，在高温下膨胀和凝固形成一种隔热、隔烟的密封层。阻火包主要用于电力、冶金、石化等工矿企业，高层建筑及地下工程等电缆贯穿孔洞作防火封堵。由于阻火包封堵孔洞后拆卸方便，特别适用于需经常更换、增加电缆的场合封堵或施工过程中用作短暂性的防火措施。

(五) 建筑排水管阻火圈

建筑中 PVC-U 排水管往往容易成为火灾传播的通道，火焰和烟气易沿 PVC 管遇火烧毁后形成的孔洞沿管道蔓延扩散，使损失扩大。建筑排水管阻火圈则是因此而设。

建筑硬聚氯乙烯排水管道阻火圈由金属外壳和膨胀阻火芯材两部分构成。在发生火灾时，芯材受热迅速膨胀，向内挤压软化或熔融的管材，短时间内封堵住管道贯穿的洞口，阻止火焰和烟气沿洞口的蔓延和扩散。

阻火圈根据其安装方式不同，可分为 A 型和 B 型两种基本形式。

A 型阻火圈为可开式。它由两个半圆环组成，中间用铰链连接。A 型阻火圈施工较方便，可在管道施工安装完毕后再安装阻火圈，或在原来工程没有安装阻火圈的情况下补装。

B 型阻火圈为不可开式。它由一个整环构成。安装时必须先穿在管道上，然后固定于楼板或墙体上，或者预先埋设在楼板或墙体上，然后再穿排水管。从应用效果来看，两种形式的阻火圈并无差别，仅是为适合不同的安装需要而异。

五、防火门与防火卷帘

(一) 防火门

按照耐火性能不同，我国把防火门分为隔热防火门（A 类）、部分隔热防火门（B 类）和非隔热防火门（C 类）三类。隔热防火门（A 类）是指在规定时间内，能同时满足耐火完整性和隔热性要求的防火门；部分隔热防火门（B 类）是指在规定大于等于 0.50 h 内，满足耐火完整性和隔热性要求，在大于 0.50 h 后所规定的时间内，能满足耐火完整性要求的防火门；非隔热防火门（C 类）是指在规定时间内，能满足耐火完整性要求的防火门。

按照开启关闭方式不同，防火门主要为平开式防火门。按照材质不同，防火门可分为木质防火门、钢质防火门、钢木质防火门和其他材质防火门。

平开式防火门是指由门框、门扇和防火铰链、防火锁等防火五金配件构成的，以铰链为轴垂直于地面，该轴可以沿顺时针或逆时针单一方向旋转以开启或关闭门扇的防火门。

木质防火门是指用难燃木材或难燃木材制品制作门框、门扇骨架和门扇面板，门扇内若填充材料，则填充对人体无毒、无害的防火隔热材料，并配以防火五金配件所组成的具有一定耐火性能的门。

钢质防火门是指用钢质材料制作门框、门扇骨架和门扇面板，门扇内若填充材料，则填充对人体无毒、无害的防火隔热材料，并配以防火五金配件所组成的具有一定耐火性能的门。

其他材质防火门是指采用除钢质、难燃木材或难燃木材制品之外的无机不燃材料或部分采用钢质、难燃木材、难燃木材制品制作门框、门扇骨架和门扇面板，门扇内若填充材料，则填充对人体无毒、无害的防火隔热材料，并配以防火五金配件所组成的具有一定耐火性能的门。

防火门应启闭灵活、无卡阻现象。防火门门扇开启力不应大于 80 N（特殊场合使用的防火门除外）。可靠性要求在 500 次启闭试验后，防火门不应有松动、脱落、严重变形和启闭卡阻现象。

防火门主要用于高层建筑的防火分区、楼梯间和电梯门，也可安装于油库、机房、宾馆、饭店、医院、图书馆、办公楼、影剧院及单元门、民用高层住房等。

(二)防火卷帘

防火卷帘广泛应用于工业与民用建筑的防火分区,是现代建筑中不可缺少的消防设施。

防火卷帘按帘片的结构形式不同,可分为单片式和复合式两种。单片式为单层冷轧带钢轧制成形,依耐火极限需要,有时会在帘片受火面涂覆防火涂料或覆盖其他防火材料,以提高其耐火极限,一般用于耐火时间要求较低的部位。复合式为双层冷轧带钢轧制成形,内填不燃性材料,如硅酸纤维、岩棉或外皮包的硅酸铝纤维,多用于耐火时间要求较高的部位。

按主体材料不同,可分为钢质防火卷帘和无机防火卷帘。钢质防火卷帘帘片一般采用 0.6～1.2 mm 的冷轧镀锌钢板制成。无机防火卷帘帘片为整片式或分块式,主体材料为阻燃布料、硅酸铝纤维等并配置其他柔性材料或增强材料。按帘板的厚度不同,可以分为轻型卷帘和重型卷帘。轻型卷帘帘板的厚度为 0.5～0.6 mm;重型卷帘帘板的厚度为 1.5～1.6 mm。按安装形式不同,可分为垂直、水平、侧向卷帘,一般情况下以垂直卷帘为多。当垂直安装不能克服跨度过大而带来的较大变形时,宜采用侧向防火卷帘;当垂直空间较高且需作水平防火分隔时,宜选用水平防火卷帘。

1. 钢质防火卷帘

钢质防火卷帘名称符号为 GFJ。钢质防火卷帘依安装位置、形式和性能不同进行分类。

根据在建筑物中安装位置不同,分为外墙用钢质防火卷帘和室内钢质防火防烟卷帘。按耐风压强度不同,可分为三类,代号分别为 50(耐风压值为 490.3 Pa)、80(耐风压值为 784.5 Pa)、120(耐风压值为 1176.8 Pa)。按耐火时间不同,可分为四类,分别为 F1(耐火时间为 1.5 h)、F2(耐火时间为 2.0 h)、F3(耐火时间为 2.5 h)与 F4(耐火时间为 3.0 h)。

普通型钢质防火卷帘一般满足 F1、F2 标准;复合型钢质防火卷帘一般满足 F3、F4 标准。四类防火卷帘的防烟性能均满足在 20 Pa 压差条件下,漏烟量必须小于等于 0.2 m³/(m²·min),其代号分别为 FY1、FY2、FY3、FY4。

单板式钢质防火卷帘帘面由 0.5～1.5 mm 厚的薄钢板制成带状帘片串接而成,具有结构简单、强度高、抗风压、防盗、塑性好的优点,同时加工、安装、使用均比较方便。但耐火性能和隔热性能较差,在受到火灾作用时,帘面背火面温度急剧上升,当背火面温度升至一些可燃物的燃点时,防火卷帘的防火性能就会大大降低乃至丧失隔火作用。

　　复合型钢质防火卷帘目前在国内使用较多。与单板式钢质防火卷帘相比，复合型钢质防火卷帘帘面是由两层薄钢带中间夹一层无机纤维隔热材料组成的复合夹芯帘片串接而成的。结构的改进，除使之保留了单板式钢质防火卷帘的优点外，隔热性能也有明显提高。但由于受复合型钢质卷帘帘片结构的限制，我国目前市场上复合型钢质防火卷帘的无机纤维层一般不超过 20 mm，且不是连续层，故隔热性仍不能保证防火卷帘耐火极限大于 3 h，而背火面温升又不小于 140℃。

　　2. 无机纤维防火卷帘

　　无机纤维防火卷帘是用无机纤维布作帘面取代钢质防火卷帘的钢质帘板而制成的防火卷帘。无机纤维布的厚度比钢质帘板薄得多且密度很小，故相同面积的无纤维防火卷帘的体积是同样面积的钢质防火卷帘的 1/2，而质量只有同样面积钢质防火卷帘的几十分之一。

　　由于具有重量轻、美观且能节约空间等优点，因此与钢质防火卷帘相比，无机纤维防火卷帘具有更多优势。一些高级宾馆、银行、商场等高层建筑物的会议大厅、疏散通道等处，都开始使用无机纤维防火卷帘。

　　该类防火卷帘属双轨双帘结构，两层帘面间设有一定厚度的空气层。每幅帘面由三层材料复合组成：帘面采用硅酸铝纤维布外涂加强耐火能力的胶层为基材，外附抗热辐射布，内部以硅酸铝纤维毯加强隔热效果。受火面采用英特莱防火耐火布，背火面采用抗热辐射布或其他耐高温布，中间隔热层选用经特殊处理的增强型硅酸铝耐火纤维毯，帘面厚度为 10～20 mm。帘面横向设置通长薄钢带 300～600 mm；帘面纵向设 2 mm 的不锈钢丝绳 1500 mm；为抗负压，在导轨内的两端设帘面增强钢带，间隙地增加 T 形结构，防止火灾时产生的负压造成帘面从导轨中滑落的现象发生。

　　无机纤维防火卷帘的耐火隔热性能优良，耐火极限为 4.0 h，且在耐火极限时间内其背火面平均温升低于 140℃。

　　无机纤维特级防火卷帘的结构形式、安装方式，以及控制系统与普通钢质防火卷帘基本相同，但由于无机纤维防火卷帘重量轻，故可以制作比普通钢质防火卷帘跨度大得多的卷帘，且安装时占用空间小，帘面的表面贴有装饰性布，使无机纤维特级防火卷帘外观更美观，装饰布的颜色也可任意搭配，因此无机纤维防火卷帘特别适合在高层建筑物的室内安装。无机纤维特级防火卷帘的帘面是用无机纤维布制成的，质地较柔软，不像钢质帘板那么坚硬能承受较大风压，但无机纤维防火卷帘制作时要在帘面上布置多条风钩，当火灾发生产生负压时，因帘面上布置的风钩钩住两侧导轨的折边而不让帘面从导轨内脱出发生蹿火。

第二节　新型建筑装饰材料

一、建筑装饰材料的基本知识

(一) 建筑装饰材料的定义

建筑装饰材料属建筑材料范畴，是建筑材料的重要组成部分。一般来说，它是指土建工程完成之后，对建筑物的室内外空间和环境进行功能和美化处理而达到预期装饰设计效果所需用的材料。

建筑及其装饰材料在人类历史的发展长河中，一直是人类文明的一个象征，它与一个地区、一个城市或一个国家的历史文化、经济水平及科学技术的发展有着密不可分的联系。北京的故宫、天坛和颐和园等古建筑，展示了中华民族悠久和辉煌的历史，上海浦东的东方明珠塔和金茂大厦，体现了我国改革开放以后在经济和科学技术上所取得的伟大成就。

近代，建筑师们把设计新颖、造型美观、色彩适宜的建筑物称为"凝固的音乐"。这生动形象地告诉人们，建筑和艺术是不可分割的。建筑艺术不仅要求建筑物的功能良好，结构新颖，而且还要求立面丰富多彩，以满足人们不同的审美要求。建筑物的外观效果，主要取决于总的建筑形体、比例、虚实对比、线条的分割等平面和立面的设计手法，而建筑物的内外装饰效果则是通过各种装饰材料的色彩、光泽、质感和线条来体现。建筑艺术性的发挥，留给人们的观感，在很大程度上受到建筑装饰材料的制约。所以说，建筑装饰材料是建筑装饰工程的物质基础。

(二) 建筑装饰材料的作用

1. 外装饰材料的作用

(1) 对建筑物起保护作用

外装饰的目的应兼顾建筑物的美观和建筑物的保护。建筑物的外部结构材料直接受到风吹、日晒、雨淋、冰冻等大气因素的影响，以及腐蚀性气体和微生物的作用，耐久性受到严重影响，如果选择性能适当的外墙装饰材料，能对建筑物主体结构起到较好的保护作用，从而大大地提高建筑物的耐久性。

(2) 美化建筑物及其环境

建筑物的外观效果主要取决于建筑物的造型、比例、虚实、线条等平面、立面的设计手法。而外装饰的效果则是通过装饰材料的色彩、质感、光泽等体现出来。装饰合理的建筑物，不仅使建筑物本身得以美化，而且能使建筑物与周边环境显得和谐。

（3）节约能源

有些装饰材料不仅具有装饰、保护作用，还具有保温隔热功能，使建筑物的能耗大大降低。

2. 内装饰材料的作用

室内装饰主要指内墙装饰和顶棚装饰。内装饰的目的是保护墙体，改善室内使用条件，使室内生活和工作环境舒适、美观和整洁。

3. 地面装饰材料的作用

地面装饰的目的是保护基底材料，并达到装饰效果，满足使用要求。对所选择的地面装饰材料应具备足够的强度、耐磨性、耐碰撞和冲击性，同时还需有一定的保温、吸声和隔音的功能。

（三）装饰材料的发展趋势

建筑装饰材料的种类繁多，更新周期短，发展潜力大。它的发展速度的快慢、品种的多少、质量的优劣、款式的新旧、配套水平的高低决定着建筑物的装饰质量和档次。

我国在20世纪80年代以前，装饰材料基础较差，品种少、档次低、建筑装饰工程中使用的材料主要是一些天然材料及其简单的加工制品。当时，国内一个星级以上的装饰工程，所用装饰材料几乎是依靠进口。但是通过几十年的发展，国内已能为五星级装饰标准的工程提供所有的装饰材料。

20世纪90年代中期，在国家可持续发展的重要战略方针指导下，提出了发展绿色建材，以改变我国长期以来存在的高投入、高能耗、高污染、低效益的生产方式。绿色建材发展方针是选择资源节约型、污染最低型、质量效益型、科技先导型的发展方式，把建材工业的发展和保护生态环境、污染治理有机地结合起来。

1. 从天然材料向人造材料的方向发展

随着人口的膨胀，自然资源日益减少，生态环境遭受了不同程度的破坏，天然材料的开采和使用受到了限制。同时，随着科学技术的不断创新和发展，大量的人造装饰材料如高分子材料、金属材料、陶瓷材料等已被成功地用于装饰工程，而且各种人造装饰材料在质量、性能及装饰效果等方面甚至优于天然装饰材料，最大限度满足了建筑师的设计要求，推动了建筑技术的发展。人造材料逐步替代天然材料已成为必然的发展趋势。

2. 装饰材料向多功能材料的方向发展

对建筑装饰材料来说，首要的功能是具有一定的装饰性，但现代建筑装饰材料除达到要求的装饰效果之外，还应具有其他一些功能，例如，内墙装饰材料兼具绝热功能，地面装饰材料兼具隔声效果，顶棚装饰材料兼具吸声效果，复合墙体材料兼具抗风化、保温隔热、隔声、防结露等性能。

3. 从现场制作向制品安装的方向发展

过去装饰工程大多为现场湿作业，例如墙面和顶棚的粉刷或油漆，地面的水磨石工程等都属现场湿作业，劳动强度大，施工时间长，很不经济。现在室内墙面可采用墙纸，室内地面常铺设各类地板或地毯，室内顶棚的装饰板也都为预制品，施工时只要把它们安装在龙骨上就可完成。

4. 装饰材料向中高档方向发展

随着国民经济的发展和人民生活水平的提高，在我国的消费领域中，建筑装饰已成为一大消费热点。无论是新建的楼堂馆所，还是百姓乔迁新居，都离不开一番精心的装饰，特别是住房制度改革以后，更加加大了人们对住宅装饰的投入。在建筑装饰工程中，装饰材料的费用所占比例可达 50%~70%。高档的饭店、宾馆、商住及写字楼所采用的装饰材料，日益崇尚高档和华贵，大量性能优异的中高档装饰材料逐步进入普通家庭的装饰中。

5. 装饰材料向绿色建材发展

绿色建材与传统建材相比，具有五个基本特征：① 大量使用工业废料；② 采用低能耗生产工艺；③ 原材料不使用有害物质；④ 产品对环保有益；⑤ 产品可循环使用。21 世纪装饰材料将围绕绿色建材而发展，人们在选择材料时也越来越关注它对人的健康有无伤害及伤害的程度，对环境的污染等问题。

(四) 建筑装饰材料的分类

装饰材料的品种很多，其常见的分类方法有以下几种。

1. 按材料在建筑物中的装饰部位分

外墙装饰材料：如石材、陶瓷、玻璃、涂料、装饰混凝土、铝合金等。内墙装饰材料：如石材、陶瓷、涂料、木材、墙纸与墙布、玻璃等。地面装饰材料：如石材、陶瓷、木地板、塑料地板、地毯、涂料、水磨石等。

顶棚装饰材料：如装饰石膏板、铝合金板、塑料扣板、矿棉吸声板、膨胀珍珠岩吸声板、涂料、墙纸与墙布等。

屋面装饰材料：如波形彩色涂层钢板、琉璃瓦等。

2. 按材料的燃烧性能分

A 级：具有不燃性，如装饰石膏板、石材、陶瓷等。

B1 级：具有难燃性，如装饰防火板，阻燃墙纸。

B2 级：具有可燃性，如胶合板，织物类。

B3 级：具有易燃性，如油漆等。

二、新型金属装饰材料

（一）常用铝合金装饰制品

在现代的建筑工程中除大量使用铝合金门窗外，铝合金还被做成多种其他制品，如各种板材、楼梯栏杆及扶手、百叶窗、铝箔、铝合金搪瓷制品、铝合金装饰品等，广泛使用于外墙贴面、金属幕墙、顶棚龙骨及罩面板、地面、家具设备及各种内部装饰和配件，以及城市大型隔音壁、桥梁、花圃栅栏、建筑回廊、轻便小型房屋、亭阁等处。

1. 铝合金门窗

由于木材资源的匮乏及对环境保护的日益重视，国家推行"以钢代木"的方针，使钢门窗得到发展。但当铝合金门窗出现后，由于其无论在造型、色彩、质感、玻璃嵌装、密封、耐久性等方面，均比木、钢门窗有明显的优势，又无塑料门窗易老化的缺点，故得到了迅速的发展。

铝合金门窗是将表面处理过的型材，经下料、打孔、铣槽、攻丝、制窗等加工工艺而制成门窗框料构件，再加连接件、密封件、开闭等五金件一起组合装配而成。门窗框料之间均采用直角榫头，使用不锈钢或铝合金螺钉接合。

（1）铝合金门窗的特点

铝合金门窗和其他种类门窗相比，具有明显的优点，主要有以下几种。

① 轻质、高强。由于铝合金的比重约为 2.7，只有钢的 1/3 左右，且铝合金门窗框多为中空异型材，其型材断面厚度较薄，一般为 1.5～2.0 mm，因此，铝合金门窗较钢门窗轻 50% 左右。这种轻质、高强材料在现代高层建筑中显得尤为重要。它可以减轻建筑物自重，降低建筑物承重构件的截面尺寸，达到节约材料、节约空间的目的。同时，它对结构抗震也有明显优势，因此在高层建筑中多采用铝合金门窗。另外，由于薄壁空腹，使其断面尺寸较大，铝合金门窗在质轻的情况下，也具有较高的刚度而不易变形。

② 密封性能好。门窗的密封性能包括气密性、水密性和隔音性能，它是衡量门窗的重要指标。铝合金门窗和钢门窗、木门窗相比，其密闭性显著地提高。铝合金门窗中推拉窗比平开窗密闭性稍差，故推拉窗在构造上加设了密封用的尼龙毛条，以增强其密封性能。

③ 使用中变形小。一是由于型材断面尺寸大，本身刚度好；二是由于其制作过

程中均采用冷连接。铝合金门窗在横竖构件之间及五金配件之间的安装，均采用螺丝、螺栓或拉铆钉连接。这种连接方式同钢门窗相比，可以避免由于焊接过程中受热不均产生变形。同木门窗相比，能避免由于敲打铁钉产生的变形，从而确保制作的精度。

④立面美观。一是造型美观，门窗面积大，使建筑物立面效果简洁明亮，并增强了虚实对比，使立面富有层次感；二是色调美观。铝合金门窗框料经氧化着色处理，可具有银白色、古铜色、暗红色、黑色等柔和的颜色或带色的花纹，还可以在铝材表面涂装一层聚丙烯树脂保护装饰膜。其表面光洁美观，与各种玻璃相结合，便于和建筑物外观、自然环境及各种使用要求相协调。同时，其色泽均匀、牢固，经久不变，为建筑增添了无限光彩。

⑤耐久性能好，使用维修方便。铝合金门窗不需涂漆，不褪色，不脱落。表面不需维修，其强度高，刚度好，坚固耐用。它不像木门窗易腐朽，不像钢门窗易锈蚀，也不像塑料门窗易老化，故其使用寿命长。铝合金门窗框均采用冷连接，施工速度快，日后维修更新也很方便。

⑥便于工业化大量生产。铝合金门窗框、配套零件和密封件的制作及门窗装配实验等，都可在工厂内大批量进行，有利于实现门窗产品设计标准化、产品系列化、零配件通用化，有利于实现产品的商品化，能提高产品的性价比，从而提高铝合金门窗的使用性。

综合权衡，铝合金门窗的使用价值是优于其他种类门窗的。但同时也有价格高、加工技术复杂、保温性较木门窗及塑料门窗差等缺点，使用时应加以注意。而且，铝合金门窗的价格是按门窗面积计算的，有些不法厂商以降低型材厚度的方式来获取额外的利润。这些型材厚度不足的门窗的强度、刚度、使用寿命等方面均不能满足使用要求，但它往往有价格上的优势，使市场上铝合金门窗产品鱼龙混杂，选材时要特别注意（按规定铝合金型材壁厚：门结构型材不宜低于 2.0 mm；窗结构型材不宜低于 1.4 mm；玻璃屋顶不宜低于 3.0 mm；其他型材不宜低于 1.0 mm）。

（2）铝合金门窗规格和技术指标

由于我国各地引进日、美、意、德等许多国家的设备，使我国目前的型材规格和门窗规格形成了多种系列，据不完全统计，约有六大类三十多个系列上千种规格。如按型材断面宽度基本尺寸（mm）分，门窗系列主要有 38、40、42、46、50、52、54、55、60、64、65、70、73、80、90、100 系列；幕墙系列有 60、100、120、125、130、140、150、155 系列；按型材颜色有银白、金黄、暗红、黑色等色系；按开闭方式分，有推拉窗（门）、平开窗（门）、回转窗（门）、固定窗、悬挂窗、百叶窗、纱窗等。

铝合金门窗洞口的规格型号(用于产品标记),用洞口宽度和洞口高度的尺寸表示,如洞口规格型号1518代表洞口的宽度为1500mm,高度为1800mm。又如洞口规格型号0606代表洞口的宽度和高度均为600mm。

安装铝合金门窗应注意的事项。

① 铝合金门窗安装应遵照先湿后干的工艺程序,即在墙面湿作业完成后,再进行铝合金门窗安装,在粉刷前不得撕掉保护胶带。门窗框沾污水泥砂浆等,应及时用软质布擦净,切忌在砂浆结硬后,用硬物刮铲,损伤铝型材表面。《建筑装饰工程施工及验收规范》规定,铝合金门窗应在湿作业完成后进行安装,如需在湿作业前进行安装,必须加强铝合金门窗的成品保护,因为铝合金容易变形,表面镀膜容易被划伤或污染,一旦出现上述缺陷,就会造成永久性痕迹,但在很多建筑施工现场,安装队伍为赶工期,往往造成铝合金门窗损伤污染等质量问题。

② 门窗外框与门窗洞口应弹性连接牢固,不得将外框直接埋入墙体。铝合金型材应避免直接与水泥砂浆接触。规范规定:"铝合金门窗装入洞口应横平竖直,外框与洞口应弹性连接牢固,不得将门窗外框埋入墙体。"规范要求主要基于两点:一是保证建筑物在一般振动、沉降和热胀冷缩等因素引起的相互撞击、挤压时,不至损坏门窗;二是使洞口混凝土、水泥砂浆不与门窗外框直接接触,避免碱类物质腐蚀铝合金。但目前有不少施工单位不熟悉该项要求,或图省事故意按钢木门窗的做法,用水泥砂浆塞口,有的单位则强调选用的铝型材是经阳极氧化复合表膜法处理的,认为可以用水泥砂浆塞口。但实际上都无法解决建筑物变形对门窗的损坏和水泥砂浆对铝合金的腐蚀。塞缝施工不得损坏铝合金防腐面,当用水泥浆塞缝时,要在铝材与砂浆接触面涂抹沥青胶或满贴厚度大于1mm的三元乙丙橡胶带。外墙铝门窗的外周边塞缝后应预留5~8mm的槽口,待框边饰面完毕后填嵌防水密封膏。同时要及时清净铝门窗表面污染的水泥砂浆和密封膏等,以保护铝合金表面的氧化膜。

③ 铝合金型材不能与其他金属接触,会发生电化学反应,腐蚀铝合金。规范规定:"铝合金门窗选用的零附件及固定件,除不锈钢外,均应经防腐蚀处理。"目前不少制作安装单位因不锈钢材价格昂贵而用普通钢材代用,且不做防腐处理;有的单位竟用铝合金边角料代用。

随着国民经济的飞速发展,铝合金门窗得到了广泛的应用,铝合金门窗的生产能力已开始过剩。根据这种情况,铝合金型材和门窗的发展方向,一是开发推广高耐蚀、豪华、多彩面层的铝型材(如粉末喷涂、电泳涂漆、树脂复合膜等铝型材);二是开发200系列以上的超大型铝结构专用型材,用于超大型幕墙的铝结构;三是开发住宅用的30mm、40mm、50mm轻型和超轻型系列的适用于普通低层住宅的推拉门窗;四是优化紧固件、密封件、锁具、导向轮、铰链等铝合金门窗配件,加强其使用性。

2.铝合金装饰板

在建筑上，铝合金装饰制品使用最为广泛的是各种铝合金装饰板。铝合金装饰板是以纯铝或铝合金为原料，经辊压冷加工而成的饰面板材，被广泛应用于内外墙、柱面、地面、屋面、顶棚等部位的装饰。

(1)铝合金花纹板

铝合金花纹板是采用防锈铝合金、纯铝或硬铝合金为坯料，用特制的花纹轧辊轧制而成，其花纹美观大方，筋高适中（0.9~1.2 mm），不易磨损，防滑性好，防腐能力强，便于冲洗，通过表面处理可得到多种美丽的色泽。花纹板板材平整，裁剪尺寸精确，便于安装，广泛应用于现代建筑的墙面装饰及楼梯踏板等处。

铝合金花纹板的花纹图案一般分为七种：1号花纹板方格型；2号花纹板扁豆型；3号花纹板五条型；4号花纹板三条型；5号花纹板指针型；6号花纹板菱形；7号花纹板四条型。

(2)铝合金浅花纹板

铝合金浅花纹板是我国特有的一种新型装饰材料。其筋高比花纹板低（0.05~0.25 mm），它的花纹精巧别致，色泽美观大方，比普通铝板刚度大20%。抗污垢、抗划伤、抗擦伤能力均有所提高。对白光的反射率达75%~95%，热反射率达85%~95%。对氨、硫、硫酸、磷酸、亚磷酸、浓醋酸等有良好的耐蚀性，其立体图案和美丽的色彩更能为建筑生辉。主要用于建筑物的墙面装饰。常见铝合金浅花纹板代号和名称为：1号——小橘皮，2号——大菱形，3号——小豆点，4号——小菱形，5号——蜂窝形，6号——月季花，7号——飞天图案。

(3)铝合金波纹板和压型板

铝合金波纹板和压型板都是将纯铝或铝合金平板经机械加工而成的断面异形的板材。由于其断面异形，故比平板增加了刚度，具有质轻、外形美观、色彩丰富、抗蚀性强、安装简便、施工速度快等优点，且银白色的板材对阳光有良好的反射作用，利于室内隔热保温。这两种板材耐用性好，在大气中可使用20年，可抗8~10级风力不损坏，主要用于屋面和墙面。

(4)铝及铝合金冲孔平板

这类板材系用铝或铝合金平板经机械冲孔而成，经表面处理可获得各种色彩。它具有良好的防腐性，光洁度高，有一定的强度，易于机械加工成各种规格，有很好的防震、防水、防火性能。而它最主要的特点是有良好的消音效果及装饰效果，安装简便，主要用于有消音要求的各类建筑中，如影剧院、播音室、会议室、宾馆、饭店、厂房以及机房等。

（5）镁铝曲板

镁铝曲板是用高级镁铝合金箔板外加保护膜经高温烘烤后与酚醛纤维板、底层纸黏合，再以电动刻沟、自动化涂沟干燥处理而成，具有隔音、防潮、耐磨、耐热、耐雨、可弯、可卷、可刨、可钉、可剪，外形美观、不易积尘、永不褪色、易保养等优点。铝镁曲板适用于建筑物室内隔间、顶棚、门框、镜框、包柱、柱台、店面、广告招牌、橱窗、各种家具贴面等装饰。镁铝曲板的颜色有银白、银灰、橙黄、金红、金绿、古铜、瓷白、橄榄绿等色，规格一般为 2440 mm × 1220 mm ×（3.2 ~ 4.0）mm。

3. 铝合金吊顶材料

（1）铝合金 T 形龙骨轻质板吊顶

铝合金 T 形龙骨轻质板吊顶是以龙骨为吊顶的承重构件并兼有饰面压条功能，将轻质吊顶板（吊顶板可用装饰石膏板、矿棉装饰吸音板、玻璃棉装饰吸音板等）搁置在龙骨上，龙骨既可外露也可半露，是一种活动式的装配吊顶，施工方便，适用于标准较高的公共建筑。

铝合金 T 形龙骨主要有大龙骨及配件、次（中）龙骨及配件、小龙骨及其垂直吊挂件、吊顶板等，铝合金中龙骨、吊挂件及纵向连接件、铝合金小龙骨、边龙骨及垂直吊挂件。

（2）铝合金装饰板吊顶

铝合金装饰吊顶板有条板、方板、格栅等。吊顶板的安装通常采用卡接法和钉固法。所谓卡接法是指将金属条板或方板卡在金属龙骨上的安装方法，用此法施工时龙骨应与金属板配套。钉固法是将金属条板、方板用螺钉固定在龙骨上，此法施工龙骨与金属板无须配套，但断面设计时应考虑螺钉的隐蔽。

（3）花栅吊顶

花栅吊顶亦称敞透式吊顶。这种吊顶形式往往与采光、照明、造型统一结合，以达到完整的艺术效果。

（二）建筑装饰用钢材

在普通钢材基体中添加多种元素或在基体表面上进行艺术处理，可使普通钢材仍不失为一种金属感强、美观大方的装饰材料。在现代建筑装饰中，越来越受到关注。如柱子外包不锈钢，楼梯扶手采用不锈钢管等。目前，建筑装饰工程中常用的钢材制品，主要有不锈钢钢板与钢管、彩色不锈钢板、彩色涂层钢板、彩色压型钢板、镀锌钢卷帘门板及轻钢龙骨等。

1. 建筑装饰用不锈钢及其制品

普通建筑钢材在一定介质的侵蚀下，很容易被锈蚀。试验结果证明，当钢中含有铬元素时，就能大大提高其耐蚀性。不锈钢是以铬元素为主加元素的合金钢，钢中的铬含量越高，钢的抗腐蚀性越好。

不锈钢的耐腐蚀原理，是由于铬的性质比铁活泼，在不锈钢中铬首先与环境中的氧化合，生成一层与钢基体牢固结合的致密的氧化膜层（称为钝化膜），它能使合金钢得到保护，不致锈蚀。

不锈钢按其化学成分不同，可分为铬不锈钢、铬镍不锈钢和高锰低铬不锈钢等。常用的不锈钢有四十多个品种，其中建筑装饰用的不锈钢，主要是 Cr18Ni8、1Cr17Mn2Ti 等几种。不锈钢牌号用一位数字表示平均含碳量，以千分之几计，小于千分之一的用"0"表示，后面是主要合金元素符号及其平均含量，如 2Cr13Mn9Ni4 表示含碳量为 0.2%，平均含铬、锰、镍依次为 13%、9%、4%。建筑装饰所用的不锈钢制品主要是薄钢板，其中厚度小于 2 mm 的薄钢板用得最多。

不锈钢膨胀系数大，约为碳钢的 1.3～1.5 倍，但导热系数只有碳钢的 1/3，不锈钢韧性及延展性均较好，常温下亦可加工。值得强调的是，不锈钢的耐蚀性强是诸多性质中最显著的特性之一。但由于所加元素的不同，耐蚀性也表现不同，例如，只加入单一的合金元素铬的不锈钢在氧化性介质（水蒸气、大气、海水、氧化性酸）中有较好的耐蚀性，而在非氧化性介质（盐酸、硫酸、碱溶液）中耐蚀性很低。镍铬不锈钢由于加入了镍元素，而镍对非氧化性介质有很强的抗蚀力，因此镍铬不锈钢的耐蚀性更佳。不锈钢另一显著特性是表面光泽性，不锈钢经表面精饰加工后，可以获得镜面般光亮平滑的效果，光反射比达 90% 以上，具有良好的装饰性，为极富现代气息的装饰材料。

不锈钢装饰是近几年来较为流行的一种建筑装饰方法。短短几年中，已超出旅游宾馆和大型百货商店的范畴，出现在许多中小型商店，并且已从小型不锈钢五金装饰件和不锈钢建筑雕塑的范畴，扩展到用于普通建筑装饰工程之中，如不锈钢用于柱面、栏杆、扶手装饰等。

不锈钢包柱是将不锈钢板进行技术和艺术处理后广泛用于建筑柱面的一种装饰。不锈钢包柱的主要工艺过程：混凝土柱的成型，柱面的修整，不锈钢板的安装、定位、焊接、打磨修光。由于不锈钢的高反射性及金属质地的强烈时代感，与周围环境中的各种色彩、景物交相辉映，对空间效应起到了强化、点缀和烘托的作用，因此，不锈钢成为现代高档建筑柱面装饰的流行材料之一，被广泛用于大型商店、旅游宾馆、餐馆的入口、门厅、中庭等处，在豪华的通高大厅及四季厅之中也非常普遍。

不锈钢装饰制品除板材外，还有管材、型材，如各种弯头规格的不锈钢楼梯扶手，以它轻巧、精致、线条流畅展示了优美的空间造型，使周围环境得到了升华。

不锈钢自动门、转门、拉手、五金与晶莹剔透的玻璃，使建筑达到了尽善尽美的境地。不锈钢龙骨是近几年才开始应用的，其刚度高于铝合金龙骨，具有更强的抗风压性和安全性，并且光洁、明亮，主要用于高层建筑的玻璃幕墙中。

2. 彩色不锈钢板

彩色不锈钢板是在普通不锈钢板上进行技术性和艺术性的加工，使其表面成为具有各种绚丽色彩的不锈钢装饰板，其颜色有蓝、灰、紫、红、青、绿、橙、茶色、金黄等多种，能满足各种装饰的要求。

彩色不锈钢板具有很强的抗腐蚀性、较高的机械性能、彩色面层经久不褪色、色泽随光照角度不同会产生色调变幻等特点，而且色彩能耐200℃的温度，耐烟雾腐蚀性能超过普通不锈钢，耐磨和耐刻画性能相当于箔层涂金的性能。其可加工性很好，当弯曲90°时，彩色层不会损坏。

彩色不锈钢板的用途很广泛，可用于厅堂墙板、天花板、电梯厢板、车厢板、建筑装潢、广告招牌等装饰之用，采用彩色不锈钢板装饰墙面，不仅坚固耐用，美观新颖，而且具有浓厚的时代气息。

3. 彩色涂层钢板

为提高普通钢板的防腐和装饰性能，从20世纪70年代开始，国际上迅速发展新型带钢预涂产品彩色涂层钢板。近年来，我国也相应发展了这种产品，上海宝山钢铁厂兴建了我国第一条现代化彩色涂层钢板生产线。

彩色涂层钢板，分为有机涂层、无机涂层和复合涂层三种，以有机涂层钢板发展最快。有机涂层可以配制各种不同色彩和花纹，具有优异的装饰性，涂层附着力强，可长期保持新颖的色泽，并且加工性能好，可进行切断、弯曲、钻孔、铆接、卷边等。

彩色涂层钢板有一涂一烘、二涂二烘两种类型的产品。上表面涂料有聚酯硅改性树脂、聚偏二氟乙烯等，下表面涂料有环氧树脂、聚酯树脂、丙烯酸酯、透明清漆等。彩色涂层钢板的主要性能。

（1）耐污染性能

将番茄酱、口红、咖啡饮料、食用油等，涂抹在聚酯类涂层表面，放置24 h后，用洗涤液清洗烘干，其表面光泽、色彩无任何变化。

（2）耐高温性能

彩色涂层钢板在120℃烘箱中连续加热90 h，涂层的光泽、颜色无明显变化。

（3）耐低温性能

彩色涂层钢板试样在-54℃低温下放置24 h后，涂层弯曲、冲击性能无明显变化。

（4）耐沸水性能

各类涂层产品试样在沸水中浸泡 60 min 后，表面的光泽和颜色无任何变化，也不出现起泡、软化、膨胀等现象。

彩色涂层钢板不仅可用作建筑外墙板、屋面板、护壁板等，而且还可用作防水汽渗透板、排气管道、通风管道、耐腐蚀管道、电气设备罩等。其中塑料复合钢板是一种多用装饰钢材，是在 Q235、Q255 钢板上，覆以厚 0.2~0.4 mm 的软质或半软质聚氯乙烯膜而制成，被广泛用于交通运输或生活用品方面，如汽车外壳、家具等。

4. 彩色压型钢板

彩色压型钢板是以镀锌钢板为基材，经过成型机的轧制，并涂敷各种耐腐蚀涂层与彩色烤漆而制成的轻型围护结构材料。这种钢板具有质量轻、抗震性好、耐久性强、色彩鲜艳、易于加工、施工方便等优点，适用于工业与民用及公共建筑的屋盖、墙板及墙壁装贴等。

5. U 型轻钢龙骨吊顶材料

以 U 型轻钢龙骨为骨架以纸面石膏板、钙塑泡沫装饰吸声板、矿棉吸音板等非金属板为顶棚装饰材料，其构造做法分双层构造和单层构造两种。双层构造是中、小龙骨紧贴大龙骨底面吊挂；单层构造是大、中龙骨在同一水平面上（或不设大龙骨，直接挂中龙骨）。

轻钢龙骨按用途分类有大龙骨、中龙骨和小龙骨三种。按系列分类有 UC38（轻型）、UC50（中型）、UC60（重型）三个系列。轻型系列不能承受上人荷载；中型系列可承受偶然上人荷载；重型系列能承受上人检修（80 kg）的集中荷载。

第三节　新型建筑材料与纳米材料

一、纳米改性水泥

水泥是大众建材，用量大，人们还未充分重视使用纳米技术对其进行改性。其实，水泥硬化浆体（水泥石）是由众多的纳米级粒子（水化硅酸钙凝胶）和众多的纳米级孔与毛细孔（结构缺陷）及尺寸较大的结晶型水化产物（大晶体对强度和韧性都不太有利）所组成的。借鉴当今纳米技术在陶瓷和聚合物领域内的研究和应用成果，应用纳米技术对水泥进行改进研究，可望进一步改善水泥的微观结构，以显著提高其物理力学性能和耐久性。但纳米改性水泥的研究工作才刚刚起步。

将纳米材料用于水泥，由于纳米粒子的高度反应活性，可以提高水泥固化速率，纳米粒子的粒径小，因而可以占据许多孔隙，使水泥的结合强度明显提高。对于专用水泥和特种水泥，比如防酸碱腐蚀水泥、耐剥落性水泥，都会由于纳米材料的加入而明显提高其相应的性能。总之，将纳米技术用于水泥，可使水泥的性能大大提高，并可望制备强度等级非常高的水泥，以满足特种需要。

普通水泥本身的颗粒粒径通常在 $7 \sim 200 \mu m$ 之间，但其约为 70% 的水化产物——水化硅酸钙凝胶（CSH 凝胶）尺寸通常在纳米级范围。经测试，该凝胶的比表面积约为 $180 \ m^2/g$，可推算得到凝胶的平均粒径为 $10 \ nm$。

水泥硬化浆体实际上是以水化硅酸钙为主凝聚而成的初级纳米材料。然而，这类所谓的纳米级材料其微观结构是粗糙的。对于 $W/C = 0.3 \sim 0.5$ 的普通水泥硬化浆体，其总空隙率在 15% ~ 30% 之间，其中可再分为两级：① 纳米尺度（10^{-9}m）的水化硅酸钙凝胶孔；② 由存在于水化物之间的气泡、裂缝所组成的毛细孔，其尺寸范围在 100 nm 至几毫米之间。而且，其纳米级的水化硅酸钙凝胶之间较少有化学键合，较少有通过第三者化学键合而形成较好的网络结构。而通过添加纳米材料，可以与水化产物产生更多的化学键合，并形成新的网络结构。

（一）水泥改性中使用的纳米材料

1. 纳米矿粉 SiO_2 改性水泥

随着纳米矿粉 SiO_2 的掺入，$Ca(OH)_2$ 更多地在纳米 SiO_2 表面形成键合，并生成 CSH 凝胶，起到了降低 $Ca(OH)_2$ 含量和细化 $Ca(OH)_2$ 晶体的作用。同时，CSH 凝胶以纳米 SiO_2 为核心形成刺猬状结构，纳米 SiO_2 起到 CSH 凝胶网络结点的作用。

2. 纳米矿粉 $CaCO_3$ 改性水泥

随着纳米矿粉 $CaCO_3$ 的掺入，CSH 凝胶可在矿粉 $CaCO_3$ 表面形成键合，钙矾石也可在 $CaCO_3$ 表面生成，均可形成以纳米 $CaCO_3$ 为核心的刺猬结构。

3. 纳米矿粉 Al_2O_3 或 Fe_2O_3 改性水泥

随着纳米矿粉 Al_2O_3 或 Fe_2O_3 的掺入，钙矾石可在纳米 Al_2O_3 或 Fe_2O_3 表面生成，$Ca(OH)_2$ 也可在纳米 Al_2O_3 或 Fe_2O_3 表面形成水化铝酸钙或水化铁酸钙等产物。

总之，这类纳米矿粉表面能高，表面缺陷多，易于与水泥石中的水化产物产生化学键合，CHS 凝胶可在纳米 SiO_2 和纳米 $CaCO_3$ 表面形成键合；钙矾石可在纳米 Al_2O_3、Fe_2O_3 和 $CaCO_3$ 表面生成；$Ca(OH)_2$ 更多地在纳米 SiO_2 表面形成键合，并生成 CSH 凝胶。更重要的是在水泥硬化浆体原有网络结构的基础上又建立了一个新的网络，它以纳米矿粉为网络的结点，键合更多纳米级的 CSH 凝胶，并键合成三维网络结构，可大大提高水泥硬化浆体的物理力学性能和耐久性。同时，纳米矿粉还能有效地填充大小为 10 ~ 100 nm 的微孔。由于这类纳米矿粉多数是晶态的，它们的掺入提高了水泥石中的晶胶比，可降低水泥石的徐变。为了降低成本，还需研制专用于该领域的纳米级 SiO_2、$CaCO_3$、Al_2O_3 和 Fe_2O_3 等溶胶，并用此溶胶直接制备纳米复合水泥结构材料。

4. 纳米 ZrO_2 粉体改性水泥

在水泥中掺入适量的纳米 ZrO_2 粉体，其在水化过程中能够产生纳米诱导水化反应，从而形成发育良好的水化产物。同时，这些粉体还具有填隙和黏结作用，使水化物的结构密实，孔隙率减小，抗压强度和抗渗性得到提高。纳米 ZrO_2 粉体在复合水泥中的增强作用与其预烧温度有关。预烧温度高，增强作用明显。1200℃下预烧的纳米 ZrO_2 粉体存在多晶相和多形态晶体，当其掺加量为 3% 时，能够显著改善水化产物的微观结构，提高水泥石密实度和抗压强度。

5. 纳米黏土地改性水泥

纳米黏土材料主要成分为 SiO_2 和 Al_2O_3，晶片平均厚度在 20 ~ 50 nm 之间，晶片平均直径在 300 ~ 500 nm 之间，比表面积为 32 m^2/g。当在水泥混凝土中掺入占水泥质量 0.75% 的该纳米黏土材料后，在相同流动度条件下，可减少水泥净浆和混凝土用水量 10% 左右。在混凝土中掺入该纳米黏土材料后，可提高混凝土 3 d、7 d、28 d 抗压强度的 20%、15%、10%，并可改善混凝土抗渗和抗冻性能。

由于该纳米黏土材料的减水、填充和晶核作用，加快了水泥水化速度，提高了水泥水化程度，明显改善了水泥石的孔结构和密实性，从而使水泥混凝土抗压强度和耐久性得到了提高。

(二) 纳米 SiO_2 改性水泥的研究

1. 纳米 SiO_2 改性水泥的发展现状

在普通硅酸盐水泥硬化浆体中，氢氧化钙晶体随着硅酸三钙和硅酸二钙的水化而产生，并结晶出来。在 1 d、7 d、28 d 和 360 d 龄期经推算分别有 3% ~ 6%、9% ~ 12%、14% ~ 17% 和 17% ~ 25% 的氢氧化钙存在。氢氧化钙赋予水泥硬化浆体碱性 (pH 在 12 ~ 13 之间)，提高了水泥混凝土在空气中的抗碳化能力，并能有效地保护钢筋免受锈蚀。它使以黏性体水化硅酸钙凝胶为主的水泥硬化浆体中的弹性体 (结晶体) 比例增加，提高了晶胶比，同时氢氧化钙还存在于水化硅酸钙凝胶层间并与之结合，从而使得水泥硬化浆体的强度有所提高，徐变下降。但其不利因素也很多，氢氧化钙使水泥混凝土的抗水性和抗化学腐蚀能力降低。它易在水泥硬化浆体和骨料界面处厚度约为 20 的范围内以粗大的晶粒存在，并具有一定的取向性，从而降低了界面的黏结强度。为了制得高强混凝土，必须改善界面结构，以增加界面的黏结力。从 20 世纪 70 年代至今，已有许多研究者对硅粉改善界面结构、细化界面氢氧化钙晶粒和降低界面氢氧化钙的取向程度进行了研究，并取得了较好成果。但其仍有一定的局限性。

关于混凝土的高效活性矿物掺料已有较多的研究成果，并应用于工程实际。活性矿物掺料中含有大量活性二氧化硅及活性氧化铝，在水泥水化中生成强度高、稳定性强的低碱性水化硅酸钙，改善了水化胶凝物质。超细矿物掺料能填充于水泥颗粒之间，使水泥石致密，并能改善界面结构和性能。有研究表明，与掺入硅粉的水泥浆体相比，掺入纳米 SiO_2 的浆体具有流动性变小和凝结时间缩短的现象。掺入纳米 SiO_2 能显著地提高水泥硬化浆体的早期强度，能更有效、更迅速地吸收界面上富集的氢氧化钙，能更有效、更大幅度地降低界面氢氧化钙的取向程度。这些结果均有利于界面结构的改善和界面物理力学性能的提高。

有研究人员在配制高强混凝土时，在原有掺和料 (矿渣和粉煤灰) 的基础上，分别掺入纳米 SiO_2 和硅粉，以比较掺入纳米 SiO_2 和掺入硅粉高强混凝土在性能上的差别。同时，研究了纳米 SiO_2 和硅粉与界面中氢氧化钙的反应程度，以比较两者在改善界面结构上的差异。掺入纳米 SiO_2 的目的是增加更细一级的掺合料数量，这无疑有助于混凝土界面在早期就得到改善。结果表明，掺入 1% ~ 3% 纳米 SiO_2，能显著提高、混凝土的抗折强度，提高混凝土早期抗压强度和劈裂、抗拉强度。掺入 3% 纳米 SiO_2 的混凝土，与掺入 10% 硅粉的混凝土相比，其抗折强度提高 4% ~ 6%，而与不掺入硅粉的混凝土相比，其抗折强度提高 31% ~ 57%。在相同掺加量为 3% 的条件下，与硅粉比较，纳米 SiO_2 能更有效地吸收水泥硬化浆体 / 大理石界面中所富集的氢氧化钙，更有效地细化界面中的氢氧化钙晶粒，从而起到改善界面的积极作用。

另外，试验表明纳米 SiO_2 的水化反应速率明显比普通硅酸盐水泥要快。这是由于纳米 SiO_2 所特有的 "表面效应" ——尺寸小，表面能高，位于表面的原子占相当大的比例。随着粒径减小，由于比表面积急剧增加导致表面原子数量迅速增加，这些表面原子具有很高的活性，极不稳定，表现为反应速率更快。因此，在利用纳米 SiO_2 配制水泥时，应注意其对凝结时间的影响，可以通过掺加调节凝结时间的外加剂来调整。

2. 低温稻壳灰制 SiO_2 改性水泥的性能

稻壳含有约含 20% 无定形的 SiO_2 (蛋白石或硅胶)，这是一种有价值的矿物。自然界中的大多数呈结晶状态存在，无定形 SiO_2 很少。水稻将土壤中稀薄的无定形 SiO_2，如蛋白石 $SiO_2 \cdot nH_2O$ 等，通过生物矿化的方式富集在稻壳中，等于为人类提取了大量非晶态的 SiO_2。稻壳通过生物矿化方式富集的非晶态 SiO_2，以纳米颗粒的形态存在。在大于 600℃下将稻壳进行控制焚烧，所得的低温稻壳灰 90% 以上为 SiO_2，

并且这种 SiO_2 保持在稻壳中的存在状态不变——SiO_2 为无定形状态，以约 50 nm 大小的颗粒为基本粒子，松散粘聚并形成大量纳米尺度空隙。这种具有纳米结构的生物 SiO_2 可以廉价制得，它的比表面积巨大，具有超高的火山灰活性，对水泥混凝土具有强烈的增强改性作用，是一种顶级混凝土矿物掺合料。水泥混凝土行业所需的矿物掺合料数量巨大。从物料平衡的角度来看，在控制条件下焚烧稻壳（控制条件是为了保证稻壳灰有较高的火山灰活性和燃烧过程不产生污染），将得到的低温稻壳灰用于水泥混凝土行业十分合适。

低温稻壳灰内部的薄板、薄片均由许多细微的米粒状颗粒聚集而成，颗粒之间存在大量的空隙。采用 TEM 对低温稻壳灰的显微结构进行研究，发现低温稻壳灰粉末大部分为尺寸在 1μm 以上的块状颗粒，同时还发现有大量堆聚在一起的极细小的饭粒状粒子，这些粒子的大小在 50 nm 左右，而且低温稻壳灰的块状颗粒由饭粒状粒子松散粘聚而成。饭粒状粒子是构成低温稻壳灰的基本粒子，由于它的颗粒大小在纳米材料的尺度范畴（0.1 ~ 100 nm），称为纳米 SiO_2 凝胶粒子。凝胶粒子粒度如此之小（约 50 nm），以致其表面原子数占总原子数的比例较高。这对低温稻壳灰的化学活性非常有利。

在固定水灰比时，低温稻壳灰对高强和超高强混凝土有较强的增强作用。这种增强效果介于粉尘状硅灰和造粒硅灰之间，远胜于其他掺和料。

（三）纳米 ZrO_2 改性水泥

目前，纳米 ZrO_2 粉体主要应用在高性能陶瓷中。由于该粉体具有纳米颗粒效应和相变特性，故可使陶瓷的致密度提高和微裂纹扩展受阻，力学强度显著增强，断裂韧性上升 124.5%。运用这个原理，20 世纪 80 年代末，英国布拉福大学有个研究小组曾将用凝胶沉淀法制成的纳米 ZrO_2 粉体掺入水泥基材料中，使水泥石断裂韧性提高 4 倍，断裂强度上升到 44 MPa。虽然纳米 ZrO_2 粉体在水化过程中不能形成水化物，但它具有的纳米特性能够明显改善水泥石的微观结构。上述这些研究是期望能够利用纳米科学技术，探求更高性能（如高耐久性、高强等）的胶凝材料和掺入超细粉体材料的高性能混凝土。尽管纳米 ZrO_2 粉体价格较贵，但是如果能够获取高价值的产品，并使纳米材料应用于传统建筑材料产业，提高建筑材料产品的高科技含量，那么这样做显然是"物有所值。"

1. 试样制备与测试

采用低温强碱合成法制备纳米 ZrO_2 粉体，按化学反应式计算氢氧化钠和筑氧化锆所需的质量，为了保证反应充分进行，氢氧化钠略过量，用浓硝酸处理反应沉淀物，并严格控制 pH，抽真空过滤沉淀物并洗净、烘干（60℃）。把沉淀物放在不同温度下预烧，即获得 3 种晶型的纳米 ZrO_2 粉体。

水泥采用强度等级为 42.5 的普通水泥。纳米 ZrO_2 粉体用水充分搅拌分散后加入水泥中，水灰比（质量比）为 0.25，采用小试体 $[(2\ cm \times 2\ cm) < 2\ cm]$ 净浆成型，按国标要求养护和破型，测定抗压强度。用密度法和砂浆法分别测定试样的气孔率和抗渗性。

2. 纳米 ZrO_2 粉体特征

纳米 ZrO_2 粉体的 TEM 测定结果显示，尽管在室温下有晶核形成，但该粉体还是以无定形形式存在的，且大部分颗粒形状不规则。随着预烧温度升高，粉末颗粒粒径增大，颗粒生长趋于完整，500℃预烧的颗粒形态以方形为主，1200℃预烧的颗粒形态以圆形为主。500℃下预烧的纳米 ZrO_2 粉体粒径最小的为 2 nm，最大的为 67 nm，平均 21 nm；1200℃下预烧的纳米 ZrO_2 粉体粒径最小的为 3 nm，最大的为 83 nm，平均 24 nm。

当纳米 ZrO_2 粉体掺加量 ≤ 4% 时，复合水泥抗压强度（无论是早期还是后期）基本都比纯水泥抗压强度有所提高；1200℃预烧的 ZrO_2 粉体在适当掺加量下是较为理想的水泥增强剂，掺入后可使早期抗压强度最大增加到 37.2 MPa（3%ZrO_2），后期抗压强度最大增加到 73.9 MPa（5%ZrO_2）。

通过对纯水泥试样和掺入 2% 并于 1200℃预烧的纳米 ZrO_2 粉体复合水泥试样水化 3 d 的 SEM 图分析比较可知，加入 2% 的纳米 ZrO_2 粉体，其水化物晶体生长很完整，数量较多，针状和条状的纤维非常"茂盛"，并且联结成网络层。形成完整的水化物体系，原因正是由于纳米 ZrO_2 粉体的表面作用产生了效应。由于其颗粒尺寸细小，表面原子数增多而颗粒原子数减少，引起原子配位不足，使表面原子具有很高的活性，很容易诱导水泥颗粒中的 Ca^+、Si^{4+}、Al^{3+}、Fe^{3+} 等离子与水化合而形成较多的水化物，这就是纳米诱导水化效应。

从以上初步探讨中可以看到，纳米 ZrO_2 粉体对水泥材料具有增强作用，相应地纳米 ZrO_2 粉体复合水泥具有很大的发展潜力，更多的研究工作还有待进一步深入进行。

（四）碳纳米管改性水泥

低含量的碳纳米管水泥复合材料具有良好的抗压强度和抗折强度。用扫描电镜对碳纳米管水泥复合材料及碳纤维改性水泥复合材料的微观结构进行分析，结果表明，复合材料中碳纳米管表面被水泥水化物包裹，同时碳纳米管水泥砂浆的结构密实。碳纤维表面光滑，在碳纤维与水泥石之间存在明显裂缝。孔隙率测试结果表明，碳纳米管的掺入改善了材料的孔结构。

原料：52.5 级普通硅酸盐水泥；沥青基碳纤维，长度为 6 mm；多壁碳纳米管；甲基纤维素为市售的化学纯试剂，其掺加量为水泥质量的 0.4%；化学纯试剂，市售的消泡剂掺加量为水泥质量的 0.2%；外加剂选用天津产 UNF5 高效减水剂，其减水率为 21.0%；砂为新标准砂。

碳纤维水泥砂浆的制备工艺：先将甲基纤维素溶于水，然后加入短切碳纤维搅拌 2 min，使之分散均匀。水泥、砂先慢速搅拌 1 min，再加入搅拌均匀的碳纤维混合水溶液、消泡剂，再快速搅拌 5 min。

碳纳米管砂浆的制备工艺：水泥、碳纲米管快速搅拌 5 min，加入砂快速搅拌 2 min，再加入消泡剂快速搅拌 3 min。

当水灰比相同时，将掺入碳纳米管和碳纤维水泥砂浆的力学性能相比较可知，同种水胶比条件下，掺入碳纳米管 0.5%（质量分数，下同）的水泥砂浆的抗压强度和抗折强度比空白水泥砂浆分别提高了 11.6% 和 20.0%，掺碳纤维 0.5% 砂浆的抗折强度也显著提高，与空白水泥砂浆相比提高了 21.7%，但抗压强度与空白砂浆相比降低了 9.1%。

羧酸化的碳纳米管能与水泥水化物反应，使得碳纳米管与水泥石界面的作用力主要是化学作用力，此界面性能较好，碳纳米管表面覆盖着一层水泥水化物。碳纤维与水泥水化物之间的作用力主要是范德瓦耳斯力，因此界面性能较差。对于复合材料而言，界面性能对材料的性能特别是力学性能起决定作用，因此碳纳米管能改善水泥砂浆的力学性能（包括抗压强度和抗折强度）。同时孔隙率和孔结构也影响材料的性能，孔隙率越大，大孔径孔越多，材料的性能尤其是抗压性能越差。碳纳米管水泥复合材料的孔隙率和大孔径孔的含量较低，因而其抗压性能好。而碳纤维水泥复合材料的孔隙率和大孔径的含量较多，因此其抗压强度低。

二、纳米改性防水材料

现代化建筑对防水和密封技术提出了越来越高的要求，纳米防水技术的发展将为之提供重要的技术保障。同时，以新材料、新技术为先导，发展绿色防水材料，保护环境，保护生态，是世界建筑防水材料发展的趋势，也是我国防水材料发展的趋势。

(一)纳米膨润土改性防水材料

用膨润土防水的优点：良好的自保水性、能永久发挥其防水能力、施工简单、工期短、对人体无害、容易检测和确认，容易维修和补修、补强。

纳米膨润土防水产品主要有膨润土防水毯、防水板、密封剂、密封条等。纳米防水毯是将钠膨润土填充在聚丙烯织物和无纺布之间,将上层的非织物纤维通过针压的方法将膨润土夹在下层的织物上而制成的。膨润土防水板是将钠膨润土和土工布(HDPE)压缩成型而制成的,具有双重防水性能,施工简便,应用范围更广泛。膨润土改性丙烯酸喷膜防水材料有更好的保水性和较大的对环境相对湿度的适应范围。蒙脱土纳米复合防水涂料的力学性能很好。

(二)纳米聚氨酯防水涂料

纳米聚氨酯防水涂料有良好的悬浮性、触变性、抗老化性及较高的黏结强度。主要品种有纳米聚氨酯防水涂料、纳米沥青聚氨酯防水涂料、双组分纳米聚醚型聚氨酯防水涂料、羟丁型聚氨酯防水涂料等。

(三)纳米粉煤灰改性防水涂料

由于粉煤灰的价格低,因此纳米粉煤灰改性防水涂料的附加值较高,有明显的价格优势。

用粉煤灰、漂珠、废聚苯乙烯泡沫塑料等废弃物和高科技产品纳米材料配合使用,优势互补,可实现防水涂料高性能、低成本的生产运作,并可形成既有共性、又各有特点的系列产品。为粉煤灰、漂珠高附加值的开发利用开辟了新的道路。

(四)水泥基纳米防水复合材料

水泥混凝土外加剂是一种细化的纳米材料,它的诞生使混凝土有了质的飞跃。纳米外加剂在防水领域中的应用有喷射混凝土领域、灌注浆领域、动水堵漏、核电站的三废处置等。

(五)纳米粒子改性水乳胶

纳米 ZnO 粒子、纳米 TiO_2 粒子具有较强的屏蔽紫外线的功能,应用于乳胶中,覆盖引起防水涂料老化的 $320 \sim 340\ nm$ 范围波长的紫外线,能较好地提高防水涂料的光老化性能。

(六)三元乙丙橡胶(EPDM)基防水材料

以纳米 $CaCO_3$ 等为配合剂,通过调整配方,能得到物理力学性能稳定、老化性能优异的 EPDM 橡胶基防水材料。随着纳米 $CaCO_3$ 添加量的增加拉伸强度逐步上升,断裂伸长率基本保持稳定。

(七) 其他防水材料

纳米改性防水材料可以用于多种不同用途的防水材料，从而提升传统防水材料的综合性能，如普通型防水涂料、高弹性防水涂料、保温隔热防水涂料、彩色防水涂料、反光型降温防水涂料等。

三、纳米电器材料在建筑和家居中的应用

(一) 纳米电器产业化最新进展

1. 纳米电器涂层

纳米材料的出现有望彻底解决电器辐射对人体的伤害。纳米粒子的粒度小，可以实现手机信号的高保真和高清晰，提高信号抗干扰能力，同时大大降低电磁波辐射。具有优异的抗辐射性能的纳米材料主要包括 TiO_2、Cr_2O_3、Fe_2O_3、ZnO 等具有半导体性质的粉体。作为颜料加入涂料中，纳米 ZnO 等金属氧化物由于重量轻、厚度薄、颜色浅、吸波能力强等优点，而成为吸波涂料研究的热点之一。

2. 稀土纳米投影屏的制备

将稀土纳米氧化物均匀涂在投影屏上，产生了奇异的效果：投影屏视场角度增大，在接近180°观察荧屏时，仍然清晰且亮度不减，颜色鲜艳。纳米玻璃的应用，使得LCD 的蓝色背光液晶显示屏更加清晰、洁净，增强了美感。

3. 显示器用碳纳米枪和线圈

碳纳米枪是场致效应显示器的"心脏"，它反射出的电子能在荧光屏上显示出图像。其方法是：在铟和锡氧化物基板上涂覆一层铁膜后，置入电炉中，向电炉中输入乙炔和氦，再用700℃的温度加热，结果就在铁膜上形成了碳纳米线圈。用它作电子枪施加电压后，发出的电流密度可达 10 mA/cm²，与碳纳米管相同。它将成为一种制造成本低、耗电少的显示器新技术。

4. 纳米存储设备

短波长的纳米读取头被广泛应用于 CD-ROM 和 DVD 的产品中。目前，高档读取头的生产技术和专利主要由日本掌握。在蓝光读取头方面，中国台湾已经研究得非常深入，但目前还没进入产业化阶段。存储数码照片信息所用的磁盘，如所用磁粉为纳米材料，则存储密度可以更大。

5. 纳米抗菌材料

抗菌空调、冰箱、空气净化器，杀菌率达到99.2%，能杀灭空气中的多种细菌，使室内空气清新，从而保护人们的健康。采用纳米二氧化钛解毒时，可有效过滤空

气异味。

(二) 家用电器中的纳米功能塑料

家用电器用的塑料多是一些具有特殊功能的塑料，如抗菌塑料、阻燃塑料、导电塑料、磁性塑料、增韧、增强塑料及为了适应环保要求的生物降解塑料。

高效的纳米抗菌塑料主要用于电冰箱的门把手、门衬、抽屉等零部件和洗衣机的抗菌不锈钢筒、抗菌洗涤水泵、抗菌波轮等零部件。此外，还广泛应用于空调、电话、热水器、微波炉、电饭锅等。增韧、增强塑料主要用于电冰箱门密封条、洗衣机内筒以及各种家用电器的外壳和底座等。

阻燃塑料在家用电器上的应用极为广泛，如电熨斗、微波炉、电视、各种照明器具及所有电器的插头和插座等。导电塑料主要用于家用电器的壳体，以屏蔽或反射家用电器产生的对人体有害的电磁波，以及用于空调的除尘。磁性塑料的发展较快，大量用于微型精密电机的转子和定子的零部件、电冰箱门封磁条及电视、收录机、录像机、电话、扬声器等家用电器的零部件。

(三) 纳米电源材料

纳米电源材料有锂离子电池负极材料、碳负极材料、金属电极材料、碳纳米管负极材料等。单纯地应用碳纳米管作为负极材料受到一定的限制，必须对其进行一系列的改性处理。

纳米材料在锂离子电池中的应用越来越为人们所重视。将碳纳米管引入锂离子电池开发新型电池材料，必将大有市场潜力。把碳纳米管同储锂容量高的金属、金属氧化物或非金属制备成碳纳米管复合电极材料，将是今后人们研究的重点。

(四) 抗电磁辐射材料

利用纳米粉体吸收峰的共振频率随量子尺寸变化的性质，可通过改变量子尺寸来控制吸收边的位移，制造具有一定频宽的新型微波吸收材料。电磁辐射已成为新的环境污染，利用与军用类似的吸波材料对人体进行屏蔽保护是最有效的防护方法。

目前有纳米铁防辐射材料，它是利用纳米铁粉的吸波特性，制作出的一种新型结构吸波材料——纳米铁／环氧树脂复合材料。

(五) 碳纳米管在纳米电器中的应用

碳纳米管应用最有作为的领域是纳米电子器件，它可作为器件的功能材料，也可以作为导电的纳米线。将单壁碳纳米管竖直组装在晶态金属膜表面，除用于测量其电学特性，制作 SPM 的针尖外，还有其他重要的应用，如电子显微镜的相干电子源、高效场发射电子源、极高分辨率的显示器件。

在电器微型化的进程中，一方面电子器件从电子管、晶体管、集成电路到碳纳米管；另一方面电路从放大电路、负反馈放大电路到优化反应反馈放大电路。利用隧道效应显微技术，对单个分子或原子进行操作，可获得具有超级优化特性的碳纳米管优化电压并联反馈放大电路。碳纳米管优化电压并联反馈放大电路，势必成为未来微型电器中起放大作用的基本电路。

第九章　绿色建筑设计的应用

第一节　建筑热工

一、围护结构传热基础知识

在自然界中，只要存在着温差，就会出现传热现象，而且热能总是由温度较高的部位传至温度较低的部位。例如，当室内外空气之间存在温度差时，就会产生通过房屋外围护结构的传热现象。冬天，在采暖房屋中，由于室内气温高于室外气温，热能就从室内经外围护结构向外传出；夏天，在空调建筑中，因室外气温高，加之太阳辐射的热作用，热能从室外经外围护结构传到室内。

热量传递有三种基本方式，即导热、对流和辐射。实际的传热过程无论多么复杂，都可以看作这三种方式的不同组合。因此，传热学总是先分别研究这三种方式的传热机理和规律，再考虑它们的典型组合过程。

(一) 导热

在固体、液体和气体中都存在导热现象，但是在不同的物质中，导热的机理是有区别的。在气体中，是通过分子做无规则运动时的互相碰撞而导热。在液体中，是通过平衡位置间歇移动着的分子振动而导热。在固体中，除金属外，都是由平衡位置不变的质点振动而导热。在金属中，主要是通过自由电子的转移而导热。

纯粹的导热现象仅发生在理想的密实固体中，但绝大多数的建筑材料或多或少总是有孔隙的，并非密实的固体，在固体的孔隙内将会同时产生其他方式的传热。但因对流和辐射方式传递的热能在这种情况下的所占比例甚微，故在建筑热工计算中，可以认为在固体建筑材料中的热传递仅仅是导热过程。

1.温度场、温度梯度和热流密度

在物体中，热量传递与物体内温度的分布情况密切相关。物体中任何一点都有一个温度值，一般情况下，温度 t 是空间坐标 x，y，z 和时间 τ 的函数，即

$$t = f(x, y, z, \tau)$$

在某一时刻物体内各点的温度分布，称为温度场，就是温度场的数学表达式。

上述的温度分布是随时间而变的，故称为不稳定温度场。如果温度分布不随时

间而变化，就称为稳定温度场，用 $t = f(x, y, z, \tau)$ 表示。

温度场中同一时刻由相同温度各点相连成的面称为"等温面"。等温面示意图就是温度场的形象表示。因为同一点上不可能同时具有多于一个的温度值，所以不同温度的等温面绝不会相交。在与等温面相交的任何方向上，温度都有变化，但只有在等温面的法线方向上变化最显著。温度差 Δt 与沿法线方向两等温面之间距离 Δn 的比值的极限，称为温度梯度，表示为：

$$\lim_{\Delta n \to 0} \frac{\Delta t}{\Delta n} = \frac{\partial t}{\partial n}$$

显然，导热不能沿等温面进行，而必须穿过等温面。在单位时间内，通过等温面上单位面积的热量称为热流密度。设单位时间内通过等温面上微元面积 dF 的热量为 dQ，则热流密度可表示为：

$$q = \frac{dQ}{dF}$$

由上式得：

$$dQ = q dF \text{或} Q = \int_F q dF$$

因此，如果已知物体内热流密度的分布，就可按上式计算出单位时间内通过导热面积 F 传导的热量 Q（称为热流量）。如果热流密度在面积 F 上均匀分布，则热流量为：

$$Q = q \cdot F$$

2. 傅里叶定律

由导热的机理可知，导热是一种微观运动现象，但在宏观上它表现出一定的规律性。物体内导热的热流密度的分布与温度分布有密切的关系。傅里叶定律指出：均质体内各点的热流密度与温度梯度的大小成正比，即：

$$q = -\lambda \frac{\partial t}{\partial n}$$

式中，λ 是个比例常数，恒为正值，称为导热系数。负号是为了表示热量传递只能沿着温度降低的方向而引进的。沿着 n 的方向温度增加，$\frac{\partial t}{\partial n}$ 为正，则 q 为负值，表示热流沿 n 的反方向。

3. 导热系数

由上式可得：

$$\lambda = \frac{|q|}{\left|\dfrac{\partial t}{\partial n}\right|}$$

导热系数是指在稳定条件下，1 m 厚的物体，当两侧表面温差为1℃时，在1 h 内通过 1 m² 面积所传导的热量。导热系数越大，表明材料的导热能力越强。

各种物质的导热系数均由实验确定。影响导热系数数值的因素很多，如物质的种类、结构成分、密度、湿度、压力、温度等。因此，即使是同一种物质，其导热系数的差别也可能很大。一般说来，导热系数 λ 值以金属的最大，非金属和液体的次之，气体的最小。工程上通常把导热系数小于0.25的材料用作保温材料（绝热材料），如石棉制品、泡沫混凝土、泡沫塑料、膨胀珍珠岩制品等。

值得说明的是，空气的导热系数很小，因此不流动的空气就是一种很好的绝热材料。也正是这个原因，如果材料中含有气隙或气孔，就会大大降低其 λ 值，所以绝热材料都制成多孔性的或松散性的。应当指出，若材料含水性大（即湿度大），材料导热系数就会显著增大，保温性能将明显降低（如湿砖的 λ 值要比干砖的高一倍到几倍）。物质的导热系数还与温度有关，实验证明，大多数材料的 λ 值与温度的关系近似直线关系，即

$$\lambda = \lambda_0 + bt$$

式中：λ_0——材料在 0℃ 条件下的导热系数；

b——经实验测定的常数。

在工程计算中，导热系数常取使用温度范围内的算术平均值，并把它看作常数。

(二) 对流

对流传热只发生在流体之中，它是因温度不同的各部分流体之间发生相对运动、互相掺和而传递热能的。促使流体产生对流的原因有二：一是本来温度相同的流体，因其中某一部分受热（或冷却）而产生温度差，形成对流运动，这种对流称为"自然对流"；二是因为受外力作用（如风吹、泵压等），迫使流体产生对流，称为"受迫对流"。自然对流的程度主要决定于流体各部分之间的温度差，温差越大则对流越强；受迫对流的程度取决于外力的大小，外力越大，则对流越强。

在建筑热工中所涉及的主要是空气沿围护结构表面流动时，与壁面之间所产生的热交换过程。这种过程既包括由空气流动所引起的对流传热过程，也包括空气分子间和空气分子与壁面分子之间的导热过程。将这种对流与导热的综合过程称为表面的"对流换热"，以便与单纯的对流传热相区别。

由流体实验得知，当流体沿壁面流动时，一般情况下，在壁面附近（也就是在边界层内）存在着层流区、过渡区和紊流区三种流动情况。

(三) 辐射

辐射传热与导热和对流在机理上有本质的区别，它是以电磁波传递热能的。凡温度高于绝对零度的物体，都能发射辐射热。辐射传热的特点是发射体的热能变为电磁波辐射能，被辐射体又将所接收的辐射能转换成热能，温度越高，热辐射越强烈。由于电磁波能在真空中传播，所以物体依靠辐射传递热量时，不需要和其他物体直接接触，也不需要任何中间媒介。

1. 物体的辐射特性

按物体的辐射光谱特性，可分为黑体、灰体和选择辐射体 (或称非灰体) 三大类。

① 黑体：能发射全波段的热辐射，在相同的温度条件下，辐射能力最大。

② 灰体：其辐射光谱具有与黑体光谱相似的形状，且对应每一波长下的单色辐射力 E_λ，与同温、同波长的黑体的 $E_{\lambda b}$ 的比值 ε 为一常数，即：

$$\frac{E_\lambda}{E_{\lambda,b}} = \varepsilon = 常数$$

式中，比值称 ε 为 "发射率" 或 "黑度"。一般建筑材料都可看作灰体。

③ 非灰体 (或选择性辐射体)：其辐射光谱与黑体光谱截然不同，甚至有的只能发射某些波长的辐射线。

根据斯蒂芬—玻尔兹曼定律，黑体和灰体的全辐射能力与其表面的绝对温度的四次幂成正比，即：

$$E = C\left(\frac{T}{100}\right)^4$$

式中：C——物体的辐射系数，W/ ($m^2 \cdot K$)；

T——物体表面的绝对温度，K。

由实验和理论计算得黑体的辐射系数 $C_b = 5.68$，根据下式可得知，灰体的辐射系数 C 与黑体辐射系数 C_b 之比值即发射率或黑度 ε，即

$$\frac{C}{C_b} = \varepsilon 或 C = \varepsilon C_b$$

同一物体，当其温度不同时，其光谱中的波长特性也不同。随着温度的增加，短波成分增强。物体表面在不同温度下发射的辐射线波长特性，一般可用对应于出现最大单色辐射力的波长来表征，此波长以 λ^* 表示。根据 Wien 定律，有

$$\lambda^* = \frac{2898}{T}$$

式中：T——物体表面的绝对温度，K。

在一定温度下，物体表面发射的辐射能绝大部分集中在 $\lambda = (0.4 \sim 7)\lambda^*$ 的波段范围内。建筑热工学把 $\lambda > 3\mu m$ 的辐射线称为长波辐射，$\lambda < 3\mu m$ 的辐射线称为短波辐射。

2. 物体表面对外来辐射的吸收与反射特性

任何物体不仅具有本身向外发射热辐射的能力，而且对外来的辐射具有吸收和反射性，某些材料（玻璃、塑料膜等）还具有透射性。绝大多数建筑材料对热射线是不透明的，投射至不透明材料表面的辐射能，一部分被吸收，一部分被反射回去。被吸收的辐射能 I_p 与入射能 I 之比值称为吸收系数 ρ；被反射的辐射 I_r 与入射能之比称为反射系数 r，显然有

$$r + \rho = 1$$

对于任一特定的波长，材料表面对外来辐射的吸收系数与其自身的发射率或黑度在数值上是相等的，即 $\rho = 3$，所以材料辐射能力越大，它对外来辐射的吸收能力也越大。反之，辐射能力越小，则吸收能力也越小。如果入射辐射的波长与放射辐射的波长不同，则两者在数值上可能不等，因吸收系数或反射系数与入射辐射的波长有关。白色表面对可见光的反射能力最强，而对于长波辐射，其反射能力则与黑色表面相差极小。抛光的金属表面，不论对于短波辐射还是长波辐射，其反射能力都很高，即吸收率很低。材料对热辐射的吸收和反射性能，主要取决于表面的颜色、材性和光滑平整程度。对于短波辐射，颜色起主导作用；对于长波辐射，则是材性起主导作用。所谓材性，是指其为导电体还是非导电体。因此，将围护结构外表面刷白，对于在夏季反射太阳辐射热是非常有效的，但在墙体或屋顶中的空气间层内刷白则不起作用。

3. 物体之间的辐射换热

由于任何物体都具有发射辐射和对外来辐射吸收反射的能力，因此在空间里任意两个相互分离的物体，彼此间就会产生辐射换热。如果两物体的温度不同，则较热的物体因向外辐射而失去的热量比吸收外来辐射而得到的热量多，较冷的物体则相反，这样，在两个物体之间形成了辐射换热。应注意的是，即使两个物体温度相同，它们也在进行着辐射换热，只是处于动态平衡状态。

两表面间的辐射量主要取决于表面的温度、表面发射和吸收辐射的能力，以及它们之间的相互位置。任意相对位置的两个表面，若不计两表面之间的多次反射，仅考虑第一次吸收，则表面辐射换热量的通式为：

$$Q_{1,2} = \alpha_r (\theta_1 - \theta_2) \cdot F \quad \text{或} \quad q_{1,2} = \alpha_r (\theta_1 - \theta_2)$$

式中：α_r——辐射换热系数，$W/(m^2 \cdot K)$；

θ_1、θ_2——两辐射换热物体的表面温度（K）；

F——壁面面积。

在建筑中有时需要了解某一围护结构的表面（F_1）与所处环境中的其他表面（如壁面、家具表面）之间的辐射换热，这些表面往往包含了多种不同的不固定的物体表面，很难具体做详细计算，在工程实践中可采用上式进行简化计算。

（四）围护结构传热原理

房屋围护结构时刻受到室内外的热作用，不断有热量通过围护结构传进或传出。在冬季，室内温度高于室外温度，热量由室内传向室外；在夏季则正好相反，热量主要由室外传向室内。通过围护结构的传热要经过三个过程：① 表面吸热——内表面从室内吸热（冬季），或外表面从室外空间吸热（夏季）；② 结构本身传热——热量由高温表面传向低温表面；③ 表面放热——外表面向室外空间散发热量（冬季），或内表面向室内散热（夏季）。

严格地说，每一传热过程都是三种基本传热方式的综合过程。吸热和放热的机理是相同的，故一般总称为"表面热转移"。在表面热转移过程中，既有表面与附近空气之间的对流与导热，又有表面与周围其他表面间的辐射传热。

在结构本身的传热过程中，实体材料层以导热为主，空气层一般以辐射传热为主。即使是在实体结构中，大多数建筑材料也都含有或多或少的孔隙，而孔隙中的传热又包括三种基本传热方式。特别是孔隙很多的轻质材料，其孔隙传热的影响是很大的。

二、建筑保温、隔热与节能

（一）建筑保温与节能设计策略

我国北方大部分地区冬季气温较低，持续时间较长。根据我国建筑热工设计分区图，这些地区分别属于严寒地区、寒冷地区。在这些地区，房屋必须有足够的保温性能，才能确保冬季室内热环境的舒适度。即使在夏热冬冷地区，冬季也比较冷，这类地区的建筑同样需要适当考虑保温。因此，建筑保温与节能设计是建筑设计的一个重要组成部分。

为了保证严寒与寒冷地区冬季室内热环境的舒适度，除建筑保温外，还需要有必要的采暖设备提供热量。当建筑物本身具有良好的热工性能时，维持所需的室内热环境，需要的供热量较小反之，若建筑本身的热工性能较差，则不仅难以达到应有的室内热环境标准，还将使供暖耗热量大幅度增加，甚至还会在围护结构表面或内部产生结露、受潮等一系列问题。在进行建筑保温与节能设计时，为了充分利用有利因素，克服不利因素，应注意以下设计策略。

1. 充分利用太阳能

在建筑中利用太阳能一般包括两层含义：一是从节约能源角度考虑，太阳能是一种洁净的、可再生的能源，将其引入建筑中，有利于节约常规能源，保护自然生态环境，实现可持续发展；二是从卫生角度考虑，太阳辐射中的短波成分有强烈的杀菌防腐效果，室内有充足的日照对人体健康十分有利。

2. 防止冷风的不利影响

冷风对室内热环境的影响主要有两方面：一方面是通过门窗缝隙进入室内，形成冷风渗透；另一方面是作用在围护结构外表面，使其对流换热系数增大，加大了外表面的散热量。在建筑保温与节能设计中，应争取不使大面积外表面朝向冬季主导风向。当受条件限制而不可能避开主导风向时，应在迎风面上尽量少开门窗或其他孔洞。在严寒地区还应设置门斗，以减少冷风的不利影响。就保温而言，房屋的密闭性越好，热损失就越少，从而可以在节约能源的基础上保持室温。但从卫生要求来看，房间必须有一定的换气量。

基于上述理由，从增强房屋保温能力来说，总的原则是要求房屋有足够的密闭性（但是还要有适当的透气性或者设置可开关的换气孔）。当然，由于设计和施工质量不好而造成的围护结构接头、接缝不严而产生的冷风渗透，是必须防止的。

3. 选择合理的建筑体形与平面形式

建筑体形与平面形式，对保温质量和采暖费用有很大的影响。建筑师在处理体形与平面设计时，应该考虑的是功能要求、空间布局以及交通流线等。若因只考虑体形上的造型艺术要求，致使外表面面积过大，曲折凹凸过多，则对建筑保温与节能是很不利的。因为外表面面积越大，热损失越多，而不规则的外围护结构往往又是保温的薄弱环节。因此，必须正确处理体形、平面形式与保温的关系，否则不仅增加采暖费用，而且浪费能源。

4. 房间具有良好的热工特性，建筑具有整体保温和蓄热能力

首先，房间的热特性应适合其使用性质。例如，在冬季全天候使用的房间应具有较好的热稳定性，以防止室外温度下降或间断供热时，室温波动过大。对于只是白天使用（如办公室）或只有一段时间使用的房间（如影剧院的观众厅），要求在开始供热后，室温能较快地上升到所需的标准。其次，房间的围护结构具有足够的保温性能，以控制房间的热损失。

同时，建筑节能要求建筑外围护结构——外墙、屋顶、直接接触室外空气的楼板、不采暖楼梯间的隔墙、外门窗、楼地面等部位的传热系数不应大于相关标准的

规定值。当某些围护结构的面积或传热系数大于相关标准的规定值时，应调整减少其他围护结构的面积或减小其他围护结构的传热系数，使建筑整体的采暖耗热量指标达到规定的要求，保证建筑具有整体的保温能力。

房间的热稳定性是指在室内外周期热作用下，整个房间抵抗温度波动的能力。房间的热稳定性又主要取决于内外围护结构的热稳定性。围护结构的热稳定性是在周期热作用下，围护结构本身抵抗温度波动的能力。围护结构的热惰性是影响其热稳定性的主要因素。对于热稳定性要求较高和需要持续供暖的房间，围护结构内侧材料应具有较好的蓄热性和较大的热惰性指标值，也就是应优先选择密度较大且蓄热系数较大的材料。

5. 建筑保温系统科学，节点构造设计合理

在建筑物的外墙、屋顶等外围护结构部分加设保温材料时，保温材料与基层的黏结层、保温材料层、抹面层与饰面层等各层材料组成特定的保温系统，如模塑聚苯板（EPS 板）外墙外保温系统、岩棉板外墙保温系统、现场喷涂硬泡沫聚氨酯外墙外保温系统等。

建筑外围护结构中有许多传热异常部位，即传热在二维或三维温度场中进行的部位，如外墙转角、内外墙交角、楼板或屋顶与外墙的交角，以及女儿墙、出挑阳台，雨篷等构件处。每一个成熟的保温系统，都对这些传热异常部位的节点构造有相应的研究设计成果。在采用某种保温系统的同时，应充分利用合理的系统节点构造，以确保建筑保温与节能设计的科学性。

6. 建筑物具有舒适，高效的供热系统

当室外气温昼夜波动，特别是寒潮期间连续降温时，为使室内热环境能维持所需的标准，除了房间（主要是建筑外围护结构）应有一定的热稳定性之外，在供热方式上也必须互相配合。即供热的间歇时间不宜太长，以防夜间室温达不到基本的热舒适标准。

（二）建筑隔热设计标准

房间在自然通风状况下，夏季围护结构的隔热计算应按室内外双向谐波热作用下的不稳定过程考虑。室外热作用是以 24 h 为周期波动的综合温度；而室内热作用是室内气温，它随室外气温的变化而变化，因而也是以 24 h 为周期波动的。

隔热设计标准就是围护结构的隔热应当控制到什么程度。它与地区气候特点、人民的生活习惯和对地区气候的适应能力，以及当前的技术经济水平有密切关系。

对于自然通风房屋，外围护结构的隔热设计主要控制其内表面温度 θ_1 值。为此，要求外围护结构具有一定的衰减度和延迟时间，保证内表面温度不致过高，以

免向室内和人体辐射过多的热量而引起房间过热，恶化室内热环境，影响人们的生活、学习和工作。

（三）非透明围护结构的保温与节能

建筑保温与节能是随着我国建设事业的逐步发展与经济条件的日益改善而逐渐完善、提高的。从经济快速发展初期的建筑保温要求，到我国逐步推行的建筑节能30%、50% 和 65% 的战略目标，对应于不同时期，建筑外围护结构中非透明围护结构——外墙、屋顶、底面接触室外空气的架空或外挑楼板、非采暖楼梯间（房间）与采暖房间的隔墙或楼板、非透明幕墙、地面等部位的保温与节能设计有不同的具体要求。

1. 建筑保温与最小传热阻法

保温设计取阴寒天气作为设计计算基准条件。在这种情况下，建筑外围护结构的传热过程可近似为稳态传热。按稳态传热的理论，传热阻便成为外墙和屋顶保温性能优劣的特征指标，外墙和屋顶的保温设计即确定其最小传热阻。

最小传热阻特指在建筑热工的设计与计算中，容许采用的围护结构传热阻的下限值。规定最小传热阻的目的，是限制通过围护结构的传热量过大，防止内表面冷凝，以及限制内表面与人体之间的辐射换热量过大而使人体受凉。

2. 建筑节能与传热系数限值法

建筑节能是指在建筑中合理地使用和有效地利用能源，不断提高能源的利用效率。

（1）居住建筑的保温与节能

我国的严寒和寒冷地区主要包括东北、华北和西北地区，而累年日平均温度低于或等于 5℃的天数在 90 天以上的地区为采暖区。采暖区的居住建筑包括住宅、集体宿舍、招待所、旅馆、托幼等，居住建筑的节能指标由建筑围护结构和采暖系统共同完成。在不同的节能阶段中，建筑围护结构所承担的节能比例分别是 20%、35% 和 50%。由此可以推断出，各地区在一定的气候条件下，室内设计采暖温度为18℃时，建筑体形系数一定的情况下，建筑外围护结构传热系数的限值。当采暖期室外平均温度低于 -6.1℃时，楼梯间要求为采暖楼梯间，所以对隔墙与户门的热工性能不加限制。

（2）公共建筑的保温与节能

新建公共建筑节能 50% 是建筑节能第一阶段的要求，在 2010 年以后新建的采暖公共建筑应在第一阶段基础上再节能 30%，实现节能 65% 的目标。在集中采暖系统设定的室内设计温度的条件下，建筑实现节能 50% 目标时，建筑非透明围护结构的热工设计要求如下：

　　① 严寒、寒冷地区建筑的体形系数应小于或等于 0.4；

　　② 在一定的气候分区中，围护结构传热系数不得大于限值。

　　3. 建筑能耗控制与围护结构热工性能权衡判断法

　　围护结构热工性能权衡判断法是通过计算、比较设计建筑和参照建筑的全年采暖空调能耗，判定围护结构的总体热工性能是否达到节能设计要求，以便确定建筑热工节能设计参数的方法。这种方法建立在控制建筑物总能耗的基础上，同时考虑了公共建筑节能设计与计算的科学性与合理性。在许多公共建筑的设计中，往往着重考虑建筑外形立面和使用功能，有时难以完全满足传热系数限值的规定。尤其是采用大面积玻璃幕墙时，建筑的窗墙面积比和对应的玻璃热工性能很可能突破有关规范的规定限制。为了尊重建筑师的创造性工作，同时又使所设计的建筑能够符合节能设计标准的要求，引入建筑围护结构总体热工性能是否达到节能要求的权衡判断。权衡判断不拘泥于要求建筑围护结构各个局部的热工性能，而是着眼于总体热工性能是否满足节能标准的要求。

　　权衡判断是一种性能化的设计方法，具体做法是先构想出一栋虚拟的建筑，称之为参照建筑，分别计算参照建筑和实际设计的建筑的全年采暖和空调能耗，并依照这两个能耗的比较结果作出判断。当实际设计的建筑能耗大于参照建筑的能耗时，应调整部分设计参数（例如提高窗户的保温隔热性能，缩小窗户的面积等），重新计算所设计建筑的能耗，直到设计建筑的能耗不大于参照建筑的能耗为止。

　　权衡判断的核心是对参照建筑和所设计建筑的采暖和空调能耗进行比较并做出判断。用动态方法计算建筑的采暖和空调能耗是一个非常复杂的过程，必须借助于不断开发、鉴定和广泛推广使用的建筑节能计算软件进行计算。在计算过程中，为了保证计算的准确性，必须对建筑的工况做出统一具体的规定，使计算结果具有可比性。

（四）透明围护结构的保温与节能

　　建筑物的透明围护结构是指有采光、通视功能的外窗、外门、阳台门，透明玻璃幕墙和屋顶的透明部分等，这些透明围护结构在外围护结构总面积中占有相当的比例，一般为30%～60%。从对冬季人体热舒适的影响来说，由于透明围护结构的内表面温度低于外墙、屋面及地面等非透明围护结构的内表面温度，所以容易形成冷辐射；从热工设计方法上来说，由于它们的传热过程的不同，所以应采用不同的保温措施；从冬季失热量来看，外窗、透明幕墙及外门的失热量要大于外墙和屋顶的失热量。因此，必须充分重视透明围护结构的保温与节能设计。

1.外窗与透明幕墙的保温与节能

在建筑设计中，确定外窗和幕墙的形式、大小和构造时需要考虑很多因素，诸如采光、通风、隔声、保温、节能等，因而就某一方面的需要就做出某种简单的结论是不恰当的。以下仅从建筑保温与节能方面考虑，提出一些基本要求。

外窗与透明幕墙既有引进太阳辐射热的有利方面，又有因传热损失和冷风渗透损失都较大的不利方面，就其总效果而言，仍是保温能力较低的构件。窗户保温性能低的原因，主要是缝隙空气渗透和玻璃、窗框和窗帘等的热阻太小。

为了有效地控制建筑的采暖耗热量，在建筑节能设计规范中，应严格要求控制外窗（包括透明幕墙）的面积。其指标是窗墙面积比，即某一朝向的外窗洞口面积与同朝向外墙面积之比。

为了提高外窗的保温性能，各国都注意了新材料、新构造的开发研究。针对我国目前的情况，应从以下几方面做好外窗的保温设计。

（1）提高气密性，减少冷风渗透

除少数建筑设固定密闭窗外，一般外窗均有缝隙，特别是材质不佳，加工和安装质量不高时，缝隙更大。为了提高外窗、幕墙的气密性能，外窗与幕墙的面板缝隙应采用良好的密封措施，玻璃或非透明面板四周应采用弹性好、耐久性强的密封条密封，或采用注入密封胶的方式密封。开启扇应采用双道或多道弹性好、耐久性强的密封条密封。推拉窗的开启扇四周应采用中间带胶片毛条或橡胶密封条密封。单元式幕墙的单元板块间应采用双道或多道密封，且在单元板块安装就位后密封条应保持压缩状态。

（2）提高窗框保温性能

在传统建筑中，绝大部分窗框是木制的，保温性能比较好。在现代建筑中由于种种原因，金属窗框越来越多，由于这些窗框传热系数很大，故使窗户的整体保温性能下降。随着建筑节能的逐步深入，要求提高外窗保温性能，其主要方法为：

首先，将薄壁实腹型材改为空心型材，内部形成封闭空气层，提高保温能力。其次，开发塑料构件，以获得良好保温效果。再次，开发了断桥隔热复合型窗框材料，有效提高了门窗的保温性能。最后，不论用什么材料做窗框，都将窗框与墙体之间的连接处理成弹性构造，其间的缝隙采用防潮型保温材料填塞，并采用密封胶、密封剂等材料密封。

提高玻璃幕墙的保温性能，可通过采用隔热型材、隔热连接紧固件、隐框结构等措施，避免形成热桥。幕墙的非透明部分，应充分利用其背后的空间设置成密闭空气层，或用高效、耐久、防水的保温材料进行保温构造处理。

(3) 改善玻璃的保温能力

单层窗中玻璃的热阻很小，因此，仅适用于较温暖的地区。在严寒和寒冷地区，应采用双层甚至三层窗，增加窗扇层数是提高窗户保温能力的有效方法之一，因为每两层窗扇之间所形成的空气层，加大了窗的热阻。此外，近年来国内外多使用单层窗扇上安装双层玻璃的单框双玻中空玻璃窗，中间形成良好密封空气层。此类窗的空气间层厚度以 9~20 mm 为最好，此时传热系数最小。当厚度小于 9 mm 时，传热系数则明显加大；当大于 20 mm 时，则造价提高，而保温能力并不提高。

在有的建筑中，当需进一步提高窗的保温能力时，可采用 LOW-E 中空玻璃、惰性气体的 LOW-E 中空玻璃、两层或多层中空玻璃与 LOW-E 膜。在严寒地区的居民楼、医院、幼儿园、办公楼、学校和门诊部等建筑中，可采用双层外窗或双层玻璃幕墙提高建筑的整体保温性能。但是，考虑到用玻璃时除了应该关注其热工性能外，还应当注意其光学性能，如可见光透射比、遮阳系数等，故在玻璃的选用过程中尚需综合考虑。

2. 外门的保温与节能

这里外门包括户门(不采暖楼梯间)、单元门(采暖楼梯间)、阳台门及与室外空气直接接触的其他各式各样的门。门的热阻一般比窗户的热阻大，而比外墙和屋顶的热阻小，因而也是建筑外围护结构保温的薄弱环节，不同种类门的传热系数值相差很大，铝合金门的传热系数要比保温门大 2.5 倍。在建筑设计中，应当尽可能选择保温性能好的保温门。

外门的另一个重要特征是空气渗透耗热量特别大。与窗户不同的是，门的开启频率要高得多，使得门缝的空气渗透程度要比窗户缝大得多，特别是容易变形的木制门和钢制门。

三、建筑围护结构的传湿与防潮

在设计建筑围护结构时不仅应考虑它的保温节能，同时还要考虑它的防潮性能。自然界中，空气中以水蒸气形式存在的水分始终包围着人们。当水蒸气通过具备渗透性的墙体时，只要环境温度在该处水蒸气的露点之下，便会有水析出。

墙内出现水分的原因是多种多样的，水蒸气扩散所形成的水分是其中一个主要原因。只要墙体两侧存在温差与绝对含湿量差，就能发生水蒸气扩散现象，而且这一过程是连续的。另一个主要原因则是如果墙体表面发生凝结，就有可能通过毛细管作用把水分吸入墙内。墙体表面上形成的水滴很容易被发现，但墙体内部析出的水分却不易被察觉。墙体内的湿积累会引起建筑材料保温性能下降、强度降低、长霉。而季节性的冻融过程将直接制约着湿、热迁移的规律，给工程建设造成影响。

特别是冻胀现象会出现破坏性的挤压应力，影响建筑物的工程耐久性。因此，阐述建筑围护结构的湿度状况以及防止措施是建筑热工学的组成部分之一。

外围护结构的受潮主要取决于下列因素：

① 用于结构中材料的原始湿度。

② 施工过程（如浇筑混凝土，在砖砌体上洒水、粉刷等）中进入结构材料的水分。施工水分的多少，主要取决于围护结构的构造和施工方法，若采用装配式结构和干法施工，施工水分就可大大减少。

③ 由于毛细管作用，从土地渗透到围护结构中的水分。为防止这种水分，可在围护结构中设置防潮层。

④ 由于受雨、雪的作用而渗透到围护结构中的水分。

⑤ 使用管理中的水分。例如，在漂白车间、制革车间、食品制造车间及某些选矿车间等处，在生产过程中使用很多水，使地板和墙的下部受潮。

⑥ 由于材料的吸湿作用，从空气中吸收的水分。

⑦ 空气中的水分在围护结构表面和内部发生冷凝。

（一）建筑围护结构的传湿

1. 材料的吸湿特性

把一块干的材料试件置于湿空气之中，材料试件会从空气中逐步吸收水蒸气而受潮，这种现象称为材料的吸湿。

材料的吸湿特性，可用材料的等温吸湿曲线表征。该曲线是根据不同的空气相对湿度下测得的平衡吸湿湿度绘制而成。当材料试件与某一状态的空气处于热湿平衡时，即材料的温度与周围空气温度一致（热平衡）时，试件的质量不再发生变化（湿平衡），这时的材料湿度称为平衡湿度。等温吸湿曲线的形状呈 S 形，显示材料的吸湿机理分三种状态：① 在低湿度时为单分子吸湿；② 在中等湿度时为多分子吸湿；③ 在高湿度时为毛细吸湿。可见，在材料中的水分主要以液态形式存在。材料的吸湿湿度在相对湿度相同的条件下，随温度的降低而增加。

2. 围护结构中的水分转移

当材料内部存在压力差、湿度差和温度差时，均能引起材料内部所含水分的迁移。材料内所包含的水分，可以以三种形态存在：气态，液态和固态；在材料内部可以迁移的只是两种相态，一种是以气态的扩散方式迁移；一种是以液态水分的毛细渗透方式迁移。

当室内外空气的水蒸气含量不等时，在外围护结构的两侧就存在着水蒸气分压力差，水蒸气分子将从压力较高的一侧通过围护结构向低的一侧渗透扩散。若设计不当，水蒸气通过围护结构时，会在材料的孔隙中凝结成水或冻结成冰，造成内部冷凝受潮。

目前在建筑设计中为考虑围护结构的受湿状况，通常还是采用粗略的分析方法，即按稳定条件下单纯的水蒸气渗透过程考虑。即在计算中，室内外空气的水蒸气分压力都取为定值，不随时间而变，不考虑围护结构内部液态水分的转移，也不考虑热湿交换过程之间的相互影响。

稳态下水蒸气渗透过程的计算与稳定传热的计算方法是完全相似的。在稳态条件下通过围护结构的水蒸气渗透量，与室内外的水蒸气分压力差成正比，与渗透过程中受到的阻力成反比，即：

$$\omega = \frac{1}{H_0}\left(P_i - P_e\right)$$

式中：ω——水蒸气渗透强度，g/ (m² · h)；

H_0——围护结构的总水蒸气渗透阻，(m² · h · Pa) /g；

P_i——室内空气的水蒸气分压力，Pa；

P_e——室外空气的水蒸气分压力，Pa。围护结构的总水蒸气渗透阻按下式确定：

$$H_0 = H_1 + H_2 + H_3 + \cdots = \frac{d_1}{\mu_1} + \frac{d_2}{\mu_2} + \frac{d_3}{\mu_3} + \cdots + \frac{d_m}{\mu_m}$$

式中：d_m——任一分层的厚度，m；

μ_m——任一分层材料的水蒸气渗透系数，g/ (m · h · Pa)，$m = 1,2,3,\cdots,n$。

水蒸气渗透系数是 1 m 厚的物体，两侧水蒸气分压力差为 1 Pa 时，通过 1 m² 面积渗透的水蒸气量，用 μ 表示，单位为 g/ (m · h · Pa)。它代表材料的透气能力，与材料的密实程度有关，材料的孔隙率越大，透气性越强。

水蒸气渗透阻是围护结构或某一材料层，两侧水蒸气分压力差为 1 Pa 时，通过 1 m² 面积渗透 1 g 水蒸气所需要的时间，用 H 表示，单位为 (m² · h · Pa) /g。

由于围护结构内外表面的湿转移阻，与结构材料层的蒸汽渗透阻本身相比是很微小的，所以在计算总蒸汽渗透阻时可忽略不计。这样，围护结构内外表面的水蒸气分压力可近似地取为 P_i 和 P_e。围护结构内任一层内界面上的水蒸气分压力，可按下式计算 (与确定内部温度相似)：

$$P_m = P_i - \frac{\sum\limits_{j=1}^{m-1} H_j}{H_0}\left(P_i - P_e\right)$$

式中：$\sum\limits_{j=1}^{m-1} H_j$——从室内一侧算起，由1层至 $m-1$ 层的水蒸气渗透阻之和。

3. 内部冷凝的检验

围护结构的内部冷凝，其危害是很大的，而且是一种看不见的隐患。所以在设计之初，应分析所设计的构造方案是否会产生内部冷凝现象，以便采取措施加以消除，或控制其影响程度。

为判别围护结构内部是否会出现冷凝现象，可按以下步骤进行：

① 根据室内外空气的温湿度，确定水蒸气分压力 P_i 和 P_e，然后按式 $R_0 = R_i + \sum \dfrac{d}{\lambda} + R_e$ 计算围护结构各层的水蒸气分压力，并作出"P"分布线。对于采暖房屋，设计中取当地采暖期的室外空气的平均温度和平均相对湿度作为室外计算参数。

② 根据室内外空气温度 t_i 和 t_e，确定各层的温度，并作出相应的饱和水蒸气分压力"P_s"的分布线。

③ 根据"P"线和"P_s"线相交与否来判定围护结构内部是否会出现冷凝现象。"P_s"线与"P"线不相交，说明内部不会产生冷凝；若相交，则内部有冷凝。

经判别，若出现内部冷凝，可按近似方法估算冷凝强度和采暖期保温层材料湿度的增量。

实践经验和理论分析都已表明，在水蒸气渗透的途径中，若材料的水蒸气渗透系数出现由大变小的界面，因水蒸气至此遇到较大的阻力，最易发生冷凝现象，习惯上把这个最易出现冷凝，而且凝结最严重的界面，称为围护结构内部的"冷凝界面"。

显然，当出现内部冷凝时，冷凝界面处的水蒸气分压力已达到该界面温度下的饱和水蒸气分压力 $P_{s,c}$。设由水蒸气分压力较高一侧空气进到冷凝界面的水蒸气渗透强度为 ω_1，从界面渗透到分压力较低一侧空气的水蒸气渗透强度为 ω_2，两者之差即界面处的冷凝强度 ω_c，即：

$$\omega_c = \omega_1 - \omega_2 = \frac{P_A - P_{s,c}}{H_{0,i}} - \frac{P_{s,c} - P_B}{H_{0,e}}$$

式中：P_A——分压力较高一侧空气的水蒸气分压力，Pa；

P_B——分压力较低一侧空气的水蒸气分压力，Pa。

$P_{s,c}$——冷凝界面处的饱和水蒸气分压力，Pa；

$H_{0,i}$——在冷凝界面水蒸气流入一侧的水蒸气渗透阻，$(m^2 \cdot h \cdot Pa)/g$；

$H_{0,e}$——在冷凝界面水蒸气流出一侧的水蒸气渗透阻，$(m^2 \cdot h \cdot Pa)/g$。

采暖期内总的冷凝量的近似估计值为：

$$\omega_{c,0} = 24\omega_c Z_b$$

式中：$\omega_{c,0}$——采暖期内总的冷凝量，g/m^2；

Z_h——当地采暖期天数，d。

采暖期内保温层材料湿度的增量为：

$$\Delta\omega = \frac{24\omega_c Z_h}{1000 d_i \rho_i} \times 100\%$$

式中：d_i——保温层厚度，m；

ρ_i——保温材料的密度，kg/m^3。

应指出，上述的估算是很粗略的，在出现内部冷凝后，必须考虑冷凝范围内的液相水分的迁移机理，方能得出较精确的结果。

(二) 围护结构的防潮

1. 防止和控制表面冷凝

产生表面冷凝的原因，不外乎室内空气湿度过高或是壁面的温度过低。现就不同情况分述如下：

(1) 正常湿度的房间

对于这类房间，若设计围护结构时已考虑了保温与节能处理，一般情况下是不会出现表面冷凝现象的。但使用中应注意尽可能使外围护结构内表面附近的气流畅通，所以家具、壁柜等不宜紧靠外墙布置。当供热设备放热不均匀时，会引起围护结构内表面温度的波动，为了减弱这种影响，围护结构内表面层宜采用蓄热特性系数较大的材料，利用它蓄存的热量所起的调节作用，以减少出现周期性冷凝的可能。

(2) 高湿房间

高湿房间一般是指冬季室内相对湿度高于75%（相应的室温在$18 \sim 20$℃以上）的房间，对于此类房间，应尽量防止产生表面冷凝和滴水现象，预防湿气对结构材料的锈蚀和腐蚀。有些高湿房间，其室内气温已接近露点温度（如浴室、洗染间等），即使加大围护结构的热阻也不能防止表面冷凝，这时应力求避免在表面形成水滴，进而掉落下来，影响房间的使用质量，并防止表面冷凝水渗入围护结构的深部，使结构受潮。处理时，应根据房间使用性质采取不同的措施。为避免围护结构内部受潮，高湿房间围护结构的内表面应设防水层。对于那种间歇性处于高湿条件的房间，为避免冷凝水形成水滴，围护结构内表面可增设吸湿能力强且本身又耐潮湿的饰面层或涂层。在凝结期，水分被饰面层所吸收，待房间比较干燥时，水分自行从饰面层中蒸发出去。对于那种连续地处于高湿条件下，又不允许屋顶内表面的凝水滴落到设备和产品上的房间，可设吊顶（吊顶空间应与室内空气相通），将滴水有组织地引走，或加强屋顶内表面附近的通风，防止水滴的形成。

2. 防止和控制内部冷凝

由于围护结构内部的湿转移和冷凝过程比较复杂，目前在理论研究方面虽有一定进展，但尚不能满足解决实际问题的需要，因此在设计中主要是根据实践中的经验和教训，采取一定的构造措施来改善围护结构内部的湿度状况。

（1）合理布置材料层的相对位置

在同一气象条件下，使用相同的材料，由于材料层次布置的不同，一种构造方案可能不会出现内部冷凝，另一种方案则可能出现。一种是将导热系数小、蒸汽渗透系数大的材料层（保温层）布置在水蒸气流入的一侧，导热系数大而水蒸气渗透系数小的密实材料层布置在水蒸气流出的一侧。由于第一层材料热阻大，温度降落多，饱和水蒸气分压力"P_s"曲线相应的降落也快，但该层透气性大，水蒸气分压力"P"降落平缓；在第二层中的情况正相反，这样"P_s"曲线与"P"线很易相交，也就是容易出现内部冷凝。第二种是把保温层布置在外侧，就不会出现上述情况。所以材料层次的布置应尽量在水蒸气渗透的通路上做到"进难出易"。

（2）设置隔汽层

在具体的构造方案中，材料层的布置往往不能完全符合上面所说的"进难出易"的要求。为了消除或减弱围护结构内部的冷凝现象，可在保温层蒸汽流入的一侧设置隔汽层。这样可使水蒸气流抵达低温表面之前，水蒸气分压力已得到急剧的下降，从而避免内部冷凝的产生。采用隔汽层防止或控制内部冷凝是目前设计中应用最普遍的一种措施，为达到良好效果，设计中应注意如下几点：

保证围护结构内部正常湿状况所必需的蒸汽渗透阻。一般的采暖房屋，在围护结构内部出现少量的冷凝水是允许的，这些冷凝水在暖季会从结构内部蒸发出去。但为保证结构的耐久性，采暖期间围护结构中的保温材料因内部冷凝受潮而增加的湿度，不应超过一定的标准。

根据采暖期间保温层内湿度的允许增量，由下式可得出冷凝计算界面内侧所需的水蒸气渗透阻为：

$$H_{i,min} = \frac{P_i - P_{s,c}}{\dfrac{10\rho_i d_i [\Delta\omega]}{24Z_h} + \dfrac{P_{s,c} - P_c}{H_{0,e}}}$$

式中：$H_{i,min}$——冷凝计算界面内侧所需的水蒸气渗透阻（（m²·h·Pa）/g）；

P_i——室内空气水蒸气分压力（Pa）；根据室内计算温度和相对湿度确定；

P_c——室外空气水蒸气分压力（Pa）；根据当地采暖期室外平均温度和平均相对湿度确定；

$P_{s,c}$——冷凝计算界面处的界面温度0。对应的饱和水蒸气分压力（Pa）；

$H_{0,e}$——冷凝计算界面至围护结构外表面之间的水蒸气渗透阻（(m²·h·Pa)7g)；

Zh——采暖期天数（d）；

$[\Delta \omega]$——采暖期间保温材料重量湿度的允许增量（%）；

ρ_i——保温材料的干密度（kg/m³）；

d_i——保温材料层厚度（m）；

10——单位折算系数，因为 $\Delta \omega$ 是以百分数表示，ρ_i 是以 kg/m³ 表示的。

若内侧部分实有的水蒸气渗透阻小于上式确定的最小值时，应设置隔汽层或提高已有隔汽层的隔汽能力。

冷库建筑外围护结构的隔汽层的水蒸气渗透阻 $H_{\gamma\beta}$ 应满足下式，但不得低于 4000（m²·h·Pa）/g：

$$H_{\gamma\beta} = 1.6 \Delta P$$

式中：ΔP——室内外水蒸气分压力差（Pa），按夏季最热月的气象条件确定。

对于不设通风口的坡屋顶，其顶棚部分的水蒸气渗透阻应符合下式要求：

$$H_{0,i} > 1.2(P_i - P_e)$$

式中：$H_{0,i}$——顶棚部分的蒸汽渗透阻（(m²·h·Pa)/g)；

P_i，P_e——分别为室内和室外空气水蒸气分压力（Pa）。

隔汽层应布置在水蒸气流入的一侧，所以对采暖房屋应布置在保温房内侧，对于冷库建筑应布置在隔热层外侧。如隔汽层设在常年高湿一侧。若在全年中存在着反向的水蒸气渗透现象，则应根据具体情况决定是否在内外侧都布置隔汽层。必须指出，对于采用双重隔汽层要慎重对待。在这种情况下，施工中保温层不能受潮，隔汽层的施工质量要严格保证。否则在使用中，万一在内部产生冷凝，冷凝水不易蒸发出去，所以一般情况下应尽量不用双重隔汽层。对于虽存在反向蒸汽渗透，但其中一个方向的水蒸气渗透量大，而且持续时间长，另一个方向较小，持续时间又短，则可仅按前者考虑。此时，另一方向渗透期间亦可能产生内部冷凝，但冷凝量较小，气候条件转变后即能排除出去，不致造成严重的不良后果。必要时可考虑在保温层的中间设置隔汽层来承受反向的水蒸气渗透。

（3）设置通风间层或泄气沟道

设置隔汽层虽然能改善围护结构内部的湿状况，但并不是最妥善的办法，因为隔汽层的隔汽质量在施工和使用过程中不易保证。此外，采用隔汽层后，会影响房屋建成后结构的干燥速度。对高湿房间围护结构的防冷凝效果不佳。

为此，对于湿度高的房间（如纺织厂）的外围护结构以及卷材防水屋面的平屋顶结构，采用设置通风间层或泄气沟道的办法最为理想。由于保温层外侧设有一层通风间层，从室内渗入的水蒸气，可借不断与室外空气交换的气流带走，对保温层起风干的作用。

（4）冷侧设置密闭空气层

在冷侧设一空气层，可使处于较高温度侧的保温层经常干燥，这个空气层称为引湿空气层，这个空气层的作用称为收汗效应。

第二节　建筑热环境

一、人的热舒适

建筑为人的生存提供基本保障，也为追求更高的热舒适创造条件。

（一）生存

人是一种高度复杂的恒温动物，为维持各种器官正常新陈代谢，人体必须保持稳定的体温。维持人体体温的热量来自食物，通过新陈代谢维持各器官的正常机能，新陈代谢的过程产生热量。人体对环境有适应性生理反应，在漫长的进化过程中形成了多种与气候相适应的机能，如在寒冷环境中加速血液循环、肌肉产热来补充热量损失，在炎热环境中通过汗液蒸发来降温。人体各部位存在明显的温度梯度，以重点保护内脏等重要器官。人体体温通过大脑控制调节，散热调节方式有血管扩张增加血流、提高表皮温度和汗液蒸发等。御寒调节方式有血管收缩、减少血流、降低表皮温度和通过冷战提高新陈代谢率等，但人对环境的适应性限于一定范围，超出这个范围就会感到不舒适，甚至危及生存。人类祖先生活在热带地区，高温高湿可能会使其感到不适，但一般不会危及生命，而在冰原气候区，长时间处于 -5℃的环境中，则会面临死亡。

人无法单纯依靠新陈代谢产热来维持体温，还需要借助其他方式如采暖，服装和建筑来补充和保持体温，以此应对各种生存环境。人类祖先既不能通过生长皮毛来适应环境，也不能通过迁徙来选择环境，但可以通过建造原始遮蔽物来抵御不利气候条件。建筑的本质属性之一就是遮风避雨、防寒避暑，为保持体温和生存提供基本保障。

(二) 热感觉与热舒适

热感觉是对周围环境"冷""热"的主观描述。人不能直接感受环境温度，只能感受到皮下神经末梢的温度。冷热刺激的存在、持续时间和原有状态影响人的热感觉。热舒适是人体对热环境的主观热反应，是对热环境表示满意的状态。舒适并不引发必然反应，而不舒适则常常会引起人的反应。热舒适研究始于 20 世纪初。基于人体生理学研究热交换和热舒适的条件，20 世纪 50 年代，空气温度被确定为热舒适研究的环境参数。到了 60 年代，建立了人体热感觉专用实验室，确定了热感觉的 6 个影响因素，提出了热舒适方程。对热舒适存在两种观点：一种观点认为热舒适和热感觉相同，热感觉处于不冷不热的中性状态就是热舒适，此时，空气湿度不过高或过低，空气流动速度不大；另一种观点认为热舒适是使人高兴、愉快，满意的感觉，是忍受不舒适的解脱过程，不能持久存在，只能转化为另一个不舒适过程。因此，热舒适在稳态条件下并不存在，愉快是暂时的，愉快是一种有用的刺激信号，愉快是动态的，愉快实际上只能在动态条件下才能被观察到。

动态条件下人体处于不同热状态时，冷刺激和热刺激将引发不同的反应（虚线），有舒适与不舒适两种可能性，两者可交替出现。不舒适是产生舒适的前提，包含着对舒适的期望；舒适是忍受不舒适的解脱过程，不能持久存在，只能转化为另一不舒适过程，或趋于中性状态。因此，在稳态热中性环境中无法获得热舒适。创建动态热环境的目的是研究何种条件下，人体既能实现热舒适，又能使不可避免的不舒适过程成为可接受的过程，并发展相应的调节策略和操作模式，充分发挥自然通风动态气流和降温的共同作用，使室内热环境既基本满足人体热感觉要求，又提供一定程度的热舒适，并降低能源的使用。

二、室内热环境的构成要素及其影响

室内热环境的舒适要求是人对建筑环境最基本的要求之一。而热环境对人体热舒适的影响主要表现在冷热感。它取决于人体新陈代谢产生的热量和人体向周围环境散热量之间的关系。在人体与其周围环境之间保持热平衡，对人体的健康和舒适来说是首要的要求，这种热平衡即使在外界环境有较大变化的情况下，也能使体内核心组织的温度波动很小。热平衡的条件及人体对环境的冷热感取决于多种因素的综合作用。影响室内热环境的物理环境因素主要包括空气温度、空气湿度、风速和平均辐射温度四个方面。

(一) 空气温度

在人的热舒适感觉指标中空气温度给人冷热的感觉，对人体的舒适感最为重要，室内最适宜的温度是 20～24℃。在人工空调环境下，冬季温度控制在 16～22℃，夏季控制在 24～28℃时，这样能耗比较经济，同时又较为舒适。如果室内温度低于 16℃，则人的手指温度将低于 25℃，无法正常工作和写字，同时也对人体的肌肉和骨关节有害。如果温度高于 30℃，人体的活动也将受到不良影响。在讨论热环境时，如果只用到空气温度，一般认为其他三要素 (湿度、风速和平均辐射温度) 大致都是恒定的。此外，温度场的水平和垂直分布对人体的舒适性也会产生影响。

空气温度对人体的热调节起着主要的作用。房间内的空气温度是由房间内的得热和失热、围护结构内表面的温度及通风等因素构成的热平衡所决定的，它也直接决定人体与周围环境的热平衡。周围温度的变化改变着主观的温热感 (热感觉)。在水蒸气压力及气流速度为恒定不变的条件下，人体对环境温度升高的反应主要表现为皮肤温度的升高与排汗率的增加，从而增加辐射、对流和蒸发散热。在室内一般的情况下，气流不大，如果湿度很低，气温与周围壁面温度相差又不多，则身体热感觉可完全由气温决定。对于工程设计者来说，主要任务在于使实际温度达到室内计算温度。因此，室内空气温度是关系舒适与节能的重要指标。根据我国国情，在实践中推荐室内空气温度为：夏季 26～28℃，高级建筑及人员停留时间较长的建筑可取低值，一般建筑及人员停留时间短的可取高值；冬季 18～22℃，高级建筑及人员停留时间较长的建筑可取高值，一般建筑及人员停留时间短的建筑可取低值。

(二) 空气湿度

空气湿度是指空气中含有的水蒸气的量。在舒适性方面，湿度直接影响人的呼吸器官和皮肤出汗，影响人体的蒸发散热。在舒适区内 (即干球温度在 16～25℃时)，相对湿度在 30%～70% 范围内变化对人体的热感觉影响不大。但是，当人体温度升高到人体需要通过出汗来散热降温时，空气湿度将对热舒适造成较大的影响。一般认为最适宜的相对湿度应为 50%～60%。相对湿度低于 20% 时，人会感到喉咙疼痛，皮肤干燥发痒，呼吸系统的正常工作受到影响。在夏季高温时，如果湿度过高则汗液不易蒸发，形成闷热感，令人不舒适；在冬季如果湿度过大则产生湿冷感，同样令人不舒适。此外，湿度过高且通风不好时微生物很容易滋生。

空气的湿度对施加于人体的热负荷并无直接影响，但它决定着空气的蒸发力，因而也决定着排汗的散热效率，从而直接或间接地影响人体舒适度。相对湿度过高或过低都会引起人体的不良反应。对于人体冷热感来说，相对湿度的升高就意味着增加了人体的热感觉。高温、高湿对机体的热平衡有不利的影响。因为，在高温时机体主要依靠蒸发散热来维持热平衡，此时相对湿度的增高将会妨碍人体汗液的蒸发。就人的感觉而言，当温度高、湿度大，尤其风小时，人会感到"闷热"；而当温度高、湿度小时，人将会感到"干热"。一般情况下，室内相对湿度为60%~70%是人体感觉舒适的相对湿度。我国民用及公共建筑室内相对湿度的推荐值为：夏季40%~60%，一般的或人员短时间停留的建筑可取偏高值；冬季对一般建筑相对湿度不作规定。

(三) 风速

空气流动形成风，改变风速是改善热舒适的有效方法。舒适的风速随温度变化而变化，在一般情况下，令人体舒适的气流速度应小于0.3 m/s；在夏季利用自然通风的房间，由于室温较高，舒适的气流速度也应较大。如广州、上海等地对一般居室在夏季使用情况的调查测试结果为：室内风速在0.3~1 m/s之内多数人感到愉快；只有当室内风速大于1.5 m/s时，多数人才认为风速太大不舒适。室内的空气流速，对改善热环境也有重要的作用，气流速度从两个不同的方面对人体产生影响。首先，它决定着人体的对流换热。气流可以促进人体散热，增进人体的舒适感。其次，它影响着空气的蒸发力，从而影响着排汗的散热效率。当空气温度高于皮肤温度时，增加气流速度会因对流传热系数的增大而增加人从环境的得热量，从而可能对人体产生不利影响。因此，在高气温时，气流速度有一个最佳流速值；低于此值，会因排汗率的降低而产生不舒适及造成增热；高于此值，对流的热量又会抵消蒸发散热量并有余，从而增热。在寒冷环境中，增加气流速度会增加人体向环境的散热量。我国对室内空气平均流速的计算值为：夏季0.2~0.5 m/s，对于自然通风房间可以允许高一些，但不可高于2 m/s；冬季0.15~0.3 m/s。

(四) 平均辐射温度

周围环境中的各种物体与人体之间都存在辐射热交换，可以用平均辐射温度来评价。人通过辐射从周围环境得热或失热。当人体皮肤温度低时，人就可以从高温物体(炉火或散热器)辐射得热，而低温物体将对人产生"冷辐射"。热辐射具有方向性，因此在单向辐射下，只有朝向辐射的一侧才能感到热。

室内平均辐射温度近似等于室内各表面温度的平均值。热辐射不受空气温度的影响，且与风无关。它决定了人体辐射散热的强度，进而影响人体的冷热感。在同样的室内空气热湿条件下，如果室内表面温度高，人体会增加热感；如果室内表面温度低，则会增加冷感。根据实验，当气温10℃，四周壁面表面温度50℃时，人体在其中会感到过热；当室内温度 10℃，而壁面表面温度为 0℃时，人在其中则会感到过冷。我国对房间围护结构内表面温度的要求是：冬季，保证内表面最低温度不低于室内空气的露点温度，即保证内表面不结露；夏季，保证内表面最高温度不高于室外空气计算温度的最高值。

三、人体热舒适影响因素

人的热舒适受环境因素影响，有环境物理状况、人的服装与活动状态，以及社会心理因素，并且存在个体差异。

(一) 人体活动因素

表征人体活动的人体新陈代谢率取决于活动状况和健康状况。影响人体新陈代谢的因素有肌肉活动、精神活动、食物、年龄、性别、环境温度等因素。人的不同活动状况要求的舒适温度不同。在周围没有辐射或导热的状况下，新陈代谢产热量有不同的空气平衡温度，在睡觉（70～80 W）时是28℃，静坐时（100～150 W）时是20～25℃，在更高的新陈代谢产热量下要定出空气平衡温度就越来越困难，如马拉松运动员产热量可达1000 W，体温达40～41℃，此时，无论环境温度如何，都极不舒适。

(二) 服装因素

人体表面热量通过服装散发，服装影响人与环境之间的热交换。服装的作用不仅是御寒，还可以控制辐射和对流热交换、遮阳、防风和通风，调节热舒适。由于生活习惯的差异，服装调节作用也有所不同。

(三) 个体因素

除上述因素之外，人的热舒适还受社会、心理和生理因素影响，并且存在个体差异，包括性别、年龄、民族和适应性等。

四、室内热感觉的量化评价

热舒适是一种主观感受，有时难以用语言来精确表达和量化，如下面所描述的热舒适状况：

闷热：空气温度高、湿度大，不流动。

酷热：空气温度高，热辐射强。

炎热：极端酷热。

阴冷：空气温度低，湿度大。

上述状况都与通风不良有关。室内空气不流动（空气流动速度 < 0.15 m/s），在皮肤散热及呼吸方面会引起不舒适。

微风：风很小，对减轻热压迫有效。

清新：空气干燥凉爽，且流速适宜。

潮湿：空气温度低，湿度大，滑腻腻和黏糊糊。

干灼（parched）：空气温度高，湿度很低，有烘烤感。

对室内热环境进行研究，需要对热舒适的各种物理指标进行量化表示。

(一) 量化指标与测量

人体热舒适受物理因素、人的服装和活动状况的综合影响，分别有各自的量化评价指标和标准。

1. 室内空气温度

温度是六个国际基本单位制之一，反映人对冷热刺激的感受。物质的性质随温度改变，如固体、液体和气体存在热胀冷缩现象。温度用华氏温标，摄氏温标或开尔文温标三种方式度量。在标准大气压下，冰的熔点为 32 ℉，水的沸点为 212 ℉，中间划分为 180 等份，每等份为 1 ℉（华氏度）。在标准大气压下，纯水的熔点为 0℃，水的沸点为 100℃，中间划分为 100 等份，每等份为 1℃（摄氏度）。开尔文温标对应的物理量是热力学温度（又称绝对温度），是一个纯理论的温标，单位为 K（开尔文）。

摄氏和华氏温标的关系：

$$t_C = \frac{5}{9}(t_F - 32)$$

室内空气温度一般采用干球温度计来测量，简便实用。目前，实验中多数采用自动电子温度计，连续测量和记录温度变化情况，实现室内空气温度的动态监测。

2. 室内空气湿度

空气中可容纳的水蒸气量是有限的，在一定气压下，空气温度越高，可容纳的水蒸气量也越多。空气湿度用绝对湿度、相对湿度或实际水蒸气分压力来量化表示。

绝对湿度即每立方米空气中的水蒸气含量，单位为 g/m³。空气含湿量即在单位质量干空气中的水蒸气含量，单位为 g/kg。实际水蒸气分压力（e）即大气压中的水蒸气分压力，单位为 Pa（帕斯卡）。在一定的气压和温度条件下，空气中水蒸气含量有一个饱和值，与饱和含湿量对应的水蒸气分压力称为饱和水蒸气分压力，饱和水蒸气分压力随空气温度的改变而改变。

三种空气湿度表示方法的数值换算关系如下：

$$d = 0.622 \frac{e}{P-e}$$

式中：d——空气含湿量（g/kg 干空气）；

　　　P——大气压（Pa），一般标准大气压为 101325 Pa；

　　　e——实际水蒸气分压力（Pa）。

$e = 0.461 T \cdot f$

式中：T——空气的绝对温度（K）；

　　　f——空气的绝对湿度（g/m³）。

相对湿度即指在一定温度和气压下，空气中实际水蒸气的含量与饱和水蒸气含量之比。在建筑工程中常用实际水蒸气分压力（e）与饱和水蒸气分压力（E）的百分比来表示相对湿度，饱和空气的相对湿度为 100%。相对湿度的表达式为：

$$\varphi = \frac{e}{E} \times 100\%$$

空气温湿图是根据含湿空气物理性质绘制的工具图，反映在标准大气压下，空气温度（干球温度）、湿球温度、水蒸气分压力、相对湿度之间的关系。当空气含湿量不变，即实际水蒸气分压力 e 值不变，而空气温度降低时，相对湿度将逐渐增高，当相对湿度达到 100% 后，如温度继续下降，则空气中的水蒸气将凝结析出。相对湿度达到 100%，即空气达到饱和状态时所对应的温度称为露点温度，通常以符号 t_d 表示。通过查表可得到不同大气压下和温度下的饱和水蒸气分压力值相对应的室内空气的相对湿度。

室内空气的相对湿度可用干湿球湿度计测量，干球和湿球湿度计的湿度数值差反映空气相对湿度状况。数值差越大，相对湿度越低；数值差越小，相对湿度越高，越接近饱和。目前，实验多数采用自动电子湿度计，通过传感器连续测量和记录室内空气湿度，满足动态监测室内湿度变化的需要。

根据测得的干、湿球湿度从空气温湿图中可得到空气相对湿度和水蒸气分压力，准确计算时可用查表得出。

3. 室内空气流动

空气流动形成风，风速是单位时间内空气流动的行程，单位为 m/s，风向指气流吹来的方向。开窗状态下，室内气流状况受室外气流状况和空调设备送风状况影响。室内空气流动有利于人体对流换热和蒸发换热。如果空气温度低于皮肤温度，加大风速可增加皮肤对流失热率，加速汗液蒸发散热，继续加大风速，汗液蒸发散热将达到极值并不再增加。相反，如果空气温度高于皮肤温度，人体将通过对流得热。气流动态变化对人体热感觉影响较大，环境较热时，脉动气流对人体的致冷效果强于稳定气流。在空调设计中，送风频率和风速接近自然风会更加舒适。

室内风向和风速用风速计测量。自动电子风速计可以实现多方向风速测量和记录，动态监测室内气流状况。

4. 室内热辐射

室内热辐射是指房间内各表面和设备与人体之间的热辐射作用，用平均辐射温度（T_m）评价，是室内与人体辐射热交换的各表面温度的平均值，在某种状况下，假定所有表面温度都是平均辐射温度，该状况下净辐射热交换与原各表面温度状况下的辐射热交换相同。由于人在房间中的位置不固定，房间中各表面的温度也不相同，精确计算室内平均辐射温度较为复杂，目前工程中一般常用粗略计算，用各表面的温度乘以面积加权的平均值表示。其计算式如下：

$$T_{mrt} = \frac{A_1 T_1 + A_2 T_2 + \cdots + A_n T_n}{A_1 + A_2 + \cdots + A_n}$$

式中：T_1，T_2——各表面温度（K）；

A_1，A_2——空气的绝对湿度（m²）；

T_{mrt}——房间的平均辐射温度（K）。

平均辐射温度无法直接测量，但是可以通过黑球温度换算得出。平均辐射温度与黑球温度间的换算关系可用贝尔丁经验公式计算：

$$T_{mrt} = t_g + 2.44 v^{0.5} \left(t_g - t_a \right)$$

式中：T_{mrt}——平均辐射温度（℃）；

t_g——室内黑球温度（℃）；

t_a——室内空气温度（℃）；

v——室内风速（m/s）。

平均辐射温度对人体热舒适有直接影响。夏季室内过热的原因，除了空气温度高之外，主要是由于围护结构内表面热辐射和进入室内的太阳辐射造成的。建筑围护结构内表面温度过低将产生冷辐射，影响热舒适性。

5. 服装状况

服装状况影响人与环境的热传递，人体表面的热量穿过衣物散发。服装状况用服装热阻 clo 值表示，1 clo 值定义为一个静坐者在空气温度 21℃，气流速度小于 0.05 m/s，相对湿度小于 50% 的环境中感到舒适所需服装热阻。clo 值的物理单位为 0.043℃·m²·h/kJ，即在织物两侧温度差 1℃，1 m² 织物面积通过 1kJ 热量需要 3 min。

服装 clo 值采用暖体铜人模型或测试服精确测量。

6. 人体活动状况

人的活动状况以新陈代谢率为单位，不同活动状态的新陈代谢率为该活动强度下新陈代谢产热量与基础代谢产热量的比值。基础代谢指人体在基础状态下的能量代谢，医学上的基础状态指清晨、清醒、静卧半小时，禁食 12 h 以上，室温 18 ~ 25℃，精神安宁，平静状态下，人体只维持最基础（血液循环、呼吸）的代谢状态。人体的基础代谢率是指单位时间内的基础代谢。通常将基础代谢率定义为 1met，相当于人体表面产热 58 W/m²，成年人平均产热量一般为 90 ~ 120 W，从事重体力劳动时，产热量可达 580 ~ 700W。

（二）热平衡方程

热舒适建立在人与周围环境正常热交换的基础上，新陈代谢产热从人体散发出去，维持热平衡和正常体温。

人的新陈代谢产热量和向周围环境散热量之间的平衡关系，用人体热平衡方程式表示：

$$M - W - C - R - E = TL$$

式中：M——人体新陈代谢率（W/m²）；

W——人体所做的机械功（W/m²）；

C——人体外表面向周围环境通过对流形式散发的热量（W/m²）；

R——人体外表面向周围环境通过辐射形式散发的热量（W/m²）；

E——汗液蒸发和呼出的水蒸气所带走的热量（W/m²）；

TL——人体产热量与散热量之差，即人体热负荷（W/m²）。

人体新陈代谢产热量（M）主要取决于人的活动状况。

对流换热量（C）是当人体表面与周围空气之间存在温度差时，通过空气对流交换的热量。当体表温度高于气温时，人体失热，C 为负值。反之，则人体得热，C 为正值。

辐射换热量（R）是指人体表面与周围环境之间进行的辐射热交换。当体表温度高于周围表面的平均辐射温度时，人体失热，R 为负值。反之，则人体得热，R 为正值。

蒸发散热量（E）是指在正常情况下，人通过呼吸和无感觉排汗向外界散发一定热量。在活动强度变大，环境变热及室内相对湿度低时，E 随着有感觉汗液蒸发而显著增加。

当 TL=0 时，人体处于热平衡状态，体温可维持正常，这是人生存的基本条件。但是，TL=0 并不一定表示人体处于舒适状态，因为有许多不同的组合都可使

TL=0，也就是说，人会遇到各种不同的热平衡，但并非所有热平衡都是舒适的。由于人体的体温调节机制，当环境过冷时，皮肤毛细血管收缩，血流减少，皮肤温度下降以减少散热量；当环境过热时，皮肤血管扩张，血流增多，皮肤温度升高以增加散热量，甚至大量排汗使蒸发散热 E 加大，达到热平衡，这种热平衡称为负荷热平衡。在负荷热平衡状态下，虽然 TL 仍然等于 0，但人体已不处于舒适状态，只要出汗和皮肤表面平均温度仍在生理允许范围之内，则负荷热平衡仍是可忍受的。

人体体温调节能力具有一定限度，不能无限制通过减少体表血流方式来应对过冷环境，也不能无限制地靠出汗来应对过热环境，因此，一定程度下终将出现 TL ≠ 0 的情况，导致人体体温升高或者降低，从生理健康角度，这是不允许的。人体体温最大的生理性变动范围为 35 ~ 40℃；TL=0，表明人体正常，体温保持不变；TL > 0，表明体温上升，人体不舒适；当体温 ≥ 45℃，人死亡。TL < 0，表明在冷环境中，人体散热量增多。当体温 < 36℃，体温过低；体温 < 28℃，有生命危险；体温 < 20℃，一般不能复苏。

因此，通常的热舒适是人体低新陈代谢率、不出汗、不冷战，室内热环境的舒适度分为舒适、可忍受和不可忍受三种情况，为了保证人体健康，至少以可忍受的负荷热平衡状态，作为室内热环境评价的标准和规定。

(三) 热舒适指数

人体热平衡公式表明，任何一项单项因素都不足以说明人体对热环境的反应，如果用单一指数来描述人对热舒适的反应，对热环境全部影响因素的综合效果进行评价，称为热舒适指数。热舒适的各种影响因素是不同物理量，密切关联，改变个别因素可以补偿其他因素，例如，室内空气温度低、平均辐射温度高与室内空气温度高、平均辐射温度低可能具有相同的热感觉，并且热舒适还与人的活动和服装状况有关。

对热舒适指数的研究，先后提出了作用温度、有效温度、热应力指标和预测平均热感觉指标等，从不同角度将各种影响因素综合，为建筑热工设计和室内热环境评价提供依据和方法。

1. 作用温度

作用温度综合了室内气温和平均辐射温度对人体的影响，忽略其他因素，用公式表示为：

$$t_o = \frac{t_a a_c + t_{mrt} a_r}{a_c + a_r}$$

式中：t_o——作用温度（℃）；

t_a——室内空气温度（℃）；

t_{mrt}——室内平均辐射温度（℃）；

a_c——人体与室内环境的对流换热系数（W/（m²·℃））；

a_r——人体与室内环境的辐射换热系数（W/（m²·℃））。

当室内空气温度（t_a）与平均辐射温度相等时，作用温度与室内空气温度相等。

2. 有效温度

有效温度是将一定条件下的室内空气温度、空气湿度和风速对人的热感觉综合成单一数值，数值上等于产生相同热感觉的静止饱和空气的温度。基本假设是在同一有效温度作用下，室内温度、湿度、风速各项因素的不同组合在人体产生的热感觉可能相同。它以实验为依据，受试者在热环境参数组合不同的两个房间走动，设定其中一个房间无辐射、平均风速为"静止"状态（V≈0.12 m/s）、相对湿度为"饱和"（100%），另一房间各项参数（温度、湿度、风速）均可调节，如多数受试者在两个房间均能产生同样的热感觉，则两个房间有效温度相同。如果进一步考虑室内热辐射的影响，将黑球温度代替空气温度得到修正有效温度。标准有效温度是综合考虑人的活动状况、服装热阻形成一个通用指标，是一个等效的干球温度值，把室内热环境实际状况下的空气温度、相对湿度和平均辐射温度综合为一个温度参数，使具有不同空气温度、相对湿度和平均辐射温度的热环境状况能用一个指数表达并进行相互比较，同一标准有效温度下，室内温度、湿度、风速等各项因素的组合不同，但人体会产生相同的热感觉。

3. 热应力指标

热应力指标用于定量表示热环境对人体的作用应力，综合考虑室内空气温度、空气湿度、室内风速和平均辐射温度的影响，是按照人体活动产热，服装及周围热环境对人的生理机能综合影响的分析方法，以汗液蒸发为依据，将室内热环境下的人体生理反应以排汗率来表示。热应力指标认为，所需排汗量等于新陈代谢量减去对流和辐射散热量，即使 $HSI = E_{req}/E_{max} \times 100$，根据人体热平衡条件，计算一定热环境中人体所需的蒸发散热量和该环境中最大可能的蒸发散热量，以二者的百分比作为热应力指标。

（四）生物气候图

另有一些研究人员并不认为热舒适可以用单一指标来综合评价，而是试图将舒适区在空气温湿图上表示出来。

图中显示的舒适区范围是干球温度17~28℃，水蒸气分压力（VP）0.6~2.0 kPa，相对湿度20%~80%。干球温度在17~28℃之间，此时，人在不出汗或打冷战的情况下，穿着一般服装并通过血管舒缩控制即可达到热平衡。稀密点表示的区域即舒适区，它表明越靠近中心区，舒适越有保证，超出这个范围就会有越来越多的人感到不舒适。上述舒适区适用的对象是坐着活动的人，此时新陈代谢产热率为70～150 W。对于活动状况高于这个标准的，其舒适区将逐渐偏离图中的范围。图中的舒适区可以因为通风和蒸发散热而向上延伸到新的范围，也可以通过增加辐射在一定程度上将舒适区向下延伸至图中所示的新范围。由于辐射延伸的舒适区仅仅适用于风速极小的情况，而由于风速变化而延伸的舒适区则假定辐射可忽略不计。

图中标注各点的意义如下：

A表示通常所说的最舒适条件点。温度围绕A点可上下变动各2℃，夏季向上变动，冬季向下变动，在此范围内变化不会影响热舒适，相对湿度变化在10%～15%时，人也很容易能够忍受。

B表示人在雪地里的情况，在接近0℃的空气里，人可以穿着很少的衣服沐浴在各向同性的太阳辐射里，四面八方均有足够的辐射，使人体达到热平衡。此时如果风速极微，则人也能够感到热舒适。

C表示人在冬季日出不久之后进入阳光暖照的房间，此时由于瞬感现象的作用使人感到热舒适。

D表示人在风速较大的环境中，此时汗的蒸发和汗的形成一样快，因而也容易获得热舒适。

E表示人处在很"难受的"环境，空气温度30℃，相对湿度70%。此时可以通过加大风速达到热舒适，风速通常保持在1.5 m/s甚至更高。

五、室内热环境设计标准

室内热环境影响人的生活和健康，热舒适标准以满足人对环境的客观生理要求为基本依据，同时考虑建筑节能问题，保证室内热环境相关各项指标达到标准，围护结构性能符合建筑节能要求，体现在采暖和空调季节的室内温度、换气次数、围护结构的传热系数等指标。

《民用建筑热工设计规范》（GB 50176-2016）是围护结构设计的依据。它根据气候条件和房间使用要求，按照经济和节能的原则，规定室内空气计算温度、围护结构的传热阻，屋顶及外墙的内表面最高温度等，保证相关物理因素满足人的热舒适性标准。

《公共建筑节能设计标准》（GB 50189-2015）对办公楼、餐饮、影剧院、交通、银行、体育、商业、旅馆、图书馆九大类公共建筑的各个不同功能空间的集中采暖室内计算参数进行了详细规定，对空气调节系统室内计算参数进行了规定，并对主要空间的设计新风量进行了分项详细规定。

对北方冬季采暖地区居住建筑,《严寒和寒冷地区居住建筑节能设计标准》(JGJ 26-2018)规定了严寒和寒冷地区的气候子区与室内人环境计算参数,冬季采暖室内计算温度应取18℃,采暖计算换气次数应取0.5次/h,18℃作为采暖度日数计算基础。规范考虑经济和节能的需要,按照各地区的采暖期室外平均温度规定了该地区的建筑物耗热量指标和与其相适应的外围护结构各部分(如屋顶、外墙、窗、地面等)应有的传热系数限值。

对中南部地区居住建筑,《夏热冬冷地区居住建筑节能设计标准》(JGJ134-2010)规定,冬季采暖室内热环境设计计算指标为卧室、起居室设计温度应取18℃,换气次数取1.0次/h;夏季空调室内热环境设计计算指标为卧室、起居室设计温度应取26℃,换气次数取1.0次/h。《夏热冬暖地区居住建筑节能设计标准》(JGJ75-2012)规范规定了夏季空调室内设计计算指标取值:居住空间计算温度26℃,计算换气次数1.0次/h;北区冬季采暖室内设计计算指标为:居住空间设计计算温度16℃,计算换气次数1.0次/h。

第三节　自然通风

一、风的基本概念

(一)风的形成机理

大气层的重力作用在地球表面形成的大气压力,随海拔高度而变。海平面大气压力称作标准大气压,为101.325 kPa或760 mmHg。气压压差驱动空气流动形成风。风的分布受全球性因素和地区性因素影响,如太阳辐射引起的全球气压季节性分布、地球自转、海陆地表温度的日变化及地形与地貌的差异等。

1.全球性风系

赤道和两极之间由于空气温度差形成的大气运动称为大气环流。在地表太阳辐射差异和海陆分布影响下,南北半球大气存在不同的压力带和气压中心,有永久性的,也有季节性的。在赤道地区形成低气压带,周围高气压区的空气流向该低压区。由于地球自转作用,气流并非沿着最大压力梯度方向即垂直于等压线的方向移动,而是受到复合向心力的作用产生偏斜,由此在南、北半球形成三个全球性的风带,还有海陆分布形成的季风系,包括信风、西风、极风和季风。

2. 地方风

地方风在小范围局部地区，由于太阳辐射不均匀和地形、地势、地表覆盖面、水陆分布等因素影响产生的地方性风系。既有地表局部地方受热或受冷不均匀而产生的海陆风或山谷风，也有风在遇到障碍物绕行时产生风向和风速的改变，如海陆风、山谷风、街巷风、高楼风等。

(二) 风的描述

某个地区的风的变化呈现一定规律性，风向、风速和风频是重要参数。风向是指气流吹来的方向，如果风从北方吹来就称为北风。风速是表示气流移动的速度，即单位时间内空气流动所经过的距离，风向和风速这两个参数都是在变化的。一般以所测开阔地距地面 10 m 高处的风向和风速作为当地的观测数据。

1. 风向类型与分区

(1) 基本概念

① 盛行风向：根据资料统计，某地一年中风向频率较大的风向，一个地区盛行风向可以有一个，也可以有两个。是否可以有更多，就要做具体分析了。因为数目多了，频率必然不会太大。

② 主导风向：也称为单一盛行风向，即该地区只有一个风向频率较大的风向。

③ 风向频率：某地某个方向的风向频率是指该方向一年中有风次数和该地区全年各方向的有风总次数的比率。

④ 最小风频风向：指某地风向频率最小的风向。

(2) 风向类型和分区

我国气象工作者经研究，指出我国城市规划设计时应考虑不同地区的风向特点，并提出我国的风向应分为下面四个区。

① 季风区。季风区的风向比较稳定，冬偏北，夏偏南，冬、夏季盛行风向的频率一般都在20%~40%，冬季盛行风向的频率稍大于夏季。我国从东北到东南大部分地区都属于季风区。

② 主导风向区 (单一盛行风向区)。主导风向区一年中基本上是吹一个方向的风，其风向频率一般都在50%以上。我国的主导风向区大致分为三个地区。Ⅱa区常年风向偏西，我国新疆的大半部和内蒙古及黑龙江的西北部基本上属于这个区。Ⅱb区常年吹西南风，我国广西及云南南部属于这个区。lⅡc区介于主导风向与季风两区之间，冬季偏西风，频率较大，约为50%；夏季偏东风，频率较小，约为15%，青藏高原基本上属于这个区。

③ 无主导风向区 (无盛行风向区)。这个区的特点是全年风向多变，各向频率相

差不大且都较小，一般都在 10% 以下。我国的陕西北部、宁夏等地属于这个区。

④ 准静风区。指风速小于 1.5 m/s 的频率大于 50% 的区域。我国的四川盆地等属于这个区。

2. 风速计算

风速的垂直分布。随着高度增加，风速分布呈现梯度变化，高度与风速的关系可认为是按幂函数规律分布，该算法适合于某一种下垫面情况（如旷野处）：

$$V_h = V_0 \left(\frac{h}{h_0} \right)^n$$

式中：V_h——高度为 h 处的风速（m/s）；

V_0——基准高度处的风速（m/s）；

n——指数，与建筑物所在地点的周围环境有关，取决于大气稳定度和地面粗糙度，对市区，周围有其他建筑时 n 取 0.2~0.5；对空旷或临海地区，n 可取 0.14 左右。

3. 风玫瑰图

某一地区的风向频率图（又称风玫瑰图）是该地点一段时间内的风向分布图，表示当地的风向规律和主导风向，它按照逐时实测的各个方位风向出现的次数，分别计算出每个方向风的出现次数占总次数的百分比，并按一定比例在各方位线上标出，最后连接各点而成。常见的风向频率图是一个圆，圆上引出 16 条放射线，代表 16 个不同方向，每条直线的长度与这个方向的风的频率成正比，静风频率放在中间。一些风向频率图还标示出各风向的风速范围。风向频率图可按年或按月统计，分为年风向频率图或某月的风向频率。

（三）自然通风机制

气流穿过建筑的驱动力是两边存在的压力差，压力差源于室内外空气的温度、梯度引起的热压和外部风的作用引起的风压。

1. 热压通风

热压通风即通常所说的烟囱效应，其原理为密度小的热空气上升，从建筑上部风口排出，室外密度大的冷空气从建筑底部被吸入。当室内气温低于室外时，位置互换，气流方向也互换。室内外空气温度差越大，则热压作用越强，在室内外温差相同和进气、排气口面积相同的情况下，上下开口之间的高差越大，在单位时间内交换的空气量也越多。

2. 风压通风

当风吹向建筑时，空气的直线运动受到阻碍而围绕着建筑向上方及两侧偏转，迎风侧的气压就高于大气压力，形成正压区，而背风侧的气压则降低，形成负压区，使整个建筑产生了压力差。如果建筑围护结构上任意两点上存在压力差，那么在两点开口间就存在空气流动的驱动力。风压的压力差与建筑形式，建筑与风的夹角及周围建筑布局等因素相关，当建筑垂直于主导风向时，其风压通风效果最为显著，通常"穿堂风"就是风压通风的典型实例。

3. 热压和风压的综合作用

建筑内的实际气流是在热压与风压综合作用下形成的，开口两边的压力梯度是上述两种压力各自形成的压力差的代数和，这两种力可以在同一方向起作用，也可在相反方向起作用，取决于风向及室内外的温度状况。

二、建筑通风设计

(一) 建筑通风的功能

通风具有三种不同的功能，即健康通风、热舒适通风和降温通风。健康通风是用室外的新鲜空气更新室内空气，保持室内空气质量并符合人体卫生要求，这是在任何气候条件下都应该予以保证的；热舒适通风是利用通风增加人体散热和防止皮肤出汗引起的不舒适，改善热舒适条件；降温通风是当室外气温低于室内气温时，把室外较低温度的空气引入室内，给室内空气和表面降温。三种功能的相对重要性取决于不同季节与不同地区的气候条件。

建筑通风要求不仅与气候有关，而且还与季节有关。在干冷地区，不加控制的通风会带走室内热量，降低室内空气温度。同时，由于室外空气绝对湿度低，进入室内温度升高后导致相对湿度降低，给人造成不舒适感。在湿冷地区，需要控制通风以避免室温过低，同时避免围护结构有凝结水。在湿热地区，建筑通风的气流速度需要保证散热和汗液蒸发，保证人的热舒适。而在干热地区，需要控制白天通风，保证室内空气质量，在夜间室外气温下降以后，充分利用夜间通风给围护结构的内表面降温和蓄冷。

(二) 建筑物附近的气流分布

当盛行气流遇到建筑物阻挡时，主要应考虑其动力效应。对单一建筑物而言，在迎风面上一部分气流上升越过屋顶，另一部分气流下沉降至地面，还有一部分则绕过建筑物两侧向屋后流去。考虑到城市建筑物分布的复杂性，这里可以列举一种由几幢建筑物组合分布的型式。即在上风方向有几排较低矮形式相似的房屋，而在下风方向又有一高耸的楼房矗立。在盛行风向和街道走向垂直的情况下，两排房之间的街道上会出现涡旋和升降气流。街道上的风速受建筑物的阻碍会减小，产生"风影区"。但当盛行风向与街道走向一致，则因狭管效应，街道风速会远比开旷地区大。如果盛行风向与街道两旁建筑物成一定交角，则气流呈螺旋形涡动，有一定水平分量沿街道运行。

(三) 建筑自然通风设计

1. 建筑体形与穿堂风

穿堂风是指利用开口把空间与室外的正压区及负压区联系起来，当房间无穿堂风时，室内的平均气流速度相当低，有穿堂风时，尽管开口的总面积并未增大，平均气流速度及最大气流速度都会大大增加。一般来说，房间进风口的位置 (高低、正中偏旁等) 及进风口的形式 (敞开式、中旋式、百叶式等) 决定气流方向，而排风口与进风口面积的比值决定气流速度的大小。

建筑形体的不同组合，如一字形、山形及口形、锯齿形、台阶形、品字形，在组织自然通风方面都有各自不同的特点。

(1) 一字形及一字形组合

一字形建筑有利于自然通风，主要使用房间一般布置在夏季迎风面 (南向)，背风面则布置辅助用房。外廊式建筑的房间沿走廊中间布置，有利于形成穿堂风，各房间的朝向，通风都较好，结构简单，但建筑进深浅，不利于节约用地。内廊式建筑进深较大，节约用地，但只有一侧房间朝向好，不易组织室内穿堂风和散热。门窗相对设置可使通风路线短而直，减少气流迂回路程和阻力，保证风速。内廊式建筑的走廊如果较长，可在中间适当位置开设通风口，或利用楼梯间做出风口，这样可以形成穿堂风，改善通风效果。一字形组合朝向好，南向房间多，东，西向房间较少，使用普遍，但连接转折处通风不好，最好设置为敞廊或增加开窗。

(2) "山" 形和 "口" 形

"山" 形建筑敞口应朝向夏季主导风向，夹角在 45° 以内，若反向布置，迎风面的墙面宜尽量开敞。伸出翼不宜长，以减少东、西向房间的数量。"口" 形建筑沿基地周边布置，形成内院或天井，用地紧凑，基地内能形成较完整的空间，但这种布局不利于风的导入，东、西向房间较多。特别是封闭内院不利于通风。一般天井式住宅天井面积不大，白天日照少，外墙受太阳辐射热少，四周阴凉，天井的温度较室外为低，在无风或风压甚小的情况下，通过天井与室内的热压差，天井中冷空气向室内流动，产生热压通风，有利于改善室内热环境。当室外风压较大时，天井因处于负压区，又可作为出风口抽风，起到水平和垂直通风的作用，对散热也有一定效果。另外，如果在迎风面底层部分架空，让风进入天井，对于后面房间的通风有利。如果以天井为中心构成通透的平面格局，则通风效果更好。

（3）锯齿形、台阶形和品字形

当建筑是东西朝向而主导风基本上是南向时，建筑平面组合或房间开窗往往采取锯齿形布置，东、西向外墙不开窗，起遮阳作用，凸出部分外墙开窗朝南，朝向主导风向。当建筑是南北朝向而主导风接近东西向时，把房子分段错开，采用台阶式平面组合，使原来朝向不好的房间变成朝东南及南向。

2.建筑构件与房间通风

一些建筑构件（如导风板、遮阳板及窗户）的设置方式，朝向、尺寸，位置和开启方式等，都会对建筑室内气流分布产生影响。

（1）窗户朝向

窗户朝向及开窗位置直接影响室内气流流场。气流流场取决于建筑表面的压力分布及空气流动时的惯性作用。当建筑迎风墙和背风墙上均设有窗户时，就会形成一股气流从高压区穿过建筑而流向低压区。气流通过房间的路径主要取决于气流从进风口进入室内时的初始方向。一般而言，当整个房间范围内均要求良好的通风条件时，风向偏斜于进风窗口可取得较好的效果。

（2）窗户尺寸

窗户尺寸可影响气流速度和气流流场，选择进风口和出风口尺寸可控制室内气流速度和气流流场。窗户尺寸对气流的影响主要取决于房间是否有穿堂风。如果房间只有一面墙上有窗户，则无法形成穿堂风，此时窗户尺寸对室内气流速度的影响甚微。如果房间有穿堂风，扩大窗户尺寸对室内气流速度的影响则会很大，但进风口与出风口的尺寸必须同时扩大。进风口和出风口面积不等时，室内平均气流速度主要取决于较小开口的尺寸。另外，两者的相对大小对室内最大气流速度有显著影响。在多数情况下，最大气流速度是随着出风口与进风口尺寸比值的增加而增加的，室内最大气流速度通常接近进风口。

（3）窗户位置

室外风向在水平面内的变化很大，而在垂直面的变化则较小。对于各种不同的开口布置，室内气流速度的竖向分布情况比水平分布变化小得多。所以，通过调整开口设计及高度就能对气流的竖向分布进行适当的控制。

调整窗户竖向位置的主要目的是给人的活动区域带来舒适的气流，并且有利于排出室内的热量。气流通过室内空间的流线主要取决于气流进入的方向，所以，进风口的垂直位置及设计要求比出风口严格，出风窗的高度对于室内气流流场及气流速度的影响很小。

（4）窗户开启

窗户的位置及其开启方法对于室内的通风有很大影响。

对于水平推拉窗，气流顺着风向进入室内后，将继续沿着其初始的方向水平前进。这种窗户的最大通气面积为整个玻璃面积的1/2。

对于上悬窗，只要窗扇没有开到完全水平的位置，不论开口与窗扇的角度如何，气流总是被引导向上的，所以这种窗户宜设于需通风的高度位置以下。

改变窗扇的开启角度主要对整个房间的气流流场及气流速度的分布有影响，而对于平均速度的影响很有限。

（5）导风构件

办公楼、教室等只有单侧外墙的建筑，单侧开窗无法形成穿堂风。须通过调整开口的细部设计，沿外墙创造人工的正压区和负压区，以改善通风条件。有主导风向且朝向选择可使风向偏斜于墙面的话，室内通风可大幅改善，风和墙的夹角可在20°～70°的范围内选定。与夏季主导风向成一定角度设置导风板，组织正、负压区，改变气流方向，引风入室，是解决房间既需要防晒又需要朝向主导风向之间矛盾的方法之一。除了专门的导风板之外，窗扇也可以用于导风。建筑平面凹凸、矮墙绿篱等也可作为导风构件。

3. 建筑防风与冷风渗透

选择避风环境，尽量减少散热面积，最大限度地提高围护结构的气密性，增加围护结构的热阻，这是建筑防风的四项基本措施。

（1）创造避风环境

在无法改变外部风环境的情况下，可通过人工手段来营造较为理想的局部风环境。例如，在建筑周围种植防风林以有效防风。

（2）城市风环境优化设计

在城市中，单体建筑的长度、高度、屋顶形状都会影响风的分布，并可能出现狭管效应，使局部风速增至2倍以上，产生强烈涡流。可利用计算机进行模拟及优化设计方案。

（3）提高围护结构气密性

改善门、窗密闭性是关键。

（4）高层建筑防风

风的垂直分布特性使高层建筑易于实现自然通风，无论风压还是热压都比中、低层建筑大得多。但对于高层建筑来说，建筑与风之间的主要问题是高层建筑内部（如中庭、内天井）及周围的风速是否过大或造成紊流，新建高层建筑是否对周围特别是步行区的风环境存在影响等，因此，建筑防风便成为高层建筑的核心问题。

4.高层建筑防风措施

为了防止强风风害，在充分考虑采光、眺望、美观不受妨碍，也不致引起其他性质的环境恶化的前提下，结合经济性和方便性等条件，可采取如下措施：

① 使高大建筑的小表面朝向盛行风向，或频数虽不够盛行风向但风速很大的风向；

② 建筑物之间的相互位置要合适。例如两栋之间的距离不宜太窄；

③ 改变平面形状，例如切除尖角变为多角形，就能减弱风速；

④ 设置防风围墙（墙、栅栏）可有效地防止并减弱风害；

⑤ 种植树木于高层建筑周围，将和前述围墙一样，起到减弱强风区的作用；

⑥ 在高楼的底部周围设低层部分，这种低层部分可以将来自高层的强风挡住，使之不会下流到街面或院内地面上去；

⑦ 在近地面的下层处设置挑棚等，使来自上边的强风不至于吹向街上的行人。

三、自然通风研究方法

（一）计算机流体力学（CFD）

一般的研究方法中都是假定室内空气为均质分布，每一点的温度与气流速度都被假定成是一样的，这与现实情况并不相符。这种简单假设的计算结果使室内人员活动区的实际空气质量与计算或者预测结果存在较大差距。CFD方法是将房间用空间网格划分成无数很小的立体单元，然后对每个单元进行计算，只要单元体划分得足够小，就可以认为计算值代表整个房间内的空气分布情况。从理论上来讲，CFD模拟能确定流场中任意时刻任意点的气压、风速、温度及气密度等指标，并跟踪其变化。前人的研究证明，CFD研究方法的误差较小，是目前较为精准的一种通风研究方法。基于其相对准确的模拟，可以在设计阶段预测建筑内部的通风以及温度分布情况，从而知晓自然通风系统能否适用以及什么情况下适用。另外，还可以有效地进行多方案比较，优化设计方案的通风效率或节能性。

（二）多区域模型法

假定各个房间内空气的特征参数是均匀分布的，就可以将房间看成一个节点，将窗户、门、洞口等看成连接。这样的模型比较简单，它可以宏观地预测整个建筑的通风量，但是不能提供房间内的详细温度与气流分布信息。该方法是利用伯努利方程求解开口两侧的压差，根据压差与流量的关系求出流量。由于误差较大，它适用于预测每个房间参数分布较均匀的多区建筑的通风量，不适合预测建筑内部详细的气流信息。

(三) 区域模型法

区域模型法与多区域模型法有类似的地方，但是比多区域模型法更复杂一些。多区域模型法由于过分简化系统而产生很大误差，尤其是当房间内部空气分布呈明显分层的时候。区域模型法就针对这一情况，在定性分析的基础上把房间划分成一些子区域，每个子区域内的空气分布特征是均质的，子区域之间存在热质交换，建立质量和能量守恒方程。该方法比多区模型法更精确，但比 CFD 简单。有一些专门气流分析软件都是以这种模型为基础，如 SPARK、COMIS 和 CONTAMW。

(四) 实验法

第一种实验法是风洞模型实验法。风洞模型实验法是比较传统的自然风场模拟实验法，它通过相似的模拟能大致得出建筑表面及建筑周围的风压力和速度场，从而预测通风情况。第二种实验法是示踪气体测量法。先在房间注入一定量的示踪气体 (如甲烷、二氧化碳或者 5% 氢气混合 95% 氮气)，随着示踪气体在房间的扩散与渗出，示踪气体浓度呈衰减趋势，通过该方法可以用来测定自然通风量。这种方法能较准确地测定某一时间段内的通风量，但是会受风速不确定因素的影响。第三种实验方法是热浮力实验模型方法，通过加热产生介质流动或者预设浓度差导致介质流动来模拟空气流动，一般采用的介质有空气、水、盐水或气泡等。这种方法的缺点是不能模拟建筑热特性对自然通风的影响。

这三种实验方法都只能得到通风量与气流分布特点等有限的信息，对实验对象通风的定性认识有一定帮助，而对于准确研究通风状况还存在不足。

第十章　现代绿色低碳建筑

第一节　绿色建筑概论

一、绿色建筑基本知识

(一) 绿色建筑的概念

美国国家环境保护局将"绿色建筑"界定为：在建筑物的全生命周期 (建筑材料的开采、加工、施工、运营维护及拆除的过程)，从选址、设计、建造、运行、维修及拆除等方面都最大限度地节约资源和对环境负责的建筑物。

《绿色建筑评价标准》(GB/T 50378-2019) 对"绿色建筑"的定义为：在全寿命期内，节约资源、保护环境、减少污染，为人们提供健康、适用、高效的使用空间，最大限度地实现人与自然和谐共生的高质量建筑。

(二) 绿色建筑的特征

根据我国针对绿色建筑颁布的规定，绿色建筑的特征具体包括耐久适用、节约环保、健康舒适、安全可靠、自然和谐、低耗高效、绿色文明、科技先导等。下面分别进行讨论。

1. 耐久适用

任何绿色建筑都是通过消耗较大的资源修建而成的，必须具有一定的使用年限和使用功能。因此，耐久适用是对绿色建筑最基本的要求。具体而言，耐久性是指在正常运行维护和不需要进行大修的条件下，绿色建筑的使用寿命满足一定的设计使用年限要求，在使用过程中不发生严重的风化、老化、衰减、失真、腐蚀和锈蚀等。适用性是指在正常使用的条件下，绿色建筑的使用功能和工作性能能够满足建造时设计年限的使用要求，在使用过程中不发生影响正常使用的过大变形、过大振幅、过大裂缝、过大衰变、过大失真、过大腐蚀和过大锈蚀等，还要满足一定条件下的改造使用要求。

2. 节约环保

在数千年的发展文明史中，人类只是最大化地利用地球资源，没有科学、合理地利用资源。特别是近百年来，工业化快速发展，人类涉足的疆域迅速扩张，在上天、入地、下海等梦想实现的同时，地球资源被过度消耗，环境遭受严重破坏，由此产生了油荒、电荒、气荒、粮荒等，世界经济发展陷入资源匮乏的窘境。因此，节约环保是人、建筑与环境生态共存的基本要求，是绿色建筑的必备条件之一。

绿色建筑节约环保的特征不仅表现在物质资源方面有形的节约，还表现在时空资源等方面的无形节约。例如，绿色建筑可以营造良好的室内空气环境，使人类减少10%～15%的得病率，进而改善人的精神状况和工作心情，大幅提高人的工作效率，这是节约的无形表现。

3. 健康舒适

健康舒适是随着人类社会的进步和人们生活水平的不断提高而逐渐为人们所重视的，这也是绿色建筑的基本特征之一。绿色建筑健康舒适特征的作用是，在有限的空间里，为居住者提供适宜的活动环境，可以全面提高人居生活和工作环境的品质，满足人们生理、心理、健康和卫生等方面的多种需求，这是一个综合的、整体的系统概念。

4. 安全可靠

安全可靠既是绿色建筑的基本特征，也是人们对作为生活、工作、活动场所的最基本要求。有人认为，人类建造建筑物的目的就在于寻求生存与发展的"庇护"，这充分反映了人们对建筑物建造者的人性与爱心、责任感与使命感的内心诉求。这是所有建筑物设计、施工和使用者的愿望。

绿色建筑安全可靠特征的实质是崇尚生命与健康。所谓安全可靠，是指绿色建筑在正常设计、正常施工、正常使用和正常维护的条件下，能够经受各种可能出现的偶然作用和环境异变。对绿色建筑安全可靠的要求必须贯穿建筑生命的全过程，不仅在设计中要全面考虑建筑物的安全可靠，还要将其有关注意事项事先向相关人员说明。

绿色建筑安全可靠的特征不仅是对建筑结构本体的要求，也是对绿色建筑作为一个多元绿色化物性载体的综合、整体和系统性的要求，还包括对建筑的设施、设备及其环境(如消防、安防、人防、管道、水电和卫生)等方面安全可靠性的要求。

5. 低耗高效

低耗高效是绿色建筑的基本特征之一，是绿色建筑从两个不同的方面来满足建设"两型社会"的基本要求。绿色建筑低耗高效的特征体现在因地制宜、实事求是地使建筑物在采暖、空调、通风、采光、照明、太阳能、用水、用电、用气等方面，在降低需求的同时，高效地利用所需的资源。

6. 绿色文明

绿色文明主要包括绿色经济、绿色文化、绿色政治三个方面的内容。其中，绿色经济是绿色文明的基础；绿色文化是绿色文明的制高点，其核心是让全民养成绿色的生活方式与工作方式；绿色政治是绿色文明的保障，是能够为人民谋幸福和保障社会持续稳定的政治，是可以避免暴力冲突的政治。绿色文明需要绿色公民来创造，只有绝大部分地球人都成为绿色公民，绿色文明才可能成为不朽的文明。

绿色文明的发展目标是自然生态环境平衡、人类生态环境平衡、人类与自然生态环境综合平衡、可持续的财富积累和可持续的幸福生活，而不是以破坏自然生态环境和人类生态环境为代价的物欲横流。因此，绿色文明是绿色建筑不可缺少的特征。

7. 科技先导

国内外城市发展的实践充分证明，现代化的绿色建筑是新技术、新工艺和新材料的综合体，是高新建筑科学技术的结晶。因此，科技先导是绿色建筑的基本特征之一。

绿色建筑是建筑节能、建筑环保、建筑智能化和绿色建材等一系列高新技术因地制宜、实事求是和经济合理的综合整体化集成，而不是所谓的高新科技的简单堆砌和概念炒作。绿色建筑科技先导的特征强调的是将人类成功的科技成果恰到好处地应用于绿色建筑，即追求各种科学技术成果在最大限度地发挥自身优势的同时，使绿色建筑作为一个有机系统，达到系统运行效率和效果的最优化。因此，在对绿色建筑进行评价时，不仅要看它运用了多少先进的科技成果，还要看它对科技成果的综合应用程度和整体效果。

(三) 绿色建筑与科学发展观

科学发展观已成为全人类的共识，是人类社会发展的必然选择，标志着中国特色社会主义达到了新的高度和阶段，指明了进一步推动我国经济改革与发展的思路和战略，对建筑和房地产业的可持续发展具有根本的指导意义。

1. 科学发展观的基本内涵

以科学发展观统领我国绿色建筑的发展，就是将可持续发展理念引入建筑领域，在节约资源、保护环境、提高效率的理念下建设建筑物，为人们提供健康、高效、清洁、舒适的室内环境，达到居住环境和自然环境的协调统一，最大限度地满足可持续发展的要求。

2. 科学发展观的必然要求

根据我国的基本国情，学习实践科学发展观的要务之一是推进生态文明建设。

要想推进生态文明建设，就必须大力发展绿色建筑，这是科学发展观对建筑业和房地产业的必然要求。生态文明是科学发展观的重要文化内涵，是人类文明发展继农业文明、工业文明之后又一崭新的文明形态，是对前两种文明优秀成果的继承以及对其缺陷的深刻反思。生态文明建设是人们在改造客观物质世界的同时，不断克服改造过程中的负面效应，积极改善和优化人与自然、人与人的关系，建设有序的生态运行机制和良好的生态环境的过程。因此，生态文明是人类在发展物质文明过程中保护和改善生态环境的成果，它表现为人与自然和谐程度的提高和人们生态文明观念的增强。

绿色建筑是生态文明建设的重要内容，生态文明建设是学习实践科学发展观的重要组成部分，因此发展绿色建筑的过程本质上是一个生态文明建设和学习实践科学发展观的过程。对于生态文明与科学发展观之间的关系，一般应从两个方面理解。一方面，科学发展观的第一要义是发展，核心是以人为本。生态文明的提出体现了科学发展观"以人为本"的核心。另一方面，我国发展必须走文明发展的道路，无论是从人与自然的和谐、环境的保护，还是从资源的节约利用上，无论是从发展的质量，还是从发展的可持续性来讲，都必须走生态文明这条路。提高到文明的高度，是科学发展观在这方面的升华。

3.科学发展观是绿色建筑发展的指导思想

我国现代化建设的实践证明，坚持科学发展观是绿色建筑发展的必然要求。根据调整经济结构和转变经济增长方式的要求，结合城市发展质量和效率，大力发展节能省地型住宅与公共建筑，同时注重生态环保，促进循环利用，提高生活环境质量，大力促进建筑节能，切实降低单位能耗成本，不仅是我国经济自身发展的要求，还是全世界共同发展的迫切需要。

展望未来，我国城市化进程将不断加快，绿色建筑也将迎来大发展时代。未来，仍然需要以科学发展观统领我国绿色建筑的发展，只有坚持和运用科学发展观，才能把握绿色建筑的发展方向，更好地指导绿色建筑的实践，加快绿色建筑的发展。具体而言，政府应该大力宣传绿色建筑理念，全力推进绿色建筑实践，不断加大资金投入，逐步建立长效机制，努力走出一条以科学发展观为指导的具有中国特色的绿色建筑发展之路。

(四) 我国发展绿色建筑的建议

经济发展与绿色建筑的发展将互为推动。我国经济的可持续发展依赖于包括建筑在内的各行业的可持续转型，而绿色建筑的有效推动也是以经济发展为基础的。没有经济的发展、人民生活水平的提高，绿色建筑作为一种更高的要求，只能停留在人们的理想之中。需要注意的是，我国绿色建筑的发展将是一个循序渐进的过程，其中弯路不可避免，但只要以实践为依托，在实践中总结经验，发展理论和技术，绿色建筑必将成为建筑发展的主流。下面提出七条我国发展绿色建筑的建议。

第一，完善绿色建筑法规体系。应该完善《中华人民共和国节约能源法》《中华人民共和国可再生能源法》《民用建筑节能条例》等法律法规的配套措施，提出推进绿色建筑的各项法律要求，建立绿色建筑规划设计阶段的专项审查制度、竣工验收阶段的专项验收制度等。修订《中华人民共和国建筑法》，建立符合绿色建筑标准要求的建筑材料及设备的市场准入制度，促进建设行业的绿色转型。指导各地健全绿色建筑地方性法规，建立符合地方特点的推进绿色建筑发展的法规体系。

第二，构建全寿命周期的标准体系。应该修订《绿色建筑评价标准》《绿色建筑技术导则》等标准规范，完善绿色建筑规划、设计、施工、监理、检测、竣工验收、维护、使用、拆除等各环节的标准。建立既有建筑的绿色改造评价标准体系。修订《夏热冬暖地区居住建筑节能设计标准》，提出绿色建筑技术要求，率先在夏热冬暖地区实现推广绿色建筑的突破。指导各省级住房和城乡建设部门编制绿色建筑标准规范、施工图集、工法等。

第三，出台强制推广与激励先进相结合的绿色建筑政策。应该以政府投资的建筑为突破口，规定保障性住房、廉租房、公益性学校、医院、博物馆等建筑必须达到绿色建筑标准要求，从而起到引领示范作用，在部分有积极性、有工作基础的地方进行试点，强制推广绿色建筑标准，要求新开发的城市新区、新建建筑必须满足绿色建筑技术标准要求，将发展绿色建筑纳入各级政府节能减排考核体系。大力推进供热计量收费制度，加快供热体制改革。出台绿色建筑财税激励政策，制订财政资金扶持鼓励建设绿色生态小城镇与绿色生态示范城区的实施方案，制定鼓励绿色建筑发展的税收优惠政策。

第四，进一步扩大绿色建筑的示范作用。应该争取利用中央财政资金的引导作用，组织实施绿色建筑相关的示范工程。首先，绿色建筑单体的示范，如"低能耗建筑与绿色建筑""农村农房节能改造""农村中小学可再生能源建筑应用"等示范。其次，城区或小城镇的区域性示范，如"可再生能源建筑应用城市""低碳生态城建设""园林城市"等示范。最后，单项新技术的应用示范，如"太阳能屋顶计划""新型节能材料与结构体系应用"等示范。

第五，研究完善绿色建筑产品技术支持体系。应该完善绿色建筑适用技术与产品推广目录，建立健全绿色建筑科技成果推广应用机制，加快成果转化，支撑绿色建筑发展。组织绿色建筑技术研究，争取在绿色建筑共性关键技术、技术集成创新等领域取得突破，引导发展适合我国国情且具有自主知识产权的绿色建筑新材料、新技术、新体系。

第六，大力推进绿色建筑相关产业及服务业发展。应建设绿色建筑材料、产品、设备产业化基地，形成与之相应的市场环境、投融资机制，带动绿色建材、节能环保和可再生能源等产业的发展。培育和扶持绿色建筑服务业的发展，加强人员队伍培训，建立从业人员的资格认证制度，推行绿色建筑检测、评价认证制度。

第七，提升全社会对绿色建筑的认识。应该建立绿色建筑理念传播、新技术新产品展示、教育培训基地，宣传绿色建筑的理论基础、设计理念和技术策略，促进绿色建筑的推广应用。利用报纸、电视、网络等媒体普及绿色建筑知识，提高人们对绿色建筑的认识，使人们树立节约意识和正确的消费观，形成良好的社会氛围。

总的来说，我国经济已由高速增长阶段转向高质量发展阶段，正处在转变发展方式、优化经济结构、转换增长动力的关键期，绿色建筑对于应对气候变化、扩大内需、促进经济结构调整和新兴产业发展、转变城镇发展方式都具有重要的意义。因此，应抓住这一历史性机遇，大力发展绿色建筑，为促进我国建筑节能减排和改善建筑人居环境做出新的贡献。

二、绿色建筑发展的趋势

(一) 绿色建筑的可持续发展分析

建筑仅是为遮风挡雨、获得安全而建造的庇护所，体现的只是其自然属性，属于自然的一部分，建筑对生态环境的影响也小。当前，随着人口的增加及农业生产和建筑活动的增强，人类大量砍伐森林和开垦土地，对自然造成了一定程度的危害，慢慢超出了自然的承载能力。为了后代的生存发展，建筑活动有必要坚持走绿色发展、可持续发展之路。

绿色建筑的可持续发展理念契合了当代国际社会均衡发展的需要，是解决当前社会利益冲突和政策冲突的基本原则。具体而言，绿色建筑的可持续发展理念包含四项基本原则：代际公平原则、可持续利用原则、公平利用原则、一体化发展原则。

(二) 绿色建筑发展的前景分析

绿色建筑可以说是由资源与环境组成的，其设计理念一定涉及资源的有效利用和环境的和谐相处，其发展前景包括以下四个方面。

1.节约资源

未来绿色建筑可以实现最大限度地减少对地球资源与环境的负荷和影响，最大限度地利用已有资源。建筑生产及使用需要消耗大量自然资源，考虑未来自然资源会逐渐枯竭，绿色建筑需要合理地使用和配置资源，从而提高建筑物的耐久性，减少资源不必要的消耗，抑制废弃物的产生。

2. 环保

保护环境是绿色建筑的目标和前提，包括建筑物周边的环境、城市及自然大环境的保护。社会的发展必然带来环境的破坏，而建筑对环境产生的破坏占很大比重。一般建筑实行商品化生产，设计实行标准化、产业化，在生产过程中很少考虑对环境的影响。而绿色建筑强调尊重本土文化、自然、气候，保护建筑周边的自然环境及水资源，防止大规模"人工化"，合理利用植物绿化系统的调节作用，增强人与自然的沟通。因此，环保必然会是绿色建筑未来的发展方向之一。

3. 节能

一般建筑的节能意识和节能能力要弱一些，并且会产生一定的环境污染。而绿色建筑能够克服一般建筑的这一弱势，将能耗的使用在一般建筑的基础上降低70%～75%，并减少对水资源的消耗与浪费。因此，节能必然会是绿色建筑未来的发展方向之一。

4. 和谐

一般建筑的设计理念都是封闭的，即将建筑与外界隔离。而绿色建筑强调在给人营造适用、健康、高效的内部环境的同时，保证外部环境与周边环境的融合，利用一切自然、人文环境和当地材料，充分利用地域传统文化与现代技术，表现建筑的物质内容和文化内涵，注重人与人之间感情的联络。内部与外部可以自动调节，和谐一致，动静互补，追求建筑和环境生态共存。从整体出发，通过借景、组景、分景、添景等多种手法，创造健康、舒适的生活环境，与周围自然环境相融合，强调人与环境的和谐。考虑绿色建筑在设计理念上比一般建筑更看重与自然的和谐相处，这是绿色建筑的优势，这一特征未来一定会得到更好的发展。

第二节　建筑绿色低碳研究

一、绿色建筑与低碳生活

(一)绿色建筑和低碳生活共同目标

绿色节能建筑与低碳生活即意味着节能。节约自然能源——节能、节水、节地、节材。低碳经济与低碳生活即以低污染与低能耗作为底线的经济。低碳生活与低碳经济不单单表示制造业需加快取缔高污染与高能耗的相对落后的生产力，促进节能减排类型的科技创新，同时也引导人们反思哪一种类型的生活方式和消费模式是对资源的浪费及增加了排污量，进而充分发挥消费生活等领域节能减排的潜能。

绿色建筑及低碳生活的共同目标即为通过人们的建筑行为和消费的行为来实现人和自然的和谐共处，保证为人类长期生存发展提供所必需的自然能源、环境等基础条件。因此，人类务必要控制并约束其行为消耗自然能源的水平、规模及频率，确保自然生态系统功能的完整性，实现人们生存观的完善、进步与优化，以科学合理的发展理念来实现自然可持续的发展诉求。通过提高创新水平及高新科技的广泛应用与推广，减少能源的消耗，以达到宜居和谐的生态环境。要积极发现再生资源、新资源、循环资源和可替代的资源，进而缓解并解决压制威胁人类发展的自然资源和环境因素。

(二) 推行绿色节能建筑的根本思路与对策

中国的绿色建筑推行时间相对较晚，在设计与施工方面缺乏成熟的经验与技术。建筑所具备的自身使用年限，作为一种高价消费品，不可能频繁地进行更新，因此延长建筑物使用年限可以降低废料产生，也可以节约资源。中国要想推行绿色节能建筑，务必要针对目前所面临的问题，来增强并发挥政府导向与管理的能力与作用，及时地提出切合实际的绿色节能建筑作业思路与对策，加大推行绿色节能建筑工作的快速稳步开展。

1. 推行绿色节能建筑的工作理念

从建筑法律法规、规范标准及创新技术等方面全面推行绿色节能建筑。

从建筑立项、设计、规划、施工、竣工验收及维护等环节实施全过程的监督管理。

2. 推行绿色节能建筑其重要对策

因为中国耕地的面积在逐步减少，高层建筑的存在不单单解决了人类住房问题，同时占地面积也相对较小，把一定的土地能源进行充分的利用，遵循一定的建筑节能和人与自然共存的建筑原则。

制定更加广泛全面的建筑节能标准和技术规范，鼓励和唤起全民的节能意识。绿色建筑设计要根据当地的具体情况、风俗习惯，尽量使用节能材料，将建筑节能与技术创新相结合。

3. 绿色建筑的节能设计对策

绿色建筑的根本是节能。因此做好节能设计是实现绿色建筑的最主要途径。

(1) 建筑屋顶与外墙节能设计对策

外墙和屋顶保温原措施的运用起到一定的保温和隔热效用，确保在冬天温度低的地区，夏天温度高的地区室内有着舒适的生存温度，在一定程度上，节省了冬天取暖及夏天降温所使用电力等资源。对屋顶与外墙实施绿色环保节能的设计不但节省了国家资源，同时也调节室内温度，为人们创造了较好的生存环境。

（2）建筑门窗节能设计对策

建筑的门窗重点有通行、采光及通风的作用，同时也是绿色建筑设计之中需做主要处理的一个环节。扩大建筑物门窗的面积，加强建筑物室内的采光及通风效果，确保室内空气的质量，但是室内隔热与保温设计带来一定程度的难题，所以中国相继推出一些较为强制性的规定，明确建筑开窗的面积比例。假如一味地追求绿色建筑节能的功效，导致开窗面积过小，将不利于建筑室内空气流通，进而使人有一种压迫感。所以科学地对门窗进行节能设计才可以真正实现绿色建筑目标。另外，严格控制门窗的密封性能和隔热效果也是建筑节能设计和施工中不可忽视的重要方面。

（三）绿色建筑设计中加大对可持续资源的运用

1. 太阳能的利用

太阳能是一种清洁能源。在建筑中，太阳能热水器的运用为人们创造了非常方便的热水，不仅环保而且经济。太阳能路灯、观赏灯在许多地区已被广泛利用。光伏发电技术的推广应用使得太阳能发电渐渐地取代部分火力式发电，节省了社会的煤炭资源，遵循低碳生活的导向。

2. 风能的运用

近年来风能利用在我国逐渐增多。但整体来讲中国还尚未步入风力能源的广泛运用阶段。因此我国应当推行风能的使用，在设备与技术上，可从一些西方先进的国家引入，在一些合适的地区完全可将风能式发电取代火力式发电，有效地节约资源并提升当地的空气质量。

人类的生存过程，即为消费能源与自然排放的一个过程。二氧化碳作为人们消费能源的产物，同时也是导致温室效应问题的重点。随着人类数量增加与活动能量膨胀，人类活动已严重危及自身生存环境。推进绿色发展，加快建立绿色生产和消费的法律制度和政策导向，推进资源全面节约和循环利用，倡导简约适度、绿色低碳的生活方式，反对奢侈浪费和不合理消费，开展创建节约型机关、绿色家庭、绿色学校、绿色社区和绿色出行等。为今后可持续的发展指明方向，也使群众更进一步地关注低碳经济的施行。

发展绿色建筑，倡导低碳生活，是党的十九大提出的"要坚持环境友好，合作应对气候变化，保护好人类赖以生存的地球家园"的具体实践，是全人类共同的责任，是构建人类命运共同体的重要组成部分。只有这样，才能实现从"高碳"到"低碳"的时代跨越，从真正意义上实现人和自然的和谐共处。

二、低碳理念下绿色建筑发展

随着时代的不断发展，我国城镇化建设进程不断加快，中国也是世界上建筑市场较为大型的国家之一。随着我国建筑业的不断发展，相应的污染排放与能量损耗也随之上升，加之空调、采暖设备的使用，我国目前建筑业二氧化碳排放量占总体的30%，环保的重要性开始凸显，"低碳发展"理念的提出引起了社会的广泛关注。要想更好地推进社会建设，低碳理念的重要性不言而喻，绿色建筑指的是能够达到节能减排目的的建筑物，低碳理念下绿色建筑的发展对于降低社会二氧化碳排放量无疑有着重要的意义。

(一) 低碳理念的实现原则

低碳理念贯穿了经济、文化、生活等多个方面，其核心主要为加强研究与开发各类节能、低碳、环保等能源技术，从而达到共同促进森林恢复和增长，增加碳汇，减少碳排放，减缓气候变化的目的。低碳理念的施行可以有效缓解目前常见的资源浪费、生态赤字扩大及资源环境破坏较大的现状。基于低碳理念的绿色建筑建设需要遵循以下几项原则。

可再生资源是人们目前正在研究与开发的主要方向，将可再生资源运用至绿色建筑中可以有效降低绿色建筑的能源损耗。可再生资源的利用可以有效降低建筑所耗成本，同时也达到了节约资源的目的。目前人们正面临着资源枯竭的难题，可再生资源的开发与利用为人们指明了新的发展方向，然而由于目前可再生资源的开发与利用还有待发掘，国内大部分行业依旧采用传统的能源工作方式，建筑业便是其中最具代表性的行业之一。建筑业作为我国较为大型的产业之一，为社会的发展及经济增长做出了不可磨灭的贡献，然而建筑业的发展也导致能源损耗及碳排放量大大增加，节能是低碳理念的核心内容，基于低碳理念下，在进行绿色建筑的设计时应当充分利用可再生资源，例如太阳能、风能等，借助这些能源实现建筑电能及暖气的提供，可以有效降低建筑所耗能源。对于修建在半地下及地下的建筑，则可以考虑地热能这一能源，从而实现建筑物冬暖夏凉的功能。

在设计建筑物时，设计团队可以对建筑物的地理环境提前进行考察，在设计图纸时应当充分考虑建筑的朝向及建筑物的间距，尽可能避免建筑长期处于阴凉地段，长期太阳光照可以帮助用户充分利用太阳能这一可再生资源实现能源转换，从而满足日常生活的能源需求，减少能源损耗。同时应当注重建筑通风口及体型的设计，保障建筑的流畅通风，降低制冷能源的使用率，将低碳理念践行至生活中的方方面面。最重要的是建筑物稳定性的保障，避免建筑出现受潮等现象。窗体比例是建筑物的重要组成部分，合理的窗体设计可以有效避免出现建筑能耗增加的状况，因此在设计建筑时应当减小窗体比例，避免出现冷风渗透导致建筑内部能耗增加的现象。

(二) 低碳理念在绿色建筑中的贯穿

由于太阳能是可再生资源，因此通过在绿色建筑内部增设采集太阳能并转换的设备可以实现建筑物的保温，同时可以有效降低建筑的整体能源损耗。太阳能作为环保能源之一，其具有无污染、纯净、可再生等特点，对于绿色建筑的发展而言，太阳能资源的利用可以达到保护环境的目的。不仅如此，众所周知，太阳光的辐射短波具有杀菌消毒的作用，当太阳光照强烈时，也可以起到清洁建筑物整体环境的作用，为人们日常生活的环境提供健康保障。

对于绿色建筑而言，仅仅建筑表面接收强烈光照是远远不够的，在设计建筑的过程中应当尽可能保障阳光朝向的房间拥有较大的窗口，同时地面设计应当为蓄热体，当阳光通过窗口照射进房间时，地面蓄热体便可以开始存储热能，从而实现房间保温的功能，不仅如此，其他房间也将得益于地面蓄热体的功效，实现整体保温的目的。然而该项设计在夏天容易造成房间温度过高，因此在设计时应当在窗体上设计可调节排气孔，以便住户在夏天做好遮阳避暑措施。

在设计绿色建筑时应当考虑建筑物朝向这一影响因素，合理的朝向设计可以帮助南朝向的房间在冬季获得大量的光照，提高室内温度，同时可以在房间内增加保温板，防止夜间出现热量流失的状况。建筑物墙面的设计也应当尽可能使用保温材料，从而使室内温度维持在相对良好的状态下。考虑到冬季温度较低，为了保障室内温度同时尽可能降低能量损耗，因此在保障室内通风良好的前提下，应当尽可能减少开门窗的数量。根据不同建筑所处的地理环境，建筑的设计可以有所变更，假如建筑物处在迎风地带，则可以根据建筑物周边的环境进行建筑物的设计，实现防风功能。

(三) 低碳理念在绿色建筑发展中的具体应用

1. 利用太阳能

太阳能是当前利用最为广泛的可再生资源，对太阳能利用技术进行创新，尤其在绿色建筑建设过程中需加强太阳能技术的应用。太阳能技术的应用可采用主动式的方法，借助机械来获得热量，如太阳能热水器、太阳能集热器及相关的设备。也可采用被动式的方法，即通过建筑结构以自然的方式来获取热量。

2. 保温节能设计

在当前的建设过程中，要加强建筑的保温性能，减少绿色建筑的能耗损失，同时要采取相应的保温措施落实低碳理念。另外，要根据绿色建筑的使用性质，对建筑的热特性进行设计，并使其具有一定的稳定性，保证室内温度差异不大。

3.有效控制施工成本

在当前的绿色建筑建设过程中，要对施工成本进行有效控制，提高经济收益，进一步推动生态效益的提高。但是，从当前的工程造价管理来看，缺乏对施工管理的动态控制，因此要进行动态的成本控制，进一步提高绿色建筑技术应用效果。

4.应用节能环保材料

在当前的绿色建筑建设过程中，要对新型建筑材料进行开发，加强对不同种类节能环保材料的应用，尤其是生态环保材料，能有效降低能量损耗。同时，生产企业要根据绿色建筑标准来对建筑产品进行有效的开发，加强对废弃物的利用。比如，对建筑建设中废弃的再生骨料进行利用，形成水泥制品、再生混凝土。利用建筑工业废弃物制作墙体材料、保温材料，充分地实现资源利用最大化，推动绿色建筑发展，引导绿色建筑朝着低碳节能的方向发展。

在绿色建筑的发展过程中，应利用低碳理念加强对绿色建筑技术的改造，同时要考虑市场供需关系及消费者的不同需求，对建造成本进行有效的控制，最大限度地扩展绿色环保材料的应用。同时，当前生态环境进一步恶化，节能减排成为当前建筑行业面临的重要任务，因此，要降低建筑产业的碳排放，进一步提高资源利用率，促进绿色建筑发展。

三、绿色建筑低碳节水技术措施

在我国，绿色建筑主要是指能够为市民提供舒适、健康、环保、安全的居住和工作及日常活动空间，建筑规划、原料使用、建筑设计、施工建设、建筑运营维护与配置安装均秉承绿色环保理念的建筑。绿色建筑低碳节水技术施工是绿色建筑施工的重要分支，起到节水作用。在绿色建筑施工过程中贯彻落实低碳节水理念，在确保市民日常生活质量的前提下尽量减少用水量，避免水资源浪费与污染，提高水资源循环利用效率。

(一)绿色建筑节水评价标准

从基本内涵分析，绿色建筑节水指节约用水，将低碳节水理念深入绿色建筑设计规划、施工与使用活动中。通过配置节水技术设施在确保市民正常生活的前提下控制水污染，减少水资源耗用量，避免水资源浪费，提高水资源循环利用效率，实现水资源的综合利用，确保供水质量与用水安全，做好水环境保护工作。

1. 绿色建筑标准评价体系

① 节约用地面积和室外环境。

② 节约能源和能源科学利用。

③ 节约水资源和水资源利用。

④ 节约材料资源和材料资源循环利用。

⑤ 室内环境质量评价。

⑥ 施工管理评价。

⑦ 运营管理评价。

七种评价指标的总分均是 100 分，每一指标的评分分项大于或者等于 40 分；绿色建筑评价总分是各类指标得分和其所对应的权重乘积的和。绿色建筑总得分所对应的等级分为三个级别：第一等级是一星级，分数为 50 分；第二等级是二星级，分数为 60 分；第三等级是三星级，分数为 80 分。绿色建筑项目管理工作兼具综合性、时间性与创造性三大特征，组合内容包括整体项目管理、范围性管理、时间进度管理、成本费用管理、项目质量管理、人力资源管理、信息沟通管理、项目风险管理和项目采购管理。时间进度管理（简称进度管理）、成本费用管理（简称成本管理）和项目质量管理（简称质量管理）更重要。项目管理工作属于一个总系统，该系统会将不同工作类型划分为不同的分支系统，各分支系统各司其能，确保项目管理工作的顺利完成，以达到获取项目效益的目标。绿色建筑项目管理评价工作非常重视加强项目管理组织，在具体工作中，应明确组织内部的排列顺序，合理界定组织范围，优化组织结构，处理组织要素间的关系。秉承分工协作理念，优化职务设定机制，科学划分责任，完善权利保障体系，构建职权、责任、义务一体化的动态结构体系，将绿色建筑项目管理组织制度细分为职能制度、直线职能制度、直线制度、事业部制度、模拟分权制度、委员会制度、多维立体制度、矩阵制度等。

2. 绿色建筑低碳节水技术标准

① 对于参加运营阶段评价活动的新建筑，应确保其平均日用水量符合节约用水的定额标准。

② 将用水点供水压力控制在 0.3 MPa 以下，确保供水系统没有超压和出流现象。

③ 针对建筑内部浴室项目采取节水技术措施，避免出现漏水问题。

④ 为新建建筑配置安装节水器具，尽量提高器具的节水效率。

⑤ 针对绿化节水灌溉活动采用相应的节水技术措施。

⑥ 针对空调系统的节水冷却设备、道路与车库冲洗设备，采取科学的节水技术措施。

⑦ 依据不同建筑结构类型与不同的利用方式，为非传统水源的利用率设置

得分。

⑧ 优化非传统水源运用方式，完善水质的安全保障体系。

3. 绿色建筑低碳节水技术管理子项目

(1) 控制项

该子项目条文指出应制订合理的水资源循环利用方案，综合运用不同的水资源；优化给排水系统，确保系统设备的完善性、节水性和安全性；安置低碳化节水器具。

(2) 评分项

① 节水系统 (共计 35 分)，日用水量应满足总分 10 分，控制管网漏损 7 分，减压限流 8 分，分项计量 6 分，公用浴室节水 4 分。

② 节水器具与设备 (共计 35 分)，使用较高用水效率等级的卫生器具 10 分，绿化节水灌溉 10 分，空调节水冷却技术 10 分，其他用水节水 5 分。

③ 非传统水源利用 (共计 30 分)，非传统水源利用率 15 分，冷却补水水源 8 分，景观补水水源 7 分。

(3) 加分项

该项目条文指卫生器具的用水效率均达到国家现行有关卫生器具用水效率等级标准规定的 1 级，分数为 1 分。

节能环保理念是现代社会经济可持续发展的主要依据。绿色节能建筑的发展推动了我国建筑节能技术的发展，其中低碳节水技术就是建筑水系统的核心节水技术。这项技术就是为了实现低消耗、低污染以及低高碳排放量，从而降低绿色建筑水系统能耗，提高水资源的利用率，达到降低温室气体排放的效果。根据绿色建筑低碳节水技术的具体情况，分析和研究实现该项技术中存在的问题，并寻求切实有效的措施，促进绿色建筑低碳节能技术的可持续发展。

(二) 供水系统低碳节水技术与减碳

在绿色建筑结构体系中，供水系统是建筑水系统的重要组成部分。供水系统中的低碳节水技术不是单一的，而是由不同组成部分集合起来的，如分质供水、节水设备的使用、降低无效热能等节水技术。这项技术的应用在很大程度上降低了水资源浪费，降低了供水系统输送水资源过程中的能源消耗，减少了无效能源的消耗，进而削减了供水设备长期运行产生的温室气体，为实现真正的低碳环保奠定了良好的基础。

1. 分质供水

分质供水的方法是为了更好地利用水资源，因不同水质在温室气体排放量上存在一定的差异，运用分质供水技术能够对高品质的水资源进行高规格的应用，而低品质的水资源就可以被低规格使用，实现了科学合理用水的原则。通过这种技术能够有效利用生活中不经常使用的水资源，如雨水和海水，采用分质供水技术能够将雨水中含杂质和有污染物的部分清除，把品质较高的雨水通过消毒、检验等程序转换成生活用水，海水的分质可以将部分含盐量降低的海水进行分离，并通过特殊手段降低含盐量，也可供生活使用。对不同水质进行不同程度的处理，能够有效地降低处理过程中的能源消耗，也能够降低二氧化碳的排放量。提高雨水和海水的使用效率，能够减少居民污水和工业污水的排放量，从而降低为企业生产经营与居民生活起居供水过程中供水系统所消耗的能源，减少温室气体的排放量。

2. 节水设备

现代科学技术水平不断提高，促使更多新型的节水设备出现，在绿色建筑工程项目中的应用越来越广泛。生活中经常能够见到一些节约器具，如地铁站卫生间中使用感应水龙头、节水便器等。使用节约器具能够减少15%左右的水资源浪费。在绿色建筑中，要实现低碳节水技术的应用，节水设备的安装和使用是非常重要的，不仅能够在用水过程的每个环节起到节水作用，还能降低节水设备在运行过程中消耗的能源，有效避免了供水系统运行造成大量温室气体的排放。

3. 限压出流

绿色建筑工程项目在满足相关给排水系统设计规范的前提下，能够根据水系统超压出流的实际情况，提出相对科学合理的限定措施。实现减压出流，需要在建筑工程给排水系统中安装减压设备，有效地控制供水压强。进行限压出流是为了避免水资源浪费，提高供水系统附带的工作效率。同时限压出流能够降低建筑企业投资成本，从某种程度上降低了温室气体的排放。

4. 减少无效热能

绿色节能建筑的最大特点就是在建筑的各个环节都能够体现其节能环保的观念。在供水系统中，要控制热能的无效使用，降低水热器、太阳能等在加热和散热时消耗的能源和热源，需要结合用户在水温、水压、用水量及热源供应效果等因素进行综合考虑，选择具备高效节能的加热和贮热设备。先进的节能设备是实现低碳节水的有效途径。在热水使用集中的绿色公共建筑中，需要配备完善的热水循环系统，并对系统进行有效的管理，避免热源的消耗，降低因加热降温造成的高碳气体排放，从而推动绿色建筑低碳节水技术的有效应用与发展。

（三）雨水处理低碳控制技术与减碳

我国雨水分布不够均匀，大量的雨水资源并没有得到有效利用，这也是我国水资源贫乏的原因之一。在雨季，初期降雨由于地表污染物的混合冲刷，使得初期雨水水质较差,这样的雨水采用低碳节水技术没有实质性的效果,因为污染严重的雨水不仅加大了处理过程中的能源消耗,还扩大了投资成本,同时雨水处理过程中,机械设备运行会产生温室气体。针对绿色建筑低碳节水技术的应用和推广,对雨水进行有效的利用,还能够起到低碳环保的效果。

1. 雨水源头的截流控制技术

控制雨水源头,能够有效地实施雨水截流,提高雨水的使用效率。一般在雨水控制截流技术的主要方式是对雨水冲刷地区的地表进行改良,增加植被覆盖面积等方法。这样能够降低雨水冲刷造成的地质危害,还能控制污染物对雨水的侵袭。雨水污染成分降低了,就能够减少后期对雨水处理过程中的能源消耗,进而降低机械设备运行温室气体的排放量。

2. 雨水径流控污技术

针对雨水径流的流向制定相应的延缓控污措施是促进低碳节水技术应用的有效方法。雨水径流延缓控污技术的主要内容是通过地形改造来对雨水进行储存,并进行局部雨水储存的污染控制,延长雨水径流路线也能够起到延缓控污的作用。这项技术的实施,能够减少供水系统在一定时间段内的水力冲刷和负荷,削弱水资源径流过程中的污染负荷。雨水径流延缓,能够减小输水管道的管径,降低管网布置的投资成本,从而间接地降低温室气体的排放。生态植物系统的建立和运行,能够降低雨水径流污染负荷,当雨水流入城市污水处理厂时,雨水中的污染物在高能耗生物处理过程中排出大量二氧化碳,而生态植物系统中植被吸收了这些排出的二氧化碳,进而降低了二氧化碳的排放量。

3. 雨水生态净化技术

雨水储存可以来自日常生活中的各个地方,对储存下来的雨水进行生态净化不仅能提高水资源的利用率,还能降低供水系统运行后能源消耗和温室气体排放。在绿色建筑工程项目中,可以有效利用小区环境景观功能,在绿色建筑小区建立小型的雨水储存设施,并利用生态处理的方式净化雨水。雨水生态净化技术的实施,能够减少日常雨水收集、处理、运输等过程中的成本投入,也能降低日常运行中温室气体的排放量。

(四) 绿色建筑低碳节水技术在非传统水源中的应用

绿色建筑低碳节水技术不仅仅应用于传统水源,还能应用在非传统水源中。结合绿色建筑可利用的景观设施和储存设施对非传统水源进行收集和储存,并利用生态处理技术对有较重污染负荷的非传统水源进行处理。同时也可以在绿色建筑中修建人工湖,在雨季时,能够起到储存非传统水源的作用;到旱季,就能够抽取人工湖中的水资源补充生活用水。这样既能起到美化绿色建筑的作用，还能为小区内的居民提供生活用水。在很大程度上减少了对传统污水收集、处理、运输的成本投入，减少了污水处理系统和供水系统运行中能源消耗及温室气体的排放。另外，非传统水源的自动回收及生态处理的有效利用，减少了供水企业取水、净化、配送等方面的资源和能源消耗，间接地降低了温室气体的排放。

通过了解和分析绿色建筑低碳节水技术在非传统水源的应用效果，应该把非传统水源利用起来，通过科学合理的生态处理，不仅减缓了实际生产生活中用水困难的问题，还能实现节能环保、低碳用水的理念。

随着现代化建设进程的不断加快，建筑节能技术应用于建筑的每个环节，绿色建筑成为现代建筑行业发展的目标。在绿色建筑水系统中实现低碳节水技术，不仅能减缓全球气候变暖的速度，还能为社会经济发展提供可持续发展的良好条件。通过了解和分析绿色建筑低碳节水技术措施及实现过程，能够清晰地认识低碳环保在现代社会的重要性，也能够提高水资源使用率，降低资源浪费和能源消耗，进而降低温室气体的排放量。在绿色建筑中，不能仅仅局限于传统水源的低碳节约技术应用，更要将这项技术充分应用于非传统水源体系中，从根本上实现低碳环保、节约用水理念，进一步推动低碳技术在不同领域节能技术的应用，降低温室气体的排放量。

四、低碳概念下的绿色建筑设计

近年来，我国积极响应低碳环保号召，在建筑工程中，从设计、施工等各个方面进行低碳控制，低碳绿色设计已经成为建筑工程的设计趋势。

(一) 低碳概念下绿色建筑设计的要求

1. 建筑应用安全材料

对于建筑材料的选择尽量选取绿色、安全、无污染的材料。混凝土和人造木板分别会产生氡气和甲醛，对人体健康的影响很大，并对环境造成不可逆的影响。在建造过程中使用可再生材料能降低对环境的污染，还可避免建材的浪费，降低对环境的二次污染。

2. 建筑应用绿色植被

绿化植被的铺设是绿色建筑低碳概念中不可或缺的一部分，进行绿色建筑低碳设计时，要加强绿化面积的设计，加大绿化植物在环境中的密度，在城市绿色建筑规划设计中，一定要科学地规划交通线路，合理调整城市环境布局，最大限度地加强人工环境与自然环境的有效融合，这样有利于促使建筑环境的可持续发展，进而实现绿色环境下的建筑设计。

3. 建筑应增加可用面积

增加建筑物空间的可使用面积是低碳概念的一部分，建筑物面积的利用率不高是对能源和材料的一种浪费，无形之中增加了建筑物的能源消耗。对建筑物的可利用空间的设计，是对低碳概念的实践，不仅节约了建筑成本，还提升了绿色建筑的宜居程度。建筑设计师需要想方设法地提高现代绿色建筑空间的利用率，降低绿色建筑面积的总体需求，合理地控制住房面积的标准，将建筑的能耗降至最低，从再生能源利用的角度考虑问题，进行户型设计时充分考虑建筑空间的灵活性和可变性，同时还要考虑建筑使用功能变更的可能性，既有利于延长绿色建筑的使用寿命，又有利于减少建筑垃圾。

(二) 低碳概念下的绿色建筑设计应对策略

1. 建设节能低碳型系统

低碳设计目标的顺利实现，需要在现代化设备和技术配合下完成：一方面，设计人员应加强基于低碳概念的绿色建筑设计；另一方面，应对现有资源进行优化组合，这是实现低碳设计目标的关键。我国地大物博，区域资源禀赋差异较大，各地域的建筑均不相同，需要设计人员在开展绿色建筑设计的过程中，结合各地域的实际情况和特点，制订满足该区域要求的设计方案。例如，在北方地区，由于温度比较低，建筑设计需要适当增加总耗能中的采暖能耗比例，在煤炭资源应用过程中，不仅需要保证减排充分，同时还要寻找其他可替代的能源，让节能低碳环保目标得以实现。

2. 使用节能低碳材料

要想使建筑符合低碳要求，在建筑工程设计与建设中，无论是对建筑材料、设备，还是对建筑设计、施工，都要进行严格要求。通常情况下，建筑工程施工会给周围环境造成不良影响，尤其是高层建筑施工。建筑企业应尽量采用低碳型材料，在满足低碳环保要求的同时，实现材料的回收利用。

建筑企业在完成低碳材料的选择后，需要对其进行充分利用；需要对室内设计、建筑设计进行统一处理，提升两者之间的协调性，减少不必要的成本投放；需要将各类型的低碳材料应用其中，发挥低碳环保价值，实现资源科学分配，采用不同的环保材料，提升材料应用效率；加强对材料消耗情况的把控，尽量使用可循环利用的低碳材料。针对废弃材料，应重复使用能够循环应用的材料，满足低碳建筑设计要求。

3. 规划节能低碳空间

把低碳概念作为根本开展绿色建筑设计工作，需要把低碳概念渗透到建筑设计的各个环节中，在低碳概念下，建筑不但需要具有完善的使用功能，同时还要让建筑和自然环境充分结合，形成有机整体，真正实现建筑和生态环境的和谐发展，让建筑不会对生态环境造成破坏，而是和生态环境相得益彰。此外，在绿色建筑设计过程中，通过合理利用建筑空间，可以让总体建筑物需求得以满足。建筑设计应对建筑面积加以科学把控，降低建筑资源的消耗。对建筑空间的高效利用，不但可以延长建筑使用期限，同时也能让建筑产生的垃圾减少。规划节能低碳空间，可以减少能源消耗，实现低碳概念设计。

4. 采取节能低碳技术

绿色建筑设计需要注重施工技术的选择。在低碳概念下，建筑设计要求整体流程管理真正实现低碳环保。通常情况下，节能低碳管理主要是指在建设过程中，把低碳概念贯彻到各环节，其中包含低碳绿色管理、安全管理、规划管理及施工管理等。与此同时，需要将绿色环保技术应用到施工中，因施工建设会造成的光污染、噪声污染等，会给建筑周围环境带来直接影响。虽能给人们创建良好的居住环境，但也会给人们的身体造成损伤。相关人员应在建筑设计过程中，重视低碳环保，通过覆盖、洒水等方式对扬尘进行处理，将建筑设计和建设带来的影响降至最低，给人们提供良好的居住体验。

5. 加强自然资源利用

基于低碳理念，施工中应将自然资源应用进来，即对后期的建筑材料进行合理选择。建筑设计过程中需要综合思考对自然资源的应用，减少成本消耗，降低对周围环境的影响，使建筑能够实现可持续发展。建筑照明设计应在低碳环保理念下，注重对太阳能的采集和应用，尽量减少用电，实现节能环保目标。但仅依赖太阳能是无法满足建筑正常照明要求的，因此，要做到人造光和自然光的充分结合。另外，自然资源在建设设计中的应用也具体体现在降低用水量上。为保证建筑周围绿化具有充足水源，可通过设计雨水收集系统，将收集的雨水用于绿色植物灌溉，减少对水资源的浪费。

低碳作为绿色建筑设计的重要理念之一，需要将其渗透到建筑施工设计中，只有从低碳环保角度进行设计，才能更好地满足人们的居住要求。在设计阶段，相关部门需要对绿色建筑设计有深入认识，通过建设低碳节能系统，运用各种低碳环保材料，科学规划低碳空间，采用低碳施工技术，把低碳概念落实到绿色建筑中，从而打造符合人们健康需求的建筑，促进我国建筑行业稳定发展。

五、绿色建筑设计与低碳社区

低碳社区的建设是一项系统工程，内容涉及绿色生态、低碳经济、可持续发展等多项研究体系，还包括建筑生态设计及建筑节能技术的使用、新能源的综合利用、水资源的综合利用机制等问题。在考虑绿色生态和低碳经济的同时，也要确保居民生活的宜居性及经济发展的可持续性。

在低碳社区建设中，首先要倡导绿色建筑，引领建筑节能减排。其次是明确在这些绿色建筑之中，要如何才能做到有效地进行节能减排这一绿色措施。

政府职能部门还应提供相应政策服务、生态规划、建筑设计、新能源系统、服务培训等全方位的服务，切实做好绿色建筑的推广和低碳社区的建设，实现绿色低碳家园。

(一) 提高规划建设管理水平

低碳社区应提早规划建设，并且在有限的时间内，做到明确控制性详细规划覆盖率。完善低碳社区的建设整体实施方案，低碳社区实施中要设立规划建设管理部门，并配备专职规划建设管理人员，杜绝非绿色建筑出现。切实做到每个社区能够有效地进行低碳生活，并且能够保证每个社区在进行低碳生活的管理之中全方位地做到。

低碳社区规划建设工作要结合自身的特点，在规划阶段充分考虑到本区域资源，通过生态节能软件及规划软件对低碳社区进行总体方案规划，从功能规划、道路规划、日照分析、风压分析、新能源规划、水资源规划、垃圾处理规划等多方面解决问题。

(二) 绿色建筑设计

1.绿色低碳建筑设计及节能技术的应用

绿色建筑设计应采用最新节能技术和材料，达到最佳的节能效果。

①建筑围合体应采用具备层次的隔热结构，保温效果好达到节能设计。

②节能门窗设计双中空玻璃，即外窗采用双中空玻璃，它的保温隔热性能良好，夏季能阻止室外热量进入室内，降低室内温度；冬季能阻止冷空气进入室内，尽量保暖。

③遮阳设计中，为低碳社区建筑物安装百叶遮阳帘，夏季能够遮挡阳光，适当降低室内的温度，减少空调的耗能。或通过在外墙种植绿色攀爬植物，为建筑夏季遮阳降温，冬季植物枯萎，不影响阳光进入建筑物。

④对于太阳房的屋顶采用"中空＋真空"玻璃，可增加强度和增强保温隔热性能，设计中考虑在冬季和夏季适当调节，冬季为室内采暖，夏季为室内强制自然通风，降温凉爽。

2.可再生能源的综合应用

可再生能源综合应用是低碳社区设计的重点。可再生能源是最适合低碳社区使用的能源技术，在提供舒适稳定能源的同时，为社会减少大量的碳排放及污染物排放。

① 太阳能光热系统。太阳能光热系统，可作为建筑热水的提供、居民热水的提供、太阳能公共浴室等。还可作为北方严寒地区的建筑采暖、温室大棚采暖等供热。

② 热泵系统。地源、水源、空气源热泵系统可以为建筑提供采暖及制冷的需要，和常规能源相比节约能源70%，非常适合低碳绿色建筑的使用。

③ 生物质系统。生物质直燃发电就是将生物质直接作为燃料进行燃烧，用于发电或者热电联产。可解决农村秸秆等的处理问题，还可以产生沼气供农户使用，节能经济。

④ 太阳能光伏系统。利用太阳光产生电能，并蓄存，为低碳社区提供独立的用电功能系统，相当于一个区域性电站。光伏发电为一次性投资，节能减排。

⑤ 供水排水及雨水收集利用。独立低碳社区建立水循环利用体系是一种必然，从经济性方面考虑，节水也是一种切实可行的手段。利用管理节水、微灌节水、集雨节灌等节水设备和节水技术，可以充分合理地调配小城镇的农业生活、生产用水。雨水通过屋顶收集到水箱处，经过过滤、消毒就可以直接饮用。生活污水处理后的中水，可用于生活辅助用水，如洗车、园林绿化灌溉等。

⑥ 垃圾分类系统。以往的垃圾堆放填埋方式，占用上万亩土地，并且虫蝇乱飞，污水四溢，臭气熏天，严重污染环境。因此，利用垃圾分类方式进行垃圾分类收集可以减少占地、减少环境污染、变废为宝。

(三) 低碳社区建设

1.低碳社区建设基本路径

从能源流动和碳排放产生的全过程考察，能源供应是低碳社区能源消费的输入端和发展的动力。从源头上改变输入能源结构，加快碳基能源向氢基能源的转变，是减少低碳社区碳排放的基础。低碳社区系统内部的能源流动、转换包括经济活动和社会生活两个方向。在经济活动中，优化社区布局结构、绿色建筑、中水利用和低碳出行是实现低碳发展的重要途径。在社会生活中，居民的居住方式、出行方式和消费方式对低碳社区的低碳发展也有重要影响。鼓励使用公共交通，提倡消费低碳产品，引导居住公共住宅，推动树立能源节约理念，也是实现低碳城镇的重要举措。

2.区内产业低碳化

产业结构调整。在产业结构中加大低碳产业比例，逐步减少高碳产业比例，优先发展第三产业，力争在产业升级的同时实现经济增长和碳强度降低的双重目标。

节能技术在产业中的应用。对于低碳社区的基础支撑产业（如电力、热力供应）、经济支撑产业和具有集聚优势的非传统产业，可以通过节能技术的创新和应用减少产业的电力需求，间接实现碳减排目标。这些产业的低碳化改造将成为低碳社区发展的重要路径。

能源结构的调整。加大新能源和可再生能源在电力结构中的比例，从源头上实现碳减排目标。

3.生活消费低碳化

我国每年有30%的碳排放是直接由居民的消费行为产生的。

① 加强对低碳社区居民的低碳消费观教育。

② 重新进行低碳发展思想指导下的城镇规划，特别是低碳社区土地利用方式和交通系统的低碳发展。

③ 鼓励绿色建筑发展，加强建筑的节能减排作用。

④ 建立低碳社区碳排放监控体系，通过科学的管理体系手段，实现碳监控体系的并轨。

⑤ 保护和扩大低碳社区的绿化面积，提升绿化覆盖率，增加城镇自然生态系统的碳汇能力。

4.合理布局，提供便捷的公共交通系统

公共交通是低碳社区对外交通、旅游交通的重要方式，提供便捷的公共交通换乘不仅有利于促进低碳社区发展，更是降低能耗，促进绿色交通发展的重要方面。

(四) 可持续性发展的低碳绿色经济

低碳社区在发展的过程中，不仅能够提高居民生活的宜居性、减少大量的碳排放，还能够为低碳社区经济带来持续的增长点。针对各自低碳社区的特点，利用低碳绿色吸引投资及消费、开发低碳绿色社区等方式能够大力推动低碳社区的经济发展。

六、从绿色建筑到低碳生态城

绿色建筑的概念诞生于20世纪的西方，随着近年来经济的高速发展及人们生活水平的提升，人们如今对绿色建筑的要求已经不再局限于节约能源。因为很多具有节约能源功能的建筑实际上还是给人们的身体带来了一定的危害。现今人们对绿

色建筑的要求包括安全、绿色健康、节能环保等多个方面。通过对资源的循环利用，为人们创造一个健康、安全的生活环境。

(一) 绿色建筑和低碳生态城的概念阐述

绿色建筑属于近年来出现的一种新的建筑类型，具体是指在建筑的生命周期当中，能够对自身及周边的资源环境做到尽可能的保护，包括水、土、能源及建筑材料等。通过对资源环境的保护来为人们创造一个健康舒适安全的生活地点，使得建筑和自然环境能够达到和谐共生。

绿色建筑的出现是社会发展的必然产物，同时也是实现可持续发展理念的重要途径，其能够充分地体现出一座城市的生态文明情况。首先，绿色建筑本身能够起到资源节约的作用。也就是说，在绿色建筑的生命周期当中，能够对周边的能源、水、土地及其他材料形成有效的节约。其次，绿色建筑实际上就是把建筑物与生态系统相互融合，从而形成对资源的合理控制，确保人与自然能够达到平衡。再次，对于自然环境来说，绿色建筑表现得更加友好，对于环境所造成的破坏和污染是非常小的。最后，绿色建筑的核心意义在于为人们提供安全健康的生活环境，更加注重人文关怀，并能够保护人群中的弱势群体。

从绿色建筑到低碳生态城建设过程中，应以科学为基础，把一些能源消耗大，对环境污染较为严重的建筑逐渐地进行转型，使之成为节约环保的建筑类型，从而有效提升城市生态系统的稳定性，进而为人们提供更加安全健康舒适的生活环境。绿色建筑的发展离不开先进科学技术的应用，通过先进科学技术的应用，使得绿色建筑能够实现消耗低、利用率高及占地面积小的目的。通过对可再生资源的有效利用，确保建筑与自然生态之间和谐共生，从而为人们提供一个更加良好的生活环境。这里所说的低碳生活，是指尽可能地降低煤炭、石油以及有害气体的排放，从而真正地实现可持续发展的理念。所以说，绿色建筑的发展与低碳城市建设的目标实际上是相互一致的。所以应该加速绿色建筑的建设和发展，使得低碳生态城能够为人们提供更加健康安全的生活环境。

(二) 绿色建筑的特点

首先，建筑室内的健康环保是绿色建筑的主要特点，如果把传统建筑改造为绿色建筑，阻碍是比较多的，并且在这个过程中还会出现一定的损失。但是如果跳过改造过程，直接进行绿色建筑的建设，不但会有较高的效率，同时也能够更好地体现出绿色建筑所具备的健康环保节能特点。其次，绿色建筑的价值主要通过风、太阳能等可再生资源来得到体现，在绿色建筑的设计过程中，应以先进的科学技术作为重要的支撑条件，使得绿色建筑自身能够得到有效的能量循环，进而实现节能环保的目的。最后，一直以来，建筑节能都是我国建筑发展的具体要求，同时也是建设节约型社会的重要途径。通过建筑节能，有利于能源安全保证体系的建设，也能够有效地推动各项节能技术的应用，从而使得建筑节能事业得到更好的发展。从目前来看，主要进行应用的建筑节能方式包括对于建筑节能行业标准的执行、对于节能强制性条文的执行等。

绿色建筑的核心意义在于无论是在施工过程还是人们的居住过程中，都能够做到绿色环保和能源的节约利用。在对绿色建筑进行设计的过程中，应做到因地制宜，并能够对自然资源进行合理的利用，如在绿色建筑当中，采光和通风都可以通过建筑自身的设计来完成，从而减少人们对灯光和空调的使用率，实现节能的效果。

(三) 低碳生态城的类型分析

从目前的情况来看，低碳生态城可以分为技术创新型城市、宜居型城市、演进式城市这三种。其中技术创新型顾名思义是以技术创新为基础，重视人才的学习和交流，通过精确的分工来提升自身的生产力。宜居型城市以绿色建筑及交通为主，具有可持续发展的功能和特点，我国陕西汉中的低碳生态城就是非常典型的宜居城市。演进式城市通过将文化、自然及城市经济融合在一起形成网络，从而使其具备演进式的特点。因此说，低碳生态城的建设首先应建立一个目标。

(四) 从绿色建筑到低碳生态城建设研究

1. 建设思路

首先，需要以可持续发展理念为标准来对低碳生态城进行评估，进而形成相应的指标体系。同时，有意识地去激发城市人们对低碳生态城建设的积极性，具体可以通过举办交流会的形式来加强城市中人们之间的联系。其次，应给予利益相关人员创造合作的平台，无论是低碳生态城市的建设还是绿色建筑的发展，利益相关人员之间的交流和合作都是重要的前提条件，包括设计人员、建筑师及开发商等。低碳生态城市建设的顺利进行，应以理念上的统一为基础，从而使得低碳生态城市的建设质量得以保证。在低碳生态城市的建设过程中，应引导城市居民具备相应的环保理念和意识。低碳生态城市的建设是一个长期的过程，需要结合城市的实际情况来找到最为合理的建设方式。再次，我国在进行低碳生态城市建设的过程中，应注意结合我国民族的自身特点，不能完全照搬国外的低碳生态城市建设理念，因为我国所具有的很多先天优势是其他国家所没有的，所以应该把建设具有中国特色的低碳生态城市作为目标，从而确立正确的思路。最后，低碳生态城市的建设离不开优秀的设计和高效率的管理，只有保证这两点才能够确保低碳生态城市具备相应的使用价值及美观度。另外，低碳生态城市的建设应做好试点工作，应在具备一定经济能力且拥有可持续发展相关特质的地区来进行试点建设，从而由点到面，逐渐向着其他地区发展。

2. 建设要求

第一，在对城市环境进行改造的过程中，应充分使用可再生能源，并最大化地体现可再生能源的价值，进而把城市基础设施纳入其中，使得碳排放管理不再出现盲区。另外，也要注意这种理念的长期保持，否则通过这个过程所形成的效益就会在未来一段时间内流失。

第二，对于城市交通的碳排放进行管理是非常重要的，需要对其进行合理的规划建设，把无碳出行作为城市建设的重要目标，对汽车出行进行合理控制。具体的方法包括合理设置公共汽车站和地铁站的位置，为人们的出行提供更大的便利条件。同时，对于建筑周边的服务设施进行完善，如医院、超市、体育馆等，从而减少人们出行的次数。

第三，在对建筑进行设计的过程中，应确保在施工过程中，节能标准能够达到65%以上，且在其中安装相应的监控设施进行监督管理。

第四，要确保建筑材料具有一定的环保性和节能性，尽可能地选择低碳排放的供暖设施和能源系统。

第五，从人们上下班的角度考虑，应对人们的工作空间和居住空间进行有机整合，从而减少人们上班过程中所造成的空气污染，尽可能地降低人们对汽车的依赖性。

第六，低碳生态城市相比于一般城市需要面积更大的绿化空间，需要达到总面积的40%，且其中要有20%为高质量管理的公共空间。

第七，在进行低碳生态城市的建设过程中，城市的水资源管理是非常重要的，尤其是一些水资源稀缺的地区，在进行生态城市建设时，应注重提升水资源的利用效率，提升水质。通过对水循环的了解来避免在城市建设过程中对水源质量及地质结构造成负面影响。具体的方法包括建立具有可持续性的排水系统，确保城市排出的垃圾能够得到回收，在任何一项城市建设活动开展之前都应建立合理的实施方案。在处理垃圾的过程中应采取科学环保的方式，将垃圾转化为其他形式的能源。

总的来说，从绿色建筑到低碳生态城市建设是一个长期的发展过程，不是一朝一夕可以完成的。在低碳生态城市的建设过程中，一定会遇到种种困难，需要通过经验的积累去逐渐地摸索和解决。全球气候的变暖及生态环境的逐渐恶化为人们的生存带来了挑战，这必将推动城市向着低碳生态化发展。绿色建筑理念的出现，顺应了人们的这种需求，通过资源节约和降低污染来提供给人们一个更加安全健康舒适的生存环境，这同时也是为后代提供一个能够真正赖以生存的家园。

七、公共机构建筑的绿色低碳装饰核心思路

结合公共机构建筑的建设要求及低碳经济时代的形势变化，注重与之相关的绿色低碳装饰探讨，实施好相应的作业计划，有利于实现对公共机构建筑能耗问题的科学应对，满足其可持续发展的要求。因此，在对公共机构建筑方面进行研究时，应关注其绿色低碳装饰，实施好相应的作业计划，确保这类建筑在实践中装饰效果的良好性。

(一) 建筑装饰材料对人体的危害

1. 无机材料和再生材料的危害

在完成建筑装饰施工计划的过程中，若采用了无机材料和再生材料，则会产生一定的危害。具体表现为：部分石材中含有镭，最终会变为氡，并通过墙缝进入建筑室内环境，从而引发了空气污染问题，威胁着人体健康；泡沫石棉是一种常用的建筑装饰材料，具有保温、隔热、吸声及隔震等特性，但由于其原材料为石棉纤维，施工中会飘散到空气中，被人体吸入后会影响人们的健康状况。

2. 合成隔热板

实践中通过对聚苯乙烯泡沫材料、聚氯乙烯泡沫材料等不同材料的配合使用，可为合成隔热板制作及使用提供有效支持，满足建筑装饰施工方面的实际要求。但是，由于这些材料合成中未被聚合的游离单体会在空气中逸散，且在高温条件下会被分解，产生甲醛、甲苯等室内环境空气造成污染，致使人体健康受到了潜在威胁，影响着建筑装饰施工质量。

3. 其他装饰材料的危害

壁纸。由于天然纺织壁纸本质上为一种致敏原，应用中可使人体出现过敏现象，从而加大了建筑装饰问题发生率。同时，由于某些壁纸应用中会释放甲醛及其他有害气体，加上部分有机污染物未被聚合，应用过程中会被分解，致使人体健康方面受到了不同程度的影响，给建筑装饰施工水平提升带来了制约作用。

人造板材及板式家具。某些建筑装饰过程中采用了人造板材、人造板家具，它们涂刷的油漆具有挥发性强的特性，会使建筑室内环境产生有毒的化学物质，且在三氯苯酚的作用下，会对空气产生污染影响，致使建筑装饰水平有所下降。

涂料、黏合剂及吸声材料等。涂料形成中包括溶剂、颜料等，长期使用中会产生苯、甲苯等有害气体，污染室内空气，从而对人体健康产生不利影响，难以满足

建筑装饰质量的可靠性要求。同时，合成的黏合剂在使用中包括环氧树脂、聚乙烯醇缩甲醛等，挥发过程中会产生污染物质，对居住者的呼吸道、皮肤等产生一定的刺激作用，影响建筑实践中的装饰效果。除此之外，由于纤维、胶合板等材料共同作用下制作而成的吸声材料应用中也会产生有害物质，导致室内装饰效果、应用质量等缺乏保障。

（二）公共机构建筑的绿色低碳装饰探讨

在了解装饰材料选用不同所产生危害的基础上，为了满足低碳经济时代的发展要求，实现现代建筑建设事业的长效发展，则需要对绿色低碳装饰加以分析，明确与之相关的要点。具体包括以下方面：

1. 注重节能环保型材料使用

结合公共机构建筑装饰施工要求及其材料功能特性，为了满足绿色低碳装饰要求，则需要给予节能环保型材料使用更多的考虑。在此期间，应做到：第一，从环保效果显著、能耗降低、适用性良好等方面入手，选择好节能环保型装饰材料并进行高效利用，促使公共机构建筑在装饰施工方面的能耗问题可以得到科学处理，实现这类材料利用价值的最大化，从而为公共机构建筑的更好发展打下基础，丰富其在节能环保方面的实践经验；第二，在节能环保型材料的作用下，可避免装饰施工对公共机构建筑室内环境空气质量、人体健康等产生不利影响，有利于实现绿色低碳装饰施工目标，满足使用者在健康方面的实际需求，确保公共机构建筑应用状况良好性。

2. 强化装饰施工中的节能环保意识

施工单位及人员在完成公共机构建筑装饰施工计划的过程中，应根据绿色低碳装饰施工要求及这类建筑的实际情况，不断强化自身的节能环保意识，为公共机构建筑潜在应用价值的提升、能耗问题的高效处理等提供专业保障。具体表现为：①开展好专业培训活动，并将激励与责任机制实施到位，实现对施工人员综合素质的科学培养，提高他们对建筑绿色低碳装饰施工重要性的正确认识，充分发挥自身的职能作用，促使公共机构建筑装饰过程中的节能环保效果更加显著，从而为其科学应用水平的提升打下基础；②当人员方面的节能环保意识逐渐强化后，可使绿色低碳装饰施工作业的开展更具专业性，全面提升公共机构建筑在这方面的专业化施工水平及发展潜力。

3. 其他方面的要点

在对公共机构建筑在绿色低碳装饰施工方面进行探讨时，也需要了解其在这些方面的相关要点：第一，加强信息技术的使用，将丰富的信息资源整合应用于公共机构建筑装饰施工能耗计算过程中，在技术层面上为其绿色低碳装饰施工效果的增强提供有效保障，满足这类环境室内环境状况的不断改善、装饰施工方式的逐渐优化等方面的要求，最终达到公共机构建筑装饰施工中节能环保特性突出、应用质量提高的目的；第二，从管控机制完善、管控方式优化等方面入手，健全建筑绿色装饰施工过程管控体系，处理好其中的细节问题，确保相应的施工计划实施的有效性，进而为公共机构建筑的科学发展注入活力，增强其在实践中的应用效果。

综上所述，通过对绿色低碳装饰方面进行深入思考，有利于实现公共机构建筑装饰过程中的节能降耗目标，拓宽其科学发展思路，避免对这类建筑的应用价值、功能特性等产生不利影响。因此，未来在提升公共机构建筑装饰水平、实现与环境方面协调发展的过程中，应加深对绿色低碳装饰的重视程度，促使公共机构建筑能够处于良好的建设及应用状态。

参考文献

[1] 朴芬淑 . 建筑给水排水设计与施工问答实录 [M]. 北京：机械工业出版社，2016.02.

[2] 王亚芳 . 建筑装饰工程施工 [M]. 北京：北京理工大学出版社，2016.01.

[3] 王凤宝 . 建筑给水排水与暖通施工图设计正误案例对比 [M]. 武汉：华中科技大学出版社，2016.08.

[4] 庄中霞，祝春华，邓志均，等 . 建筑设备及施工技术 [M]. 西安：西安交通大学出版社，2016.04.

[5] 刘晓锋 . 建筑工程概论 [M]. 北京：中国轻工业出版社，2016.10.

[6] 单明荟，李传红，周本能，等 . 建筑工程资料管理 [M]. 北京：北京理工大学出版社，2016.08.

[7] 李志生 . 建筑设备 BIM 与施工调试 [M]. 北京：机械工业出版社，2016.08.

[8] 成华 . 建筑工程监理实务 [M]. 北京：北京理工大学出版社，2016.02.

[9] 伍培，李仕友 . 建筑给排水与消防工程 [M]. 武汉：华中科技大学出版社，2017.11.

[10] 杜贵成 . 给排水采暖燃气工程计价应用与实例 [M]. 北京：金盾出版社，2017.01.

[11] 赵金辉 . 给排水科学与工程实验技术 [M]. 南京：东南大学出版社，2017.02.

[12] 卓军，顾靖 . 安装工程 [M]. 北京：中国建材工业出版社，2017.11.

[13] 王列红，陈墨，魏琦 . 建筑工程概论双色 [M]. 北京：北京正章文化发展有限公司，2017.08.

[14] 何培斌 . 建筑制图与识图 [M]. 重庆：重庆大学出版社，2017.03.

[15] 范幸义，张勇一 . 装配式建筑 [M]. 重庆：重庆大学出版社，2017.08.

[16] 张敏，刘兵 . 建筑设备 [M]. 哈尔滨：哈尔滨工业大学出版社，2017.07.

[17] 刘莉 . 建筑制图 [M]. 武汉：华中科技大学出版社，2017.09.

[18] 李明海，张晓宁，张龙，等 . 建筑给排水及采暖工程施工常见质量问题及预防措施 [M]. 北京：中国建材工业出版社，2018.03.

[19] 董建威，司马卫平，禤志彬 . 建筑给水排水工程 [M]. 北京：北京工业大学出版社，2018.06.

[20] 王霞，李桂柱，吴惠燕，等．建筑给水排水工程 [M].西安：西安交通大学出版社，2018.01.

[21] 蔡军兴，王宗昌，崔武文．建设工程施工技术与质量控制 [M].北京：中国建材工业出版社，2018.06.

[22] 黄建恩，吴学慧，崔建祝．建筑设备工程概预算 [M].徐州：中国矿业大学出版社，2018.05.

[23] 崔星，尚云博，桂美根．园林工程 [M].武汉：武汉大学出版社，2018.03.

[24] 张树民．建筑工程测量技术 [M].哈尔滨：黑龙江大学出版社，2018.11.

[25] 梁政．铁路（高铁）及城市轨道交通给排水工程设计 [M].成都：西南交通大学出版社，2019.03.

[26] 吴嫡．建筑给水排水与暖通空调施工图识图 100 例 [M].天津：天津大学出版社，2019.06.

[27] 陈丽．建筑工程计量与计价 [M].武汉：武汉理工大学出版社，2019.08.

[28] 王凤．建筑设备施工工艺与识图 [M].天津：天津科学技术出版社，2019.02.

[29] 谢玉辉．建筑给排水中的常见问题及解决对策 [M].北京：北京工业大学出版社，2019.03.

[30] 韩恒梅，姚新兆．建筑制图 [M].郑州：河南科学技术出版社，2019.09.

[31] 范幸义．建筑工程 CAD 制图教程第 2 版 [M].重庆：重庆大学出版社，2019.01.

[32] 俞洪伟，杨肖杭，包晓琴．民用建筑安装工程实用手册 [M].杭州：浙江大学出版社，2019.01.

[33] 张胜峰．建筑给排水工程施工 [M].北京：中国水利水电出版社，2020.08.

[34] 房平，邵瑞华，孔祥刚．建筑给排水工程 [M].成都：电子科技大学出版社，2020.06.

[35] 李亚峰，王洪明，杨辉．给排水科学与工程概论第 3 版 [M].北京：机械工业出版社，2020.02.

[36] 孙明，王建华，黄静．建筑给排水工程技术 [M].长春：吉林科学技术出版社，2020.09.

[37] 王新华．供热与给排水 [M].天津：天津科学技术出版社，2020.11.

[38] 李联友．建筑设备施工技术 [M].武汉：华中科技大学出版社，2020.05.

[39] 郝贵强．河北省房屋建筑和市政基础设施工程施工图设计文件审查要点 2020 年版 [M].天津：天津大学出版社，2020.03.

[40] 谭胜，常有政．建筑工程计价与计量实务：安装工程 [M].长春：吉林人民

出版社，2020.12.

[41] 杨智慧.建筑工程质量控制方法及应用[M].重庆：重庆大学出版社，
2020.06.

[42] 高莉，施力，黄谱.建筑设备工程技术与安装工程造价研究[M].北京：文
化发展出版社，2020.07.

[43] 高将，丁维华.建筑给排水与施工技术[M].镇江：江苏大学出版社，
2021.03.

[44] 赵星明.给水排水工程CAD第3版[M].北京：机械工业出版社，2021.04.

[45] 李本鑫，史春凤，杨杰峰.园林工程施工技术第3版[M].重庆：重庆大学
出版社，2021.07.

[46] 王晓玲，高喜玲，张刚.安装工程施工组织与管理[M].镇江：江苏大学出
版社，2021.05.

[47] 吴汉美，邓芮.安装工程计量与计价[M].重庆：重庆大学出版社，2021.09.

[48] 郭远方，张会利.安装工程识图与施工工艺[M].成都：西南交通大学出版
社，2021.06.

[49] 代端明，卢燕芳.建筑水电安装工程识图与算量第2版[M].重庆：重庆大
学出版社，2021.06.